JN050151

KGBの男

冷戦史上最大の二重スパイ

Ben Macintyre
ベン・マッキンタイアー
小林朋則 訳

THE SPY AND THE TRAITOR

The Greatest Espionage Story of the Cold War

中央公論新社

KGBの男　冷戦史上最大の二重スパイ——目次

※本文中の（　）は原著者、〔　〕は引用者、［　］は訳者による注を示す。

private collection

ＫＧＢ一家。アントンとオリガのゴルジエフスキー夫妻と、下の子供たちであるマリーナとオレーク（10歳ころ）。

private collection

ゴルジエフスキー家のきょうだい、ワシーリーとマリーナとオレーク。1955年ころ。

private collection

モスクワ国際関係大学の陸上チーム。左端がゴルジエフスキーで、右から２人目がスタニスラフ・「スタンダ」・カプラン。帰国後チェコスロヴァキアの情報部員になるカプランは、後に西側へ亡命し、大学時代の旧友のスカウトで重要な役割を担うことになる。

private collection

黒海沿岸での長距離走トレーニング。

private collection

モスクワのエリート校である国際関係大学の学生だったころのオレーク・ゴルジエフスキー。彼は在学中にＫＧＢにスカウトされた。

private collection

普段から着用していたＫＧＢの制服姿のアントン・ゴルジエフスキー。「ＮＫＶＤは常に正しい」と言い張っていた。

private collection

ワシーリー・ゴルジエフスキー。ＫＧＢの「イリーガル」として、ヨーロッパとアフリカで秘密活動に従事して大活躍したが、酒の飲み過ぎのため39歳で亡くなった。

Avalon

ルビャンカ。「本部」と呼ばれたＫＧＢの中央機関で、刑務所と記録保管所も備えた、ソ連の情報活動の中枢だった。

private collection

ＫＧＢの制服を着たオレーク・ゴルジエフスキー。高度な訓練を受けた、熱意あふれる忠実な情報員だった。

World History Archive/Alamy Stock Photo

1961年8月のベルリンの壁建設風景。東西の間に物理的な障壁が作られていく光景は、22歳のゴルジエフスキーに強烈な印象を残した。

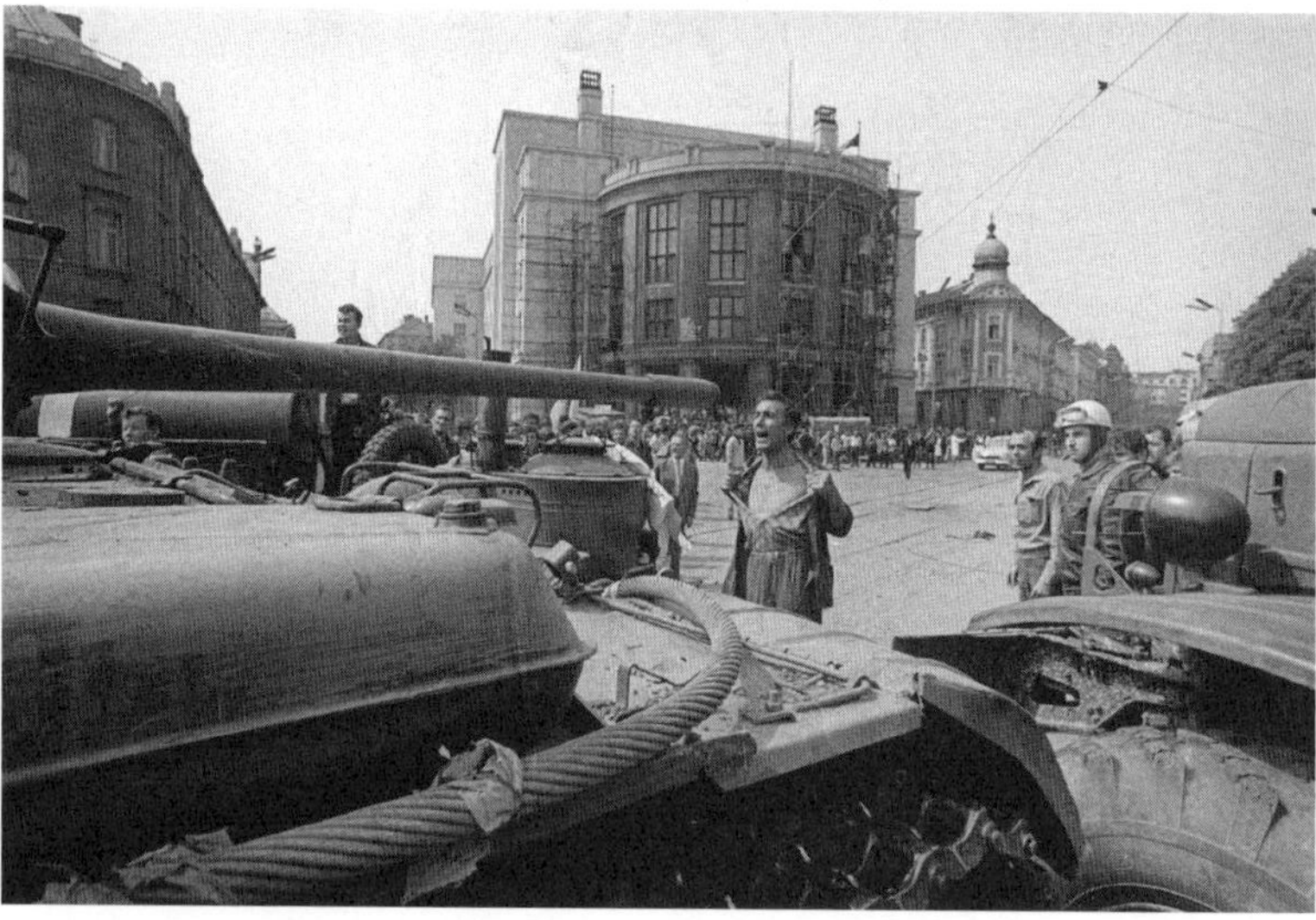

akg-images/Ladislav Bielik

1968年のプラハの春で、ソ連の戦車にひとり抵抗する市民。20万のソ連軍がチェコスロヴァキアに侵攻して改革運動を潰したことに、ゴルジエフスキーは愕然とした。

private collection

監視中ひそかに撮影されたゴルジエフスキーの写真２枚。彼がコペンハーゲン駐在中に、デンマークの情報機関（ＰＥＴ）が撮影したもの。ＭＩ６にとって、「サンビーム」という暗号名を付けたソ連情報員の姿を知るのに使える画像は、長年この２枚くらいしかなかった。

private collection

コペンハーゲンで身元不詳のパートナーとバドミントンのダブルスをプレイしているところ。ゴルジエフスキーが初めてＭＩ６から直接アプローチされたのは、バドミントンのコートにいるときだった。

private collection

private collection

バルト海沿岸でミハイル・リュビーモフと。リュビーモフはコペンハーゲンのＫＧＢレジジェントで、ゴルジエフスキーの親友にして庇護者だった。

private collection

リュビーモフ（後ろ）、その妻タマラ（左）、およびゴルジエフスキーの最初の妻エレーナとデンマークを旅行中の写真。

Ritzau Scanpix/TopFoto

ノルウェー労働党の期待の星アルネ・トレホルト（左）と、そのＫＧＢ担当官「ワニ」ことゲンナジー・チトフ（中央）。ふたりはランチへ行くところで、その回数は、このときも含め、59回に上った。

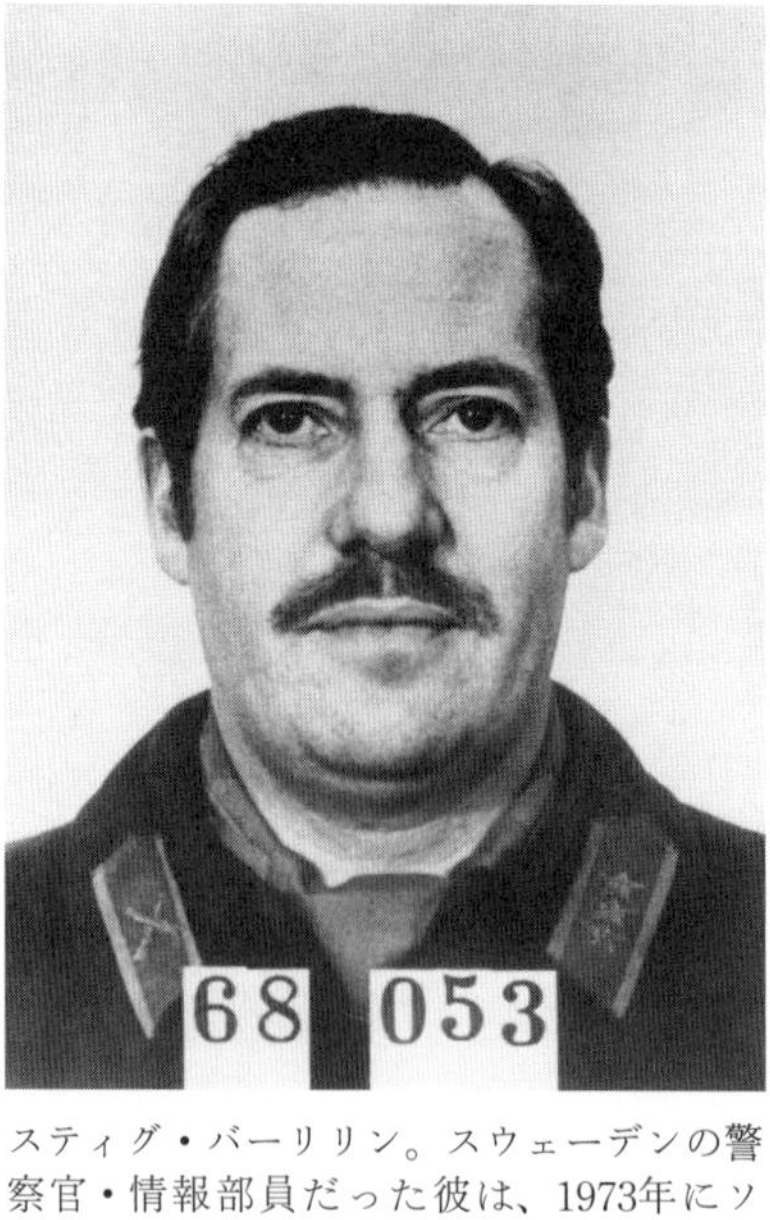

Bettmann Archive/Getty Images

スティグ・バーリリン。スウェーデンの警察官・情報部員だった彼は、1973年にソ連のスパイになった。

Ritzau Scanpix/TopFoto

グンヴォル・ガルトゥング・ホーヴィック。ノルウェー外務省の目立たない秘書だった彼女は、「グレタ」という暗号名で30年以上にわたりＫＧＢのスパイとして活動していた。写真は、1977年の逮捕直後のもの。

北欧諸国のスパイたち

Time Life Pictures/FBI/The LIFE Picture Collection/Getty Images

I AMREADY TO MEET
AT B ON 1 OCT.
I CANNOT READ
NORTH 13-19 SEPT.
IF YOU WILL
MEET AT B ON 1 OCT.
PLS SIGNAL NORTH
OF 20 SEPT TO CONFI
NO MESSAGE AT PIPE.
IF YOU CANNOT MEE
1 OCT, SIGNAL NORTH AFTE
27 SEPT WITH MESSAGE AT
PIPE.

エイムズからＫＧＢ担当官への手書きのメッセージ。内容は、情報の「デッド・ドロップ」の打ち合わせ。

Jeffrey Markowitz/Sygma/Getty Images

ＣＩＡに入ったころのオールドリッチ・エイムズ。後に彼は、ソヴィエト連邦内で活動するＣＩＡのスパイ網を丸ごとすべて密告し、多くの工作員を死に追いやった。

エイムズと、二番目の妻マリア・デ・ロサリオ・カサス・デュピュイ。「彼女はさわやかな空気のようだった」と言われていた。しかし同時に、わがままで浪費が好きで、とにかく金がかかった。

ソ連の軍備管理の専門家セルゲイ・チュヴァーヒン。彼はエイムズから、ワシントンのソヴィエト大使館への最初の接点に選ばれた。エイムズは後に「金のためにやった」と語っている。

Jeffrey Markowitz/Sygma/Getty Images

ヴィクトル・チェルカーシン大佐。ソヴィエト大使館の防諜責任者で、エイムズの最初のＫＧＢ担当官になった。

ウラジーミル・クリュチコフ。KGBの第一総局長で、後にKGB議長になった。

TASS/TopFoto

ユーリ・アンドロポフ。KGB議長だったとき、極度の猜疑心からRYAN作戦を推進して、西側が「先制攻撃」を仕掛ける証拠を見つけよと厳命し、そのため世界は核戦争の危機に立たされた。1982年、彼はレオニート・ブレジネフの後任としてソ連の指導者になった。

ＫＧＢで防諜を担当するＫ局のヴィクトル・ブダノフ大佐。「ＫＧＢで最も危険な男」と呼ばれた彼が、1985年５月にゴルジエフスキーを直々に尋問した。

EAST2WEST

private collection

ニコライ・グリビン。ギターの演奏がうまく、カリスマがあった彼は、ＫＧＢのイギリス・北欧部の部長で、ゴルジエフスキーの直属の上司だった。

EAST2WEST

ヴィクトル・グルシコ。ウクライナ人の彼は第一総局副総局長で、ゴルジエフスキーの尋問官の中では職位が最も高かった。

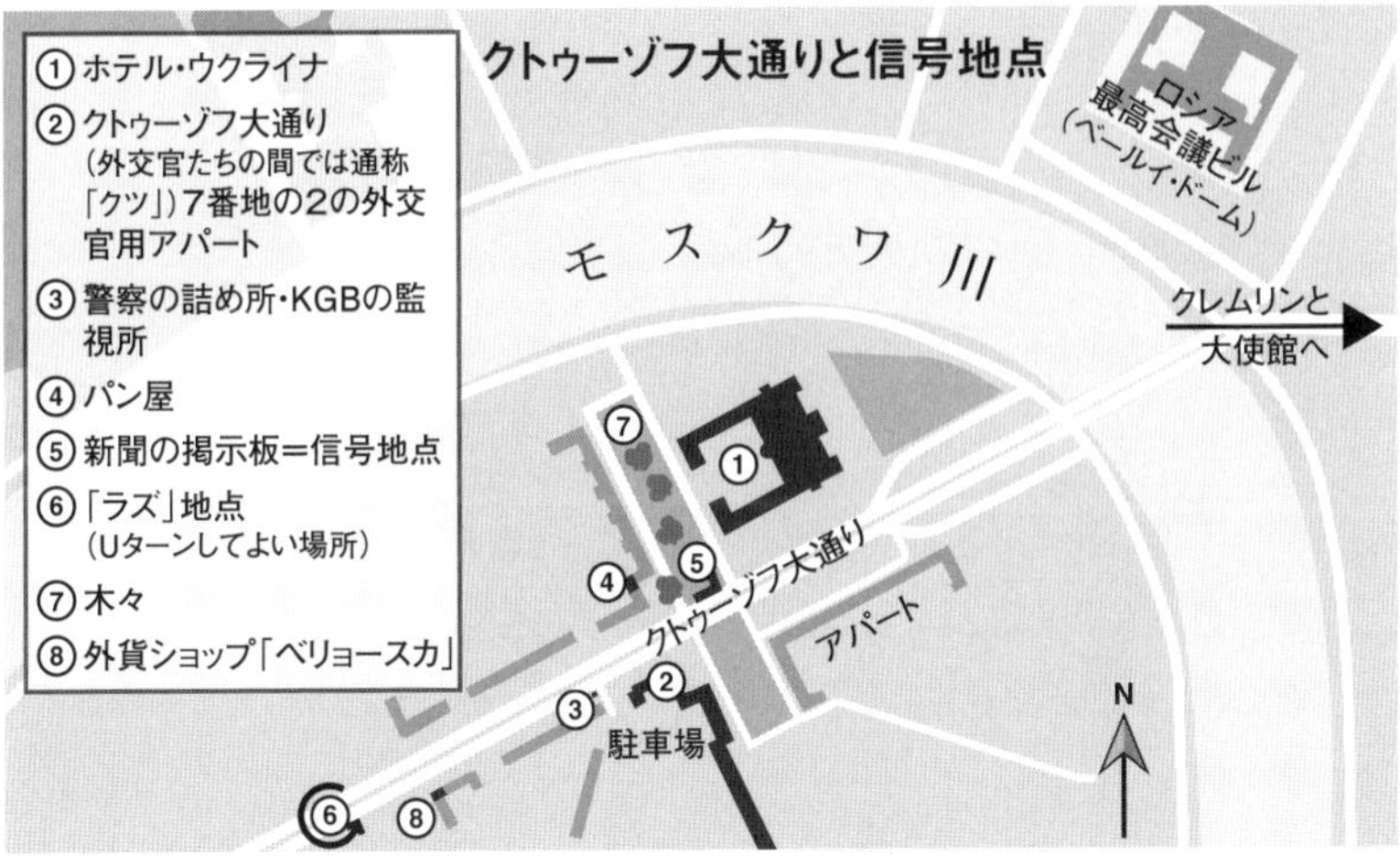
クトゥーゾフ大通りと信号地点
①ホテル・ウクライナ
②クトゥーゾフ大通り
（外交官たちの間では通称「クツ」）７番地の２の外交官用アパート
③警察の詰め所・KGBの監視所
④パン屋
⑤新聞の掲示板＝信号地点
⑥「ラズ」地点
（Uターンしてよい場所）
⑦木々
⑧外貨ショップ「ベリョースカ」
ロシア
最高会議ビル
（ベールイ・ドーム）
モスクワ川
クレムリンと
大使館へ
クトゥーゾフ大通り
アパート
駐車場
N

クトゥーゾフ大通り（「クツ」）
７番地の２の外国人居住区
ホテル・ウクライナ
ＭＩ６の
アパート
信号地点
パン屋

private collection

ゴルジエフスキーの二番目の妻レイラ・アリエワ。ふたりが初めてコペンハーゲンで会ったころに撮影されたもの。ＫＧＢ情報員の娘だった彼女は、当時28歳で、世界保健機関でタイピストとして働いていた。ふたりは1979年にモスクワで結婚した。

private collection

1982年、ロンドン到着直後のレイラと娘たち。トラファルガー広場にあるナショナル・ギャラリーの前のカフェにて。

The Times

ケンジントン・パレス・ガーデンズ13番地のソヴィエト大使館。ＫＧＢのロンドン支局（レジジェントゥーラ）は最上階にあり、地上で最も猜疑心の強い場所のひとつだった。

private collection

private collection

ゴルジエフスキーの娘マリヤとアンナ。一家はロンドンで幸せな日々を送り、娘たちは成長すると、流暢な英語を話して、イギリス国教会系の学校に通った。

マイケル・ベタニー。ＭＩ５の情報員だったが、スターリンのニックネームのひとつ「コバ」を名乗ってロンドンのＫＧＢに接近し、ソ連側のスパイになりたいと申し出た。

Topfoto

イライザ・マニンガム＝ブラー。彼女は、ＭＩ５内のスパイを見つけ出すため結成されたＭＩ５とＭＩ６合同の極秘タスクフォース「ナッジャーズ」の主要メンバーだった。その後2002年にＭＩ５長官になった。

Tom Stoddart Archive/Hulton Archive/Getty Images

ＫＧＢのレジジェントだったアルカージー・グーク将軍（右）と、その妻およびボディーガード。ゴルジエフスキーは、グークを「でぶでぶと太った巨漢で、脳みそは月並みだが卑劣な手段を次々と繰り出せる人物」と評した。

PA Images

ホランド・パーク42番地にあったグークの住居。1983年４月３日、ベタニーはこの家の郵便受けに封筒を押し込んだ。封筒の中には、ＭＩ５の極秘文書と、ＫＧＢに情報をもっと提供したいと申し出る添え状が入っていた。グークはこれをＭＩ５の「罠」だと思って無視した。

PA Images

1994年までＭＩ６のロンドン本部だったセンチュリー・ハウス。これといった特徴のないビルだが、ロンドンで最も厳重に秘密が守られていた建物だった。

Popperfoto/Getty Images

マイケル・フット。労働党の下院議員で、後に党首になる彼は、「ブート」という暗号名のＫＧＢ連絡員だった。

PA Images

ジャック・ジョーンズ。イギリス首相ゴードン・ブラウンが「世界で最も偉大な労働組合のリーダー」と評した彼も、ＫＧＢの工作員だった。

Stewart Ferguson/Forth Press

オレーク・ゴルジエフスキーと、エジンバラ・リース選挙区選出の労働党下院議員ロン・ブラウン（中央）と、後の労働党党首ジェレミー・コービンとも会っていたチェコスロヴァキアのスパイ、ヤン・サルコジ。ゴルジエフスキーは、ブラウンをＫＧＢにスカウトしようと何度か試みたものの、ブラウンのスコットランド訛りをまったく理解できなかった。

1983年９月、大韓航空007便がソ連の戦闘機に撃墜されると、各地で抗議活動が起こり、冷戦の緊張はかつてないほど厳しくなった。

Allan Tannenbaum/Archive Photos/Getty Images

1984年2月14日、マーガレット・サッチャーはモスクワでソ連の指導者ユーリ・アンドロポフの葬儀に参列した。サッチャー首相は、ゴルジエフスキーの協力で書かれた台本に従って「その場にふさわしい厳粛な」態度を演じた。

PA Images/TASS

Peter Jordan/The LIFE Images Collection/Getty Images

後にソ連の指導者となるミハイル・ゴルバチョフは、1984年12月にサッチャーと、首相の地方官邸チェッカーズで会談した。サッチャーは、後にゴルバチョフを「一緒に仕事ができる人物」と評した。

EAST2WEST

ミハイル・リュビーモフ。イギリスびいきで、ツイードの服を着てパイプを吹かすＫＧＢ情報員に、ＭＩ５は「スマイリー・マイク」というニックネームを付け、二重スパイとしてスカウトしようとした。

The Times

情報機関の監督を職務とする内閣官房長サー・ロバート・アームストロング。彼は、野党労働党の党首マイケル・フットがかつてＫＧＢから報酬を受け取っていた連絡員だったことをサッチャーには知らせないという決断をした。

private collection

クトゥーゾフ大通りの信号地点をホテル・ウクライナの正面から見たところ。パン屋が、写真左側の木々の向こうにわずかに見える。

PA Images/TASS

赤の広場にある聖ワシーリー大聖堂。ここでオレーク・ゴルジエフスキーは、脱出計画「ピムリコ」作戦をすぐに発動してほしいと要請するメッセージをＭＩ６に伝えようとした。しかし「ブラッシュ・コンタクト」は失敗した。

©News Group Newspapers Ltd

スーパーマーケット「セーフウェイ」のレジ袋。この脱出信号を、ゴルジエフスキーは1985年７月16日火曜日の午後７時30分に、クトゥーゾフ大通りの信号地点で出した。

Robert Opie archive

信号を受け取ったと伝えるため、ＭＩ６の情報員はゴルジエフスキーの前を通りながら、一瞬アイコンタクトを取り、マーズのチョコバーを食べることになっていた。

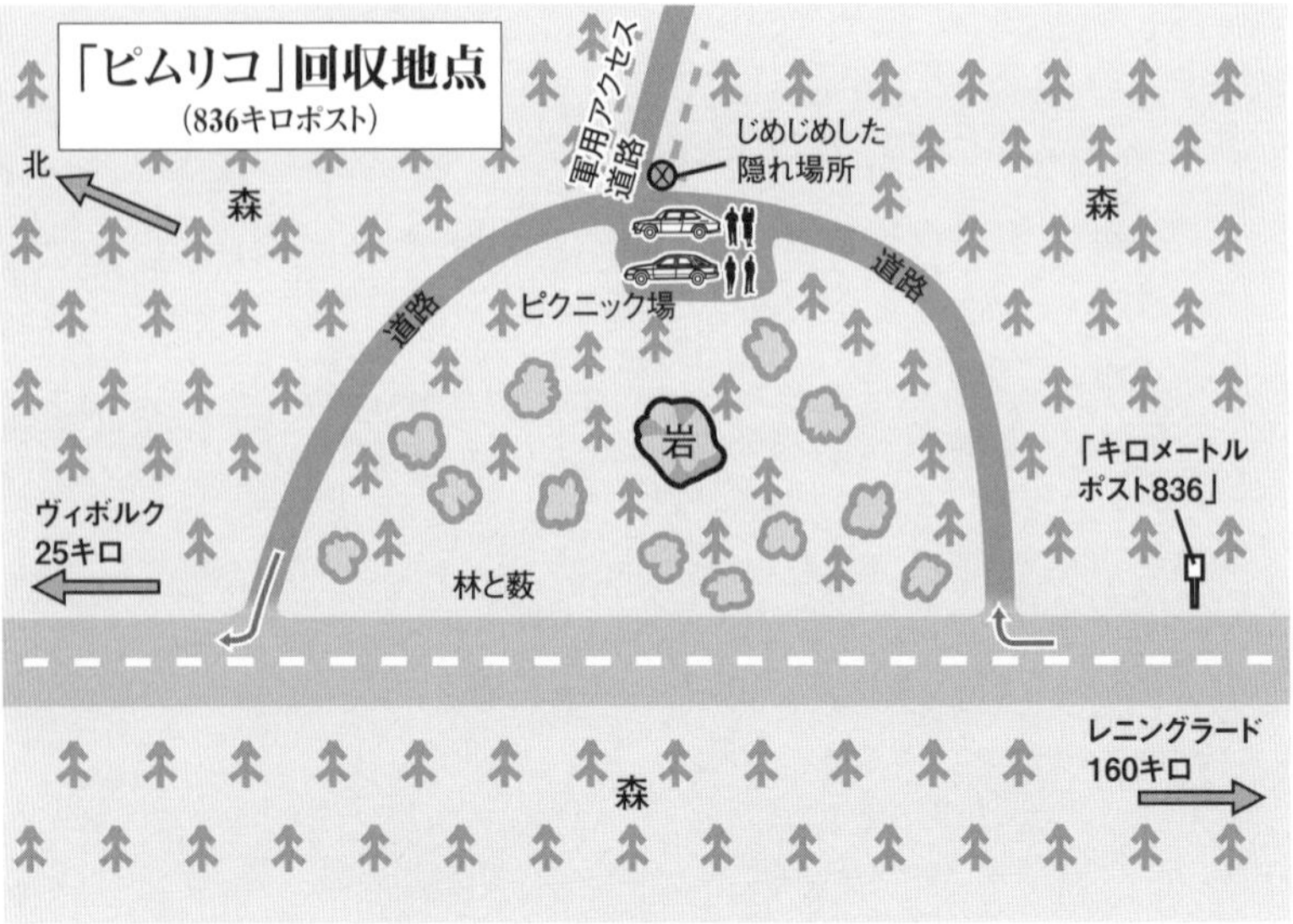

ヴィボルクの南にある集合地点。ここでＭＩ６の脱出チームはゴルジエフスキーを回収し、彼を連れてフィンランド国境を越える予定になっていた。

private collection

２台の脱出用車両のうち、ＭＩ６情報員ロイ・アスコット子爵が運転していたサーブ。

private collection

自由への道。下見の際に撮影された、北へ向かう脱出ルートの偵察写真。

private collection

脱出してきたゴルジエフスキーがフィンランドに入って数時間後に、ＭＩ６の脱出チームがノルウェーへ向かう途中で撮った記念写真。左から、ゴルジエフスキー、ＭＩ６情報員のサイモン・ブラウンとヴェロニカ・プライス、デンマークの情報員イェンス・エリクセン。

Sputnik/TopFoto

ソ連・フィンランド間のヴィボルク国境地帯で軍が管理する3つの国境ゲートのひとつ。

private collection

「ピムリコ」作戦の余波でソ連から追放されたＭＩ６情報員のひとりが車のフロントガラス越しに見た風景。イギリス側の車両が、ＫＧＢの車列に付き添われて、3か月前にゴルジエフスキーを回収した集合地点の前を通っていくところ。

Courtesy John Hallisey/FBI/The LIFE Picture Collection/Getty Images

1994年２月21日のオールドリッチ・エイムズの逮捕。10年前にＫＧＢのスパイとして活動を始めた彼は、逮捕時に「君たちは大間違いをしている！ 人違いだ！」と言い張った。

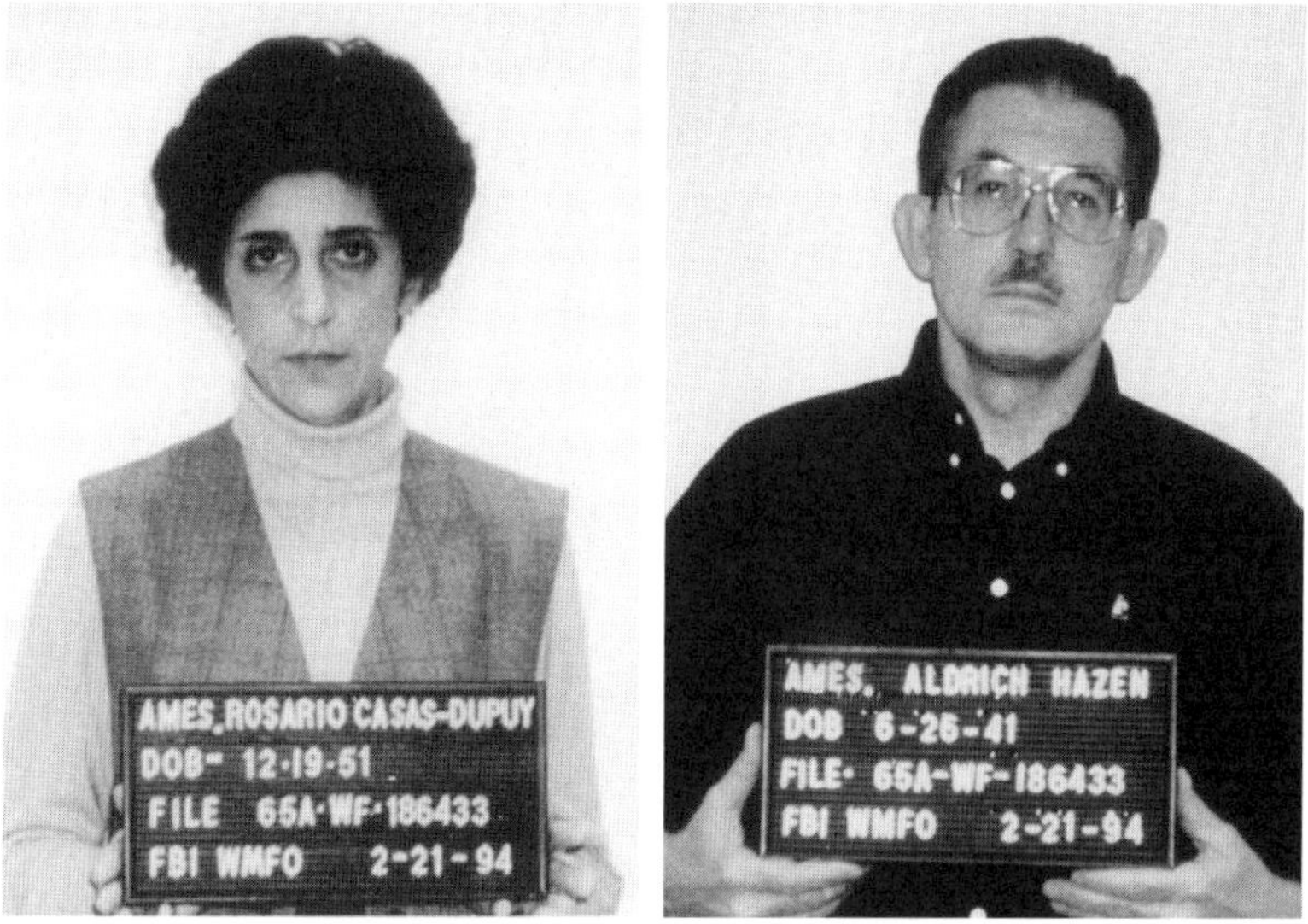

Jeffrey Markowitz/Sygma/Getty Images

ロサリオ・エイムズとオールドリッチ・エイムズの逮捕写真。ロサリオは刑期を終えて釈放されたが、エイムズは囚人40087-083として、インディアナ州テレホートの連邦矯正施設で今も服役している。

離れ離れになって６年後、イギリスに来てヘリコプターで到着した妻子を出迎えるゴルジエフスキー。

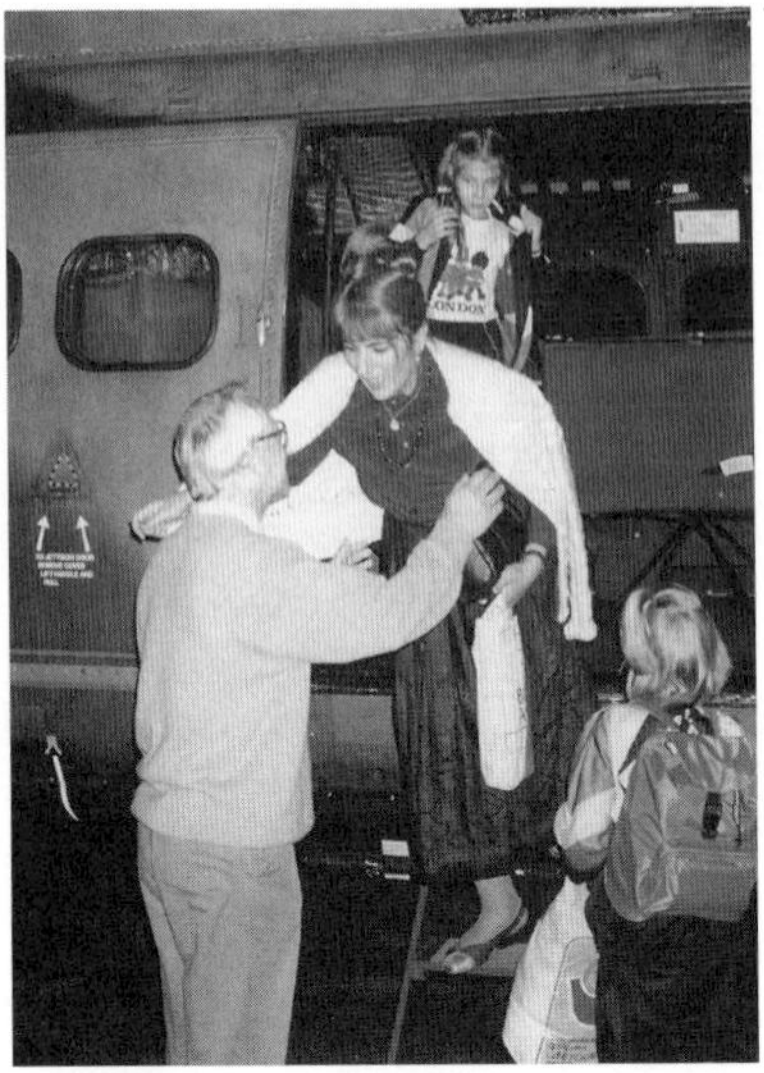

private collection

Neville Marriner/ANL/REX/Shutterstock

再会後、ロンドンで写真撮影のためポーズを取るゴルジエフスキー一家。しかし夫婦の絆はすぐに壊れていった。

1987年、アメリカ大統領執務室でのゴルジエフスキーとロナルド・レーガン。レーガンは、「私たちは、君のことを知っています。君が西側のためにしてくれたことに感謝しています」と言った。

2007年の女王誕生記念叙勲で、ゴルジエフスキーは「連合王国の安全に対する貢献」を評価されて聖ミカエル聖ジョージ三等勲爵士（CMG）に叙せられた。

ＣＩＡ長官ビル・ケーシー。ケーシーは、ゴルジエフスキーが脱出して数週間後、彼に会うためイギリスへやってきた。

Ilpo Musto/REX/Shutterstock

引退したスパイ。オレーク・ゴルジエフスキーは、ソ連からの脱出後すぐ、イングランドの平凡な郊外の通りに面する一戸建てに移り住み、今もそこで偽名を使って暮らしている。

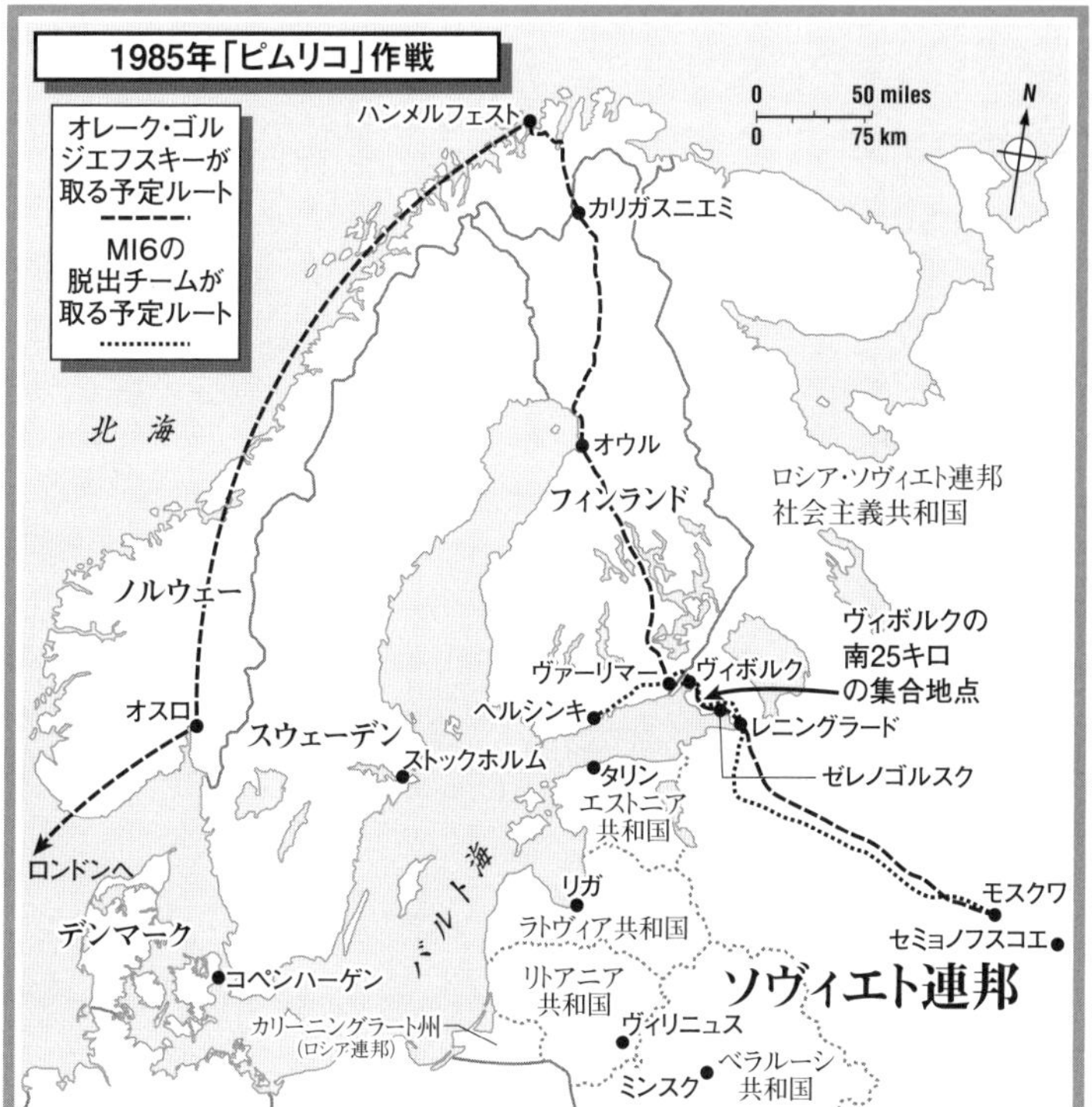
1985年「ピムリコ」作戦
オレーク・ゴルジエフスキーが取る予定ルート
MI6の脱出チームが取る予定ルート
0 50 miles
0 75 km
N
ハンメルフェスト
カリガスニエミ
北 海
オウル
フィンランド
ロシア・ソヴィエト連邦社会主義共和国
ノルウェー
ヴィボルクの南25キロの集合地点
ヴァーリマー
ヴィボルク
ヘルシンキ
オスロ
スウェーデン
レニングラード
ストックホルム
タリン
ゼレノゴルスク
エストニア共和国
ロンドンへ
リガ
モスクワ
デンマーク
ラトヴィア共和国
セミョノフスコエ
バルト海
コペンハーゲン
リトアニア共和国
ソヴィエト連邦
カリーニングラート州
（ロシア連邦）
ヴィリニュス
ベラルーシ共和国
ミンスク

サンビーム……………………………オレーク・ゴルジエフスキー（ＭＩ６）
ジグザグ………………………………エディ・チャップマン（ＭＩ５）
ゼウス…………………………………ゲアト・ペーターセン（ＫＧＢ）
ダニチェク……………………………スタニスラフ・カプラン（ＭＩ６）
ダリオ…………………………………正体不明のＫＧＢイリーガル（ＫＧＢ）
ティクル………………………………オレーク・ゴルジエフスキー（ＣＩＡ）
ディスアレンジ………………………チェコ情報部員の脱出作戦（ＭＩ６）
ドリーム………………………………ジャック・ジョーンズ（ＫＧＢ）
ノックトン……………………………オレーク・ゴルジエフスキー（ＭＩ６）
パック…………………………………マイケル・ベタニー（ＭＩ５）
ピムリコ………………………………ゴルジエフスキーの脱出作戦（ＭＩ６）
ファウスト……………………………エヴゲーニー・ウシャコフ（ＫＧＢ）
ブート…………………………………マイケル・フット（ＫＧＢ）
フェアウェル…………………………ウラジーミル・ヴェトロフ（フランス情報機関）
フット…………………………………ＫＧＢ／ＧＲＵ情報員の追放（ＭＩ５／ＭＩ６）
フリード………………………………チェコの情報部員（ＭＩ６）
ヘトマン………………………………レイラ・ゴルジエフスキーと娘たちの解放作戦（ＭＩ６）
ランパッド……………………………ＭＩ５とＭＩ６の共有情報（ＭＩ５／ＭＩ６）
ロン……………………………………リチャード・ゴット（ＫＧＢ）

暗号名と偽名

RYAN……核ミサイル攻撃（ソヴィエト連邦）
アップタイト……MI6（CIA）
インヴィジブル……チェコ人科学者夫妻の脱出作戦（MI6）
エイブル・アーチャー83……NATOの机上演習
エリ……レオ・ロング（KGB）
エルメン……MI5とMI6による対ベタニー共同防諜作戦（MI5／MI6）（自称〝ナッシャーズ〟）
エンベイス……ゴルジエフスキー亡命後のKGB／GRU情報員の追放（イギリス）
オヴェーション……オレーク・ゴルジエフスキー（MI6）
グアルジエツェフ……オレーク・ゴルジエフスキー（KGB）
グラウンド……「ダリオ」への送金（KGB）
グリプティック……ヨシフ・スターリン（MI5）
グレタ……グンヴォル・ガルトゥング・ホーヴィック（KGB）
クローニン……スタニスラフ・アンドロソフ（KGB）
グロモフ……ワシーリー・ゴルジエフスキー（KGB）
コー……マイケル・ベタニーへの尋問（MI5）
ゴームソン……オレーク・ゴルジエフスキー（PET）
ゴールドフィンチ……オレーク・リャーリン（MI5／MI6）
コバ……マイケル・ベタニー
コリン……ミハイル・リュビーモフ（KGB）
ゴルノフ……オレーク・ゴルジエフスキー（KGB）
ゴルフプラッツ……イギリス（ドイツ）

今は亡きジョアンナ・マッキンタイアー（一九三四〜二〇一五）に

KGBの男　冷戦史上最大の二重スパイ

「彼には生活がふたつあった。ひとつは公然の生活、つまり、それを見たい知りたいという人には誰にでも見せたり知らせたりしている生活であり、（中略）もうひとつは内密に営まれる生活であった」

——アントン・チェーホフ『犬を連れた奥さん』

序――一九八五年五月一八日

ＫＧＢで防諜《ぼうちょう》を担当するＫ局にとって、それは普段と変わらぬ通常の盗聴業務だった。

部屋の玄関ドアに複数取り付けられている錠は、一分足らずですべて開けられた。ここは、モスクワのレニンスキー大通り一〇三番地に建つ、ＫＧＢの情報員たちとその家族が住む高層マンションの九階にある一室である。手袋をはめたオーバーオール姿の男ふたりが室内を手際よく捜索していくかたわらで、技術員二名が電線を目の付かない場所に手早く引きながら、壁紙の奥や巾木《はばき》の裏に盗聴器を埋め込み、電話の受話器に盗聴用のマイクを仕込み、リビングと寝室とキッチンの照明器具にビデオカメラを設置していく。一時間後に作業が終わったときには、住居内の隅から隅まで、ＫＧＢの目と耳が届かない所はほとんどなくなっていた。最後に、一行は顔にマスクをすると、クローゼットにあった衣類と靴に放射性ダストを吹きつけた。放射線量は、中毒を引き起こすほど高くはないが、服や靴を身に付けた者の動きをＫＧＢのガイガーカウンターで追跡できる程度には高い。そして一同は住居から出ると、玄関ドアの鍵をすべて忘れずに掛けた。

翌日、ソ連の情報部高官が国営航空会社アエロフロートの飛行機に乗ってロンドンからモスクワの空港に到着した。

KGBのオレーク・アントーノヴィチ・ゴルジエフスキー大佐は、キャリアの絶頂にあった。ソヴィエト情報機関の有能な人材として、北欧、モスクワ、イギリスで勤務し、経歴に傷をほとんど付けることなく職務を果たして、コツコツと出世を重ねてきた。そして四六歳の今、KGBのロンドン支局長という誰もがうらやむポストに昇進し、KGBのトップから正式に任命されるためモスクワに戻ってきたところだった。生え抜《はぬ》きのスパイであるゴルジエフスキーは、ソヴィエト連邦を統制する、この巨大で血も涙もない保安・情報ネットワークで、いずれは最上層部まで昇り詰めるだろうと思われていた。

がっしりとしたスポーツマンタイプのゴルジエフスキーは、自信に満ちた態度で空港の人混みの中を堂々と歩いた。しかし、心の内では静かな恐怖が沸き起こっていた。なぜなら、長年KGBに勤務し、諜報の世界でソヴィエト連邦に忠実に仕えてきたオレーク・ゴルジエフスキーは、実はイギリス側のスパイだったからである。

イギリスで国外の情報活動を担当する機関MI6から十数年前にスカウトされ、「ノックトン」という暗号名を与えられた彼は、史上屈指の貴重なスパイになっていた。彼がイギリス側担当官に提供した大量の情報は、冷戦の流れを変え、ソ連のスパイ網を暴き、核戦争を回避する一助となり、国際関係が危機的状況にあった時代に西側諸国がソ連政府の考え方を知る唯一の窓となった。アメリカ大統領ロナルド・レーガンもイギリス首相マーガレット・サッチャーも、このロシア人スパイがもたらす非常に貴重な秘密情報のブリーフィングを受けていたが、レーガンもサッチャーも、このスパイの正体については何も伝えられていなかった。ゴルジエフスキーの若い妻でさえ、夫が二重生活を送っていることにまったく気づいていなかった。

ＭＩ６でゴルジエフスキーを担当する情報員の小チームは、彼がＫＧＢのレジジェント［резидент 駐在官］（ＫＧＢの海外支局長を指すロシア語。ちなみに支局は「レジジェントゥーラ」［резидентура 駐在官事務所］という）に任命されると知って、喜んだ。ゴルジエフスキーがイギリスで活動する最高位のソ連側情報員になれば、以後、彼はソ連の諜報活動の最重要機密にアクセスできるようになる。そうなれば、西側はＫＧＢのやろうと計画していることを実施前に知ることができるし、イギリス国内のＫＧＢを無力化することもできるだろう。しかし、モスクワからの突然の召還に「ノックトン」チームは動揺した。罠だと感じた者もいた。ロンドンの隠れ家で緊急会合が開かれ、ゴルジエフスキーはＭＩ６の担当官たちから、帰国せず家族とともに亡命してイギリスにとどまってはどうかと提案された。彼を帰国させることがどれほど大きな賭けなのか、会合の場にいる者全員がよく承知していた。もしも彼が正式にＫＧＢのレジジェントとして戻ってくれれば、ＭＩ６やＣＩＡなど西側の情報機関は貴重な情報を山のように手にすることになるが、もしもゴルジエフスキーの召還が罠なら、彼はすべてを失い、命すら奪われることになる。彼はじっくりと考えた末に、こう決断を下した。「戻ります」。

ＭＩ６の情報員たちは、ゴルジエフスキーの緊急脱出計画、暗号名「ピムリコ」の手順を再確認した。七年前に、実施しなくても済むようにと願いながら策定した計画だ。当時、ＭＩ６がソ連から、ＫＧＢの情報員はおろか誰かを秘密裏に脱出させたことは一度もなかった。綿密に練られているが危険も多いため、この脱出計画を発動するのは、あくまで最後の手段としてであった。

ゴルジエフスキーは、危険を見抜く訓練を受けていた。しかし、モスクワの空港を歩く彼は、精神的ストレスで神経をすり減らしており、目にするものすべてが危険の兆候に思えてならなかった。パスポート審査官が書類を調べる時間が必要以上に長いように感じたが、やがて審査官は手を振って通過を認めた。出迎えに来ているはずの職員がどこにもいない。KGBの大佐が海外から帰国するときは、誰かが出迎えるのが最低限の礼儀なのに。空港は常に厳重に監視されているものだが、今日は、所在なげに立っている特徴のない男女の数が、普段よりかなり多いような気がする。ゴルジエフスキーはタクシーに乗り込みながら、もしKGBが真実を知っているなら、私はソ連の国土に足を着けた瞬間に逮捕され、今ごろはKGBの監房へ、尋問と拷問とその後の処刑が待っている監房へと連行されている途中のはずだと、自分に言い聞かせた。

確認できる限りでは尾行している者はいないらしく、彼はレニンスキー大通りの見慣れたマンションに入り、エレベーターで九階へ向かった。自宅の部屋に入るのは今年の一月以来だった。

玄関ドアにある第一の錠は簡単に開き、第二の錠もすぐに開いた。ところが、ドアはびくともしない。ドアにある第三の錠、マンションの建設当初からある昔風のかんぬき式の錠《デッドボルト》が、締まっていたのである。

しかしゴルジエフスキーは、この第三の錠をこれまで一度も使ったことがなかった。それどころか、その鍵さえ持っていなかった。ということは、誰かがマスターキーを使って中に入り、出るときにドアの錠をうっかり三つとも掛けてしまったに違いない。その誰かとは、KGB以外に考えられない。

この一週間の漠然とした不安が、いきなり血が凍るほどの明確な恐怖に変わり、寒気が走って一瞬体が動かなくなった。マンションは侵入されて捜査を受け、おそらく盗聴器も仕掛けられているはずだ。私は嫌疑を掛けられている。誰かが裏切ったのだ。KGBは監視を始めている。スパイである彼は、仲間のスパイたちからスパイされる身になっていたのである。

第一部

1　ＫＧＢ

ＫＧＢ一家に生まれて

オレーク・ゴルジエフスキーは、生まれも育ちもＫＧＢだった。ＫＧＢによって心身ともに形作られ、ＫＧＢに愛され、痛めつけられ、傷つけられ、危うく命まで奪われそうになった。ＫＧＢというソ連のスパイ機関は、彼の血となり肉となっていた。父親は、生涯この情報機関で働き、ＫＧＢの制服を毎日、平日だけでなく週末も着用していた。ゴルジエフスキー一家は、専用のマンションでスパイ仲間たちに囲まれて暮らし、職員用に確保された特別な食料を食べ、余暇はほかのスパイ一家と交流して過ごした。ゴルジエフスキーは、ＫＧＢの子供であった。

ＫＧＢ（ラテン字表記 Komitet Gosudarstvennoy Bezopasnosti 国家保安委員会［Комитет Государственной Безопасности］）は、これまでに作られた中で最も複雑で最も影響力の大きな情報機関だった。スターリンのスパイ網を直接の前身とする組織で、国内外での情報収集と、国内の治安維持と、国家警察としての機能を併《あわ》せ持《も》っていた。抑圧的で、謎に満ち、至る所に姿を現すＫＧＢは、ソ連社会の隅々にまで入り込み、市民生活を何から何まで統制していた。国内では、反対派を排除し、共産党幹部を護衛し、敵国に対する諜報活動と防諜作戦を実施し、ソ連国内の諸民族を脅迫して屈従させた。国外では、世界各地で工作員をスカウトしたりスパイを送り込んだりして、軍事・政治・科学に関する秘密情報をありとあらゆる場所から集め、買い取り、盗み出した。最盛期には情報員・工作員・情報提供者を合計一〇〇万人以上抱え、ソヴィエト社会の形成に他のどの組織よりも強い影響を及ぼしていた。

西側にとって「ＫＧＢ」という略称は、国内での恐怖政治と国外での侵略・国家転覆の代名詞であり、顔のない官製マフィアが運営する全体主義体制のあらゆる残虐行為を象徴する存在だった。しかし、その厳しい支配下で生活する人々は、ＫＧＢをそのようには見ていなかった。確かに恐怖と服従心を呼び起こしはしたが、同時にＫＧＢは、国家の親衛隊であり、西側の帝国主義的・資本主義的侵略に対する防波堤であり、共産主義の守護者だとして崇敬されていた。この特権的なエリート集団の一員であることは、称賛と自負心の源泉であった。この組織に入った者は、生涯その一員であり続けた。「元ＫＧＢの人間などというのは存在しない」と、かつてＫＧＢの情報員だったウラジーミル・プーチンは語っている。[*1] ＫＧＢは、選ばれた者のみが入会でき、退会することのできないクラブだった。ＫＧＢのメンバーに入ることは、入れるだけの才能と野心を持つ者にとっては名誉なことであり、かつ義務でもあった。

オレーク・ゴルジエフスキーは、ＫＧＢ入り以外の進路を真剣に考えたことはなかった。

父のアントン・ラヴレンチエヴィチ・ゴルジエフスキーは、鉄道労働者の息子で、もともとは学校の教師だったが、一九一七年のロシア革命をきっかけに、疑念を抱かぬ筋金入りの共産主義者となり、正統なイデオロギーの厳格な番人になった。「共産党は神だった」と後に息子オレークに書かれるように、父親の方のゴルジエフスキーは、共産主義への忠誠心が揺らぐことはまったくなく、それは共産主義のために忌まわしい犯罪に加担しなくてはならないときでさえ変わらなかった。一九三二年、彼はカザフスタンの強制的な「ソヴィエト化」に携わり、ソヴィエトの軍人や民間人の胃袋を満たすため農民から組織的に食料を収奪した。その結果、飢饉が発生して約一五〇万人が犠牲になった。アントンは、国家のせいで人々が餓死していく様子を間近で目にした。同年、彼は国家保安を担当する部署に入り、その後、スターリンの秘密警察であり、ＫＧＢの前身であるＮＫＶＤ（内務人民委員部）に移った。そこでは政治部の職員として、政治思想の統制と教化を受け持った。私生活では、統計の仕事をしていた二四歳の女性オリガ・ニコラエヴナ・ゴルノワと結婚し、新婚のふたりはモスクワにある情報機関の幹部専用マンションに引っ越した。一九三二年に長男ワシーリーが生まれた。ゴルジエフスキー一家は、スターリン政権下で順風満帆な日々を送った。

同志スターリンが、革命は国内からの深刻な脅威にさらされていると宣言すると、アントン・ゴルジエフスキーは率先して裏切り者の追放に協力した。一九三六～三八年の大粛清で、「国家の敵」が大々的に排除され、敵への内通者や隠れトロツキスト［ロシア革命の中心人物でスターリンと対立していたトロツキー（一八七九～一九四〇）を支持する人々］だと疑われた者、テロリストや破壊工作員、反革命派のスパイ、共産党と政府の職員、農民、ユダヤ人、教師、軍の将軍、知識人、ポーランド人、赤軍の兵士などなど、多くの人が粛清された。その大半は、まったくの無実だった。猜疑心《さいぎしん》に満ちたスターリン時代の警察国家では、他人を告発するのが確実に生き残れる最も安全な方法だった。当時のNKVD長官ニコライ・エジョフは、「ひとりのスパイを逃がさずに済むなら、無実の者が一〇人処刑になってもかまわない。斧で木を切れば木っ端《こば》が飛ぶものだ」と語っていた。[*2] 密告者がひそかに情報を伝え、拷問担当者と死刑執行人が仕事に取り掛かり、シベリア各地にある強制収容所は、収容人数の限界ギリギリにまで膨れ上がった。しかし、あらゆる革命の例に漏れず、革命の番人自身も容疑者にならざるをえなかった。NKVDは、組織内部の調査と粛清を開始したのである。この大規模粛清の最盛期、ゴルジエフスキー家が入るマンションのビルには六か月の間に一〇回以上も強制捜査が入った。逮捕は夜に行なわれた。まず家長が連行され、それから家族の残りが連れていかれた。

おそらく、こうした国家の敵には、アントン・ゴルジエフスキーによって認定された者も含まれていたことだろう。「NKVDは常に正しい」とアントンは語っていた。その判断は、まったく理にかなっていたが、同時に完全に間違ってもいた。

大粛清が収束に向かい始め、戦争の影が近づいてきていた一九三八年一〇月一〇日、次男オレーク・アントーノヴィチ・ゴルジエフスキーが生まれた。ゴルジエフスキー一家は、友人や近隣住人の目には、イデオロギー的に潔白で、共産党と国家に忠実であり、今ではすくすく育つ息子ふたりを持つ、理想的なソヴィエト国民に見えていた。オレークの七年後に娘マリーナが生まれた。ゴルジエフスキー家は食べるものに困らず、特権を許され、生活は安泰だった。

しかし、じっくり観察すると、家族の表の姿にはいくつも亀裂が走っており、その裏には欺瞞《ぎまん》が層を成しているのが分かった。アントン・ゴルジエフスキーは、飢饉と粛清と恐怖政治の時代に自分が何をしたのか、決して語りはしなかった。彼は、いわゆる「ホモ・ソヴィエティクス」[「ソヴィエト人間」、つまり、共産主義の抑圧によって作り出された、国家への従順な奉仕者の典型だった。しかし心の底では不安と恐怖を抱き、おそらくは罪の意識にもさいなまれていたようだ。後にオレークは、父を「おびえた男」と考えるようになった。

オレークの母オリガ・ゴルジエフスキーは、夫ほど従順な性分ではなかった。共産党には決して入らず、ＮＫＶＤは絶対正しいなどとは少しも思っていなかった。彼女の父親は、水力製粉所を共産党に取り上げられた。兄は農業の集団化を批判したため東シベリアの強制収容所へ送られた。友人たちが何人も夜中に自宅から引きずり出されて連行されていく様子も目にしていた。彼女は農民の身に染みついた常識から、国家テロでは誰が標的にされるか分からず、一度標的にされたが最後いつまでも執念深く狙われると思っていたが、そうした考えは一切口外しなかった。

六つ違いのオレークとワシーリーの兄弟は、戦時中に子供時代を送った。ゴルジエフスキーの一番古い記憶のひとつは、泥にまみれたドイツ兵捕虜たちが列を作って「動物のように囲われ、見張られ、引き立てられながら」モスクワ市内の通りを行進させられている様子を見物したことだった。父アントンは、兵士たちに党のイデオロギーを講義するため家を長期間留守にすることが多かった。

オレーク・ゴルジエフスキーは、正統的な共産主義思想をきちんと学んだ。第一三〇学校に入学すると、早くから歴史と語学で才能を示し、国内外で活躍した共産主義の英雄について学んだ。西側の実態は情報操作による厚いベールで隠されていたが、それでも彼は外国に憧れた。六歳のとき、在ソ連イギリス大使館が英ソ間の相互理解を進めるためロシア語で発行していたプロパガンダ・パンフレット『イギリスの同盟国［Британский Союзник］』を読み始めた。ドイツ語も勉強した。また、当時の一〇代の青少年なら誰もが当然したように、コムソモール（共産主義青年同盟）にも入った。

父は公式の機関紙を自宅に三紙持って帰り、そこに掲載された共産主義プロパガンダを声高に読み上げていた。NKVDはKGBになり、アントン・ゴルジエフスキーもそのままKGBの職員となった。オレークの母は、内に秘めた反骨精神をいつもにじませており、その反抗心がごくまれに、毒を含んだ、つぶやくような独り言になって表に出ることもあった。宗教を信じることは共産主義下では違法であり、兄弟は無神論者として育てられたが、母方の祖母がワシーリーにひそかに洗礼を受けさせてロシア正教徒にしており、オレークにも洗礼を受けさせるつもりだったが、それに気づいた父親が驚いてやめさせた。

オレーク・ゴルジエフスキーの育った家庭は、絆が強く、愛情にあふれていたが、二面性にも満ちていた。アントン・ゴルジエフスキーは党を崇敬し、私は臆することなく共産主義を支持すると公言していたが、内心では、恐ろしい事件を目撃して恐怖に震える臆病者だった。オリガ・ゴルジエフスキーはKGB職員の理想的な妻だったが、体制を見下す気持ちを人知れず抱いていた。オレークの祖母は、非合法化された違法な神をひそかに信仰していた。この家では、大人たちは全員自分の本心を明かしていなかった──家族どうしはもちろん、ほかの誰にも明らかにしてはいなかった。息が詰まるほど服従を求められるスターリンのソ連では、違った考えをひそかに持つことは可能でも、それを正直に口にすることは、たとえ相手が自分の家族であったとしても、危険極まりないことだった。オレークは子供のころから、二重生活を送るのは可能なことだと気づいていた。本心を隠しながら周りの人を愛し、外の世界に見せる自分と内面世界の自分とをまったく別にすることはできると考えていた。

オレーク・ゴルジエフスキーは、学業では銀メダルを授与されるほど優秀な成績を収め、コムソモールではリーダーを務めて、ソヴィエト体制が生み出す、有能で頭がよく、運動も得意な、現状に疑問を抱かず他人の注意も引かない人間になった。しかし、彼は人生の表と裏を分けて考える術《すべ》も身に付けていた。父も母も祖母も、形は違えど全員が仮面をかぶっていた。ゴルジエフスキー青年は、秘密に囲まれた中で成長した。

クロスカントリー好きな学生

一九五三年にスターリンが死んだ。その三年後、共産党第二〇回大会で後継者ニキータ・フルシチョフがスターリン批判を行なった。アントン・ゴルジエフスキーは動揺した。政府によるスターリン批判は、オレークいわく、「父の人生のイデオロギー的・哲学的基盤を破壊するのにおおいに役立った」。父は、ソ連の変わっていく姿を歓迎してはいなかった。しかし息子は歓迎していた。「フルシチョフの雪解け」は、短期間で限定的ではあったが、検閲が緩《ゆる》められ、何人もの政治犯が釈放されるなど真の自由化が実現した時期だった。希望を抱く若きソ連国民にとっては心躍る時代だった。

オレークは、一七歳のとき名門校モスクワ国際関係大学に入学した。大学では、新しい雰囲気に触発されて、どうすれば「人間の顔をした社会主義」を実現できるか仲間たちと熱心に語り合った。しかし、彼はやりすぎた。母の反骨精神がいつの間にか身に付いていたのだ。ある日彼は、自由と民主主義を、それがどういう概念かもほとんど理解しないまま、無邪気に擁護する趣旨の講演原稿を書いた。そして、それをLL教室で録音し、仲間の学生たちに再生して聞かせたのである。学生たちは驚いた。「オレーク、これはすぐに破棄しなくてはダメだ。そして、こうしたことを二度と口にするんじゃない」。彼は突然恐怖に襲われ、クラスメートの誰かが自分の「過激な」意見を当局に報告したのだろうかと思った。ＫＧＢは大学内にもスパイを忍ばせていた。

フルシチョフの改革方針は、その限界が一九五六年に残忍な形で露呈した。この年、ハンガリーでソ連支配に反対する全国規模の暴動［ハンガリー事件］が起こると、ソ連は戦車部隊をハンガリーに侵攻させて、これを鎮圧したのである。ソ連政府による徹底した検閲とプロパガンダにもかかわらず、蜂起鎮圧の噂はソ連国内に徐々に伝わった。「暖かさはすべて消えた」と、オレークは、その後に続いた締めつけを振り返って語っている。「刺すような冷たい風が吹き始めた」。

国際関係大学は、ヘンリー・キッシンジャー［一九二三〜。アメリカの元外交官・国際政治学者］から「ロシアのハーヴァード大学」[*3]と呼ばれたほどの、ソヴィエト連邦きってのエリート校だった。外務省が運営しており、一流の人材養成機関として、多くの外交官・科学者・経済学者・政治家――そしてスパイを輩出していた。ゴルジエフスキーは、歴史学、地理学、経済学、国際関係を学んだが、そのどれもが共産主義イデオロギーというレンズでゆがめられていた。学ぶことのできる言語の数は五六で、世界中のどの大学よりも多かった。語学力は、彼が熱望していたＫＧＢ入りと外国旅行を実現させる確実な道だった。すでにドイツ語は堪能だったので、英語の授業に申し込んだが、講座は定員オーバーだった。「スウェーデン語を学ぶといい」と、すでにＫＧＢに入っていた兄から勧められた。「ほかの北欧諸国への入り口になるぞ」。ゴルジエフスキーは兄の助言に従った。

大学図書館には、外国の新聞や定期刊行物がいくつか所蔵されており、検閲で内容がかなり削除されていたものの、もっと広い世界を垣間《かいま》見る窓になっていた。これらを彼は読み始めたが、そのことは内緒にしていた。西側への興味をあからさまに示すこと自体が、疑惑を招く元になるからだ。夜にはＢＢＣワールドサービスやボイス・オブ・アメリカ［アメリカの声］などのラジオ放送をひそかに聴くこともあった。ソヴィエトの検閲官による電波妨害で聞きづらかったが、それでも「初めて真実のかすかな香り」を感じることはできた。

人間誰しもそうだが、後年のゴルジエフスキーは、自分の過去を経験というレンズを通して見ることが多く、自分は以前から不服従の種をひそかに心に抱いていたと考えたり、こういう運命をたどることは何らかの形で自分の性格に組み込まれていたと思ったりしがちだった。しかし、実際はそうではなかった。学生時代の彼は熱心な共産主義者であり、父や兄のようにKGBに入ってソヴィエト国家のために働きたいと願っていた。ハンガリー事件は若い彼の心を捉えたが、彼は決して革命家ではなかった。「私は当時まだ体制の中にいたが、幻滅感は次第に大きくなっていった」と語っているが、それは彼と同時代の学生たちもまったく同じだった。

一九歳のとき、ゴルジエフスキーは陸上競技のクロスカントリーを始めた。この競技のひとり黙々と走るところに魅力を感じ、自分自身と人知れず戦いながら長時間リズムよく激しい運動を続けて自分の限界を試す点が気に入ったのである。オレークは、その気になれば仲間と騒いだり、女性たちの注目を集めて楽しく過ごしたりすることもできた。彼の容貌は、美男子とまではいかなくとも端整であり、髪はオールバックにし、正直そうな、かなり柔和な顔立ちをしていた。眠っているときは険しそうな顔になるが、目がブラックユーモアで輝くと、表情がパッと明るくなった。仲間といるときは陽気で親しげに振る舞うことが多かったが、どこか頑《かたく》なで秘密めいたところもあった。彼は孤独ではなかったし、孤独を好むタイプでもなかったが、ひとりでいても苦にならなかった。自分の感情をあらわにすることはめったになかった。普段から自己研鑽《けんさん》に熱心だったオレークは、クロスカントリーは「人格形成」だと思っていた。彼はモスクワの街路や公園を、ひとり思いにふけりながら何時間も走り続けた。

彼が親しくなった数少ない学生のひとりに、大学の陸上チームのランナー仲間スタニスラフ・カプランがいた。愛称を「スタンダ」といったカプランは、チェコスロヴァキア人で、プラハのカレル大学で学位を取得した後、ソヴィエト圏出身の優秀な学生数百人のひとりとして国際関係大学に留学していた。共産主義に従ったばかりの国から来た他の学生たち同様、カプランの「個性はまだ抑圧されていなかった」と、後年ゴルジエフスキーは書いている。ひとつ年上だったカプランは、軍の翻訳官となるため勉強中だった。ふたりの青年は、互いに共感できる夢と、同じような考えを持っていることに気がついた。「彼はリベラルな考えの持ち主で、共産主義に対してきわめて懐疑的な見解を抱いていた」とゴルジエフスキーは評しているが、その彼はカプランの率直な意見に強い刺激を感じると同時に、若干の不安も覚えた。黒髪の美男子だったスタンダは、多くの女性を夢中にさせた。ふたりは固い友情で結ばれた友となり、一緒にランニングに励み、女の子を追いかけ、ゴーリキー公園から少し離れたチェコ料理レストランで食事を楽しんだ。

カプランと並んでオレークに強い影響を与えたのが、彼が心酔していた兄ワシーリーだった。当時ワシーリーは、ソヴィエト連邦が世界中に大々的に展開させていた秘密工作員の一種「イリーガル」になるため訓練を受けている最中だった。

KGBは、外国では二種類の異なるスパイを運用していた。ひとつは正式な身分による保護を受けて活動するスパイで、彼らは、表向きはソヴィエトの外交官や領事部の職員だったり、大使館付きの文化担当官や駐在武官だったり、正式に認められたジャーナリストや通商代表などだったりした。外交的保護を受けられるため、こうした「リーガル」［合法的］なスパイは活動が発覚しても諜報活動を理由に起訴されることはなく、「ペルソナ・ノン・グラータ」［好ましからざる人物］と宣告されて国外追放になるだけだった。それに対して「イリーガル」［非合法的］なスパイ（ロシア語では「ニリガール」［нелегал］という）は、公的な身分を持たず、通常は偽造書類を使って偽名で旅行し、どの国に派遣されても、その国の社会で目立たぬように完全に溶け込む（西側諸国では、こうしたスパイは「非公的保護」［Non-Official Cover］の頭文字を取ってＮＯＣと呼ばれる）。ＫＧＢは、イリーガルに一般市民の振りをさせて、秘密の破壊分子として世界中に送り込んでいた。彼らもリーガルなスパイと同様、情報を集め、工作員をスカウトし、さまざまな諜報活動を実施した。ときには「スリーパー」［休眠スパイ］として、実際に活動を開始するまで長期間待機したままでいる者もいた。こうしたスリーパーたちは、東西間で戦争が勃発したときは内応者となって戦闘に加わることになっていた。イリーガルは官憲の目が光る中で活動し、そのため彼らに資金を渡すときは追跡される恐れのある方法を使うことはできず、情報漏洩《ろうえい》の心配がない外交ルートで連絡を取ることもできなかった。しかし、大使館職員を隠れ蓑《かくみの》とするスパイとは違い、イリーガルが防諜機関の捜査員にたどられそうな痕跡を残すことはほとんどなかった。どこの国のソヴィエト大使館にも、常設のＫＧＢ支局であるレジジェントゥーラがあり、何人ものＫＧＢ情報員がさまざまな公的身分を隠れ蓑にして、全員がレジジェント（ＭＩ６やＣＩＡの支局長に相当）の指揮下で活動していた。西側の防諜機関が取り組んでいた仕事のひとつが、ソヴィエト大使館のどの職員が本物の外交官で、どれが実はスパイであるかを見破ることだった。イリーガルを見つけ出すのは、それよりはるかに難しかった。

ＫＧＢで対外情報活動を担当していたのが、第一総局だった。ここに属するＳ局（Ｓは「特殊な」を意味する специальный［スピツィアーリヌイ。ラテン字表記 spetsial'nyi］のＳ）が、イリーガルの訓練・

派遣・管理を担っていた。ワシーリー・ゴルジエフスキーは、一九六〇年に正式にS局に採用された。KGBは、国際関係大学に事務所を常設しており、新人候補を探す目的で情報員を二名配置していた。ワシーリーはS局の上司たちに、弟は語学に堪能なので、私と同じ仕事に関心があるかもしれないと告げた。

ベルリンの壁に衝撃を受ける

一九六一年初め、オレーク・ゴルジエフスキーは歓談に誘われた後、ジェルジンスキー広場［現ルビャンカ広場］にあるKGB本部近くのビルへ行くよう指示され、そこでドイツ語による、ていねいな面接を受けた。面接官は中年の女性で、ゴルジエフスキーのドイツ語力を褒めてくれた。この瞬間から、彼は組織の一員になった。ゴルジエフスキーの方から入りたいと働き掛けたわけではなかった。KGBは、希望者が申し込みをして入るクラブではない。ふさわしい者をKGBが選ぶのだ。

ゴルジエフスキーの大学生活が終わりに近づいていたころ、彼は業務を実地で体験するため六か月間ソヴィエト大使館の翻訳官として東ベルリンへ派遣されることになった。初めての外国旅行に胸躍らせていたゴルジエフスキーだったが、S局に呼ばれて東ドイツについてのブリーフィングを受けると、その興奮は収まった。共産党が支配するドイツ民主共和国はソ連の衛星国だったが、だからと言ってKGBの目を逃れることはできなかった。すでにワシーリーが現地でイリーガルとして暮らしていた。オレークは、向こうに着いたら兄と連絡を取り、まだ正式採用ではないが新たな雇用主のため「ささいな仕事」をいくつか行なうことに、すぐさま同意した。ゴルジエフスキーは一九六一年八月一二日に東ベルリンに到着し、郊外のカールスホルスト地区にあるKGBの敷地内に建つ学生向けの宿泊施設に向かった。

東ドイツでは、西ベルリンを経由して西側へ脱出する国民の流れが、この数か月で小川から奔流へと変わっていた。一九六一年の時点で、総人口のおよそ二〇パーセントに当たる約三五〇万の東ドイツ国民が、共産党支配からの大量脱出に加わっていた。

翌朝ゴルジエフスキーが目覚めると、東ベルリンには何台ものブルドーザーが押し寄せていた。東ドイツ政府が、ソ連政府に促され、人口流出を食い止める強硬策に打って出たのだ。西ベルリンと、東ベルリンを含む東ドイツ全体とを物理的に遮断する障壁、いわゆるベルリンの壁の建設を開始したのである。正式名は「反ファシズム防護壁」だが、実際には、東ドイツが自国民を閉じ込めておくため建てた監獄の外壁だった。有刺鉄線とコンクリートで作られ、障害物と自動車止めの溝と金網フェンスを備え、全長が一五〇キロメートルを超えるベルリンの壁は、鉄のカーテンを具現化したものであり、人類が築いた史上最も悪意に満ちた建造物のひとつだった。

ゴルジエフスキーは、東ドイツの作業員が境界付近の道路を車両が通行できないように寸断し、兵士たちが有刺鉄線を延々と設置していく様子を、強い恐怖を感じながら見つめていた。東ドイツ国民の中には、脱出ルートが急速に閉じようとしていることに気づき、何とか自由を手にしようとして、バリケードをよじ登ったり、境界の一部になっている運河を泳いで渡ろうとしたりする者もいた。境界に沿って並ぶ警備兵たちは、東側から西側へ渡ろうとする者は誰彼かまわず射殺せよとの命令を受けていた。新たな壁は、二二歳だったゴルジエフスキーに強烈な印象を与えた。彼いわく、「物理的な障壁を作り、武装した警備兵を監視塔に立たせて強化するのでなければ、東ドイツ国民を社会主義の楽園にとどめ、西側へ逃亡するのを食い止めることはできなかった」。

しかし、ベルリンの壁が一夜にして建設されたことに衝撃を受けたものの、それでもゴルジエフスキーはKGBの命令を忠実に実行した。権威に対する恐怖は本能的なものであり、服従する習慣が身に染みついていた。S局からは、KGBの元情報提供者だったドイツ人女性の名前を事前に知らされていた。ゴルジエフスキーに与えられた指示は、その女性の真意を探り出し、今後も情報を提供し続ける用意があるかどうかを確認することだった。彼は地元の警察を通じて女性の住所を探し出した。玄関に出てきた中年女性は、若い男性が花束を持っていきなり訪問してきたのに、驚いた様子はなかった。紅茶を飲みながら、彼女はKGBに協力し続ける用意があると明言した。ゴルジエフスキーは、KGBに提出する最初の報告書を熱心に書き上げた。それから数か月たって、ようやく彼は真相に気がついた。「調べられていたのは彼女ではなく、私だった」。

その年のクリスマスは、ライプツィヒで身元を偽って暮らしていたワシーリーと一緒に過ごした。オレークは、ベルリンの壁建設を見て恐怖を覚えたことをワシーリーには打ち明けなかった。兄はすでにKGBの正式な情報員であり、このようなイデオロギーの揺らぎを聞いて、いい顔をするはずがなかった。母が本音を父に隠していたのと同様に、兄弟たちも互いに自分の秘密を隠していた。オレークは、ワシーリーが東ドイツで本当は何をやっているのか何も知らなかったし、ワシーリーは、オレークが本当はどんな気持ちでいるのか、まったく分かっていなかった。ふたりはバッハ作曲『クリスマス・オラトリオ』の演奏会に行き、曲を聴いたオレークは「深く感動」した。それに引き換えソ連は「精神的に不毛な地」に思われた。ソ連では、国家から認められた作曲家の曲しか聴くことができず、バッハなどの「階級敵対的」な教会音楽は、退廃的・ブルジョワ的と見なされ、禁止されていた。

東ドイツで過ごした数か月は、その後のゴルジエフスキーの人生に大きな影響を与えた。彼は、ヨーロッパがふたつの対立するイデオロギーに物理的にも象徴的にも大きく分裂するのを目撃した。モスクワでは手に入らない文化的作品も味わった。そして何より、スパイ活動を開始した。「もしKGBに入ったら実行するかもしれないことを早くに体験できたのは、たいへん刺激的だった」。

もっとも、彼は事実上とっくにKGBの一員だった。

モスクワに戻ると、ゴルジエフスキーは一九六二年七月三一日からKGBに出勤するよう命じられた。彼はすでにイデオロギーに疑問を感じ始めていたのに、どうして、そのイデオロギーを守る組織に加わったのだろうか？　KGBの仕事は、外国旅行へ行けるチャンスのある、華やかなものだった。そもそも秘密活動には人を引きつける魅力がある。さらに、彼には功名心もあった。KGBは変わるかもしれない。彼が変わるかもしれない。ソ連が変わるかもしれない。それに、給与と特典もよかった。

オリガ・ゴルジエフスキーは、下の息子が父と兄にならって情報機関で働こうとしていると知って、落胆した。このときばかりは彼女も声を大にして、政権とそれを支える抑圧機関に対する怒りをあらわにした。オレークは、僕が働くのはKGBで国内を担当する部署ではなく、国外を担当する第一総局で、そこは外国語を話す知識人が配属されるエリート組織で、才能と教養が求められる複雑な仕事をする部署なのだと説明した。「本当にKGBらしくない場所なんだ。実際には情報活動と外交をするんだ」。それでもオリガは顔をそむけると、そのまま部屋から出ていった。アントン・ゴルジエフスキーは何も言わなかった。その父の態度に誇りはまったく感じられなかった。何年か後にオレークは、スターリン時代の弾圧の全容を理解するようになると、あのとき退職間近だった父は「KGBが手を染めた数々の犯罪や残虐行為を恥じ、ＫＧＢの仕事を自分の息子と話し合うのをひたすら恐れていた」のではないかと考えた。あるいは、もしかするとアントン・ゴルジエフスキーは、それまでの裏表のある人生を続けようとしていたのかもしれない。表向きはＫＧＢを忠実に支える人間を装いながら、内心では恐怖のあまり、息子に向かって「お前の加わろうとしている組織を信用してはならない」と警告することができなかったのではないだろうか。

ゴルジエフスキーは民間人としての最後の夏を、黒海沿岸にある大学の休暇用キャンプでスタンダ・カプランと過ごした。カプランは留学修了後も一か月ソ連に滞在することにしていて、その後は帰国してチェコスロヴァキアの泣く子も黙る情報機関ＳｔＢに入ることになっていた。まもなく友人ふたりは、仕事仲間として、ソ連圏のために諜報活動を行なう盟友になるわけだ。夏の一か月、ふたりは松の木陰でキャンプし、毎日ランニングを行ない、海で泳ぎ、日光浴をし、女性と音楽と政治について語り合った。カプランは、共産主義体制にますます批判的になっていた。ゴルジエフスキーは、これほど危険な打ち明け話をする相手に自分を選んでくれたことをうれしく思った。「私たちの間には、互いへの理解と信頼があった」。

カプランはチェコスロヴァキアに帰国してすぐ、ゴルジエフスキーに手紙を書いた。手紙には、彼が出会った女の子たちについての噂話や、オレークが訪ねてきたら一緒に楽しく過ごそうという話（「ふたりでプラハ中のパブとワイン・セラーを空っぽにしよう」とか）に交じって、ひとつ非常に重要な依頼があった。「オレーク、君はエフトゥシェンコがスターリンについて書いた詩が掲載された『プラウダ』を一部持っていないだろうか？」。その詩とは、ソ連で非常に積極的に発言して影響力のあった詩人エヴゲーニー・エフトゥシェンコがスターリン主義を真っ向から批判した詩「スターリンの後継者たち」のことだ。その内容は、ソ連政府にスターリンが「今後二度と起き上がらない」ようにすることを求め、指導者の中にはスターリン時代の残虐な過去をいまだに賛美する者がいると警告するものだった。例えば、その一節では「過去とは、私にとって、人民の幸福を無視し、虚偽の告発をし、無実の者を投獄することである。（中略）『どうでもいいことではないか』と言う人もいるが、私はじっとしていられない。／スターリンの後継者たちがこの世に生きている限り」と語られている。この詩は、ソ連共産党の機関紙『プラウダ』に掲載されるとセンセーションを巻き起こし、チェコスロヴァキアでも再版されていた。「こちらの人民の一部にも強烈な影響を与えたが、若干の不満もある」と、カプランは手紙でゴルジエフスキーに伝えた。その上で、チェコ語訳をロシア語の原文と比較したいと記していた。しかしそれは表の意味で、カプランが実際に伝えようとしたのは、君と僕は体制批判の仲間だというメッセージであり、僕たちはふたりともエフトゥシェンコが述べた意見に同感で、スターリンの遺物を前にしたら、この詩人と同じようにじっとしてはいないという宣言だった。

「ドライクリーニング」が得意

KGBの幹部養成機関である「赤旗大学」は、モスクワの北約八〇キロの深い森の中にあり、暗号名を第一〇一学校といった。この暗号名が、まったく偶然の一致なのだが、ジョージ・オーウェルの小説『一九八四年』に出てくる一〇一号室を連想させる名前であるのは、実に皮肉なことである。何しろ一〇一号室とは、地下にある拷問室で、ここで党は囚人に最も恐ろしい悪夢を経験させて、その囚人の反抗心を挫《くじ》くのだから。

この第一〇一学校で、ゴルジエフスキーらKGBの情報員候補生約一二〇名はソ連スパイ術の極意を伝授されることになった。学ぶのは、情報活動と対情報活動、リーガルとイリーガルや工作員と二重工作員など、さまざまなスパイのスカウト法と運用術、武器の使い方、素手での格闘術、監視術、普通の仕事ではないスパイ業務の専門的な技能と用語などだ。指導される技能の中でも特に重要なのが、監視の探知と回避術のうち、英語圏で「ドライクリーニング」(dry-cleaning)、KGBの用語では「プラヴェルカ」[проверка「点検」「チェック」の意]と呼ばれているものだ。これは、自分が尾行されているかどうかを見抜き、尾行されている場合は、あからさまにではなく偶然を装って監視から逃れる方法のことである。偶然を装うのは、尾行の対象者が「監視に気づいている」素振りをはっきり見せると、その対象者は訓練を受けた情報部員である可能性が高いと判断されてしまうからだ。「情報部員の行動は疑惑を引き起こすものであってはならない」とKGBの教官たちは強調していた。「監視任務に当たる者は、ある外国人が尾行されていないか露骨に確認しているのに気づいたら、任務をもっと秘密裏に、粘り強く、巧妙に遂行するよう促されるだろう」[*4]。

監視されていない状態で——あるいは、監視下にあっても——工作員とコンタクトを取れることは、どの秘密作戦にとっても欠かせない要素だ。西側のスパイ用語では、情報員や工作員が見破られずに作戦を遂行することを「黒」になるという。KGBの情報員候補生たちは何度もテストで外へ送り出されては、正確な場所で特定の人物と落ち合い、情報の伝達や回収を行ない、尾行されているかどうか、されているなら、どのような方法で尾行されているかを特定し、尾行をまこうとしていると思われないようにしながら尾行を振り切り、指定された場所にドライクリーニングが完全に済んだ状態で到着する練習を繰り返した。KGBで監視を担当するのは第七局だった。容疑者尾行の高度な訓練を受けている専門の監視員が、候補生たちの研修に参加し、毎日の訓練の最後に候補生たちと監視チームが意見交換を行なった。プラヴェルカは、体力を消耗するし、駆け引きが求められ、時間がかかり、神経もくたくたになるが、ゴルジエフスキーはこれが非常に得意だった。

オレークは、「信号地点」の設置方法も学んだ。「信号地点」とは、公共の場所に残した秘密の信号――例えば、街灯のポストにチョークで付けた印――で、通りすがりの人が見ても何の意味もないが、スパイには会合の時間と場所を伝える印のことである。「ブラッシュ・コンタクト」と「デッド・レター・ドロップ」の方法も学んだ。「ブラッシュ・コンタクト」［すれ違い接触］とは、周囲に気づかれることなくメモやアイテムを相手に直接渡すことであり、「デッド・レター・ドロップ」とは、相手と直接コンタクトを取らず、メモや現金を決められた場所に置いて相手に回収させる方法だ。これ以外にも、暗号、認識信号、秘密通信文の作成法、マイクロドット［超マイクロ写真］の準備法、写真術、変装術なども指導された。政治・経済の授業もあったし、若いスパイたちが持つマルクス・レーニン主義への信念をさらに強化するためイデオロギーについての講義もあった。オレークの同級生のひとりが述べているように、「こうした月並みな決まり文句や概念は、儀式で唱える祈禱文と同じ役割があり、忠誠心を毎日絶え間なく宣誓するようなものだった」。また、新人たちにブルジョア資本主義を理解させて、それと戦う準備をさせるために、外国での勤務経験があるベテラン情報員が西側の文化とエチケットについて講義を行なった。

このころゴルジエフスキーは初めて自分のスパイ名を決めた。ソ連でも西側でも情報機関は偽名を選ぶのに同じ方法を用いていた――偽名は、本名とよく似たものとし、頭文字を本名と同じにすべしとされていた。これなら、仮に誰かから本名で呼びかけられても、スパイ名しか知らない人は聞き間違えたと考えるだろうからだ。ゴルジエフスキーは、「グアルジエツェフ」という名を選んだ。

ほかの研修生全員と同じく、彼もKGBへの永遠の忠誠を誓い、「私は、この命のある限り全力で祖国を守り、国家の秘密を守ります」と宣言した。彼は、この誓いを何のためらいもなく行なった。共産党にも、採用条件のひとつだったので、入党した。彼は疑念を抱いていたかもしれない――そういう人は大勢いた――が、それでもKGBと党には嘘偽りのない真剣な気持ちで加わった。それに何よりKGBはスリルに満ちていた。だから、第一〇一学校での一年に及んだ研修は、オーウェルの描く悪夢のような世界とはまったく異なり、彼の青春時代で最も楽しい時期であり、刺激と期待に満ちた時代だった。同期の新人たちが選ばれた理由は、知性が高く、イデオロギーを順守していたからだったが、それに加えて、すべての情報機関に共通する冒険心を持っていたからでもあった。「私たちがKGBでのキャリアを選択したのは、面白いことができる見込みがあったからだった」。秘密は強い絆を作る。オレークの両親でさえ、彼が今どこで何をしているのか、よく分かっていなかった。「第一総局で職務に就くことは、国家保安委員会の若い情報員の大多数が心ひそかにであれ公然とであれ抱く夢の目標だったが、実際にその栄誉に浴することができたのは、ほんの一握りだった」と、オレークとほぼ同時期に第一〇一学校で学び、後にKGBの将軍になったレオニート・シェバルシンは書いている。さらにシェバルシンは、「その任務（中略）が情報部員たちを、独自の伝統と規律と慣行と特殊な専門用語によって、他に類のない仲間意識に結びつけていた」と記している。[*5] 一九六三年の夏には、ゴルジエフスキーはKGBの一員として完全に受け入れられていた。最後の息を引き取るまで秘密を一切明かすことなく祖国を守り続けると誓ったときは、心の底からそうするつもりだった。

ワシーリー・ゴルジエフスキーは、第一総局でイリーガルを担当するS局で熱心に働いていた。このころには深酒をするようにもなっていた——もっとも、勤務先は仕事が終わった後にウォッカを大量に飲んでも倒れずにいられることが高く評価される職場だったので、深酒は必ずしも問題視されていなかった。イリーガルのスペシャリストとして、ワシーリーはさまざまな偽名で各地を転々としながら、秘密のスパイ網を管理し、メッセージや金銭を他の秘密工作員に渡していた。弟には自分のしていることを一切語らなかったが、モザンビーク、ヴェトナム、スウェーデン、南アフリカなど、数々の異国の地の名をそれとなくほのめかしていた。

オレークは、自分も兄と同じように、外国での心躍る秘密工作の世界に入りたいと願っていた。それなのに、彼はモスクワのＳ局に配属になったと告げられた。仕事は、他のイリーガルのための文書作成だ。落胆の気持ちを隠そうとしながら、ゴルジエフスキーは一九六三年八月二〇日、持っている中で一番上等のスーツを着込むと、ＫＧＢの本庁舎に出勤した。本庁舎は、クレムリンの近くに建つビル群で、一部は刑務所、一部は記録保管所であり、人々が忙しく働く、ソ連の情報機関の中枢だった。その中心部に鎮座するのが悪名高いルビャンカだ。もともとは全ロシア保険会社のために建てられたネオバロック様式の巨大ビルで、その地下にはＫＧＢの拷問室があった。ＫＧＢ情報員の間では、このＫＧＢの管理本部は「修道院」あるいは単に「本部」と呼ばれていた。

ゴルジエフスキーは、刺激に満ちた外国で秘密活動をするのではなく、書類仕事に明け暮れ、「ガレー船を漕《こ》ぐ奴隷」のような気持ちで文書に必要事項を書き入れていた。どのイリーガルにも偽の仮面が必要であり、説得力のある身の上話、つまり、矛盾点のない完璧な経歴と偽造した各種証明書で作った、新たな身元を用意しなくてはならなかった。どのイリーガルにも、励ましと指示と資金を与えなくてはならず、そのためには信号地点とデッド・ドロップとブラッシュ・コンタクトを複雑に組み合わせる必要があった。イリーガルを送り込めば特に成果が得られると思われていた国がイギリスだった。イギリスには身分証明書の制度も、中央政府の住民登録局もなかったからだ。ほかにも西ドイツ、アメリカ、オーストラリア、カナダ、ニュージーランドも、すべて最重要なターゲットだった。オレークはドイツ課に配属され、来る日も来る日も、存在しない人間を作り出していた。二年間、彼は二重生活者たちの世界で暮らし、偽のスパイを外の世界へ送り出し、戻ってきた者を出迎えて過ごした。

伝説のスパイたちの末路

本部では、生霊《いきりょう》のような、とっくに耄碌《もうろく》したソヴィエト諜報活動の英雄たちが徘徊していた。ある日ゴルジエフスキーはS局の廊下で、史上屈指の大活躍をしたイリーガルのひとりであるコノン・トロフィモヴィチ・モロージィ、別名「ゴードン・ロンズデール」を紹介された。一九四三年にKGBは、ゴードン・アーノルド・ロンズデールという死亡したカナダ人の子供の身元を違法に入手し、それを北アメリカ育ちで完璧な英語を話すモロージィに与えた。モロージィ／ロンズデールは、一九五四年にロンドンに移り住み、ジュークボックスと風船ガムの自動販売機を売る陽気なセールスマンを装って、海軍の機密情報を収集した情報提供者たちのネットワーク、いわゆるポートランド・スパイ・リングを築いた（彼がモスクワを出発する前、KGBの歯科医が、虫歯でもないのに彼の歯にいくつか穴を開けた。おかげでモロージィは、口を開けてKGBが作った穴を見せるだけで、ほかのソ連側スパイに自分の身元を証明することができた）。CIAの潜伏スパイからの情報でモロージィは逮捕され、諜報活動で有罪となったが、その裁判のときでさえ、イギリスの裁判所は彼の本名を確認できていなかった。ゴルジエフスキーと会ったときのモローディは、モスクワでスパイ容疑により逮捕されていたイギリス人実業家との交換でモスクワに戻ってきたばかりだった。同じく有名な人物に、ウィリアム・ゲンリホヴィチ・フィッシャー、別名ルドルフ・アベルがいた。彼もイリーガルで、アメリカでのスパイ活動により禁固三〇年の刑を受けたが、その後一九六二年に、U2偵察機撃墜事件でソ連に捕らわれていたアメリカ空軍パイロット、ゲーリー・パワーズとの交換で帰国した。

しかし、半ば引退状態にある最も有名なソ連側スパイは、実はイギリス人だった。キム・フィルビーは、一九三三年にNKVDにスカウトされると、MI6で出世を続けるかたわら、大量の情報をKGBへ流し、最終的に一九六三年一月、ソヴィエト連邦に亡命して、イギリス政府に忘れようにも忘れられない、ひどい恥をかかせた。今ではモスクワの快適なマンションで世話係に見守られながら暮らしているが、あるKGB情報員いわく「指の先までイギリス人」[*6]で、遅れて届いた新聞『タイムズ』でクリケットの試合結果を読み、肉厚のオレンジピールが特徴のオックスフォード・マーマレードを食べ、たびたび泥酔していた。KGBでは伝説的人物として尊敬されていて、ソ連の情報機関のため臨時の仕事を続けており、英語を話す情報員向けの研修講座を担当したり、偶発的に起きた事例を分析したり、さらにはソ連アイスホッケー・チームの士気高揚に協力したりもした。

モローディやフィッシャーと同じくフィルビーも、スターに憧れる若手スパイたちに講義を行なった。しかし現実には、KGBでの諜報活動をやめた後の生活は、幸福からはほど遠かった。モローディは酒を飲むようになり、キノコ狩りへ行って謎の死を遂げた。アベルは深く幻滅した。フィルビーは自殺未遂を起こした。それでも三人とも、後に肖像がソ連の切手になるという栄誉に浴した。

注意深く見てみれば（しかし、実際に注意深く見るソ連人はほとんどいなかったのだが）、KGB

の神話と実像の違いは明々白々だった。本部は、一点の染みもなく清潔で、照明は明るいが、道徳観念はさらさらない官僚機構であり、かつては堅苦しくて厳格で情け容赦なかったこの場所で、国際的な犯罪が細心の注意を払って緻密に計画されていた。設立当初からソ連の情報機関は、倫理的制約をまったく受けずに活動していた。KGBは情報の収集・分析だけでなく、政治戦、メディア操作、虚偽情報の流布、文書偽造、脅迫、誘拐、殺人を組織的に行なっていた。破壊工作と暗殺は、「特殊任務局」と呼ばれた第一三部が専門に担当していた。ソ連では同性愛は違法だったが、外国人同性愛者を罠にはめて後々脅迫するため、同性愛者がスカウトされた。KGBは、弁解の余地がないほど道徳観念がなかった。しかし同時に、偽善的で道徳にやかましい上品ぶった場所でもあった。情報員は、勤務時間中に飲酒することを禁じられていた。もっとも、勤務時間以外では始終浴びるように飲む者が多かった。同僚の私生活についての噂は、たいていの職場と同じくKGBでも飛び交っていたが、違っていたのは、本部ではスキャンダルや噂話はキャリアを潰し、人生を終わらせる場合があるということだった。KGBは、プライバシーなどおかまいなしに、職員の家族構成に強い関心を寄せていた。そもそもソヴィエト連邦には私生活というものがなかった。情報員は、結婚して子供を持ち、結婚生活を維持するものとされていた。そこには職員統制だけでなく計算もあった。KGB情報員が結婚していれば、妻と子供を人質にできるので、外国赴任中に亡命される可能性は低いと考えたのである。

S局に入って二年後、ゴルジエフスキーは、このままでは兄のように極秘スパイとして外国へ派遣されることはないと判断した。しかし、オレークがイリーガルとして働くことを認められなかったのは、兄ワシーリーの存在が主な理由だったのかもしれない。KGBの論理に従えば、同じ家族からもうひとりを外国へ、それも同じ国へと派遣するのは、亡命をそそのかすも同然と思われたからだ。ゴルジエフスキーはうんざりし、不満を募らせた。目指した仕事は冒険と刺激を約束していると思ったのに、実際は退屈極まりないものだった。かつて西側の新聞で読んだ、鉄のカーテンの向こう側の世界は、すぐそこにあるのに手が届かないように思われた。そこで彼は結婚することにした。「私は一刻も早く外国へ行きたかったし、KGBは未婚男性を絶対に外国へ派遣しなかった。私は大急ぎで妻を見つけようとした」。理想を言えば、ドイツ語ができる女性がいい。それならふたり一緒にドイツへ派遣されるかもしれないからだ。

エレーナ・アコーピャンは、ドイツ語教師を目指して勉強中の女性だった。年齢は二一で、両親の一方がアルメニア人であり、瞳は黒く、知的で頭の回転も速かった。短い辛辣《しんらつ》な言葉で返答するのが得意で、それが彼には、ともかくそのときには、魅力的で好ましく思われた。ふたりは共通の友人の家で会った。彼らの間に生まれたのは、恋愛感情というより、共通の野心であった。オレークと同じくエレーナも外国を旅行したいと思っており、狭いアパートで両親ときょうだい五人と同居する暮らしとはまったく異なる生活を夢見ていた。ゴルジエフスキーは、それまで数人の女性と付き合ったことはあったが、いずれも短期間で別れていた。エレーナは、現代のソ連女性とはどういうものかを垣間見せてくれるように思われた。今まで出会った女子学生たちほど伝統にとらわれておらず、予測不能なユーモアのセンスもあった。一九六〇年代のソ連では「フェミニスト」という言葉は使用が厳しく制限されていたが、それでも彼女は、私はフェミニストだと公言していた。彼は、私は彼女を愛していると自分自身に言い聞かせた。ふたりは、後にゴルジエフスキーが振り返って語ったところによれば「どちらもあまり深く考えたり検討したりせずに」婚約し、その数か月後に、派手なお祝いなどしないまま結婚した。結婚した理由は、お世辞にもロマンチックとは言えなかった。彼女がいれば彼は出世の見込みが高まるし、彼女にとって彼はモスクワから出るためのパスポートだった。これはKGB式の政略結婚だったが、そのことを彼も彼女も相手に面と向かって認めたことはなかった。

一九六五年の後半、ゴルジエフスキーが待ち望んでいた転機がやってきた。デンマークでイリーガルを運用するポストに空きができたのである。このポストに就けば、表向きは領事部の職員としてビザの発給と相続事務を処理しながら、実際には、S局の作戦遂行を現場で担当する「Nライン」（Nは、「イリーガル」を意味するロシア語 нелегальный［ニリガーリヌイ。ラテン字表記 nelegalniy］のN）で働くことになる。

ゴルジエフスキーは、このポストを提示された。デンマークで覆面スパイのネットワークを運用する仕事だ。彼は即座に快諾した。キム・フィルビーも、一九三三年にKGBにスカウトされた後で、こう述べている。「私は躊躇《ちゅうちょ》しなかった。エリート部隊への入隊を提示されて、ためらう者などいない」と。[*7]

2　ゴームソンおじさん

コペンハーゲンの夢

オレークとエレーナのゴルジエフスキー夫妻が、一九六六年一月、霜が降りてキラキラと輝く日にコペンハーゲンに降り立つと、そこはおとぎの国だった。

あるＭＩ６情報員は、後にこう語っている。「ソ連共産主義に対する西側民主主義の優位を示すため、どこかの都市をひとつ選ばなくてはならないとしたら、コペンハーゲンに勝る場所はまずないだろう」。

デンマークの首都コペンハーゲンは、美しく、清潔で、近代的で、豊かであり、ソ連での単調で重苦しい生活から抜け出してきたばかりの夫婦の目には、ありえないほど魅力的に映った。ここには、おしゃれな車と、ピカピカのオフィスビルと、垢抜けたデザイナー家具と、きれいに治療した歯が印象的な北欧人の笑顔があった。カフェや、エキゾチックな料理を出す明るいレストランや、目を疑うほど品ぞろえが豊富な店が、何軒もあった。ゴルジエフスキーの飢えた目には、デンマーク人は元気ではつらつとしているだけでなく、文化的にも豊かであるように見えた。最初に入った図書館では、利用できる本の多さに圧倒されたが、それよりも驚いたのは、本は何冊でも好きなだけ借りることができ、持ち帰り用に本を入れたビニール袋は、そのままもらってもよいことだった。警察官の数も、ずいぶん少ないように感じられた。

ソヴィエト大使館は、市の北部にあるクリスティアニア通りに面した三棟の化粧漆喰塗りの邸宅で、ソ連の施設というよりゲート付きの高級ホテルのようであり、手入れの行き届いた広い庭園と、スポーツセンターと、社交クラブを備えていた。ゴルジエフスキー夫妻は新築のアパートに移り住んだが、そこは天井が高く、床は板張りで、作りつけのキッチンもあった。オレークは、乗用車としてフォルクスワーゲン・ビートルを支給され、連絡員との交際費として毎月二五〇ポンドを現金で前渡しされた。コペンハーゲンは音楽にあふれているように思われ、バッハやヘンデル、ハイドン、テレマンなど、ソヴィエト連邦では絶対に聴けない作曲家たちの曲があちこちで流れていた。彼は、ソ連の一般市民に国外旅行が許されていないのは至極もっともなことだと思った。イデオロギーを徹底的にたたき込まれたKGB情報員以外の人間がこうした自由を味わったら、このままここに残りたいという衝動に抵抗することなど決してできないだろうからだ。

ソヴィエト大使館にいる二〇名の職員のうち、本物の外交官は六人だけで、残りはKGBか、ソ連軍の情報機関GRUの人間だった。レジジェントのレオニート・ザイツェフは、実直かつ魅力的な情報員だが、自分の部下の実態には気づいていないようだった。部下のほとんどは無能か怠け者か不正を働いているかのいずれかで、しかも、たいていの者がこの三つすべてに当てはまっていた。彼らは実際にスパイ活動をすることよりも、経費をごまかすことの方に、はるかに労力を注いでいた。現地のKGBには、デンマーク人の連絡員を増やし、情報提供者をスカウトし、工作員になりそうな人物に働き掛けるなど、幅広い任務が与えられていた。ゴルジエフスキーは、これが「汚職の誘因」であることにすぐ気がついた。ほとんどの情報員は、デンマーク人との架空のやり取りをでっち上げ、請求書を偽造し、報告書を捏造《ねつぞう》して、経費を懐に入れていたからだ。コペンハーゲンの職員たちにデンマーク語をうまく話せる者はほとんどおらず、まったくしゃべれない者さえいたが、そうした異常事態に本部は気づいていなかったようだ。

ゴルジエフスキーは、自分は他の連中とは違うということを証明しようと決心した。すでにスウェーデン語に堪能だった彼は、デンマーク語を学び始めた。午前中は領事部での表の仕事に従事してビザの申請を処理して過ごし、スパイ活動は昼食時から開始した。

北欧諸国におけるKGBのイリーガル・ネットワークは、まとまりに欠けていた。ゴルジエフスキーの仕事の多くは管理業務で、具体的には、デッド・ドロップに金銭やメッセージを残し、信号地点を随時チェックし、大半は面識がまったくなく名前も知らない覆面スパイたちとひそかに連絡を維持することだった。例えば、あるイリーガルが決められた公園のベンチにオレンジの皮を置いておいたら、それは「私は危険にさらされている」という意味で、これがリンゴの芯だったら「私は明日出国する」になる。こうした複雑な取り決めが、ときに馬鹿げた騒動を引き起こすこともあった。ある信号地点で、オレークは公衆トイレの窓の下枠に曲がった釘を置いた。これはイリーガルに、あらかじめ決められたデッド・ドロップで現金を回収せよと指示する印である。覆面スパイは、メッセージを受け取ったことを知らせる返信として、同じ場所にビール瓶の蓋《ふた》を置くことになっていた。しかし、オレークが信号地点に戻ってみると、そこに置いてあったのは、ジンジャービール［生姜（ジンジャー）

を発酵させたイギリスの伝統的な清涼飲料。ジンジャーエールとは別物」の瓶の蓋だった。スパイが使う信号では、ジンジャービールと普通のビールは同じなのだろうか？　それとも、これには別の意味があるのだろうか？　レジジェントゥーラに戻って同僚たちと徹夜で散々議論した末にオレークは、このスパイはビールとジンジャービールの区別を付けていないとの結論に達した。

デンマークでは、国民の出生と死亡はプロテスタント教会に届けられ、教会が大きな登録簿に手書きで記録していた。モスクワから来た文書偽造の名手の助けを借りれば、教会の記録を書き換えることで新たな身元をいくらでも一から作り出すことができた。彼は、聖職者と親しくなって登録簿に近づこうとしたり、いくつかの教会への侵入計画を立てたりし始めた。「私は新たな分野を切り開こうとしていた」と、彼は後に語っている。今もデンマークの教会の登録簿には、オレーク・ゴルジエフスキーによって作り出された完全に架空のデンマーク人が何人も記載されたままになっている。

それと並行して、彼は情報提供者や工作員、秘密の運び屋のスカウトも開始した。「それが、我々がこの地で過ごす主な目的だ」とザイツェフは彼に告げていた。ゴルジエフスキーは、「ゴルノフ」という偽名（母の旧姓）で何か月もかけて交流を深めた結果、学校の教師とその妻を説得して、イリーガルとのメッセージのやり取りを仲介する「生きた郵便受け」になるのを承諾させた。あるデンマーク人警察官とも親しくなったが、何度か会ううちに、こちらが向こうをスカウトしているつもりで実は向こうがこちらをスカウトしようとしているのではないかと思い悩むようになった。

コペンハーゲンにやってきてまだ一年にならないころ、ほかとはまったく違うタイプのＫＧＢ情報員がゴルジエフスキーの同僚になった。ミハイル・ペトロヴィチ・リュビーモフは、陽気で声が大きく、非常に頭のよいウクライナ人で、父親はボリシェヴィキの秘密警察チェカで働いていた人物だった。リュビーモフは、モスクワ国際関係大学をゴルジエフスキーの四年前に卒業し、「イギリス人の国民性と、その作戦行動における活用」と題する論文を書いてKGBに提出した。一九五七年、彼はKGBの命令により、モスクワで開催された世界青年学生祭典でアメリカ人女性をひとり誘惑した。四年後にはイギリスへ、ソヴィエト大使館の報道官として派遣され、イギリスの労働組合、学生グループ、支配層から情報提供者をスカウトした。彼は、朗々と響く声で上流階級アクセントの英語を話し、言葉の端々に古めかしいイギリス的表現（What ho!［おーい！］とかPip pip!［じゃあね！］など）を挟むため、まるでロシア人になったバーティー・ウースター［イギリスのユーモア小説家P・G・ウッドハウス（一八八一〜一九七五）の作品に登場するイギリス紳士］が話しているかのようだった。リュビーモフは、イギリス的なものすべてに魅力を感じていた。より正確に言えば、イギリス文化のうち、ウイスキー、葉巻、クリケット、紳士クラブ、オーダーメイドのツイードの服、ビリヤード、ゴシップなど、彼が好きになったものに引きつけられていた。イギリスの情報機関は、彼に「スマイリー・マイク」というニックネームを付けた。イギリス人は敵ではあるが、そのイギリス人を彼は敬愛した。一九六五年、イギリスの暗号係をスカウトしようとして失敗すると、イギリス情報機関はただちに彼をスカウトしようとした。しかし彼は、イギリス側スパイになってほしいとの申し出を断り、そのため「ペルソナ・ノン・グラータ」と宣告されてモスクワに送り返された――それでも、こうした経験でイギリスを愛する強い気持ちが弱まることはまったくなかった。

一九六六年末にリュビーモフは、政治情報担当部署（KGBでの呼び名は「PRライン」）のチーフとしてコペンハーゲンに派遣された。

ゴルジエフスキーは、すぐにリュビーモフが好きになった。「大事なのはゲームに勝つことではなく、ゲームをプレイすることだ」とリュビーモフは太い声で言い、ゴルジエフスキーに、イギリスでは羽目板を張ったクラブの部屋でスコッチ・ウイスキーの銘酒ザ・グレンリベットを片手にスパイをスカウトしていたと、イギリスで過ごした日々を語って、若い彼を喜ばせた。リュビーモフはゴルジエフスキーを自分の弟子とし、この若者について次のように語っていた。「私は、彼が歴史にたいへん詳しいことに感服した。彼はバッハとハイドンを愛しており、そのことに敬意を抱いた。それに比べてデンマークのソヴィエト人コロニーの他の者たちは、釣り旅行に出かけたり、ショッピングに興じたり、物質的財産をできるだけたくさんかき集めたりすることばかりにかまけており、それだけに彼を評価する気持ちはいっそう強かった」。

リュビーモフがイギリスに恋したように、ゴルジエフスキーはデンマークに夢中になった。デンマークという国や、その人々、公園と音楽、図書館、さらには、市民が当たり前に思っていたセックスの自由にも、彼は心を奪われた。デンマーク人は、セックスに対する考え方が開放的で、ヨーロッパ人から見ても進歩的だった。ある日オレークは、市の風俗街を訪れ、ほんの気まぐれから、ポルノ雑誌や大人のおもちゃなどアダルトグッズを売る店に入った。そこで同性愛者向けのポルノ雑誌を三冊買い、家に持ち帰ってエレーナに見せた。「私は、ただ好奇心をそそられただけだった。同性愛者がどんなことをするのか、私はまったく知らなかった」。彼はこの三冊を、ソヴィエト連邦では手に入らない自由を堂々と示すものとして、暖炉の上に飾っておいた。

「私は人間として花開いた」と、彼は書いている。「この地は美しいものにあふれ、生き生きとした音楽が流れ、すばらしい学校があり、普通の人々は率直かつ陽気で、そのため私はソヴィエト連邦という広大で不毛な強制収容所を一種の地獄としてしか振り返ることができなかった」。彼はバドミントンをやり始め、この競技が好きになった。特に気に入ったのは、バドミントンでは相手をだますプレイができることだった。「シャトルは、落ちる最後の数秒にスピードが下がるので、プレイヤーは機転を利かせて最後の瞬間にショットを変えることができる」。この、ショットを最後の瞬間に変えるスキルを、彼はやがて磨き上げることになる。このほかに彼は、クラシック音楽のコンサートに出かけ、図書館の本をむさぼるように読み、デンマークを隅から隅まで旅行した。旅行は、スパイの仕事のこともあったが、ほとんどの場合は旅行できることがただうれしくて出かけていた。

監視合戦のなかで

ゴルジエフスキーは生まれて初めて、自分は監視されていないと感じることができた。しかし、実は監視を受けていた。

デンマークの国家警察情報局（Politiets Efterretningstjeneste　PET）は、小規模ながらきわめて有能な組織だった。その掲げている職務は、「デンマークが自由で民主的で安全な国として存続することにとって脅威となるような作戦および活動を未然に防ぎ、捜査し、これと戦うこと」だ。PETは、オレーク・ゴルジエフスキーはこうした脅威ではないかと強く疑い、クラシック音楽を好む若いソ連外交官がコペンハーゲンに到着した瞬間から、監視の目を光らせていた。

デンマーク側は、ソヴィエト大使館の職員を日常的に見張っていたが、二四時間体制で監視するには人員が不足していた。大使館内の電話のうち何本かは盗聴されていた。一方、KGBの技術員はPETの無線ネットワークへの侵入を果たし、大使館内の盗聴係がデンマークの監視チームのやり取りするメッセージを日常的に傍受していた。当時エレーナ・ゴルジエフスキーは夫とともにKGBのために働いており、こうしたメッセージを傍受してロシア語に翻訳していた。これにより、たびたびKGBは、PETの監視用車両の位置を割り出して、情報員がいつ監視から外れるかを確認することができた。PETでは、KGB情報員の疑いのある人物には全員に暗号名を付けており、ゴルジエフスキーは、PETの無線通信では、「青歯王」こと一〇世紀のデンマーク王ハーラル・ゴームソンから名前を取って「ゴームソンおじさん」と呼ばれていた。

PETは、ゴルジエフスキー（別名ゴルノフ、またの別名をグアルジエツェフ、暗号名はゴームソンおじさん）が外交官の身分を隠れ蓑にして活動しているKGBのスパイであることはほぼ間違いないと思っていた。

ある晩、オレークとエレーナは、親しくなった警察官とその妻からディナーに招待された。ふたりが自宅を留守にしている隙に、PETがアパートに侵入して盗聴器を仕掛けた。ゴルジエフスキーは、デンマーク人夫妻からの招待を何となく怪しいと思い、第一〇一学校で学んだことに従って、用心のため、玄関ドアとドア枠との間に接着剤の小さな塊を押し込んでおいた。ディナーから戻ると、目につきにくい接着剤の封は破られていた。以降、ゴルジエフスキーは自宅での会話内容に注意を払うようになった。

両者の監視は、どちらの側でも、うまくいくこともあれば、うまくいかないこともあった。KGB情報員たちはドライクリーニングの訓練を受けており、デンマーク側の監視を逃れられたことが何度もあった。しかしそれに劣らず、ゴルジエフスキーと同僚たちが首尾よく「黒」になったと思っていても、実は監視を振り切れていなかったことも多かった。

PETはコペンハーゲンの風俗街を監視中だったのか、それともゴルジエフスキーを尾行中だったのか、いずれにせよ、ゴルジエフスキーはアダルトショップに入って同性愛者向けのポルノ雑誌を買ったところを目撃された。ソ連の情報部員が既婚者ながら同性愛ポルノの趣味を持っていれば、それは攻め所になる。そうした秘密を抱えた人物なら脅迫できるかもしれないからだ。PETは詳細なメモを作ると、この興味深い重要情報を一部の同盟国に伝えた。西側情報機関のファイルで初めてゴルジエフスキーの名前の横にクエスチョン・マークが付けられた。

オレーク・ゴルジエフスキーは、きわめて有能なKGB情報員に育っていった。リュビーモフは、「彼は同僚の中で紛れもなく群を抜いていたが、それは彼が優れた教育を受け、知識を渇望し、読書を好み、そしてレーニンと同じように公立図書館に足しげく通った結果であった」と書いている。

その洋々たる前途に唯一かかっていた雲が、結婚生活だった。今では結婚生活は、文化的な内面生活が急速に充実していくのと反比例して、急速にしぼんでいくように見えていた。当初から熱い気持ちのほとんどなかった夫婦仲は、ひたすら冷めていく一方だった。ゴルジエフスキーは子供を欲しいと思っていたが、エレーナは絶対に欲しくないと思っていた。赴任から一年たったときにエレーナは、モスクワを出発する前、妊娠していたが夫に一言も相談せずに中絶したと打ち明けた。彼は裏切られたと思い、激怒した。また、激しいエネルギーの塊だった彼は、ふたりの周りにあふれる目にも耳にも新しいものに若い妻がなぜか消極的で、あまり興味を示さないことに気づいていた。彼は、この結婚は「愛ではなく協定」だと思うようになり、「虚無感」が次第に強くなっていった。ゴルジエフスキーは、女性に対する自分の態度を「礼儀正しい」と評していた。しかし現実には、彼もソ連の多くの男性と同じように、夫婦生活について保守的な考え方を持っており、妻たるもの不平不満を言わずに料理と掃除をするものだと思っていた。KGBの有能な翻訳官だったエレーナは、「女性には家事以外にも適したもの」はあると主張した。オレークは、西側社会に来て新たな影響をいくつも受け入れたかもしれないが、女性解放は別で、彼の言うエレーナの「反家庭的傾向」にフラストレーションを強めていた。彼は料理教室に通い始めた。そうすればエレーナが恥じて、もっと料理をするようになると思ったからだが、彼女は気づきもしなければ気にかけもしなかった。以前は当意即妙に思えた短い辛辣な返答も、今ではただ彼をいら立たせるだけだった。ゴルジエフスキーは、自分が正しいと思っているときは頑固で融通が利かなくなることがあった。フラストレーションを発散させるため、彼は毎日コペンハーゲンの公園でひとり何時間もランニングをして過ごすようになり、帰宅したときにはへとへとに疲れ切ってケンカできないようにしていた。

結婚生活に亀裂が生じ始めていたころ、ソヴィエト圏の内部では大激変が起ころうとしていた。

一九六八年一月、チェコスロヴァキア共産党第一書記で改革派のアレクサンデル・ドゥプチェクが、移動の制限と言論統制を緩和して、チェコの自由化とソヴィエトのくびきからの解放に取り組み始めた。ドゥプチェクは「人間の顔をした社会主義」を掲げ、秘密警察の権限を制限し、西側との関係改善を進め、最終的には自由選挙を実施すると約束した。

こうした一連の動きを、ゴルジエフスキーは胸を高鳴らせながら注目していた。もしチェコスロヴァキアがモスクワの支配から脱することができれば、ソ連の他の衛星国も後に続くかもしれない。コペンハーゲンのKGBレジジェントゥーラ内では、チェコでの改革の意義をめぐって意見が真っ二つに分かれた。ある者は、一九五六年のハンガリー事件のときのようにソ連政府が軍事介入するだろうと主張した。しかし、ゴルジエフスキーやリュビーモフのように、チェコの革命は成功すると確信している者もいた。リュビーモフいわく、「オレークと私は、ソ連軍の戦車がプラハへ侵攻することはないだろうと思っていた。私たちは、それにツボルグ［デンマークの有名なビールの銘柄］一箱を賭けた」。普段は政治にほとんど関心を示さないエレーナでさえ、現に起きていることに衝撃を受けているようだった。「私たちはチェコスロヴァキアを、自由な未来への唯一の希望と見なしていた。あの国にとってだけでなく、我らが祖国にとってもである」と、ゴルジエフスキーは書いている。

兄は誘拐担当

モスクワ本部ではKGBが、チェコの進める改革の実験を、共産主義そのものの存亡にかかわる脅威と見なし、冷戦のバランスをソ連に不利に傾ける可能性があると考えていた。ソ連軍がチェコ国境に集結し始めた。KGBは、クレムリンの指示を待つことなく、少数のスパイ集団を投入してチェコの「反革命勢力」との戦闘を開始した。このスパイ集団の中に、ワシーリー・ゴルジエフスキーが含まれていた。

弟が、プラハの春が花咲くのを今か今かと熱心に見つめていたとき、兄はその花をつぼみのうちに摘《つ》み取《と》るために派遣されたのである。

一九六八年前半に、三〇名を超えるKGBのイリーガルがひそかにチェコスロヴァキアに入国した。彼らはKGB議長ユーリ・アンドロポフから、チェコの改革運動を妨害し、「反動的」な知識人サークルに潜入し、プラハの春の主要な支持者を誘拐せよとの命令を受けていた。こうした工作員たちは、西側の旅行者に偽装して移動していた。改革に賛同しそうな外国人を装っていれば、チェコの「扇動者たち」は自分たちの計画を明かしてくれる可能性が高いだろうと考えたからだ。ターゲットとなったのは、知識人、学者、ジャーナリスト、学生、作家などで、小説家ミラン・クンデラや劇作家ヴァーツラフ・ハヴェルも含まれていた。この作戦は、KGBがワルシャワ条約機構の同盟国に対して実施した情報作戦としては、過去最大規模のものだった。

ワシーリー・ゴルジエフスキーは、西ドイツの偽造パスポートを使ってグロモフという名で移動していた。兄の方のゴルジエフスキーは、すでにKGBの誘拐担当として実力を発揮していた。エヴゲーニー・ウシャコフは、何年も前からスウェーデンでイリーガルとして活動し、来るべきソ連軍進攻に備えてスウェーデンの地勢を調査したり補助工作員のネットワークを整備したりしていた。しかし、暗号名「ファウスト」を与えられていたウシャコフは、一九六八年にモスクワ本部から、被害妄想に陥っているので交代させなくてはならないと判断された。一九六八年四月、ワシーリー・ゴルジエフスキーはウシャコフに薬物を飲ませると、フィンランド経由でモスクワへひそかに送還した。モスクワに着くとウシャコフは精神科病院に収容され、退院後にKGBを解雇された。ワシーリーは「完璧な任務遂行」を賞せられてKGBの勲章を授与された。

翌月、彼はKGBの同僚一名とともに、チェコの改革運動の中心人物で海外亡命中だったヴァーツラフ・チェルニーとヤン・プロハースカのふたりを誘拐すべく、行動を開始した。チェルニー教授は著名な文学史家で、学問の自由を声高に擁護したため共産主義政権によってカレル大学を解雇されていた。プロハースカは作家・映画製作者で、政府による検閲を公然と非難し、「表現の自由」を求めた。ふたりとも、当時は西ドイツに在住していた。KGBは、このふたりが「チェコスロヴァキアにおける社会主義の基盤を覆す」ことを目指す「非合法な反政府」グループを率いていると（間違って）思い込み、ゆえにふたりを排除しなくてはならないと考えた。計画はシンプルだった。まず、ワシーリー・ゴルジエフスキーがチェルニーとプロハースカと親しくなったら、このふたりに、ソ連の殺し屋に暗殺される危険が迫っていると思い込ませ、「一時的な隠れ家」を提供する。もし自ら進んで隠れ家に来ようとしなければ、「特殊な薬物」を使っておとなしくさせて、KGBの特殊活動部から来た工作員に引き渡し、その後は、外交官用ナンバープレートを付けた自動車のトランクに押し込んで、国境を越えて東ドイツに連れてくる。外交官ナンバーの車を使うのは、そうした車は外交上の慣例により、通常は捜査の対象にならないからだ。この計画は、うまくいかなかった。チェルニーは、ワシーリーが熱心に説いたにもかかわらず、「通常以上の危険にさらされていることを」信じようとはしなかった。プロハースカは、ボディーガードを連れていたうえにチェコ語しか話さず、ワシーリーはチェコ語がまったく分からなかった。二週間あれこれ手を尽くしたものの、チェコの反体制派ふたりをどちらも説得することはできず、ワシーリーは誘拐作戦を断念した。

そこでワシーリー・ゴルジエフスキーは、グロモフの変名のまま国境を越えてチェコスロヴァキアに入り、すでに旅行者を装って潜入していた、高度な訓練を受けたソ連のイリーガルと妨害工作員の小集団と合流した。彼らの任務は、チェコスロヴァキアで暴力的な反革命が今にも勃発するとの間違った印象を与えることを目的とした一連の「挑発作戦」を開始することだった。彼らは、チェコの「右派」が西側情報機関の支援を受けて暴力的なクーデターを計画中だと示唆する偽の証拠をばらまいた。共産主義転覆を呼びかける扇動的なポスターを偽造したり、秘密の武器を、わざわざ「メイド・イン・USA」の印が付いた包装紙でくるんで仕込んでおき、後からそれを「発見」して反乱が差し迫っている証拠だと騒ぎ立てたりした。ソヴィエト当局も、共産主義政府を転覆させて帝国主義の傀儡《かいらい》政府を樹立しようとする「アメリカの秘密の計画」を発見したと主張した。

ゴルジエフスキー家の兄は、プラハの春を中傷・破壊するKGBの活動の最前線にいた。父親と同じように、彼も自分がしていることが道義的に正しいのかを疑うことはしなかった。

　オレークは、兄がチェコスロヴァキアにいることは知らなかったし、まして兄が秘密工作を実行しているとは思ってもいなかった。兄と弟がこの件について話し合ったことは、当時もその後も、一度もなかった。ワシーリーは自分の秘密を守っていたし、オレークも次第に自分の秘密を守るようになっていった。春が夏へと変わり、新生チェコスロヴァキアへの動きがペースを上げてきたように思えてくるにつれ、オレークは、ソ連政府は決して軍事介入しないだろうと主張するようになった。「侵攻するはずがない」と彼は言い切った。「敢《あ》えてやるわけがない」。

西側へのメッセージ

　一九六八年八月二〇日の夜、ソ連軍を主体とするワルシャワ条約機構軍の戦車二〇〇〇両と兵士二〇万人が、チェコスロヴァキア国境を越えて侵攻してきた。強力なソ連軍に対抗できる望みはなく、ドゥプチェクは国民に抵抗しないよう呼びかけた。夜が明けるころには、チェコスロヴァキアは占領下に置かれていた。ソヴィエト連邦は、ワルシャワ条約に加盟する国が正統的な共産主義を放棄または改革しようとした場合は、実力を行使しても元の状態に復帰させるとする「ブレジネフ・ドクトリン」を、強硬な態度で示したのである。プラハの春は終わり、新たなソヴィエトの冬が始まった。

　オレーク・ゴルジエフスキーは愕然とし、強烈な反感を覚えた。怒れるデンマーク人たちが抗議のためコペンハーゲンのソヴィエト大使館前に集まって侵攻を非難すると、彼は深く恥じた。ベルリンの壁の建設を目撃したことだけでも十分にショッキングだったが、今回のチェコスロヴァキア侵攻は、彼が仕える政権の本質をさらにはっきりと示す証拠だった。共産主義体制に対する違和感は、きわめて急速に嫌悪感へと変わった。「何の罪もない人々に対する容赦ない攻撃に、私は激しくて猛烈な憎しみを抱いた」。

大使館のロビーの隅にある電話から、ゴルジエフスキーは自宅にいるエレーナに電話を掛けると、激しい言葉を次々と使って、プラハの春を押し潰したソヴィエト連邦を非難した。「彼らはやった。信じられない」。彼は今にも泣きだしそうだった。「胸が痛んだ」と彼は後に回想しているが、判断力は鈍っていなかった。

ゴルジエフスキーは、メッセージを送っていたのである。彼は、大使館の電話がデンマークのPETに盗聴されていることを知っていた。自宅の電話もPETに盗聴されている。きっとデンマークの情報機関は、この妻との半ば反政府的な会話を傍受し、「ゴームソンおじさん」は見かけと違って、何の疑問も抱かず組織のために働くKGBの歯車ではないと気づくはずだ。この電話での会話は、厳密に言えば、相手側へのアプローチではない。むしろこれはヒントであり、心理的なブラッシュ・コンタクトであり、デンマークとその同盟国である西側の情報機関に自分の気持ちを知らせようという試みだった。彼が後に書いているように、これは「西側への最初の意図的な信号」だった。

西側は、その信号を受信し損ねた。ゴルジエフスキーが合図を送ったのに、誰も気づかなかったのだ。PETは大量のデータを傍受・処理しており、この小さいが重要な意思表示を見逃してしまったのである。

チェコスロヴァキアからの非情なニュースを考えるうちに、ゴルジエフスキーの思いは歯に衣着せぬ大学時代の友人スタンダことスタニスラフ・カプランに及んだ。ソ連の戦車が母国に侵攻してきたときスタンダは何を思っていただろうか？

カプランは激怒していた。ソ連から帰国後、彼はプラハで内務省に勤めた後、チェコスロヴァキアの国家保安機関ＳｔＢに入った。彼は、反体制派への共感を慎重に隠しながら、一九六八年の顚末《てんまつ》をひどく落胆して見ていたが、何も言わなかった。プラハの春が踏み潰されたのをきっかけに大規模な国外脱出が始まり、ソ連軍侵攻後に約三〇万人がチェコスロヴァキアから亡命することになる。カプランは機密を集め始め、亡命者の波に加わる準備をした。

ゴルジエフスキーのデンマークでの任期が終わろうとしていたころ、モスクワから一通の電報が届いた。「作戦行動を停止せよ。分析は引き続き行なうが、作戦はこれ以上行なうな」。モスクワ本部は、デンマーク側が同志ゴルジエフスキーに示す関心が危険なレベルに達しており、おそらく彼がＫＧＢの情報員であることを割り出したのだろうと判断していた。無線通信の傍受内容から、彼が着任以来、平均して二日に一度の割合で尾行されているのは明らかだった。二日に一度という頻度は、ソヴィエト大使館の他のどの職員よりも多い。モスクワは外交問題が起こるのを望んでおらず、そのためゴルジエフスキーはコペンハーゲンでの最後の数か月、デンマークについてのＫＧＢのマニュアルを調査する仕事を任された。

ゴルジエフスキーのキャリアは、彼の良心とともに、岐路に立たされていた。チェコスロヴァキアの事件に対する怒りはまったく収まっていなかったが、何らかの決断を下すまでには至っていなかった。ＫＧＢを辞職することは考えられなかった（し、おそらく辞職できるはずがなかった）が、イリーガルを運用する部署から政治情報部に移ってリュビーモフと一緒に働けないだろうかと考えていた。政治情報部の方が面白そうだし、汚い仕事ではないように見えたからだ。

ゴルジエフスキーは、仕事の上でも私生活でも、進展のない日々を送っていた。領事部での職務を遂行し、エレーナと口論し、共産主義に対するひそかな嫌悪を心に抱き、西側の文化をむさぼるように味わっていた。西ドイツ外交官のホームパーティーに出席したとき、彼は若いデンマーク人男性と会話を交わした。この青年は妙になれなれしく、見るからにかなり酔っているようだった。クラシック音楽についても詳しいらしい。やがて彼から、一緒にバーへ行こうと誘われた。ゴルジエフスキーは、家に帰らなくてはならないからと言って、誘いを丁重に断った。

この青年は、デンマーク情報機関の工作員だった。会話は、同性愛者用の罠に誘い込むための最初の一手であった。オレークが同性愛ポルノを好んでいるらしいと知って、デンマーク側は諜報活動で最も古く、最も下劣で、最も効果的なテクニックのひとつであるハニートラップを仕掛けたのだ。これがどうして失敗したのか、PETにはさっぱり分からなかった。この高度な訓練を受けたKGB情報員は、自分が誘惑されようとしていることに気づいたのだろうか？　それとも、罠《トラップ》の中の蜜《ハニー》が趣味に合わなかっただけなのだろうか？　真相はもっと単純だった。ゴルジエフスキーは同性愛者ではなかったからだ。彼は自分が誘われていることに気づいてすらいなかった。

フィクションの世界以外では、スパイ活動が完全に計画どおりに進むことはめったにない。プラハの春の後、ゴルジエフスキーは秘密のメッセージを西側の情報機関に送ったが、気づかれなかった。デンマークの情報機関は、間違った前提を基に彼を罠に掛けようとして、見当はずれの大失敗をした。どちらの側も接近を試みたが、どちらも接触できなかった。そしてゴルジエフスキーはもうじき帰国しようとしていた。

彼が一九七〇年一月に戻ったソヴィエト連邦は、四年前に出国したときより、はるかに抑圧的で猜疑心に満ち、とにかく陰気だった。ブレジネフ時代の正統的共産主義に、ありとあらゆる色彩と想像力が吸い取られてしまったかのようだった。ゴルジエフスキーは、自分の祖国に反発を感じた。「何もかもが、ひどくみすぼらしく見えた」。待ち行列、薄汚さ、息が詰まるような官僚機構、恐怖、汚職のどれもが、彼がデンマークで別れてきた明るく豊かな世界と激しいコントラストを成していた。プロパガンダが至る所にあり、公務員は卑屈か無礼かのどちらかで、誰もが誰もを監視していた。モスクワは、茹でキャベツと詰まった排水管の臭いがする。まともに機能しているものは何ひとつない。にこやかに笑みを浮かべる者は誰ひとりいない。外国人と何気なく接しただけで、すぐに疑惑の目を向けられる。しかし、彼が精神的に何よりつらかったのは音楽だった。愛国的な雑音が、街角という街角に設置されたスピーカーから流れてくる。共産主義の教義に従って書かれた、退屈で、大音量の、聞きたくないと思っても耳に入ってくる、スターリンの音楽が流されているのだ。彼はこれを「全体主義的不協和音」と呼び、これに毎日襲撃されているような気分だった。

彼がS局に戻されたのに対し、エレーナは、KGBで外国の外交官に対する盗聴を担当する第一二部で職を得た。彼女は、北欧諸国の大使館と外交官への盗聴を行なうチームに配属され、中尉に昇進した。結婚生活は、今では「仕事上の関係」と大差なくなっていたが、ふたりが仕事について話すことはまったくなかったし、モスクワ東部にふたりで住んでいる不快なアパートで仕事以外の話をすることもあまりなかった。

その後の二年間は、オレークいわく、「合間の、重要でない時期」だった。昇進して給料も上がったものの、仕事はイリーガルのため身元を用意するという、四年前までしていたものと、ほとんど変わりがなかった。彼は英語を学びたいと申請した。そうすればアメリカかイギリスか、イギリス連邦諸国のどこかへ赴任できるかもしれないと期待したからだが、それは無駄だと言われてしまう。デンマーク人は君をKGBの情報員だと特定したようだから、君が今後、西側の国へ派遣されることはないだろう。可能性があるとすればモロッコだ。そう言われて彼はフランス語の勉強を始めたが、あまり身が入らなかった。服従を求めるモスクワの陰鬱な雰囲気にのまれて、ゴルジエフスキーは急性の文化的禁断症状に陥った。彼は落ち着きがなく、怒りっぽくなり、孤独と閉塞感を深めていった。

ついにフラグが立つ

一九七〇年の春、イギリスの若い情報部員が、カナダから届いたばかりの「個人情報ファイル」に目を通していた。ジェフリー・ガスコットは、細身の体格で、眼鏡を掛けており、複数の言語に通じていて非常に聡明で、とにかく根気強かった。イアン・フレミングの作ったジェームズ・ボンドというよりジョン・ル・カレが創造したジョージ・スマイリーを思わせる人物で、その風貌は若くしてすでに面倒見のよい大学の講師のようだった。しかし、見た目はまったく当てにならなかった。ある同僚によると、ガスコットは「個人としてソ連の情報機関におそらく史上誰よりも大きなダメージを与えた」人物だった。

一四歳で学校をやめた印刷工を父に持ち、ロンドンの南東部で育ったガスコットは、労働者階級出身で、その点でMI6情報員の大多数とは異なっていた。奨学金を得て有名パブリックスクールのダリッジ・カレッジへ進み、そこからケンブリッジ大学に入ってロシア語とチェコ語を専攻した。一九六一年に卒業したとき、一通の手紙が何の前触れもなく届けられた。それは、ガスコットとロンドンで会いたいという招待状だった。ロンドンで待っていたのは、イギリス情報機関の陽気なベテラン情報員で、この人物は自分が戦時中にスパイとしてウィーンとマドリードで活躍した話をしてくれた。

「私には旅行したいという強い希望があり、これこそまさに私がやりたいことだと思われた」と、ガスコットは回想している。かくして彼は二四歳のとき、イギリスで対外情報活動を担当し、正式には秘密情報部（Secret Intelligence Service　ＳＩＳ）と名乗っているが、外部のほぼ全員からＭＩ６と呼ばれている組織の一員になった。

一九六五年にガスコットは、改革の機運が高まろうとしていた時期のチェコスロヴァキアに赴任した。同国で三年間、チェコ情報機関の情報員を「フリード」という暗号名のスパイとして運用し、一九六八年のプラハの春のときにはロンドンに戻って、チェコスロヴァキアの内外でチェコの公務員をスカウトする責任者になっていた。ソ連軍の侵攻をきっかけにチェコ班は大忙しになった。「手にできるチャンスはすべてつかまなくてはならなかった」。

ガスコットのデスクに載った、暗号名「ダニチェク」というファイルには、チェコの情報機関出身のスタニスラフ・カプランという若い情報員が最近亡命した件について記載されていた。

カプランは、プラハの春の直後に休暇を取ってブルガリアへ向かった。そこで姿を消した後、フランスに現れ、フランスの情報機関に正式に投降した。カプランは、カナダに定住したいとの希望を述べた。カナダの情報機関はＭＩ６と密接な関係にあり、亡命したカプランから説明を聞くため情報員がロンドンから派遣された。カナダ側は、カプランの亡命をＣＩＡにも知らせたはずだ。若いチェコの情報員は協力したがっていた。「ダニチェク」ファイルは、ガスコットのデスクに届けられたときには厚さが五～六センチになっていた。

ファイルには、カプランは聡明かつ率直で、「異性との交流を楽しむクロスカントリーのランナー」と記されていた。彼は、チェコの情報機関の活動と、留学生としてモスクワで過ごした数年について、有益な詳しい情報をもたらしていた。亡命者たちは、定められた手順の一環として、西側の情報機関が関心を示しそうだと思う人物の名前を挙げるよう求められる。カプランのファイルには約一〇〇人の名前があり、そのほとんどはチェコスロヴァキア人だった。しかし、カプランが挙げた「人物」のうち五人はソ連人で、その中にひとり、注目すべき人物がいた。

カプランは、オレーク・ゴルジエフスキーとの友情について説明していた。彼は長距離走のランナー仲間で、KGBに入ることになっていたが、「政治的幻滅を示す明らかな兆候」を示していた。フルシチョフの雪解けの時期に、ふたりの友は共産主義の限界について議論していた。「オレークは頑なな男ではなく、過去の恐怖を知っていて、自分の頭で考えることのできる男であり、カプランとあまり違わない人物だった」。

ガスコットが、その名を他のファイルで探したところ、オレーク・ゴルジエフスキーという人物が一九六六年にコペンハーゲンに領事部職員として派遣されていたことが判明した。PETとMI6の関係は緊密だった。デンマークの情報機関のゴルジエフスキーに関するファイルには、彼はほぼ間違いなくKGBの情報員で、イリーガルの支援を行なっているものと思われるとあった。直接の証拠は何ひとつないが、彼は監視を何度かすり抜けており、そのやり方は、専門的な訓練を受けていることをうかがわせた。警察官や聖職者数名と不審な接触をしたこともある。彼のアパートに設置した盗聴器から、夫婦仲がうまくいっていないことが分かった。アダルトショップに足を運んで同性愛者向けのポルノを購入しているので、「ぎこちない恐喝の試み」を行なったが、成果はなかった。ゴルジエフスキーは一九七〇年一月にモスクワへ戻ると、本部という底なし沼の中に消え、その後は何をしているのか、ようとして知れなかった。

ガスコットは、もし、この有能で捕まえにくく、同性愛者の可能性があり、以前は自由思想の考えを抱いていたKGB情報員が西側に再び現れたら、接触してみる価値はあるかもしれないというメモを作ると、ゴルジエフスキーのファイルに加えた。オレークは「興味深い人物」として「フラグ」を立てられ、「サンビーム」という暗号名を与えられた。

ところで、イギリスには対処すべきKGBのスパイたちが、もっと身近な場所にいた。

一九七一年九月二四日、イギリス政府はソ連の情報部員一〇五名を国外追放にした。スパイの追放としては史上最大規模である。この大量追放は暗号名を「フット」作戦といい、しばらく前から練られていたものだった。デンマークの場合と同じくイギリスの情報機関も、正式に認められたソ連の外交官、ジャーナリスト、通商代表を厳重に監視し、誰が本物で誰がスパイかを明確に把握していた。KGBは以前にも増して大胆に諜報活動を行なうようになっており、MI5ことイギリス保安局は何とかして反撃したいと、その機会をうかがっていた。きっかけは、ソ連のニット業界の代表を装っていたKGB情報員オレーク・リャーリンの亡命だった。リャーリンは、共産主義国で作ったカーディガンを売るのが仕事ではなく、KGBで治安妨害を担当し、西側との戦争が起こった場合には緊急対策の策定を担う第一三部から派遣された最上位の代表者だった。彼は、MI5から「ゴールドフィンチ」「ゴシキヒワ」という暗号名を与えられていたが、まるでカナリアのようによくしゃべった。彼が明かした秘密の中には、ロンドンの地下鉄の水没計画、イギリス政財界の主要人物の暗殺計画、ヨークシャー沿岸への破壊工作チーム上陸計画などがあった。こうして発覚した新事実が、MI5の待ち望んでいた口実となった。正体が判明していたスパイはひとり残らず追放され、世界で最大級のKGB支局は一夜にして無に帰した。このレジジェントゥーラを元の状態に回復させるのに、KGBは二〇年の歳月を費やすことになる。

「フット」作戦は、モスクワにとってはまったくの寝耳に水で、第一総局には驚愕《きょうがく》が走った。対外情報収集を担当する第一総局は、本部がモスクワ環状道路に近いヤセネヴォ地区にあって、ブレジネフ時代に急速に拡大し、情報員の数を一九六〇年代の三〇〇〇人から一万人以上に急増させていた。イギリスによる大量追放は大失敗と見なされた。イギリスと北欧諸国を担当する部署（歴史的経緯から、イギリスと北欧諸国は、オーストラリアとニュージーランドとともに、KGB組織内では同じ部署が担当していた）のトップは解任され、後任にドミトリー・ヤクーシンが据えられた。

再びのデンマーク行き

「灰色の枢機卿《すうききょう》」の呼び名で知られるヤクーシンは、貴族の家に生まれたが、自らの信念でボリシェヴィキになった人物で、貴族的な態度と空気ドリルのような大声を持った熱心な共産主義者だった。戦争では戦車連隊に所属して戦い、ソ連農業省に入って養豚を専門とした後、KGBに移って、アメリカ担当部署の副長にまで出世した。KGBの幹部の大半とは違い、稀覯《きこう》本を収集する教養人で、自分の考えを非常に大きな声で話した。この灰色の枢機卿とゴルジエフスキーの最初の出会いは、この上なく不安をかき立てるものだった。

ある晩ゴルジエフスキーは、ひそかにBBCワールドサービスを聞いて、デンマークが「フット」作戦からの連鎖反応により、彼の元同僚で、外交官を装って活動していたKGB情報員三名を追放したことを知った。翌朝、彼はこのニュースをデンマーク班にいる友人に話した。その五分後に電話が鳴り、電話線の向こうから、耳をつんざくような激しい叱責の言葉が飛んできた。「同志ゴルジエフスキー、デンマークでのいわゆる追放について、どうしてもKGBで噂を広めるというのなら、君は処罰されるものと思いたまえ！」。その声の主がヤクーシンだった。

オレークは解雇されるのではないかと思った。しかし数日後、BBCの報道内容が正しかったと確認されると、灰色の枢機卿は彼を自分の執務室に呼び、一〇〇デシベルの大音量で、すぐに用件を切り出した。「コペンハーゲンに誰かをやらねばならん。向こうで我らのチームを再建せねばならんのだ。君はデンマーク語を話せるね……もし私の部署で働けるとしたら、君はどう思うかね？」。ゴルジエフスキーは、それは願ってもないことですと、言葉を詰まらせながら答えた。「私に任せたまえ」ヤクーシンは大声で言った。

しかし、S局の局長は彼を手放そうとしなかった。今でも、了見の狭い管理職が自分の部下を、別の管理職が引き抜こうとしているという、ただそれだけの理由で何としてでも手放すまいとすることはよくあるが、この場合がまさしくそれであった。

話は暗礁に乗り上げ、イライラが募るばかりだったが、それを思いがけない形で打開し、オレークの昇進をスピードアップさせたのは、彼をKGBに引き入れた兄ワシーリー・ゴルジエフスキーの急死だった。

ワシーリーは、数年前から酒量が増えていた。東南アジアで肝炎になり、医師たちから、アルコールにはもう一滴も触れてはならないと忠告されていた。しかし彼は飲み続け、まもなく酒が原因で三九歳で亡くなった。彼のため正式な軍葬がKGBによって執り行なわれた。KGBの情報員三名が自動小銃で礼砲を撃ち、国旗に覆われた棺がモスクワの火葬場の床に降ろされる間、ゴルジエフスキーは自分が「ワシーリコ」と呼んで慕っていた兄について本当はほとんど何も知らなかったのだと考えていた。母と妹は、悲しみに暮れて抱き合い、KGBの高官たちが列席したことに恐縮しているが、ふたりは彼以上に何も知らない。父アントンはKGBの制服を着て、誰彼かまわず、息子が祖国のために尽くしたことを誇りに思うと言って回っていた。

オレークは、謎の多い兄のことをわずかながら恐れていた。彼は、ワシーリーがイリーガルとしてチェコスロヴァキアで行なっていた非合法活動について何ひとつ知らなかった。兄と弟は外見こそ似ていたが、現実には秘密という深くて広い溝によって隔てられていた。ワシーリーがKGBから勲章を受けた英雄として死ぬと、それに応じてオレークの株は上がり、そのことが、S局から抜け出てヤクーシンのイギリス・北欧部に入ろうとする彼の努力を後押しする小さな「道義的梃子《てこ》」になった。

「兄はS局で働いて死んだのだから、上司が私の要求を拒否するのは難しいだろうと思った」。イリーガルを担当するS局は、渋々ながら彼を手放した。ソ連はデンマークに、ゴルジエフスキーがソヴィエト大使館の二等書記官としてコペンハーゲンに戻ることになったと言って、ビザを申請した。実際には二等書記官ではなく、今の彼はKGB第一総局の政治情報担当官——かつてミハイル・リュビーモフが就いていたポスト——だった。

オレークにはKGB情報員の疑いがあるので、デンマークはビザを却下することもできた。しかしデンマーク側は、彼の再入国を認めた上で厳重に監視することにした。その旨ロンドンにも伝えられた。

彼の性的指向の問題が再び持ち上がった。ゴルジエフスキーは、二年前に同性愛者からの接触があったことを報告していないようだった。もし報告していたら、西側の情報機関の標的となった情報員は、KGBのゆがんだ思考法によれば、たちまち要注意人物となるのだから、外国へ派遣されることは二度とないはずだとMI6は考えた。実際は単にあれが誘惑だと気づかなかっただけなのだが、MI6は、オレークは誘惑未遂を隠そうと決めたのだと推測した。「思うに彼は、そのことを秘密にしておいたらしい」と、ある情報員は書いている。もしもゴルジエフスキーが後ろめたい秘密を上司に隠しており、彼の政治的傾向がスタンダ・カプランの言うとおりなら、このソ連人に再び接触してみる価値はあるかもしれない。

MI6とPETは、歓迎の準備を始めた。

3　サンビーム

恐るべきやり手情報部員

イギリスの作家グレアム・グリーンの作品に、キューバでのイギリス秘密情報員の活動を描いた小説『ハバナの男』があるが、それをもじって言えば、リチャード・ブラムヘッドは「コペンハーゲンの男」であり、そのことを誰に知られようが、あまり気にしていなかった。

ＭＩ６のデンマーク支局長である彼は、パブリックスクールで教育を受けた昔風のイギリス人で、相手の背中をポンとたたいて愛想よく振る舞う陽気な男であり、自分の好きな者を「完璧ないいやつ」と呼び、そうでない者を「一流のクソ野郎」と呼んでいた。ブラムヘッドは、詩人と冒険家の家系だった。一家は、血筋はよかったが裕福ではなかった。有名パブリックスクールのマールボロ・カレッジに通い、その後、徴兵されてドイツへ行き、かつてイギリス人捕虜収容所だった施設でドイツ人捕虜二五〇人の監督を務めた（「ドイツ側の司令官はオリンピックの元ボート選手だった。魅力的なやつだ。あいつと一緒は楽しかった」）。ケンブリッジ大学へ進んでロシア語を学んだが、本人いわく、卒業した瞬間に習った単語はひとつ残らず忘れてしまった。外務省に入ろうとしたが断られ、製パン会社に就職することにも失敗すると、芸術家になろうと決心し、ロンドンのおんぼろアパートに住んで玉ねぎばかり食べながらアルバート記念碑の絵を描いていたとき、ある友人から、植民省の仕事に応募してはどうかと勧められた（「役所からは、ニコシアへ行ってくれたまえと言われた。そこで私はこう即答した。『分かりました。で、それはどこにあるんです？』」）。キプロスでは、最終的にヒュー・フット総督の私設秘書となった（「とても楽しかった。庭にMI6の情報員が住んでいて、その親切なやつに私はスカウトされた」）。「会社《ザ・ファーム》」ことMI6に入ると、まずは正体を隠してジュネーヴの国連機関に派遣され、その後アテネに転勤になった（「行った途端に革命が起きた。ハハハ」）。そして一九七〇年、四二歳のときにコペンハーゲンで最上位のMI6情報員に任命された（「本当はイラクへ行くはずになっていた。何があったのかは、よく分からない」）。

背が高く、ハンサムで、染みひとつないスーツを着込み、いつでもジョークを飛ばしてアルコールのお代わりを口にするブラムヘッドは、コペンハーゲン駐在の外交官たちが開くパーティーで、すぐさま名の知れた存在になった。彼は自分の秘密の仕事を「おふざけ」と呼んでいた。

リチャード・ブラムヘッドは、イギリス人によくいる、全力を尽くして自分を実際よりもはるかに間抜けに見せようとする人物のひとりだった。彼は恐るべき情報部員だった。

コペンハーゲンに到着したその日から、ブラムヘッドは敵対するソヴィエト情報員たちの毎日を惨めなものにすべく行動を開始した。このプロジェクトで彼はPETの副局長と力を合わせた。副局長は、ヨーン・ブルーンという名の陽気な法律家で、「大喜びで東欧圏――とりわけソ連――の外交官や職員を積極的に悩ませ、しかもそのやり方は経費が実質的にかからず、まったくと言っていいほど気づかれにくかった」。ブラムヘッドの言う「イライラ作戦」を支援するためブルーンは、イェンス・エリクセンとヴィンター・クラウセンという非常に有能な情報員二名をブラムヘッドに付けた。「イェンスは長くてきれいな口ひげを生やした小柄な男だった。ヴィンターは大男で、大きな扉くらいのサイズだった。私はふたりを、アステリクスとオベリクスと呼んでいた。私たちは、ひどく馬が合った」［アステリクスとオベリクスは、古代ガリア人を描いた有名な漫画の登場人物。アステリクスは小柄で、オベリスクは大男］。

彼らが選んだターゲットのひとりに、KGB情報員であることが判明していたブラッォフという人物がいた。尾行中、この男がコペンハーゲンのとあるデパートに入るたび、クラウセンは店内放送設備を使って、こうアナウンスした。「株式会社KGBのブラツォフ様、インフォメーション・デスクまでお越しください」。こうして呼び出されることが三度あった後、KGBはブラツォフをモスクワに送り返した。もうひとり犠牲になった人物に、KGB支局の熱心な若い情報員がいた。この情報員がデンマークの国会議員をスカウトしようとしたところ、国会議員はただちにPETに通報した。「この議員は、コペンハーゲンから車で二時間の所に住んでいた。私たちは彼にお願いして、このソ連人に電話で『すぐこちらまで来てくれ。ぜひ伝えたい、恐ろしく重要な話があるんだ』と言ってもらった。それで、このソ連人が車で議員の家に来ると、議員は、やつにウォッカをたっぷり飲ませ、無意味な戯言《たわごと》をさんざん聞かせた。それからやつは、ずいぶん酔っ払った状態で車を運転して戻ると、KGBに提出するため長い報告書を書いて、ようやく明け方の六時にベッドにもぐり込む。その後で議員が九時に電話して、また『すぐこちらまで来てくれ。ぜひ伝えたい、恐ろしく重要な話があるんだ』と言う。あのソ連人は、しまいには神経が参ってしまって、やめてしまった。ハハハ。デンマーク人たちは最高だった」。

ゴルジエフスキーにビザが下りた。ブラムヘッドはＭＩ６から、新たに到着した彼と親しくなり、機が熟したと思ったら探りを入れよとの指示を受けていた。ＰＥＴは、進展状況の報告を常に受けるものの、ＭＩ６がデンマーク国内でこの工作を実施することを了承していた。

こうして二人は出会った

オレークとエレーナのゴルジエフスキー夫妻は、一九七二年一〇月一一日にコペンハーゲンに戻ってきた。まるで帰省したような気分だった。デンマークの大柄な覆面捜査官オベリクスが、空港の到着ロビーからふたりをひそかに尾行した。

政治情報担当官という新たな役職に就いたゴルジエフスキーは、今回はイリーガルを運用するのではなく、秘密情報を積極的に収集し、西側の社会制度を破壊しようと努力することになった。具体的には、協力者になりそうな人物を探し出し、接近して関係を深めたら、スパイか連絡員か情報提供者としてスカウトして彼らを運用するのが仕事となる。ターゲットにするのは、デンマークの政府職員、選挙で選ばれた政治家、労働組合員、外交官、実業家、ジャーナリストなど、ソヴィエト連邦が関心を抱きそうな情報に特別にアクセスできる人物だ。デンマークの情報機関で働く者であれば、申し分ない。他の西側諸国でもそうだったが、少数ながらデンマークにも、モスクワからの指令を受けて行動してもいいと考える熱心な共産主義者がいた。また、情報と引き換えに金銭をもらいたいという者もいたし（金銭は諜報活動のかなりの部分を順調に進める潤滑油だ）、金銭ではなく説得や強要や誘惑などに弱い者もいた。これに加えてＰＲラインの情報員は、世論に影響を与える「積極策」に打って出ることが求められており、必要に応じて偽情報を流したり、ソ連政府に好意的なオピニオンリーダーと親交を深めたり、ソヴィエト連邦の姿を（たいてい真実とは違うのだが）バラ色に描いた記事をメディアに載せたりするものとされていた。昔からＫＧＢは、「フェイクニュース」の作成という闇の技術に長《た》けていた。ＫＧＢの分類法では、外国の連絡員は重要度に応じて次のようにランク分けされていた。最も上位に位置するのが「工作員」で、これは通常イデオロギー的理由か金銭的理由により意識的にＫＧＢに協力している人物である。その次が「秘密連絡員」で、ソ連の大義に賛同し、内密に手助けしようとしてくれるが、ソヴィエト大使館に勤める親切な人物が実はＫＧＢで働いていることには、おそらく気づいていない人物を指す。その下に分類されるのが、数多くいる秘密ではない連絡員で、これはゴルジエフスキーが二等書記官という表の職務を通じて何らかの形で会うことが予想される人々だ。付き合いやすくて好意的なだけの秘密連絡員と、祖国を裏切る覚悟を決めている工作員とでは、大きな隔たりがある。しかし、秘密連絡員が工作員になることもあれば、その逆もあった。

ゴルジエフスキーは、デンマークでの生活と文化にすんなりと戻った。ミハイル・リュビーモフはモスクワに戻ってイギリス・北欧部の上官になっており、ゴルジエフスキーは彼の後任となった。この新たな情報活動は、刺激的だが不満も多かった。デンマーク人はたいていが、スパイになるには人がよすぎ、政府転覆を目指すには正直すぎ、協力すると明言するには礼儀正しすぎたからだ。デンマーク人をスカウトしようとするたびに、礼儀正しさという厚い壁に阻まれた。非常に熱心なデンマーク人の共産主義者でさえ、国を裏切るのはためらった。

しかし例外もいた。そのひとりが、デンマークの社会主義人民党党首で後に欧州議会の議員になったゲアト・ペーターセンだ。KGBから「ゼウス」の暗号名を付けられて「秘密連絡員」に分類されていたペーターセンは、デンマーク国会の外交政策委員会からコツコツ集めた軍事機密情報を渡していた。彼の知っている情報は多かったが、酒量も非常に多かった。ゴルジエフスキーは、ペーターセンがKGBの経費で消費するビールとシュナップス［蒸留酒］の量に驚き、すごいものだと感心した。

コペンハーゲンの新たなレジジェントであるアリフレート・モギレフチクは、ゴルジエフスキーを副官に任命した。「君には、頭脳とエネルギーと、人々と取り引きをする能力がある」と、モギレフチクは言った。「それに、君はデンマークを知っているし、デンマーク語も話せる。君こそ私に必要な人材だ」。ゴルジエフスキーは少佐に昇進した。

仕事の上ではKGBの階級を順調に上がっていったゴルジエフスキーだったが、心の中は動揺していた。モスクワでの二年間で、共産主義体制に対する違和感はさらに強くなり、デンマークに戻ったことで、ソ連の文化的不毛と汚職と偽善に対する幻滅は、いっそう深くなった。彼は読書の幅を広げ、ソ連では所持することすら許されない、アレクサンドル・ソルジェニーツィンやウラジーミル・マクシモフらソ連の反体制派作家の作品や、スターリン主義に批判的なジョージ・オーウェルの作品、スターリン時代の恐怖を赤裸々につづった西側の歴史書などを集め始めた。カプランがカナダに亡命したというニュースが漏れ伝わってきた。友スタンダは、国家機密を漏洩した罪によりチェコスロヴァキアの軍法会議で欠席裁判にかけられ、一二年の禁固刑を言い渡されていた。ゴルジエフスキーはショックを受けたが、同時に、プラハの春の後で自分が上げた抗議の声に西側は気づいていたのだろうかと考えた。もし気づいていたのなら、反応がないのはなぜなのだろう？　そもそも、もし西側の情報機関が打診してきたら、その誘いを受けるべきだろうか、それとも断るべきだろうか？　後にゴルジエフスキーは、自分はすでに覚悟を決めていて、向こう側から肩を叩かれるのを待っていたと言っているが、現実は、たいがいそうであるように、頭の中の記憶よりも複雑だった。外交官との社交生活に戻ったゴルジエフスキーは、パーティー会場で、ひとりの背が高くて愛想のよいイギリス人を何度も見かけるようになった。

リチャード・ブラムヘッドは、ゴルジエフスキーの写真を二枚持っていた。どちらもデンマーク側から提供されたもので、一枚は前回の赴任時に盗撮した写真であり、もう一枚はビザ申請時の最新の写真だった。

「私がじっくり眺めた顔は、厳しいが不愉快ではなかった。見た目は頑固で強情そうで、ロンドンの報告書に説明してあった状況をいくら読んでも、いったいどうすればこの男が同性愛者だと考えられるのかと思った。ともかく、西側の情報部員が簡単にアプローチできる男には見えなかった」。ブラムヘッドは、彼と同じ時代や階級の人々と同様、同性愛者は例外なく身振り素振りですぐにそれと分かると思っていた。

ふたりが初めて直接接触したのは、赤レンガ造りのコペンハーゲン市庁舎（デンマーク語で「ロードフース（Rådhus）」）で行なわれた、ある美術展の開会式だった。これにソ連の代表団が出席することをブラムヘッドは知っていた。彼は、本物の外交官とスパイが混じり合う「外交官ランチクラブ」の常連であり、ソヴィエト大使館職員の何人かと知り合いになっていた。「イルクーツクから来た、かわいそうな、ひどい小男と私はずいぶん仲よくなっていた」。ブラムヘッドは、ゴルジエフスキーらソヴィエト外交官の一団に、このイルクーツク出身の小柄な男がいるのを見つけると、そちらへ近づいていった。「彼らにあいさつする間、わざとらしく見えないようにしながら、オレークにもひととおりのあいさつをすることができた。私は名前を尋ねなかったし、向こうも自分から名乗ろうとはしなかった」。

ふたりは芸術について、途切れ途切れに話をした。「オレークは、話をすると硬さが消えた」とブラムヘッドは書いている。「彼はすぐに微笑んだが、その笑みには他のKGB情報員にはあまりない、心からのユーモアのセンスがあった。この新任者はわざとらしいところがなく、人生を心から楽しんでいるように見えた。私は彼が気に入った」。

ブラムヘッドは、ターゲットと接触したとロンドンに報告した。最大の問題はコミュニケーションだった。ブラムヘッドはロシア語をほとんど忘れていた上、デンマーク語は片言しか話せず、ドイツ語はほんの少ししか話せなかった——ドイツ人捕虜に向かって命令するのに使っていたドイツ語では、この状況にふさわしいとは言えなかった。ゴルジエフスキーは、ドイツ語とデンマーク語は堪能だったが、英語はまったく話せなかった。「私たちは、表面的な浅いレベルで何とか意思を伝え合った」とブラムヘッドは語っている。

ソ連大使館とイギリス大使館とアメリカ大使館は、三角外交というわけではないだろうが、真ん中に墓地を挟んで三角形を成す位置に、互いに背を向け合って建っていた。冷戦は厳しかったが、ソ連の外交官と西側外交官の間では頻繁に社交上の付き合いがあり、ブラムヘッドは、その後の数週間、ゴルジエフスキーが出席するパーティーに自分も招待されるよう手を打った。「私たちはいくつかの外交官歓迎会で、ほかのゲストたちの頭越しに互いに会釈するようになった」。

敵対する情報機関の情報員をスカウトするには、複雑なステップが必要だ。アプローチがあからさますぎればゴルジエフスキーは怖がって去ってしまうし、かといって発信するシグナルがあまりにもさりげないと今度は気づいてもらえない。この種の芸当に必要な繊細さをブラムヘッドは持ち合わせているのだろうかと、MI6は心配した。「彼は非常に社交的だったが、いささか無神経なところがあり、さらにソヴィエト大使館ではよく知られていて、MI6だと特定されていた」。ブラムヘッドは、いかにも彼らしく回りくどいことはせず、パーティーを開いてゴルジエフスキーを他のソ連大使館職員ともども招待することにした。「PETが、女子バドミントン選手を手配した。この女性とゴルジエフスキーは話が合うだろうと思ったからだ」。レーネ・ケッペンは、後にバドミントン女子シングルスの世界選手権で優勝する選手だが、このときはまだ歯学生だった。すばらしい美女だったが、自分がおとりとして利用されていることにはまったく気づいていなかった。MI6の工作担当官によると、このアプローチは「必ずしも性的なものではなかった」。しかし、ゴルジエフスキーが実は異性愛者であり、バドミントンをきっかけにふたりがベッドをともにすることになれば、それはそれで好都合だった。しかし、そうはならなかった。ゴルジエフスキーはドリンクを二杯飲み、ケッペンとわずかな時間、取り留めのない話をすると、その場を去った。ブラムヘッドが予想したとおり、このソ連人は愛想がいいが、社交の場であれスポーツを通してであれ、あるいはセックスがらみであれ、とにかくアプローチするのが一筋縄ではいかないようだった。

旧友とのランチ

ロンドンでは、ジェフリー・ガスコットがソ連班に加わっていた。彼は「サンビーム」工作の件を、上級情報員のマイク・ストークスに相談した。ストークスは、西側がスカウトして当時最も大きな成果を上げたソ連人スパイ、オレーク・ペニコフスキーの工作担当官だった。ペニコフスキーは、ソ連軍の情報機関GRUの大佐だった。一九六〇年からの二年間、彼は、MI6とCIAによる共同運用の下、科学情報や軍事情報をモスクワにいる担当官に渡していた。そうした情報のひとつがソヴィエトによるキューバへのミサイル配備で、これによってアメリカのジョン・F・ケネディ大統領はキューバ・ミサイル危機で優位に立つことができた。一九六二年一〇月、ペニコフスキーはKGBに見つかって逮捕され、尋問を受けた後、一九六三年五月に処刑された。ストークスは、ソ連人スパイのスカウトと運用に精通した「大柄で周囲に元気を与える身体的存在感のある人物」だった。ストークスとガスコットは力を合わせて、ゴルジエフスキーの忠誠心を測る「リトマス試験」を実施するという大胆な計画を立てた。

一九七三年一一月二日の晩、オレークとエレーナが夕食を（喜びなどなく、口もほとんど利かずに）終えた途端、アパートのドアを叩く大きなノックの音がした。ゴルジエフスキーが出てみると、玄関口に大学時代の友人でチェコスロヴァキア人のスタンダ・カプランが笑みを浮かべて立っていた。

ゴルジエフスキーはハッと驚き、そしていきなり非常に怖くなった。

「これは驚いた《ボージェ・モイ》、スタンダじゃないか！　いったいここで何をしているんだ？」

ふたりは握手し、ゴルジエフスキーはカプランを中に入れた。そんなことをすればもう二度と後戻りできないことは、百も承知の上だった。カプランは亡命者である。ゴルジエフスキーの近隣に住むKGB職員の誰かにカプランが彼のアパートに入るところを見られていたら、それだけで疑惑を招く十分な理由となる。それに、エレーナがいた。たとえ夫婦仲が順調だったとしても、彼女は忠実なKGB情報員として、夫が亡命者だと分かっている人物と会ったことを報告しなくてはならないと思うかもしれなかった。

ゴルジエフスキーは、旧友のためウイスキーを注ぐと、エレーナに紹介した。カプランは、私は今カナダの保険会社に勤めているんだと言った。コペンハーゲンへ来たのはデンマーク人のガールフレンドに会うためだったが、たまたま外交官名簿にオレークの名前を見つけたので、ふと顔を見たいと思ったのだという。カプランは、一見すると何も変わっておらず、正直そうな顔と颯爽《さっそう》とした物腰は昔のままのように見えた。しかし、ウイスキー・グラスを持つ手が無意識に震えていた。ゴルジエフスキーは、彼の話は嘘だと思った。カプランは西側の情報機関から送り込まれたに違いない。これは試験だ。それも、非常に危険な試験だ。これが長い間待っていた、五年前にプラハの春が弾圧された後に掛けた電話に対する応答なのだろうか？　もしそうだとしたら、カプランは誰のために働いているのだろう？　ＣＩＡか？　ＭＩ６か？　ＰＥＴか？

会話はぎこちなく、落ち着きのないものだった。カプランは、自分がチェコスロヴァキアから亡命し、フランス経由でカナダに到着した経緯を語った。ゴルジエフスキーは、当たり障りのないことを小声で言った。エレーナは不安そうな顔になった。わずか数分でカプランはグラスを飲み干すと立ち上がった。「ああ、いきなり押しかけて申し訳なかったね。明日、一緒にランチでも食べながら、改めて話をしようじゃないか」。カプランはそう言って、市の中心部にある小さなレストランの名を告げた。

玄関ドアを閉めると、ゴルジエフスキーはエレーナに向かって、カプランが何の前触れもなく現れたのはずいぶん奇妙なことだと述べた。エレーナは何も言わなかった。「彼もコペンハーゲンに来ているなんて、妙な偶然だな」とオレークは言った。彼女の顔は無表情だったが、わずかに懸念の色が浮かんでいた。

翌日ゴルジエフスキーは、尾行されていないことを確認した上で、わざと遅刻してランチの場所に出向いた。前夜はほとんど眠れなかった。カプランは、窓際のテーブルで待っていた。昨日よりリラックスしているようだ。ふたりは昔の話をした。道を挟んでレストランの向かいにあるカフェのテーブルでは、体格のよい観光客がガイドブックを読んでいた。マイク・ストークスが監視していたのである。

カプランの訪問は、細かい点まで計画され、念入りにリハーサルが行なわれていた。「我々には、カプランが彼と接触するための、もっともらしい理由が必要だった」とガスコットは語っている。「その一方で、彼には盗聴されていることを理解してもらいたかった」。

カプランが受けた指示は、まず亡命の経緯と、西側で暮らして新たに知った喜びと、プラハの春について語ることだった。その上で、ゴルジエフスキーの反応を評価せよと指示されていた。

ゴルジエフスキーは、自分が評価の対象となっていることに気づいていた。彼は、カプランが一九六八年のチェコスロヴァキアで起きたドラマチックな出来事を語る間、自分の肩がこわばるのを感じた。ゴルジエフスキーは、ソ連の侵攻はショックだったと述べるにとどめた。「私は、十分に警戒する必要があった。地獄の縁を歩いているようなものだったからだ」。カプランが亡命の詳細とカナダでの楽しい新生活を説明したときは、ゴルジエフスキーは目立たないよう気を付けながら、そうだろうという感じでうなずいた。「私は、この状況では肯定的なサインを送りながらも主導権を失わずにいることが何より重要だと考えた」。誰が試験のためカプランを送り込んだのか、まったく分からなかったし、それをこちらから尋ねようともしなかった。

男女が愛を育むときは、熱くなりすぎているように見せないことが肝要だ。しかしゴルジエフスキーの警戒ぶりは、単なるじらし作戦とは違っていた。確かに彼は、一九六八年にチェコスロヴァキアでの事件に怒りを爆発させた後で西側の情報機関が接触してくるだろうかと思っていたが、自分が誘惑されたいと思っているのか、いまだによく分かっていなかったし、誰が自分を口説き落とそうとしているのかについても確信を持てずにいた。

ランチが終わると、ふたりの旧友は握手し、スタンダ・カプランは買い物客の人混みの中に消えた。決定的なことは何も口にされなかった。告白も約束もされなかった。しかし、見えない一線は越えてしまった。ゴルジエフスキーは、こう回想している。「私は、彼が肯定的な報告書を作成するのに十分なものを与えたつもりだった」。

ストークスは、コペンハーゲンのホテルの一室でスタンダ・カプランから報告を受けると、飛行機でロンドンに戻り、ジェフリー・ガスコットに結果を次のように報告した。ゴルジエフスキーは、カプランの突然の出現に驚いていたが、恐怖を感じたり怒り出したりはしなかった。彼は興味を抱いたようであり、好意的に見えたし、ソ連のチェコスロヴァキア侵攻に驚いたと言った。そして、これが何より重要だったのだが、ゴルジエフスキーは、共産主義を裏切って有罪判決を受けた者と思いがけなく出会ったことをKGBに報告するような気配を、まったく示さなかった。「これは結構なことだった。これこそ、我々が聞きたかったことだった。明らかにゴルジエフスキーは非常に警戒していたが、もし報告しなければ、彼は最初の大きな一歩を踏み出すことになる。我々は、取り引きの場にいることを、目立ちすぎないよう気を付けながら明確にする必要があった。偶然の出会いを画策しなくてはならなかった」。

早朝のバドミントン・コートで

リチャード・ブラムヘッドは「体の芯からひどく凍えて」いた。時刻は朝の七時で、昨夜から雪が降り続いており、気温はマイナス六度だった。コペンハーゲンの空は、夜明けとともに少しずつ冷たい灰色に変わっていた。「サンビーム（太陽光線）」という暗号名は、少しもふさわしくないように思われた。ブラムヘッドは三日続けてこの「とんでもない時間」に、妻の冷え切った小さな車に乗ったまま、市北部の郊外にある人気《ひとけ》のない並木道で、曇ったフロントガラス越しにコンクリート製の大きな建物を見つめ、このままでは凍傷になるんじゃないかと思っていた。

デンマーク側の監視チームは、オレークが毎朝郊外のスポーツクラブで、デンマーク青年共産主義同盟の学生メンバーであるアナという若い女性とバドミントンをしていることを突き止めていた。その場所をブラムヘッドは見張ることにし、その際、自分が普段乗っている外交官用ナンバープレートの付いたフォードではなく、妻が使っている目立たないブルーのオースチンを使用することにしたのである。彼は、スポーツクラブの正面玄関が直接見える場所に車を駐めたが、排気管から出る蒸気が注意を引くかもしれなかったため、エンジンは切っていた。最初の二日間は、「オレークと女性は、七時三〇分ころにやっと出てきて、握手すると、それぞれの車に向かった。女性は若くて、黒い髪をショートにしており、体は締まっていてスリムだったが、格別に美人というほどではなかった。ふたりは恋人どうしには見えなかったが、断言はできなかった。人前ではおとなしくしているだけかもしれなかったからだ」。

そして、氷点下での監視を続けていた三日目の朝にブラムヘッドは、これ以上は辛抱できないと判断した。「足の爪先は完全に凍えていた」。ゲームが終わった頃合いを見計らって、彼は鍵のかかっていない正面玄関からクラブに入った。受付には誰もいなかった。建物にいるのは、ほぼ間違いなく、オレークとパートナーだけだ。もしもふたりがバドミントン・コートのフロアで「お取り込み中」だったら、ずいぶんと厄介な話になるなとブラムヘッドは考えた。

ゴルジエフスキーが次のサーブをしようとしていたとき、イギリス人スパイが視野に入ってきた。それがブラムヘッドであることは、すぐに分かった。ツイードのスーツと厚いコートを着た姿は、人の少ないスポーツ施設では場違いであり、紛れもなくイギリス人らしく見えた。オレークはあいさつ代わりにラケットを上げると、プレイに戻った。

オレークは、彼を見ても驚いていないようだった。「もしかして、来ると思っていたんだろうか?」とブラムヘッドは考えた。「あれほど経験豊かで観察眼の鋭い情報員なら、これまでの数日で私の車に気づいていてもおかしくない。それに、あの愛想のよい笑顔。それから、その後まったく真剣にゲームに専念した態度から見てもそうだ」。

しかし実際には、プレイを続けながら、しかもブラムヘッドに観客席から見られている中で、ゴルジエフスキーの頭はフル回転していた。すべてがピタリピタリと収まっていく。カプランの訪問も、ブラムヘッドのホームパーティーも、この陽気なイギリス人職員が過去三か月間に私が出席した社交イベントすべてに同席していたらしいという事実も、これですべて腑に落ちた。ブラムヘッドは、以前からKGBがおそらく情報部員であろうと特定していた人物で、「外交的な振る舞い」と「招待されていようがいまいが関係なく、大使館のパーティーには姿を現す」ことでよく知られていた。このイギリス人が、人気《ひとけ》のないバドミントン・コートに朝のこんな早い時間に姿を見せたということは、その意味するところはひとつしかない。MI6は私をスカウトしようとしているのだ。

ゲームが終わり、アナがシャワー室へ向かうと、ゴルジエフスキーはタオルを首にかけて歩み寄り、手を差し出した。二名の情報部員は互いに相手を評価した。「オレークは緊張した様子をまったく見せなかった」と、ブラムヘッドは書いている。ゴルジエフスキーは、このイギリス人は普段は「あふれんばかりの自信」をまき散らしているのに、このときばかりは非常に真剣に見えたと記している。ふたりは、ロシア語とドイツ語とデンマーク語を交ぜて使い、それにときおりブラムヘッドが場違いなフランス語を挟みながら、話を進めた。

「私とふたりだけで話をできないでしょうか？　ぜひとも内密の話を、どこか盗み聞きをされる心配のない場所でしたいのですが」

「かまいませんよ」とゴルジエフスキー。

「私にとっては、あなたの組織のメンバーとそうした話をするのは非常に興味深いことなのです。あなたは、私に正直に話してくれる数少ないメンバーのひとりのようですから」

ここでさらに一線を越えた。ブラムヘッドは、ゴルジエフスキーがKGBの情報員であることを知っていると明かしたのだ。

「一緒にランチはどうでしょう？」とブラムヘッドは続けた。

「ええ、いいですよ」

「会いに出るのは私よりあなたの方が難しいでしょうから、あなたの方で都合のよいレストランを指定してもらえませんか？」

ブラムヘッドは、ゴルジエフスキーは人目に付かず目立たない会合場所を選ぶものだと思っていた。

ところが、彼が三日後に会う場所として提案したのは、大通りを挟んでソ連大使館の真向かいにあるエスターポート・ホテルのレストランだった。

妻の古びた自動車でその場を後にしながら、ブラムヘッドは大喜びしていたが、同時に不安も感じていた。ゴルジエフスキーは奇妙なほど冷静に見え、アプローチされてもうろたえた様子はなかった。選んだレストランは勤務する大使館から目と鼻の先で、隠しマイクを設置すれば、会話の内容を中継して道路の反対側にいる者たちに聞かせることができる。ソ連側の職員たちは、あのホテルでよく食事をしているから、ふたりの姿が目撃されるかもしれない。初めてブラムヘッドの脳裏に、自分はスカウト計画を仕掛けたつもりでいるが、実は自分の方こそターゲットにされているのかもしれないとの考えが浮かんだ。「オレークの態度と選んだレストランに、私は自分が始めた勝負で逆に謀《はか》られているのではないかという強い疑念を抱いた。万事があまりに簡単すぎた。どうにも嫌な感じがした」。

大使館に戻ると、ブラムヘッドはＭＩ６本部に次の電報を急いで打った。「たいへんだ、彼の方が私をスカウトしようとしているようだ！」。

しかし、ゴルジエフスキーは隠れ蓑を作ろうとしていたにすぎなかった。彼も大使館に戻ると、レジジェントのモギレフチクに、こう報告した。「イギリス大使館のこの人物が、私をランチに誘いました。どうしたらよいでしょう？　受けるべきでしょうか？」。この質問が、そのままモスクワへ転送されると、すぐさま灰色の枢機卿ことドミトリー・ヤクーシンから、強い調子の回答が届いた。「もちろんだ！　積極的に振る舞うべきで、情報部員を避けてはならない。ぜひ会いたまえ。攻撃態勢を取れ！　イギリスは、我らにとって関心の高い国である」。これが、ゴルジエフスキーの保険になった。先へ進む正式な許可を得たことで、彼はＫＧＢに忠誠心を疑われることなく、ＭＩ６と「認可された接触」を行なえるようになった。

情報活動に昔からある計略のひとつに「ダングル」がある。敵対する組織の人物をスパイに勧誘する素振りを見せ、共謀関係に誘い込んで信頼を勝ち得たところで、スパイであることを暴露するという手だ。

ブラムヘッドは、自分がKGBによるダングルのターゲットになっているのではないかと疑った。そうでなければ、ゴルジエフスキーは本気で私をスカウトしようとしているのだろうか？　私は興味のある振りをして、ソ連側の真意を突き止めるべきなのだろうか？　一方のゴルジエフスキーにとって、リスクはさらに高かった。カプランの訪問と、その後のブラムヘッドのアプローチは、どれも巧妙な陰謀の一部で、彼が立場を明らかにした後で二重スパイになったことを暴露する計画なのかもしれなかった。ヤクーシンの承認があるので、ある程度は身を守ることができるが、それとて万全ではない。もし自分がMI6によるダングルの餌食《えじき》になったら、KGBでのキャリアは終わりだ。きっとモスクワに呼び戻されるだろう。KGBでは、敵がスカウトしようとした人間は誰であれ明らかに要注意人物だと考えるので、おそらく彼も、過去にさかのぼって考えれば、このKGBの論理の犠牲になるはずだった。

戦後のCIAで防諜担当のトップを務め、極度の猜疑心で知られていたジェームズ・ジーザス・アングルトンは、スパイ活動の駆け引きを「無数の鏡」と呼んでいた。すでにゴルジエフスキーへの工作は、反射と屈折を奇妙な形で何度も繰り返していた。ブラムヘッドは、冷戦で敵味方に分かれている情報部員との気軽な会合を手配している振りを依然として続けていた——しかし同時に、スカウトされようとしているのは自分の方ではないかと考えていた。ゴルジエフスキーは、KGBの上司たちに対し、これはイギリス情報部による当てずっぽう的な企てで、たまたま遭遇した結果ランチを約束したのだと言い続けていた――しかし同時に、MI6は私をはめるつもりではないかと疑っていた。

仕掛けているのはどちらなのか⁉

三日後、ブラムヘッドは三国の大使館の裏にある墓地を歩いて抜け、交通量の多いダグ・ハマーショルド通りを渡ると、エスターポート・ホテルに入り、レストランの座席に窓を背にして座った。そうすれば「ダイニングルームへの正面入り口をしっかり見張る」ことができるからだ。PETには、このランチが行なわれることを伝えてあったが、ブラムヘッドは、ゴルジエフスキーが気づいて引き返すといけないからと言って、監視員を配置することには断固反対していた。

「私は、レストランにいるほかの人たち全員をじっくりと観察し、ソヴィエト大使館のスタッフの誰かがその場にいないかどうか確かめた。大使館員の写真は、全員分がオフィスに保管されていた。誰も彼もが何も知らないデンマーク人か、同じように何も知らない観光客のように見えた。私は背もたれに寄りかかると、オレークは来るだろうかと考えた」

ゴルジエフスキーは、時刻どおりにダイニングルームに入ってきた。

ブラムヘッドはゴルジエフスキーを見て、「彼の様子は普段と同じく神経をとがらせていて、すぐに動き出せる構えをしていたが、特別に緊張している気配はなかった」と判断した。「彼はすぐに私を見つけた。彼には事前に、私がどのテーブルを予約したか、言ってあっただろうか？　私は、頭が急速にいつものスパイ熱を帯びていくのを感じながら、そう考えた。オレークは、普段と変わらぬ愛想のよい微笑みを浮かべて近づいてきた」。

ふたりでエスターポートのすばらしいバイキング料理を食べながら、ブラムヘッドは「最初から友好的な雰囲気」を感じていた。会話は、宗教から哲学や音楽にまで及んだ。オレークは、ランチの相手があらかじめ下調べをしていて、「私が興味を抱いている話題について、わざわざ話そうとしてくれた」ことを記憶にとどめた。ブラムヘッドが、KGBがあれほど多くの情報員を海外に派遣しているのは妙な話だと言うと、ゴルジエフスキーは「当たり障りのない」返事をした。ゴルジエフスキーは原則としてデンマーク語で話し、それに対してブラムヘッドは、デンマーク語とドイツ語とロシア語をちゃんぽんにして答えたため、バイキング料理さながらの言語的ごた混ぜ状態にゴルジエフスキーは声を上げて笑った。もっとも、その笑いには「悪意はまったくないようだった」。「彼はすっかりリラックスしているようでいて、私たちがふたりとも情報部員であることを明らかに意識していた」。コーヒーとシュナップスが出ると、ブラムヘッドは決定的な質問をした。「私たちが会ったことについて、あなたは報告書を提出しなくてはならないのでしょうか?」。

返答は本音を示すものだった。「おそらく提出しなくてはなりませんが、報告書は極力中立的な内容にするつもりです」。

こうしてついに、共謀の兆しが現れた。太腿をパッと見せたのではなく、足首をちらりと見せただけだったが、兆しには違いなかった。

それでもブラムヘッドは「それまで以上に混乱したまま」レストランを出た。ゴルジエフスキーは、全部ではないが、事実をKGBから隠すつもりだとほのめかした。しかし彼の態度は、まさしく、自分は獲物ではなく狩人だと思っている人間のものだ。ブラムヘッドはMI6本部に、次のようなメモを送った。「私は、これまでの展開があまりにも簡単すぎたという不安と、私が抱いた、彼があれほど好意的に振る舞っているのは私をスカウトしたいからだという強烈な印象を、いっそう強くした」。ゴルジエフスキーも上司に報告した。報告書は長くて退屈な文書で、結論として会合は「興味深いもの」だったと述べながらも、「私の方の主導権が明らかに強かった」ことを強調するように書かれていた。これを読んで灰色の枢機卿は喜んだ。

その後は、きわめて驚くべき展開になった。何も起こらなかったのである。

ゴルジエフスキー工作は突然停止した。八か月間、接触はまったく行なわれなかった。いったいどうしてそうなったのかは、今も謎のままである。

ジェフリー・ガスコットは、こう述べている。「今になって振り返れば、こう思うだろう。『なんてひどい話だ。何か月もの間、工作が背の高い草むらに埋もれたままになっていたとは』と。我々は、デンマーク側の報告を待ち、ブラムヘッドが戻ってくるのを待っていた。しかし、何も起こらなかった。ブラムヘッドは目をそらしていた——彼はほかにも工作をふたつか三つ担当しており、これは、決してうまくいかないだろうと思うような望みの薄い工作だった」。もしかするとブラムヘッドは疑念のあまり、思いのほか強くブレーキを掛けてしまったのかもしれない。「あまりに強く、あまりに急に押してしまうと、うまくいかないものだ」と、ガスコットは言う。「うまくいったときは、押さなかったからだという場合が多い」。この工作では、MI6はまったく押さなかった。「大失態だった」。

しかし、この大失態が結果的にプラスに働いた。ブラムヘッドから新たな接触の働き掛けがないまま数週間が過ぎると、ゴルジエフスキーは不安を感じ、次にうろたえ、それから激怒し、そして最後には妙に安心した。この小休止で、彼にはじっくりと考える時間ができた。もしこれがダングルだったら、MI6の動きはもっと速かったはずだ。彼は待つことにした。KGBに、ブラムヘッドとの接触を忘れさせる時間を与えることにしたのだ。スパイ活動では、恋愛と同じように、どちらか一方が少し距離を取り、少し不安を感じ、はっきりと冷静になることで、情熱が激しくなる場合がある。エスターポート・ホテルでのランチからの八か月間、もどかしく感じながらも、ゴルジエフスキーの思いは大きくなっていった。

一九七四年一〇月一日、あの背の高いイギリス人が、早朝に再びバドミントン・コートに姿を現し、また会えないかと言った。突然ブラムヘッドが改めてコンタクトを取ろうとしたのは、彼が近々、IRA（アイルランド共和軍）に対する作戦を実施するため、秘密工作員として北アイルランドに再度派遣されることになったからだ。数か月後には、この国を離れる予定だ。「残り時間はあまりない。そこで私は、これ以上時間を無駄にしないと決めた」と後にブラムヘッドは書いているが、その潔い書き振りから察するに、彼は自分が時間を無駄にしていたことを十分に自覚していたのだろう。ふたりは、スカンジナビア航空が経営するSASホテルで会うことにした。ホテルは比較的新しく、ソ連の情報員たちの行きつけにはなっていなかった。

ブラムヘッドがバー・エリアのコーナーテーブルで待っていると、オレークがやってきた。PETの工作員であるアステリクスとオベリクスのふたりは、少し前にやってきていて、バーの反対側に座り、ヤシの木の鉢植えに隠れて目立たないようにしていた。

「いつものようにきっかり時間どおりに、オレークは時計が一時の鐘を打つのと同時にドアから入ってきた。私が選んだコーナーは薄暗く、オレークは一瞬あたりを見回した。彼の注意を監視員たちの方へあまり向けさせないようにするため、私はすぐに立ち上がった。彼は、親しげな笑みを浮かべながら、まっすぐこちらへやってきた」

雰囲気はすぐに変わった。「私が主導権を取るべきときだと思った」と、後にゴルジエフスキーは回想している。「私は期待に満ちていた。彼はそれを察し、同じように感じていた」。ブラムヘッドが最初に動いた。MI6は彼に、これが単なる一時的な遊びでないことを言ってもよいと認可を与えていた。「飲み物が届くと、私はすぐに話を切り出した」。

「あなたはKGBですね。私たちは、あなたが第一総局のNラインで働いていたことを知っています。KGBのあらゆる部局のうち最も極秘の部署で、世界中のイリーガルを運用している組織ですね」

ゴルジエフスキーは驚きを隠さなかった。

「あなたは、知っていることを私たちに話す用意ができていますか？」

ゴルジエフスキーは返事をしなかった。

ブラムヘッドはさらに迫った。「教えてください、あなたの支局でPRラインの代表者は誰ですか？　政治情報の収集と工作員の運用を担当している人物は？」。

ひとつ間を置いてから、ゴルジエフスキーは表情を崩して大きくニヤリと笑った。

「私です」

今度はブラムヘッドが驚く番だった。

「それまで私は世界平和の話などをしようかと考えていたが、オレークへの直感が、そんな戯言は試すべきでないと私に訴えてきた。しかし、依然としてすべてがあまりにも簡単すぎた。疑惑に満ちた私の頭脳は、この男を額面どおりに受け取ることはできなかった。私の勘は、彼はすばらしい好人物で信頼できると告げていた。一方、私が受けてきた訓練と、KGB情報員たちと接してきた経験は、警戒せよと叫んでいた」

次に何をすべきかはすでに明らかで、そのことをふたりともよく理解していた。「突然に私たちはまるで同僚のようになった」とゴルジエフスキーは書いている。「ようやく私たちは率直な言葉で話し始めた」。

ここでブラムヘッドは最終チェックを行なった。

「私と安全な場所で内密に会う用意はありますか？」

ゴルジエフスキーはうなずいた。

そして続けて、見えない信号を黄色から青に変えることを言った。「私が今あなたと会っていることを知っている者は誰もいません」。

最初の接触の後、オレークは上司たちに知らせ、報告書を作成していた。今回の会合は認可されていなかった。KGBに、ブラムヘッドと接触していてそれを秘密にしていたことが発覚したら、身の破滅だ。誰にも話していないとMI6に知らせることで、彼は忠誠心を捧げる対象を変えたことを誤解のしようがないほど明確に知らせ、自分の命を彼らの手に委ねようとしていた。彼は寝返ったのだ。「これは大きな一歩だった」と、後にガスコットは回想している。「不倫関係にたとえれば、『妻は私がここにいるのを知らない』と言っているのと同じだった」。ゴルジエフスキーは、どっと安堵し、アドレナリンが勢いよく分泌されるのを感じた。ふたりは三週間後、町はずれのバーで会う約束をした。ゴルジエフスキーが最初に店を出た。数分後にブラムヘッドが出た。そして最後に、デンマークの秘密情報員二名が鉢植えの陰から出ていった。

隠れ家での会話

愛を育む時代は終わった。ＫＧＢのゴルジエフスキー少佐は、今ではＭＩ６のために働いている。

「サンビーム」は活動を開始したのである。

コペンハーゲンのホテルの片隅での、あの心がすっきりとした一瞬に、それまで長きにわたって胸の内に秘めていた数々の反抗的な思いがすべてひとつにまとまった。父がひた隠しにしている犯罪への怒りと、彼の心に染み込んだ母の静かな抵抗と祖母のひそかな信仰心、彼が生まれ育った体制に対する嫌悪感と、彼が西側で味わった自由に対する愛着、ソ連によるハンガリーとチェコスロヴァキアへの弾圧とベルリンの壁建設に対して湧き上がった激しい怒り、自分は劇的な運命を背負っているという意識と、文化的優位性と、ソ連はもっとよくなるはずだという楽観的な心情。そうしたものが、すべてひとつになったのである。このときからオレーク・ゴルジエフスキーは、まったく別だが類似した、ともに秘密でありながら互いに戦争状態にある、ふたつの人生を送ることになった。そして覚悟を決める瞬間は、彼の性格の中核にある特別な力とともにやってきた。その力とは、私がしていることは絶対的に正しく、人生を後戻りできないほど変えることになっても精魂を傾けるべき道徳的義務であり、正当な裏切りであるという、確固とした揺るぎない信念であった。

ブラムヘッドの報告書がロンドンに到着すると、ＭＩ６の上級情報員が会議のため、イギリス南部の海沿いの町ポーツマスの近くにあるナポレオン時代の要塞フォート・マンクトンに置かれたＭＩ６の秘密訓練施設に集められた。午後一〇時、少人数のグループがブラムヘッドの報告書を検討して行動方針を決めるために集まった。「これはおとりではないのかという疑問が幾度となく持ち上がった」

と、ジェフリー・ガスコットは語っている。KGBの高官が本当に命の危険を冒してまで、MI6の情報員だと判明している人物とひそかに会おうとするだろうか？　だからと言って、KGBが自分たちの高官のひとりを敢《あ》えてダングルのおとりにするだろうか？　激しい議論の末、工作の続行が承認された。「サンビーム」は、本物だと信じるには、あまりにもできすぎた話だったが、見送ってしまうには、あまりにも惜しい話だった。

三週間後、ブラムヘッドとゴルジエフスキーは、暗くて人のほとんどいないバーで会った。ふたりとも来る途中、入念にドライクリーニングを済ませており、ふたりとも「黒」だった。会話は、ビジネスライクに進んだものの、たどたどしかった。ふたりに共通して使える言語のなかったことが、深刻な障害となっていた。イギリス人スパイとソ連人スパイは理解し合えるようになっていたが、相手が話している内容を一〇〇パーセント理解することはできずにいた。ブラムヘッドは、私はまもなくコペンハーゲンを離れる予定なので、今後の会合を手配する職務は同僚が引き継ぐことになっており、後任の情報部高官は流暢《りゅうちょう》なドイツ語を話すので、ゴルジエフスキーともっと楽に会話ができるだろうと説明した。さらにブラムヘッドは、都合のよい隠れ家を選び、そこでふたりを引き合わせたら、私はこの工作から退場すると告げた。

MI6コペンハーゲン支局の秘書は、郊外の住宅地シャルロッテンルンドにあるアパートに住んでいた。地下鉄で行きやすい場所にあり、秘書にはしかるべき時間に留守にしてもらうことができる。ブラムヘッドは、三週間後の午後七時に、このアパートの近くにある肉屋の入り口でゴルジエフスキーと会いたいと提案した。「入り口は、うまい具合に明るい街灯の当たらない陰になっていた。しかも、その入り口の近くに周囲からはっきりと見られることなく監視員を配置するのも難しかった。その時間には人通りもほとんどなく、デンマーク人は誰もが自宅でのんびりしながらテレビを見ている時間帯だった」。

ゴルジエフスキーは、七時きっかりに到着した。しばらくしてブラムヘッドが姿を見せた。言葉を発しないまま固い握手を交わすと、ブラムヘッドは「さあ、道順を教えましょう」と言った。隠れ家は、スパイ用語では「作戦上の秘密施設（Operational Clandestine Premises）」の頭文字を取って「OCP」と呼ばれる。ふたりのOCPとなるアパートは二〇〇メートルも離れていなかったが、ブラムヘッドは尾行されている場合に備えて回り道をした。「その夜は寒く、雪が舞っていた」。ふたりともコートにしっかりと身を包んでいた。ゴルジエフスキーは何も言わず、考えにふけっていた。「誘拐される心配はしていなかったが、本格的に動き出したことは分かっていた。これが作戦の本当の始まりだった。初めて私は敵の領内に入ろうとしていた」。

ブラムヘッドは、アパートの鍵を開け、ゴルジエフスキーを招き入れると、ふたりのために濃いウイスキーソーダを作った。

「時間はどれほど取れますか？」とブラムヘッドは尋ねた。

「三〇分ほど」

「来てくれて、たいへん驚いています。私とこんなふうに会って、大きなリスクを冒しているのではありませんか？」

ゴルジエフスキーは、一呼吸置いた後、「たいへん慎重に」答えた。「危険かもしれませんが、今のところは、大丈夫だろうと思います」。

ブラムヘッドは、いくつもの言語をごちゃ混ぜにしながら、私は明日の朝に飛行機でロンドンに戻り、その後ベルファストへ向かうことになっていると、ていねいに説明した。その上で、三週間後に戻ってきて、ゴルジエフスキーとあの肉屋の入り口で待ち合わせをし、このアパートに連れてきて、新しい工作担当官を紹介すると伝えた。PETの情報員数名が事情を知っているが、工作そのものはもっぱらMI6が担当する。ゴルジエフスキーの身の安全を図るため、イギリス情報部内で彼の存在を知る者は、ほんの一握りにとどめ、そうした者たちも大半は彼の本名を知ることは絶対にないと、ブラムヘッドは保証した。情報活動の専門用語では、人を秘密作戦に関与させることを「教導する(indoctrinate)」という。この工作では、教導される人間の数を可能な限り最小限にとどめ、ソ連側スパイが万一PETやMI6に潜入していてモスクワにいつでも報告を送れるようになっている場合に備え、情報を徹底的に管理した上で実行されることになっていた。イギリスの最重要同盟国アメリカの情報機関CIAすら「蚊帳《かや》の外」に置かれた。「こうして私たちに有利な要因をそろえたことで、私たちは互いの関係を確実な基礎の上に置き、本格的な協力を開始することができた」。

ブラムヘッドは、ゴルジエフスキーに別れを告げながら、目の前で微笑みを浮かべている、何があっても動じなさそうなソ連のKGB情報員について、この人物は命を危険にさらしてまでMI6に協力しようとしているらしいのに、私は彼のことをほとんど何も知らないのだと考えていた。金銭の話は一度も出なかった。オレーク自身の身の安全も、家族の安全も、彼が亡命を希望しているかどうかも、まったく話題にならなかった。話したのは、主に文化と音楽のことで、政治もイデオロギーも、ソ連体制下での生活も、話題に上らなかった。ゴルジエフスキーの動機が議論されたこともなかった。「彼がなぜそうしようとしているのかは、一度も尋ねなかった。単に時間がなかっただけだった」。

こうした疑問は、翌朝ブラムヘッドがMI6のロンドン本部に到着したときも、まだ彼を悩ませていた。ソ連圏を担当する部署の統括官は、心配ないと話していた。「彼は、ＫＧＢ案件の経験が豊富で、それ相応に用心深かったが、この状況はまたとない好機で、徹底的に利用しなくてはならないと言った。ＫＧＢの情報員がイギリス側からの『何の前触れもない』アプローチに前向きに反応したのは、これが初めてだった」。ソ連側は猜疑心があまりにも強すぎるから、本物の秘密にアクセスできる人物をダングルのおとりにはしないと、彼は言った。「現役のＫＧＢ幹部情報員を餌にしたことは、これまで一度もなかった。〔中略〕自分たちの情報員が〔西側の〕工作担当官と関係を結ばずにいられるなどとは思っていなかったのだ」。

ＭＩ６の上司たちは楽観的だった。「サンビーム」は画期的な事例になるかもしれないと考え、ゴルジエフスキーは本物だと思っていた。ブラムヘッドは、そこまで確信を持てなかった。ゴルジエフスキーは、まだ有益な情報を何ひとつもたらしておらず、そもそも自分の職務さえ説明していなかった。

工作員を別の工作担当官へ引き継ぐのは、複雑でトラブルの起こりがちな任務であり、しかも、引き継ぐスパイがスカウトされたばかりの場合はなおさらだった。一九七五年一月、ブラムヘッドはコペンハーゲンを離れて三週間後に、「できるだけ目立たぬよう名を伏せて再びデンマークに潜入した」。彼はまず飛行機でスウェーデンのイェーテボリに向かい、そこでオベリクスことＰＥＴの情報員ヴィンター・クラウセンの出迎えを受けた。フォルクスワーゲンの助手席に体を押し込み、「ニヤニヤ笑う巨漢」であるオベリスクの隣に座ると、そのまま国境を越えてデンマークに入り、コペンハーゲン近郊の町リュングビューのショッピング・センターにある「うまい具合に没個性的な郊外型の」ホテルにチェックインした。

新たな担当官としてフィリップ・ホーキンズが、偽名のパスポートでロンドンから飛行機で到着した。「彼のことを気に入ると思いますよ」と、ブラムヘッドはゴルジエフスキーに言っていた。しかし、本当に気に入るか一〇〇パーセントの自信はなかった。「実は、私は彼を好きではなかった。あれは一流のクソ野郎だと思っていた」。この言葉は、正確でも公平でもなかった。ホーキンズは法廷弁護士として教育を受けた人物で、厳格かつ几帳面であり、ブラムヘッドとはまるで違っていたからだ。

ブラムヘッドは、肉屋でゴルジエフスキーに会うと、隠れ家であるアパートへ連れていった。隠れ家にはホーキンズが待っていた。ゴルジエフスキーは新たな工作担当官を観察した。「彼は背が高くて体力がありそうで、私は彼に対して即座に不安を感じた」。ホーキンズは、相手と距離を取った、やや堅苦しいドイツ語を話し、新たに担当することになった工作員を「敵対的な、ほとんど脅すような目で」見つめている感じがした。

ブラムヘッドは、ゴルジエフスキーとしっかり握手を交わすと、彼の行動に感謝し、幸運を祈って別れた。自動車での帰路、ブラムヘッドは複雑な感情を抱いた。それは、あのソ連人スパイが好きで敬愛していたために感じた名残惜しさと、KGBの計略である可能性が依然として消えないことへの不安と、彼に限って言えば工作が終了したことに対する深い安堵感だった。

「自分の役目が終わって、心の底からホッとした」とブラムヘッドは書いている。「それでも、もしかして私が作ったのは底なしの『仕掛けた方がはまる罠』で、MI6はこの罠に頭から突っ込もうとしているのではないかという思いを頭の中から追い払うことはできなかった」。

4　緑のインクとマイクロフィルム

スパイが欲しがる「秘密の報酬」

人はなぜスパイ行為を行なうのだろう？　どうして家族や友の安全や安定した仕事を捨てて、秘密に満ちた危険で曖昧な世界へと行こうとするのだろう？　さらに言うなら、ある情報機関に入りながら、その後に忠誠心を捧げる先を敵対する情報機関へと変える人がいるのは、どうしてなのだろうか？

ゴルジエフスキーがKGBをひそかに離反した行為と最も近いのは、キム・フィルビーの事例ではないだろうか。フィルビーは、ケンブリッジ大学で教育を受けたイギリス人で、MI6の情報員でありながら、ひそかにKGBのために働くという、ゴルジエフスキーと向きは反対だが同じ道を歩んだ人物だ。フィルビーと同じくゴルジエフスキーも、共産主義に惹かれるか嫌悪するかの違いはあったが、イデオロギー上の大きな転向を経験している。しかしフィルビーの場合は、転向後に自分がMI6にスカウトされるよう手を打ったのであり、一九四〇年にMI6に入った時点で、西側資本主義社会と戦うKGBのために働こうという明確な意図を持っていた。それに対してゴルジエフスキーは、忠実なソ連国民としてKGBに入ったのであり、まさか自分がいつか組織を裏切ることになろうとは、夢にも思っていなかった。

一口にスパイと言っても多種多様だ。スパイになった動機が、イデオロギーや政治、愛国心だという者もいる。金目当てという者も驚くほど多く、それだけ金銭的報酬が魅力的だということだ。諜報活動に引き入れられた理由としては、ほかにも男女関係、脅迫、傲慢《ごうまん》さ、復讐心、失望、秘密によって生まれる特有の優越感と仲間意識などがある。固い信念を持つ勇敢なスパイもいれば、金に目がなく臆病なスパイもいる。

スターリン時代に情報機関の幹部を務めたパーヴェル・スドプラートフは、西側諸国でスパイをスカウトしようとする情報員に、次のような助言を与えている。「運命や生来的特徴によって傷ついている者を探せ――醜い者、劣等感にさいなまれている者、権力や影響力を求めているが不利な境遇のため挫折した者などだ。（中略）私たちに協力すれば、そうした者たちは全員がそれぞれ報酬を得られる。影響力のある強力な組織に所属しているという意識が、周囲にいる美しくて裕福な者たちに対する優越感を彼らに与えるだろう」。[*1] 長年KGBは、スパイ活動を行なう四つの主要な動機を言い表すのに「MICE」という頭字語を用いていた。その四つとは、金銭（Money）、イデオロギー（Ideology）、強制（Coercion）、そして自尊心（Ego）である。

しかし、それに加えて空想世界への憧れ、つまり、もうひとつの秘密の人生を送るチャンスも挙げられる。スパイには夢想家もいる。元MI6情報員でジャーナリストのマルコム・マガリッジは、「情報機関の工作員は、私の経験によれば、ジャーナリスト以上の大嘘つきだ」と書いている。[*2] 諜報活動は、傷ついた者と孤独な者と純然たる変人を並外れて多く引き寄せる。しかしスパイは全員が、気づかれることのない影響力という秘密の報酬を強烈に求めている。個人の力を容赦なく発揮したがっているのだ。ある程度の知的優越感は、ほとんどのスパイに共通して見られる。バス停で隣に立っている人には知られていない重要なことを私は知っているという、あの秘密の感覚だ。ある意味スパイ活動は想像力による行為とも言える。

他国のために自国をスパイしようという決断は、一般に、合理的に考えられることの多い外的世界と、ときには当のスパイ本人も気づいていない内面世界との衝突から生じる。フィルビーは、自分は純粋にイデオロギー的な工作員であり、共産主義の大義のため身を挺して戦う秘密の戦士だと言っていた。しかし、本人は認めなかったが、ナルシシズムと、社会的不適応と、父親の影響と、周囲の者をだましたいという衝動も動機だった。第二次世界大戦中の犯罪者で、工作員「ジグザグ」の暗号名で知られる二重スパイ、エディ・チャップマンは、自分は愛国的英雄だと思っていた（実際そうだった）が、同時に、強欲で日和見《ひよりみ》主義で、暗号名が示すとおり気まぐれだった。キューバ・ミサイル危機のとき決定的に重要な情報を西側に提供したソ連人スパイのオレーク・ペニコフスキーは、核戦争を阻止したいと願っていたが、同時に、滞在していたロンドンのホテルに売春婦を連れてこいとかチョコレートを持ってこいと求めたり、女王に会わせろと要求したりした。

オレーク・ゴルジエフスキーをＭＩ６の腕に跳び込ませた外的世界は、政治的・イデオロギー的なものだった。彼は、ベルリンの壁建設とプラハの春弾圧に強い影響を受け、違和感を覚えた。西側の文学を数多く読み、自国の真の歴史を詳しく知り、民主主義的な自由を存分に経験した結果、共産主義プロパガンダに描かれた社会主義の楽園は途方もない嘘であることを知っていた。彼は、疑うことなく教義に従うことが当たり前の世界で生まれ育った。そのイデオロギーを拒否した途端に、いかにも転向者らしい熱烈さでイデオロギーを必死に攻撃し、父と兄と同時代人が共産主義に傾倒するのに劣らぬ激しさと徹底ぶりで、共産主義に反対した。この体制が生み出したKGBの情け容赦ない残虐さを、彼は直接見て知っていた。政治的弾圧と並んで嫌悪したのが、文化的不毛だった。彼は、好事家なら誰もが抱く激しい怒りを感じながら、粗悪なソ連音楽と、西側の古典作品に対する検閲とを嫌っていた。彼は自分の人生に、それとは違った、もっとよいBGMを求めていた。

しかし、オレークを突き動かした内面世界は、これよりもっと曖昧だ。彼は、ロマンスと冒険が好きだった。彼が父の、従順で罪の意識に苦しむKGBのイエスマンという態度に反発していたのは間違いない。信仰心をひそかに守っていた祖母と、内心では体制に反発していた母と、KGBで働いていて三九歳で死んだ兄も、彼の潜在意識に影響を与えて反逆へと押しやったのかもしれない。彼はKGBの同僚たちの大半を、ほとんど評価していなかった。彼らは事なかれ主義者で、無知で、怠惰で、汚職まみれで、誰もが組織内の駆け引きとゴマすりで出世を勝ち取ろうとしているように見えた。彼は周囲の者の大半よりも頭がよく、それを本人も自覚していた。夫婦仲は、当時はすでに冷え切っていた。親友を作るのも苦手だった。彼は復讐を求め、充実感を求めていたが、同時に愛も求めていた。

すべてのスパイは、自分が愛されていると感じる必要がある。諜報活動で最も強い力のひとつ（かつ、主要な幻想のひとつ）に、スパイとスパイ監督官、つまり工作員と担当官が結ぶ情緒的な絆がある。スパイは、自分は必要とされていて、秘密のコミュニティーの一員であり、報いられ、信頼され、大切にされていると感じたいと思っている。エディ・チャップマンは、イギリス側担当官ともドイツ側担当官とも、密接な関係を築いた。フィルビーは、自分を採用したKGBの有名なカリスマ的人材スカウトであるアルノルト・ドイッチュについて、「彼はすばらしい人物だ。（中略）まるで、今この瞬間にはあなたやあなたと話すこと以上に重要なことなど何ひとつ存在しないのだというような感じで、こちらを見つめるのだ」と書いている。[*3] こうした愛情への飢えや承認欲求を利用して巧みに操縦することは、工作員の運用で最も重要なスキルのひとつだ。成功を収めたスパイで、担当官との絆を、地位や政治的利害や財産目的の政略結婚よりも強いと思わなかった者はひとりもいない。この絆は彼らにとって、嘘と欺瞞があふれる中で唯一の、永遠に続く本物のつながりだった。

ゴルジエフスキーは、新たなイギリス側担当官フィリップ・ホーキンズから、さまざまな感情を感じ取ったが、その中に愛情は含まれていなかった。

風変わりで威勢のよかったリチャード・ブラムヘッドは、「恐ろしくイギリス的」に見えたためゴルジエフスキーの心を引きつけていた。彼は、リュビーモフが熱心に語っていた華やかなイギリス人そのものだった。ホーキンズはスコットランド人で、ブラムヘッドよりかなり冷たい印象を与えていた。直立不動でぶっきらぼうな話し方をし、スコットランド料理のオートケーキ［オーツ麦製ビスケット］のように堅くて味気なかった。「彼は、自分の職務はにこやかな顔で親切に振る舞うことではなく、工作を弁護士の目で見ることだと思っていた」と、ある同僚は語っている。

ホーキンズは、戦時中はドイツ軍捕虜の尋問を担当していた。戦後は、数年間チェコとソ連の工作に取り組み、数多くの亡命者を担当した。そして何より重要なのが、彼にはKGB内部のスパイを担当した直接の経験があることだった。一九六七年、ウィーン在住のイギリス人女性がイギリス大使館に、興味深い下宿人を新たに引き受けたと連絡してきた。それはソ連の若い外交官で、どうやら西側の思想を受け入れていて、共産主義に対して非常に批判的なようだった。この女性は彼にスキーを教えていた。おそらく肉体関係もあったのだろう。MI6は、この男性に「ペネトラブル」という暗号名を付けて調査を開始したところ、西ドイツの情報機関BNDが「同じく追跡中」で、KGBの訓練生である「ペネトラブル」にすでに接触して好反応を得ていたことが判明した。そこで、「ペネトラブル」をイギリスと西ドイツの共同工作員として運用することで話がまとまった。このときイギリス側の工作担当官になったのが、フィリップ・ホーキンズだった。

「フィリップはKGBを知り尽くしていた」と、ある同僚は語っている。「彼が雇われているのは疑り深いからだった。彼がゴルジエフスキーを運用すべき人物なのは明らかだった。ドイツ語を話し、そして何より手が空いていた」。また、彼は神経質で、攻撃的な態度を示すことで自分の不安を隠していた。彼は自分の任務を、オレークが嘘をついているかどうかを見極め、秘密を打ち明ける用意がどれほどできているのかを探り、見返りに何が欲しいのかを聞き出すことだと思っていた。

ホーキンズは、ゴルジエフスキーを座らせると、法廷での反対尋問のような厳しい追及を開始した。

「あなたのレジジェントは誰だ？　支局にはKGBの情報員が何人いる？」

ゴルジエフスキーは、自分がこれからしようとしている重大な選択を歓迎され、称賛され、喜んでもらえるものだと期待していた。しかし実際には、まるでこちらが協力的な新人ではなく捕虜になった敵兵でもあるかのように、脅すような口調で尋問されたのである。

「取り調べはしばらく続き、私はそれが気に食わなかった」

ゴルジエフスキーの頭の中に、「これがイギリス情報部の真の精神であるはずがない」という考えが浮かんだ。

尋問が一瞬止まった。ゴルジエフスキーは手を上げると、はっきりこう宣言した。私はイギリス情報部のために働くが、ただしそれには条件が三つある。

「第一に、私はKGB支局の同僚を誰も傷つけたくありません。第二に、私は秘密裏に写真を撮影されたり会話を録音されたりするのを望みません。第三に、お金は要りません。私はイデオロギー上の信念から西側のために働きたいのであって、金銭的利益のためではないのです」

今度はホーキンズが気分を害する番だった。彼の心の内なる法廷では、反対尋問を受けている証人がルールを決めることなど絶対になかった。第二の条件は出すだけ無駄であった。MI6が会話を録音すると決定すれば、録音は当然ながら秘密裏に行なうものとされていたため、彼に知らせることは絶対になかったからだ。さらに、金銭的な報酬を受け取るのをあらかじめ拒否するというのは、厄介だった。情報提供者が贈り物や金銭を受け取るように仕向けるというのが――もちろん、その金額は、相手がもらいすぎだと思ったり、疑惑を招くような派手な出費をしたくなったりするほどの大金ではいけなかったが――スパイ運用の鉄則だった。現金は、スパイに自分は利用価値があるのだと思わせ、貢献にはきちんと報いるという原則を打ち立てるし、必要なら梃子として利用することもできる。さらに、そもそもどうして彼はソ連側の同僚たちを守りたいのだろうか？　今もKGBに忠誠心を抱いているのだろうか？　実は、ゴルジエフスキーは自分の身をある程度守ろうとしていたのである。もしデンマークがKGB情報員を追放し出したら、本部は内部の裏切り者を探し始めるかもしれず、そうなったら、いつかは気づかれるかもしれなかったからだ。

ホーキンズは異議を唱え、「我々はすでにあなたの支局での地位を知っているから、我々あるいは我々の同盟国が誰かを追放する決断を下すときは、熟考に熟考を重ねるつもりだ」と言った。しかしゴルジエフスキーは、同僚のKGB情報員も、彼らの工作員やイリーガルも、その身元を明かすつももりはないし、彼らを放っておいてほしいと言って、譲らなかった。「これらの人々は重要ではありません。彼らは名目上は工作員ですが、損害を与えるようなことは何もしていません。私は、彼らを面倒に巻き込みたくないのです」。

そこに愛はなくとも

ホーキンズは、三条件をＭＩ６に伝えることを渋々ながら了承すると、会合の手順を説明した。彼は今後、月に一度、飛行機でコペンハーゲンに来て、最低でも二時間の会合を二度実施できるよう、週末を含む三日間、滞在する。会合は別のアパートを隠れ家として行なう（そのアパートはデンマーク側が用意するが、そのことはゴルジエフスキーには知らされなかった）。アパートがあるのは、北西の郊外にあるバラロプという町で、地下鉄の終点にある閑静な地域であり、ソ連大使館とは市街地を挟んで反対側に位置していた。ゴルジエフスキーは電車で来てもいいし、車で来て離れた場所に駐車してもよい。ここなら大使館の同僚に目撃される可能性はほとんどないし、ソ連側の監視員が近くに派遣されても、ゴルジエフスキーならおそらく監視に気づくだろう。むしろ問題なのはデンマーク側の監視だった。ゴルジエフスキーはＫＧＢの情報員ではないかと疑われており、以前はＰＥＴに監視されていたこともあった。もしも彼が郊外にある秘密の会合場所へ行くのを目撃されたら、警報が鳴り響くだろう。ＰＥＴ内には、ＭＩ６がソ連人の工作員を運用していることを知っている者は六人しかおらず、そのうち本名を知っているのは二名だけだ。そのひとりが、ＰＥＴの防諜部トップでブラムヘッドとは旧知の仲であるヨーン・ブルーンだった。ブルーンに頼めば、ゴルジエフスキーがイギリス側担当官と会う日には部下に尾行させないようにしてくれるだろう。最後に、ホーキンズは緊急用の電話番号と、隠顕《いんけん》インク（いわゆる「見えないインク」）と、会合と会合の間に緊急メッセージを送る際の宛先となるロンドンの住所を渡した。

ふたりは、どちらも不機嫌なままアパートを出た。スパイと工作担当官の最初の接触は、満足のいくものではなかった。

それでも、不愛想で笑顔を見せないホーキンズを任命したことは、ある意味、結果的には成功だった。彼はプロであり、同じくゴルジエフスキーもプロだった。ゴルジエフスキーが身を委ねた相手は、自分の職務とゴルジエフスキーの安全をきわめて真剣に考える人物だった。ブラムヘッドのお気に入りのフレーズを使って言えば、ホーキンズは「おふざけ」をする人間ではなかったのだ。

かくして月に一度の会合が、バラロプにある特徴のない建物の四階の、寝室一部屋のアパートで始まった。部屋には、デンマーク製の質素な家具が備え付けられていた。キッチンは設備がすべてそろっていた。家賃は、イギリスの情報機関とデンマークの情報機関が共同で支払った。新たなOCPで最初の会合が開かれる数日前に、電気会社の工事員を装ったPETの技術員二名が、天井の照明とコンセントにマイクロホンを仕込み、巾木の裏に電線をはわせてベッドルームまで引き、ベッドの上の羽目板の奥にテープレコーダーを設置した。ゴルジエフスキーが出した第二の条件は破られたわけだ。

会合は、初めの何回かは張り詰めた感じだったが、次第に緊張がほぐれ、やがて大きな成果を生むようになった。とげとげしい疑惑に満ちた雰囲気で始まったふたりの関係は、非常に効率的なものへとゆっくり変わっていったが、それは愛情に基づくものではなく、不本意ながら互いに抱いた敬意に基づいていた。愛の代わりにゴルジエフスキーはホーキンズの職務上の称賛を受け入れた。

相手が嘘をついているかどうかを確認する最善の方法は、こちらがすでに答えを知っている質問をすることだ。ホーキンズは、KGBの組織構成をよく知っていた。ゴルジエフスキーは、モスクワ本部の内側で不規則に広がる複雑な官僚組織の局・部・課を、ひとつひとつすべて驚くほど正確に説明した。その中には、ホーキンズがすでに知っていることもあったが、例えば名称、役割、テクニック、訓練方法、さらにはライバル関係や、内部抗争、昇進と降格など、彼の知らないことも多かった。説明の詳しさから、ゴルジエフスキーが信頼できる相手であるのは間違いなかった。「ダングル」のおとりが、これほど詳細に暴露しようとするはずがない。彼は、MI6の情報をホーキンズに一度も尋ねなかったし、敵の情報機関に潜入しようとする二重スパイが取りそうな行動も何ひとつ取らなかった。

MI6本部の幹部たちは、ゴルジエフスキーの言葉に嘘偽りはないとすぐに確信した。「『サンビーム』は本物だった」とガスコットは判断し、「彼は公正公平に振る舞っていた」と述べている。

この確信は、ゴルジエフスキーがS局の活動を微に入り細にわたって説明し始めると、倍増した。S局は、彼が政治情報担当に移る前に一〇年間働いていたイリーガル担当部署であり、彼はモスクワがスパイを一般市民に偽装させて世界中に送り込む方法を、「偽の身元を作成する、膨大できわめて手の込んだ活動」も含め、詳しく説明した。文書の偽造から、登録された記録の改竄《かいざん》、モグラ［潜入スパイ］の埋設法、さらには、数多くいるソ連のイリーガルと接触して、これを管理し、資金を与える複雑な手順まで、事細かに語った。

ホーキンズは、毎回会合の前に、ベッドルームの羽目板を外すと、新たなカセットテープを入れてテープレコーダーのスイッチをオンにした。会合中はメモを取っていたが、終了後、録音された会話ひとつひとつを、ドイツ語から英語に翻訳しながら、丹念に文字に起こしていった。テープ起こしは、録音一時間につき、その三倍から四倍の時間がかかった。こうして作成された報告書は、イギリス大使館でＭＩ６の下級情報員に渡されると、検査を免除されている外交用郵袋《ゆうたい》にカセットテープとともに入れられてロンドンへ送られた。ＭＩ６本部では、報告を今か今かと待っていた。イギリス情報部がこれほどＫＧＢの奥深くでスパイを運用したことは、今まで一度もなかった。訓練を受けた情報員であるゴルジエフスキーは、ＭＩ６が何を求めているのかを正確に理解していた。第一〇一学校で彼は大量の情報を記憶するテクニックを教わっていた。彼の記憶力は人並外れて優れていた。

工作員と工作担当官の関係は、ゆっくりと改善していった。ふたりは何時間も、大きなコーヒーテーブルを挟んで向かい合って座った。ゴルジエフスキーは濃い紅茶を飲み、ときおりビールを希望した。ホーキンズは何も飲まなかった。雑談はほとんど交わさなかった。ゴルジエフスキーは、この「厳格な長老派司祭」のような雰囲気を持つ堅苦しいスコットランド人を好きになれなかったが、高く評価はしていた。「彼は、気軽に冗談を言える相手ではなかったが、熱心で勤勉で、常にメモを取っており、十分に準備をして的確な質問をしていた」。ホーキンズは、質問すべき項目のリストを持ってくることが多く、ゴルジエフスキーは、そのリストを記憶して、次の会合までに答えを見つける努力をした。ある日ホーキンズはゴルジエフスキーに、報告書を見てほしいと頼んだ。オレークが説明したイリーガル・システムをドイツ語でまとめた文書だ。ゴルジエフスキーは感心し、ホーキンズはドイツ語の速記術の達人に違いないと思った。どんな細かい点も何ひとつ漏れていなかったからだ。しかし、後になって彼は気づいた。ＭＩ６はアパートを盗聴しているに違いない。約束を破られたわけだが、オレークは騒ぎ立てないことにした。自分が相手の立場だったら、おそらく同じことをしただろうと思ったからだ。

「私ははるかに気が楽になった」とゴルジエフスキーは書いている。「私の新たな役割が、私の存在に目的を与えていた」。その役割とは、ソ連体制を覆すことにほかならないと、彼は信じていた。この善と悪との戦いの結果、やがてソ連に民主主義がもたらされ、ソ連人は自由に生き、読みたいものを読み、バッハを聴けるようになると思っていた。彼は、日中はKGBの一員として、デンマーク人とコンタクトを取り、親ソ派のジャーナリストのため記事を作成し、コペンハーゲン・レジジェントゥーラの継ぎはぎだらけの情報収集システムをくまなく点検し続けていた。精力的に働いているように見せれば、それだけ昇進の可能性が高くなり、重要な情報にアクセスできるようになる。それは奇妙な状況だった。KGBに有能さをアピールするよう努力しながら、実際にはデンマークの国益を損なうことはせず、表ではスパイ作戦を計画しながら、その裏でホーキンズに動きをすべて知らせて計画を失敗させ、有益な情報やゴシップに目を光らせ耳をそばだてながらも、詮索好きだと思われないように振る舞っていた。

エレーナは、夫が何をしているのか依然としてまったく何も知らなかった。「スパイは、最も近くて親しい者さえだまさなくてはならない」と、後にゴルジエフスキーは書いている。しかし、エレーナはもはや近くて親しい者ではなかった。それどころか彼は、もし妻が真実を知ったら、忠誠心の厚いKGB情報員として、きっと私を売るだろうと確信していた。ゴルジエフスキーは、KGBが裏切り者にどう対処するかを知っていた。デンマークの国内法も国際法も無視する特殊活動部の工作員によって拘束され、薬物を飲まされ、身元を隠すため包帯でグルグル巻きにされた上でストレッチャーに縛りつけられ、飛行機でモスクワへ運ばれると、尋問を受け、拷問を受け、最終的に殺されるはずだ。ロシア語では、「即決の死刑宣告」を指す婉曲表現を「высшая мера」（ヴィッシャヤ・ミェーラ）

つまり「最高の措置」という。裏切り者は、一室へ連れていかれ、ひざまずかされると、後頭部を銃で撃たれた。ときにKGBは、もっと工夫を凝らして処刑することもあった。一説によると、ペニコフスキーは生きたまま火あぶりにされ、その死の様子は、裏切るかもしれない者たちへの警告として、フィルムに撮影されたという。

秘密の愛も同時進行

二重生活とそれに伴う危険には、かなりのプレッシャーがあったはずだが、ゴルジエフスキーは毎日を楽しみながら、ソ連の抑圧に対する孤独な戦いを続けていた。しかも、彼は恋に落ちていた。

レイラ・アリエワは、コペンハーゲンで世界保健機関に勤務するタイピストだった。ロシア人の母とアゼルバイジャン出身の父の間に生まれた彼女は、背が高くて目立ち、濃い黒髪と、長いまつ毛の奥で輝く濃い茶色の瞳が印象的な女性だった。エレーナとは違いシャイで世間知らずだが、くつろいでいるときは大きな声で笑って周囲を笑顔にさせていた。彼女は歌うのが大好きだった。オレークと同じくレイラもKGBの血筋だ。父親のアリは、アゼルバイジャンKGBで少将にまで昇進し、その後、退職してモスクワに移り住んだ。彼女はイスラーム教徒として育てられ、過保護な子供時代を送った。付き合った男性は少なく、そのボーイフレンドたちも、両親によって徹底的に品定めされた。

彼女はデザイン会社でタイピストとして働き始めた後、コムソモール（共産主義青年同盟）の機関紙のジャーナリストとなり、その後、ソ連保健省を通じて、世界保健機関の秘書の職に応募した。国外に出て外国の機関で働きたいと希望するソ連国民は全員がそうだったが、レイラもイデオロギー面で信頼できるかを徹底的に審査され、その後にコペンハーゲンへ行くことを許可された。当時の年齢は二八で、オレークより一一歳若かった。デンマークに到着直後、レイラは大使夫人の開いた歓迎会に招待され、その場で夫人から、モスクワではどんな仕事をしていましたかと尋ねられた。

「ジャーナリストでした」とレイラは答えた。「ですから、デンマークについて何か書いてみたいと思っています」。

「それなら、ぜひとも大使館の報道官のゴルジエフスキーさんとお会いなさいな」

そういう次第で、オレーク・ゴルジエフスキーとレイラ・アリエワは、コムソモールの機関誌向けにコペンハーゲンのスラム街に関する記事を一緒に書き始めた。この記事が発表されることはなかった。しかし、ふたりの協力関係はとても急速に深まった。「彼女は愛想がよく、面白くて、ユニークで、ウィットが利いていて、人から好かれたがっていた。私は彼女に一目惚れし、私たちの愛はすぐに燃え上がった」。両親の厳しい監督下から脱していたレイラは、感情の赴くまま、この恋愛に身を投じた。

「初めて会ったときは、とても灰色な人だという印象を受けました」とレイラは回想している。「通りで会っても気づかないような人だと思いました。でも、実際に話してみて驚きました。とても物知りだったんです。とても面白い人で、ユーモアのセンスも抜群でした。私はゆっくりと、少しずつ、恋に落ちていきました」。

ゴルジエフスキーにとって、レイラの優しい性格と素朴な愛らしさは、エレーナの手に負えない高慢ぶりを知った後では、まさに一服の清涼剤だった。普段の彼は、人間関係を計算ずくで見ることに慣れてしまっていて、自分の言動と相手の言動を絶えず評価するのが常になっていた。それに対してレイラは自然で外交的で、余計なことに縛られていなかった。オレークは生まれて初めて、自分が憧れの的になっているのを感じた。ゴルジエフスキーは若い愛人を、ソ連では禁じられている思想や現実を取り上げた未知の文学世界へと誘《いざな》った。レイラは彼の熱心な勧めで、スターリン主義の邪悪な残忍性を描いたソルジェニーツィンの『収容所群島』と『煉獄《れんごく》のなかで』を読んだ。「彼は自分の書棚から本を貸してくれました。私は、このどっと押し寄せる真実をしっかりと受け止めました。彼は私を教育してくれたのです」。レイラは、言われなくとも最初から、ゴルジエフスキーがKGBの情報員であることに気づいていた。しかし、こうした書物への興味の背後に体制への強い反感が潜んでいるとは、一度も思わなかった。密会中、ふたりは大胆な計画をあれこれと立てた。子供ができたらどうだろうと想像したりもした。KGBは、不倫に厳しい態度を取っており、まして離婚などもってのほかだった。「私たちが会うのは、とにかく秘密でした。不倫の証拠となりそうな写真があったら、彼に対して不利に使われ、厳罰を受けていたことでしょう。きっと二四時間後には免職になっていたと思います」。ふたりは辛抱しなくてはならなかったことだろう。しかし、彼は人知れずゆっくりと愛を育むことには慣れていた。

ゴルジエフスキーは、ふたつの仕事のどちらにも懸命に取り組んだ。バドミントンも盛んにやった。レイラはアパートをルームメイトふたりとシェアしていたし、エレーナは自宅にいることが多かったため、彼とレイラが会うときは、いつも人目を忍んだスリリングな密会となった。しかし、そこには新たな欺瞞と不安の層が積み重なっていた。今や彼はエレーナを、仕事と家庭生活というふたつのレベルで裏切っていたからだ。どちらか一方でも露見したら、身の破滅になりかねない。彼は二重の不義の痕跡を、正確かつ慎重に隠していた。彼は、数日おきにレイラに秘密のメッセージを送っては、コペンハーゲンの異なるホテルで不倫を重ね、四週間おきにデンマークの退屈な郊外にある目立たないアパートへ行っては、国家への反逆行為を重ねていた。彼は一年をかけて、ソヴィエトの監視と妻の疑惑の両方から逃れる脱出策を作り上げた。レイラとの関係も、MI6との関係も、次第に深くなっていった。彼は安全だと思っていた。しかし、実はそうではなかった。

ある冬の晩、デンマークの若い情報部員がバラロプにある自宅への帰途、外交官ナンバーを付けた自動車が、外交官地区から遠く離れた場所の横道に駐まっているのに気がついた。この若者は興味を持った。十分な訓練も受けていたし、仕事にも熱心だった。近くに寄って見てみると、この車はソヴィエト大使館のものであることが分かった。ソ連の外交官が、週末の午後七時にこんな郊外で何をしているのだろうか？

雪がうっすらと積もったばかりで、車の周りには、まだ新しい足跡が残っていた。このPET情報員が足跡を二〇〇メートルほどたどると、アパートの建物に行き着いた。近づいていくと、ちょうどデンマーク人のカップルがアパートから出ていくところで、ふたりは親切にも彼のため玄関ドアを押さえて閉まらないようにしてくれた。濡れた足跡は、大理石の床を横切って階段まで続いていた。その足跡を追って、彼は三階にある一室のドアまでやってきた。室内からは、外国語を話す低い声が聞こえてくる。彼は住所と車のナンバーをメモした。

翌朝、デンマーク防諜部トップのヨーン・ブルーンのデスクに報告書が届けられた。いわく、KGBで働いている疑いのあるソ連外交官を、バラロプのアパートまで追跡し、この人物がこのアパートで、未確認だがドイツ語と思われる言語で、一名または複数の未知の人物と話しているのを漏れ聞いた。「ここには疑わしい何かがある。我々は何らかの対処をすべきである」と、報告書はまとめていた。

しかし、デンマークの監視システムが作動する前に、ヨーン・ブルーンはそのスイッチを切った。報告書はファイルから抹消された。仕事熱心すぎた若い情報員は、勘の鋭さを褒められたものの、この手がかりはなぜ追う価値がないのか明確な説明を得られぬまま、問題は「うやむやにされた」。これに限らず、保安機関というものは職務に熱心なあまり、進行中の工作を危うく台無しにしかけることがあった。

ゴルジエフスキーは、一歩間違えば自分の正体が露見するところだったと知って驚愕した。「この不運な出来事は、後々まで尾を引く衝撃を私たちに与えた」。以後、彼はバラロプへは地下鉄で行くようにした。

スパイを長期運用するために

名前を挙げるのを拒んだ態度は、月日がたつにつれて弱くなった。挙げるべき名前が多かったわけではない。デンマークにおけるソ連の工作員・情報提供者ネットワークは、彼が明かしたところによれば、情けないほど小さかった。酒好きの政治家ゲアト・ペーターセンと、デンマークの移民担当部署に勤めていて断片的な情報をときどき提供する太りすぎの警官、それに、国内各地に送り込まれて第三次世界大戦を待つ数名のイリーガルがいる程度だ。コペンハーゲンのＫＧＢ情報員たちは、オレークの説明によれば、誰かと実際に会うことよりも、経費を正当化するため連絡員を捏造するのに多くの時間を割《さ》いていた。この安心できる情報はＰＥＴに伝えられた。デンマーク側は、ゴルジエフスキーが指摘した数名のスパイを排除しないよう注意した。排除すれば、それは取りも直さず、ＫＧＢ内部に情報提供者がいる証拠となるからだ。その代わりＰＥＴは、一握りしかいないデンマーク人の

ＫＧＢ連絡員たちを監視して機をうかがうことにした。

デンマークにはＫＧＢでスパイの名に値する者はいなかったかもしれないが、デンマークと同じ北欧の国々はそうではなかった。

グンヴォル・ガルトゥング・ホーヴィックは、ノルウェー外務省で働く目立たない女性職員だった。元看護師の彼女は秘書兼通訳として勤務しており、もうじき定年を迎えることになっていた。小柄で気立ては優しく、かなり内気な性格だった。その彼女は、三〇年にわたり多額の報酬を受け取って活動していたベテラン・スパイでもあり、ソ連から「国際理解を強化した功績」――つまり、機密文書数千点をＫＧＢに渡した功績――により人民友好勲章をひそかに授与されていた。

ホーヴィックの事例は、ＫＧＢによる運用の典型例だ。第二次世界大戦の最終盤、ノルウェーがまだナチの占領下にあった時期、同国北部のボーデーにある軍病院に勤務していた彼女は、ソ連人捕虜ウラジーミル・コズロフと恋に落ちた。コズロフは既婚者でモスクワには妻子が待っていたが、そのことを彼女には告げなかった。ホーヴィックは彼がスウェーデンへ逃亡するのを手助けした。戦後、ロシア語を流暢に話せる彼女はノルウェー外務省に採用され、ノルウェー大使の秘書としてモスクワに派遣された。モスクワで、コズロフとの恋愛関係が再燃した。ＫＧＢは、この不倫行為の噂を聞きつけると、アパートを用意してふたりの密会に使わせた上で、ホーヴィックに、不倫関係をノルウェー側にばらされ、コズロフをシベリア送りにされたくなければ、ソ連のスパイになれと迫って、承諾させた。それから八年間、彼女は大量の機密資料を渡し続け、オスロの外務省に戻ってからもスパイ活動を続けた。ＮＡＴＯの最北端を担うノルウェーは、北極圏でソ連と約二〇〇キロにわたって国境を接しており、ＫＧＢから「北への要地」と見なされていた。この地で冷戦は、まさしく氷のような冷酷さで展開された。「グレタ」という暗号名を与えられたホーヴィックは、八人の異なるKGB担当官たちと二七〇回以上会った。その間ずっと、モスクワからの現金と、コズロフからの手紙（おそらくKGBが愛人コズロフを装って書いたもの）を受け取り続けた。だまされやすく、悲しみに暮れ、脅されてKGBに協力することになった、このオールドミスは、共産主義者ですらなかった。

アルネ・トレホルトは、ホーヴィックとは違い、有名で魅力的な人物だった。ノルウェーで人気のあった大臣の息子であり、著名なジャーナリストで、ノルウェーの有力政党である労働党のメンバーでもあったトレホルトは、華やかでハンサムで、左派的な意見を遠慮なく発言していた。彼は社会的成功を、あれよあれよという間に収めた。さらに、ノルウェーのテレビスターであるカーリ・ストーレークレと結婚したことで、セレブとしての経歴にさらに箔《はく》がついた。『ニューヨーク・タイムズ』は、彼を「ノルウェー政財界の若き黄金世代のひとり」と評した。一部の人々からは、いずれは首相に昇り詰めるだろうと考えられていた。

しかし一九六七年、トレホルトはヴェトナム戦争に強硬に反対したことで、KGBの興味を引くことになった。彼に、ソヴィエト大使館の領事部職員を隠れ蓑にしていた情報部員エヴゲーニー・ベリャーイェフが接触した。後にトレホルトは警察に、私はオスロでの乱交パーティーの後で「性的問題による脅迫」でスカウトされたのだと話した（ただし、この陳述はその後に撤回された）。ベリャーイェフは、トレホルトに情報提供の見返りとして現金を受け取るよう勧め、一九七一年には、ヘルシンキのレストラン「コック・ドール」で、KGBのレジジェントとして新たにオスロに赴任するゲンナジー・フョードロヴィチ・チトフにトレホルトを引き合わせた。チトフは、その冷酷さから「ワニ」というあだ名を付けられていたが、むしろ大きな丸眼鏡と、よたよたとした歩き方から、たいへん悪意に満ちたフクロウのように見えた。チトフは、「第一総局で最高のお世辞の名手という評判」を得ていた。トレホルトはお世辞が大好きだった。それに、ランチをおごってもらうのも好きだった。それからの一〇年間、彼とチトフは、KGBの経費で一緒に食事をし、その回数は五九回に及んだ。「私たちは、ノルウェー政治と国際政治を論じながら、すばらしいランチを楽しんだ」と、トレホルトは何年も後に回想している。

ノルウェーはゴルジエフスキーの担当範囲外だったが、KGBの考えでは、北欧諸国はすべてひとまとめになっており、各支局は他の支局の活動をある程度は知っていた。一九七四年、ワジム・チョルヌイという名の新たなKGB情報員が、モスクワからデンマークへ赴任してきた。モスクワでは、第一総局で北欧諸国とイギリスを担当する部署で働いていた人物だ。チョルヌイは平凡な情報員で、とにかく噂話が好きだった。ある日、彼は口を滑らし、KGBがノルウェー外務省の内部で暗号名「グレタ」という女性工作員を運用していることを漏らした。その数週間後には、KGBがノルウェーの政府内で新たに「はるかに重要な」工作員をスカウトし、それは「ジャーナリストの経歴を持つ人物」だとしゃべってしまった。

ゴルジエフスキーは、この情報をホーキンズに伝え、ホーキンズはMI6とPETに報告した。このふたつの非常に貴重な手がかりは、ノルウェーの防諜部に伝えられた。情報源は徹底的にカムフラージュされた。ノルウェー側は、この報告は信頼できると言われたが、報告がどこの誰から来たのかは教えられなかった。「これは、オレークが通常の任務で入手できる情報ではなく、たまたまつかんだ情報だった——だから、たどっていっても直接彼には行き着かないだろうと私たちは判断した」。ノルウェー側は感謝し、警戒を厳しくした。外務省の控えめな上級秘書グンヴォル・ホーヴィックは、しばらく前から疑いの目を向けられていた。ゴルジエフスキーの警告は、それを裏づける決定的なものだった。若くてファッショナブルなアルネ・トレホルトも、KGBの工作員だと判明している人物の会社で目撃されて以来、警戒の対象になっていた。以後ふたりは厳重に監視されることになった。

ノルウェーとのやり取りは、ゴルジエフスキー工作が持つ大きな難題と、スパイ活動全般の難しさとをよく表している。その難題とは、優良な情報を、その情報源を危険にさらすことなく活用するには、どうすればいいのかという問題だ。敵陣深くに潜入した工作員は、自陣に潜む敵のスパイを見つけ出すことがある。しかし、そうして見つけたスパイを全員逮捕して無力化すれば、敵陣にスパイが潜んでいることを敵方に知らせてしまうことになり、情報源は危険にさらされる。どうすればイギリス情報部は、ゴルジエフスキーが次々と明かす情報を、彼の身を危うくすることなく利用できるのだろうか？

MI6は、当初から長期戦を想定していた。ゴルジエフスキーはまだ若い。彼がもたらす情報は一流品であり、その質は、時間がたって昇進するにしたがい向上していく一方だろう。急ぎすぎたり情報を求めすぎたりすれば、この工作は破綻してゴルジエフスキーは殺されるかもしれない。安全確保が第一だった。フィルビーの一件でイギリスは、内部の人間の裏切りがどれほど危険か、よく知っていた。MI6でこの秘密工作を教導された少数の情報員たちは、知る必要のある事柄しか知らされなかった。PETでは、ゴルジエフスキーの存在を知る者はさらに少なかった。彼が提供する情報を同盟国に伝える際は、小出しにし、ときには「カットアウト」と呼ばれる仲介者も使いながら、他の情報と一緒にして、情報源が別の所であるかのように念入りに偽装して渡した。ゴルジエフスキーは秘密を大量に明かしていたが、MI6は、その情報のどこにも彼の指紋が残らないよう気をつけていた。

CIAは、「サンビーム」について何も知らされていなかった。英米のいわゆる「特別な関係」は、情報活動の分野では特に良好だったが、それでも「必要最低限のことしか知らせない」という原則は、どちらの側でも採用されていた。イギリスがKGBの奥深くで大物スパイを運用していることは、CIAに知らせる必要はまったくないということで話はまとまっていた。

情報機関は、情報員を同じ場所に無期限にとどめておくことを好まない。情報員が土地になじんで安心し切ってしまうといけないからだ。同様に、工作員を運用する担当者も、客観的な目を失ったり、ひとつの工作やひとりのスパイに力を注ぎすぎたりすることのないよう、定期的に交代していた。

この原則に従って、コペンハーゲンのKGBレジジェントだったモギレフチクは任期満了で異動となり、その後任として、ゴルジエフスキーの旧友で、人当たりがよく、スコッチ・ウイスキーとオーダーメイドのツイードの服をこよなく愛するイギリスびいきのミハイル・リュビーモフがやってきた。ふたりはすぐに旧交を温めた。リュビーモフは再婚していた。最初の結婚の破綻が原因でKGBでのキャリアは一時つまずいたものの、今では再び出世街道を歩んでいた。ゴルジエフスキーは、この「愛想がよく、ゆったりとした人物」を、世知に通じていて世界を皮肉な目で見る態度も含めて、敬愛していた。ふたりは一緒に夜遅くまで、酒を飲みながらおしゃべりしたり、文学と芸術と音楽と諜報活動について論じ合ったりして過ごした。

リュビーモフは、この友人である愛弟子はもっと出世するだろうと思っていた。上司たちはゴルジエフスキーを「有能で博識」と評価し、仕事ができる人物と見なしていた。「オレークの振る舞いは申し分なかった」と、リュビーモフは書いている。「彼は、どんな内部抗争にも巻き込まれず、私が求めるものは何であれすぐに提供し、真の共産主義者のように控えめで、躍起になって昇進を求めたりはせず、（中略）大使館員の中には、彼を好かない者もいた。彼らは彼を『傲慢』と呼び、『あまりにも頭がよすぎる』と言っていた。しかし、私はそうした点を悪いことだとは思っていなかった。たいていの人は、自分は頭がよいと思うものではないだろうか？」。後になってからようやくリュビーモフは、彼を疑うべき明確なサインが出ていたことに気がついた。ゴルジエフスキーは、外交官のパーティーへ行くのをほとんどやめてしまっていたし、リュビーモフ以外のKGB情報員と付き合うこともめったになくなっていた。さらに、反体制文学にどっぷりと浸かっていた。「彼のアパートには我が国で禁止されている著者数名の本があり、私は上司として、見えないようにしておけと忠告した」。ふたりは妻同伴で会食することも多く、そんなときゴルジエフスキーはジョークを飛ばし、少し多めに酒を飲み、夫婦仲がよい振りをした。そのときのエレーナの言葉が、リュビーモフの頭から離れなかった。「彼は、本当は外交的な人間などではありません」と彼女は言った。「あなたに本心を見せているとは思わないでください」。リュビーモフは、夫婦関係がかなりぎくしゃくしていることを知っていたので、この警告に注意を払わなかった。

マイクロフィルムを持ち出す

一九七七年一月のある晩、ゴルジエフスキーがいつもどおり隠れ家のアパートへ行くと、フィリップ・ホーキンズは、眼鏡を掛けた年下の男性と一緒に待っていて、その男性を「ニック・ヴェナブルズ」だと紹介した。ホーキンズは、自分はまもなく国外で新たな任務に就くことになったと説明し、この男が後任だと告げた。

この新たな工作担当官は、ジェフリー・ガスコットだった。七年前にカプランのファイルを読み、ターゲット候補としてゴルジエフスキーにフラグを立てた、あの敏腕家だ。これまでガスコットはホーキンズの事務担当官として働いており、ゴルジエフスキー工作については何から何まで詳しく知っていた。しかし、彼は緊張していた。「私は、担当するのに十分な知識があるとは思っていたが、それでも経験はまだかなり浅かった。MI6は『君ならできる』と言っていた。しかし、私はそこまでの自信はなかった」。

ゴルジエフスキーとガスコットは、どちらもすぐに相手に好感を抱いた。イギリス側の担当官は流暢なロシア語を話し、ふたりは最初から互いをファーストネームで呼び合った。ふたりとも長距離ランナーだ。しかし、そうしたことよりも、ガスコットはホーキンズとは対照的に、オレークを単なる情報源ではなく、個人として尊重しているように見えた。「あらゆる方法で元気を与え、いつも陽気で、ミスをしたときはいつでも心から謝罪する」ガスコットは、気の合った人物として、この工作に常時専念することになり、その秘密は厳重に守られた。MI6内で彼の仕事を知っているのは、秘書と直属の上司だけだ。「サンビーム」工作は、ギアが一段階アップした。

MI6は、小型カメラを支給しようと申し出た。これを使えば、ゴルジエフスキーはレジジェントゥーラ内で文書の写真を撮影し、現像前のフィルムを渡せば済むからだ。しかしオレークは断った。撮影しているところを見つかった場合のリスクがあまりにも大きすぎるからだ。「半開きにしたドアから一度のぞかれただけで、すべては終わってしまうでしょう」。イギリス製の小型カメラを所持しているのは、どんな証拠にも劣らず有罪の決め手になる。それに、KGB支局から文書をひそかに持ち出す別の方法があった。

モスクワからの伝言や指示は、マイクロフィルムの長いリールとして、ソ連の「外交用郵袋」に入れて運ばれてくる。この「外交用郵袋」とは、国際法で認められた手段で、これを使えば、外交使節を受け入れている接受国から干渉されることなく大使館と情報を安全にやり取りできる。レジジェントか、あるいは通常は暗号係が、届いたマイクロフィルムを細かく切り分け（切り分けられたものを「ストリップ」という）、それを「ライン」と呼ばれる関係部署に配布していた。ラインには、イリーガル担当（Nライン）、政治情報担当（PRライン）、防諜担当（KRライン）、科学技術担当（Xライン）などがあった。マイクロフィルムには、手紙やメモや文書が一本当たり一〇件以上入っていることもあった。もしゴルジエフスキーがマイクロフィルムのストリップを昼食休憩中に大使館の外へひそかに持ち出すことができれば、それをガスコットに渡して複写してもらい、返してもらえばいい。この作業全体の所用時間は三〇分にも満たないだろう。

ガスコットは、ハンスロープ・パークにあるMI6の技術部に要求を出した。ハンスロープ・パークとは、イギリスのバッキンガムシャーにある貴族の邸宅で、周囲を葉の生い茂った緑地と、有刺鉄線と監視所から成る警戒線とに囲まれていた。ハンスロープは、イギリス情報部の支局のうち、最も極秘で最も厳重に警備されている施設のひとつだった（し、現在もそうである）。第二次世界大戦中、ハンスロープの技術者たちは、スパイのために驚くような科学装備を次々と作り出した。その中には、音声暗号化無線や、隠顕《いんけん》インクのほか、ニンニク風味のチョコレートもあった。これは、パラシュートで占領下のフランスに潜入するスパイに支給されたもので、着陸後に口臭を、いかにもフランス人らしい臭いにするのが目的だった。もしもジェームズ・ボンド・シリーズに登場する天才技術者Qが実在したとすれば、きっとハンスロープ・パークで働いていたに違いない。

ガスコットの要求は、単純であると同時に難しいものだった。彼が求めたのは、マイクロフィルムのストリップをひそかに素早く複写できる、小さくて携帯可能な装置だった。

サンクト・アネ広場は、コペンハーゲン中心部の、王宮から遠くない場所に位置する、並木に挟まれた細長い長方形の公園だ。ランチタイムになると、特に天気のよい日は、広場は人でいっぱいになる。一九七七年のある春の日、ビジネススーツを着た体格のよい男が、広場の端にある電話ボックスに入った。ダイヤルを回していると、バックパックを背負った観光客が立ち止まって道を尋ね、立ち去った。この瞬間に、ゴルジエフスキーはマイクロフィルムのストリップを丸めたものをガスコットの上着のポケットに滑り込ませた。ヨーン・ブルーンは、あらかじめＰＥＴの監視が行なわれないよう手配していた。近くのベンチでは、ＭＩ６支部の下級情報員が所在なげに座っていた。

ガスコットは、近くにあるＰＥＴの隠れ家に駆け込むと、二階にあるベッドルームに入って内側から鍵を掛け、バックパックからシルクの手袋と、小さくて平らな箱を取り出した。箱は、縦一五センチ、横七・五センチで、ポケット手帳とほぼ同じ大きさだ。彼はカーテンを閉め、照明を消すと、マイクロフィルムのストリップを伸ばして一方の端を小さな箱に差し込み、箱の反対側から引っ張った。「暗い中でしなくてはならず、手に汗がにじむような、たいへんな作業だった。作戦を時間内に終わらせることができなければ中止しなくてはならないことは、常に意識していた。それに、もしマイクロフィルムに傷を付けてしまったら、それこそ大問題だった」

最初のブラッシュ・コンタクトからきっかり三五分後に、ふたりの男性は公園の反対側で二度目のブラッシュ・コンタクトを、高度な訓練を受けた監視員でなければ気づかれないほど、さりげなく行ない、マイクロフィルムはゴルジエフスキーのポケットに戻った。

KGBのレジジェントゥーラからMI6の手に渡る文書の流れは、奔流へと膨れ上がった。当初は、ゴルジエフスキーがモスクワ本部から受け取るPRラインへの指示だけだったが、次第に他の情報員に宛てられたマイクロフィルム・ストリップも持ち出すようになった。情報員たちは、昼食休憩時にストリップを机の上に出しっ放しにしていたり、ブリーフケースに入れたままにしておいたりすることが多かった。

成果は大きかったが、それに伴うリスクも大きかった。資料をひそかに持ち出すたびに、ゴルジエフスキーは自分が命を危険にさらしていることを自覚していた。別のKGB情報員が不意にランチから戻ってきて指示の記されたマイクロフィルムがなくなっていることに気づくかもしれないし、見てはいけない資料をゴルジエフスキーが持ち去るところを目撃されるかもしれない。大使館の外でマイクロフィルムを所持しているのを発見されたら、おしまいだ。ガスコットは、ひとつひとつのブラッシュ・コンタクトは「きわめて緊張」するものだったと、控えめながら明確に述べている。

ゴルジエフスキーは恐怖を感じていたが、決意を固めていた。コンタクトが終わるたび、ギャンブラーが勝負に出て賭けに勝ったときのような興奮に震えたが、この幸運はこのまま続くのだろうかとも考えた。どんなに寒い日のときも、レジジェントゥーラに戻ったときには恐怖と興奮で汗まみれになっており、手の震えが同僚たちに気づかれなければよいがと願った。コンタクトの場所は、公園、病院、ホテルのトイレ、駅など、わざと不規則なパターンに従って変更された。ガスコットは、予定の場所で複写作業ができない場合に備えて近くに自動車を駐めていた。いざとなれば自動車の中で、光を通さない布製の袋を使って複写作業をすることになっていた。

あらゆる予防策を講じていても、予測できない偶発的な事件は起こった。あるときガスコットは、市の北部にある鉄道の駅でブラッシュ・コンタクトを行なう手はずを整えた。彼は駅にあるカフェの窓際に座り、コーヒーを飲みながら、ゴルジエフスキーが現れてマイクロフィルムを近くの電話ボックスの中の棚に置いていくのを待っていた。ゴルジエフスキーは予定どおりに姿を現し、マイクロフィルムを置いて立ち去ったが、ガスコットが電話ボックスにたどり着く前に、男が先にボックスに入って電話を掛け始めた。それも長電話だ。時間は刻一刻と過ぎていくが、男は硬貨を次々と投入しながら、かまうことなくしゃべり続ける。マイクロフィルムを回収して複写し、別の所に設けた第二のコンタクト場所で返却するまで、三〇分の猶予しかなく、刻限はどんどん迫ってくる。ガスコットは、電話ボックスの外でうろうろし、片足で交互にジャンプしながら、偽装ではなく本当に不安をあらわにした。電話ボックスの男は、彼を無視した。こうなったらボックスに押し入ってマイクロフィルムをつかみ取ろうとガスコットが思った瞬間、男はようやく受話器を置いた。ガスコットが第二のブラッシュ・コンタクトの場所に到着したときには、予定時刻まで残り一分を切っていた。

リュビーモフの副官で親友でもあるゴルジエフスキーは、マイクロフィルムの多くにアクセスでき、「テープの量は増えていった」。数十件から、後には数百件の文書が持ち出されて複写され、暗号名・作戦・指令のほか、大使館がまとめた全一五〇ページの極秘報告書など、詳細な情報が判明し、デンマークにおけるソ連の外交戦略の全貌が明らかとなった。得られた情報は、ロンドンで慎重に分類され、偽装を施した上で、小分けにして分配された。情報が国内の治安に影響を与える場合はＭＩ５にも伝えられたし、かなり重要な場合は外務省に伝えられることもあった。イギリスの同盟国のうち、「サンビーム」ファイルから直接の情報を受け取っていたのはデンマークだけだった。情報の一部——特に、北極圏におけるソ連の諜報活動に関するもの——は、デイヴィッド・オーエン外務大臣とジェームズ・キャラハン首相に伝えられた。ただし、情報源がどこであるかは、誰にも教えられなかった。

ガスコットは、飛行機でデンマークへ行く回数が増え、滞在期間も長くなり、バラロプのアパートに三日連続で泊まるようになった。ふたりのスパイは、金曜日のランチタイムにマイクロフィルムのやり取りを実施し、土曜日の夜にアパートで会い、翌日の午前中にもう一度会った。愛人レイラとの密会と、諜報員ガスコットとの会合が増えたということは、ゴルジエフスキーが自宅を留守にする時間がどんどん長くなったということだ。彼はエレーナに、君には関係のないKGBの秘密任務で忙しいのだと言っていた。彼女がその言葉を信じたかどうかは分からない。

ゴルジエフスキーの協力条件はうやむやになり、やがてきれいになくなった。ゴルジエフスキーは、自分の会話が録音されていることを知っていた。名前を挙げるのを拒否した態度も捨て、KGBの情報員とイリーガルと情報源の身元を、ひとり残さず明らかにした。最後には、金銭を受け取ることにも同意した。ガスコットは彼に、それなりの金額が彼のためロンドンの銀行に「ときどき」預けられていると告げた。それは成功報酬であり、イギリスの感謝の印であり、明言はしていないが、いずれ彼がイギリスに亡命するだろうと考えてのことだった。ゴルジエフスキーは、この諜報活動による収入に手を着けることは絶対にできないだろうと思いながらも、その意思表示をありがたく感じ、現金の受け取りを承諾した。

ゴルジエフスキーは金銭よりも貴重な存在であり、そのことが、もうひとつのきわめて象徴的な方法で示された。その方法とは、MＩ６長官からの個人的な感謝状だった。

イギリス情報機関のトップであるモーリス・オールドフィールドは、自署するときは緑のインクで

「C」と書いていた。この習慣は、MI6の創設者マンスフィールド・カミングが始めたもので、カミングはこれをイギリス海軍から取り入れた。海軍では、慣例として船長は緑のインクを使っており、それを採用したのである。以来、この伝統は現在に至るまで歴代のMI6長官によって受け継がれている。ガスコットは、オールドフィールドからゴルジエフスキーに宛てた感謝状を、クリーム色の厚い便箋に英語でタイプし、それにMI6長官が緑のインクを使って筆記体でサインした。その手紙を、ガスコットはロシア語に翻訳し、次の会合で原本とロシア語訳の両方をゴルジエフスキーに見せた。

オレークは、感謝の言葉を読んで顔を輝かせた。ガスコットは、別れるときに感謝状を返してもらった。緑のインクでサインされたイギリス諜報部トップからの個人的な手紙は、彼に持たせておいてよい記念品ではなかった。「それは、オレークに私たちは君のことを真剣に考えており、そのことを正式な形にしたと伝えて彼を安心させるための方法であり、個人的な絆を結び、オレークに君が相手にしているのは組織そのものだと知らせるための方法だった」。そうしたことがすべて彼を落ち着かせるのに役立ち、これを契機に工作は円熟期に入った」。次の会合でゴルジエフスキーはオールドフィールドへの返信を提出した。「サンビーム」と「C」の往復書簡はMI6の記録に今も保管されており、スパイ活動を成功させるには心のこもったやり取りが欠かせないことを証明している。

ゴルジエフスキーの手紙は、次の引用から分かるように自らの信念を表明したものだった。

ぜひ強調したいのですが、私の決断は、私の無責任さや性格の不安定さによるものでは決してありません。この決断に至るまで、私は長きにわたって精神的に格闘し、心の中で苦しみ、私の祖国での出来事にいっそう深く失望し、やがて私自身の経験から、民主主義と、それによってもたらされる人類の寛容さこそ、ともかくもヨーロッパである我が国が取るべき唯一の道だとの確信に至ったのです。現在の体制は、西側の人々が決して完全には理解できないほど、民主主義とは正反対のものです。誰であれ、これに気づいたら、勇気を持って自分の信念を実行に移し、隷属状態が自由な国々へとさらに広がるのを防ぐため自ら行動を起こさなくてはならないのです。

＊

グンヴォル・ホーヴィックは、一九七七年一月二七日の晩にKGBの管理官アレクサンドル・プリンツィパロフと会う手はずを整えていた。彼女が会合地点であるオスロ郊外の暗い横道にやってくると、プリンツィパロフが待っていた。ところが、近くでノルウェー保安機関の職員三名もひそかに待機しており、彼女が到着すると一斉に飛び出した。「暴力的な格闘」の末にソ連の情報員はついにおとなしくなり、ポケットからは、「グレタ」への今回分の支払いである約二〇〇〇クローネが見つかった。ホーヴィックはまったく抵抗しなかった。当初彼女は、ソ連人コズロフとの恋愛関係だけを認めていたが、最終的には落ちた。「では、ありのままにお話ししましょう。私は三〇年近くにわたってソ連のスパイでした」。彼女は諜報活動と国家反逆罪で告発された。その六か月後、収監中だったホーヴィックは、裁判が始まる前に突然の心臓発作で死亡した。

外交への余波として、KGBのレジジェントであるゲンナジー・チトフがオスロから追放された。重要な工作員がノルウェーで逮捕されたという知らせは、デンマークのKGB支局にもすぐさま伝わり、情報員の間でさまざまな憶測がにわかに飛び交ったが、そのうちのひとりは、恐怖で「冷たい痛み」を感じていた。ゴルジエフスキーは、自分が漏らした情報が彼女の逮捕に直接つながったのだと考えた。この件に関係していた人物は、今後全員が尋問を受けるだろう。もし、おしゃべり好きなチョルヌイが数か月前に「グレタ」についてゴルジエフスキーと無駄話をしたことを思い出し、勇気を出して報告したら、KGBの潜入スパイ捜査官が証拠を探し始めるだろう。しかし、数週間たってもゴルジエフスキーが召喚されることはなく、彼は徐々に安心していったが、今回の件は気を引き締める警告となった。もしも渡した情報が、ある行動の根拠であることがあまりに自明である場合、それがきっかけで彼は身を滅ぼすことになると思われた。

エレーナ・ゴルジエフスキーは、簡単にだまされる人間ではなかった。夫は何かをやっている。週末に一晩中自宅を留守にすることが増え、出かける理由も、ごく簡単にしか説明してくれない。エレーナは、面と向かって言われなくとも、夫が浮気していることに気づいていた。彼女は怒って夫を責めた。夫は否定したが、その言葉に説得力はなかった。アパートで「不愉快な場面」が続き、その騒動は近所に住むKGB職員たちにも聞こえていたに違いない。その後は、怒りのあまり口を利かない沈黙が続いた。夫婦関係は死んだも同然だったが、ふたりとも身動きの取れない状態だった。ゴルジエフスキーと同じくエレーナも、KGBでのキャリアを醜聞で台無しにしたくはなかったし、デンマークにも滞在し続けたかった。離婚すれば、ふたりとも次の飛行機でモスクワへ向かうことになるだろう。彼らはKGBの規則に従って結婚したのであり、同じ理由で、少なくとも表向きは、結婚を続けなくてはならなかった。しかし、夫婦仲は険悪だった。

ある日、ガスコットはゴルジエフスキーに、君は「過度のストレス」を受けているのではないかと尋ねた。実を言うと、デンマークの盗聴班は、彼のアパートで夫婦げんかが起こって皿が何枚も飛んだ様子を耳にしており、それをＭＩ６にも伝えていた。ゴルジエフスキーは工作担当官に、夫婦関係はいずれ壊れるかもしれないが、自分は大丈夫だと言って安心させた。しかし、このやり取りは、今では味方となった者たちからも依然として監視されていることを改めて彼に思い出させる出来事だった。

レイラは、精神的な休息の場だった。壊れかけた夫婦生活を嫌々続けているのに比べれば、彼女と愛情を交わしあう瞬間は、いつも違うホテルの部屋で、せき立てられるように急いで過ごしているだけに、いっそう甘美に感じられた。「私たちは、私の問題が解決し次第、すぐに結婚する計画を立てた」と彼は書いている。エレーナが骨ばっていて怒りに満ちていたのに対して、しなやかな肉体をした黒髪のレイラは、柔らかくて優しくて楽しかった。彼女はＫＧＢの一族に生まれ育った。父親のアリは二〇代前半のとき、アゼルバイジャン北西部にある故郷の町シャキでスカウトされた。同じくＫＧＢ職員の母親は、モスクワの貧しい家族の七人きょうだいのひとりで、未来の夫とは戦後すぐのころモスクワで訓練課程を受けているときに知り合った。そうした両親の娘であるにもかかわらず、ゴルジエフスキーはレイラが自分をエレーナのように監視したり評価したりしていると感じたことは一度もなかった。レイラの純真さこそ、複雑さを極める彼の人生を癒《いや》す解毒剤だった。彼は、それまで愛した誰よりも深く彼女を愛した。しかし、同時に彼はＭＩ６とも秘密の深い関係を続けていた。彼の感情的欲求と諜報活動は、真正面から衝突していた。もし離婚して再婚すれば、ＫＧＢでのキャリアが傷つくだけでなく、ＭＩ６のため貴重な情報をもっと入手するチャンスも減るだろう。愛情は、赤裸々な真実を吐露し、思いのたけを熱く語ることから始まる場合が多い。レイラは若く、人を疑うことを知らず、ハンサムで思いやりのある愛人を完全に信頼していた。「私は、彼をエレーナから奪ったとは一度も思いませんでした。ふたりの結婚生活は終わっていたのです。私は彼に夢中でした。崇拝していたのです。彼は完璧でした」。しかし、彼女は知らなかったが、彼が自分のすべてを表に出したことは一度もなかった。「私の存在の半分と、私の考えの半分は、秘密のままにしておかなくてはならなかった」。彼は、二重生活を送っている限り、心と心が結びついた本当の結婚生活は不可能なのだろうかと悩み、「私が望む、親密で温かい関係を作ることはできるのだろうか？」と考えていた。

ついに彼はミハイル・リュビーモフに、私は世界保健機関の若い秘書と不倫しており、彼女と結婚したいと思っていると打ち明けた。彼の友人でもある上司は、同情したが現実的でもあった。自分の個人的経験からリュビーモフは、KGBで道徳に厳しい者たちがこの状況を知れば、彼の愛弟子の将来に傷がつくことを知っていた。自身も結婚が破綻した後、階級を落とされ、数年間は無視されていた。だから「オレークが離婚すれば、退屈な事務仕事に回されるのは必定だった」と書いている。レジジェントである彼は、上司たちに取り成そうと約束してくれた。

ゴルジエフスキーとリュビーモフは、さらに親密になった。一九七七年の夏、ふたりは週末の休暇に一緒にデンマークの海岸を旅行した。ある日の午後、浜辺でリュビーモフは、一九六〇年代のロンドンで若きKGB情報員として、どうやって左派のさまざまな重要人物と交流を深めたかを語った。そうした重要人物のひとりに、熱烈な労働党員で国会議員のマイケル・フットがいた。フットはモスクワから「影響力を持つ代理人」の候補と見なされていて、ソ連に有利な考えを吹き込めば、それを記事やスピーチにしてくれる人物だと考えられていた。しかしその名は、今のゴルジエフスキーにとっては、どうでもよいものだった。

リュビーモフは「生涯の友」かもしれなかったが、同時に貴重な情報源でもあった。ゴルジエフスキーが彼から少しずつ集めた情報は、すべてMI6に伝えられ、それには、このレジジェントを暗号名の「コリン」で呼んでいる親展の文書も含まれていた。友情も裏切りの対象だった。リュビーモフは後に「オレーク・ゴルジエフスキーは私をおもちゃの笛のようにもてあそんでいた」と回想している。

会合が終わるたび、ガスコットは直接オールドフィールドに報告していた。あるとき、そうした報告中にガスコットは、現在MI6コペンハーゲン支局の新支局長がリュビーモフに「親しげに話しかけ」ており、非常に友好的だという感触を得ていると説明した。『サンビーム』はいずれデンマークを去るので、私たちは代わりとなるターゲットを探すべきです。リュビーモフより適した者はいません。たいへんイギリスびいきで、すでに一度、打診したこともあります。長官も、きっと気に入ると思います。それに、彼は恐ろしく上流気取りですから、地位の高い者がアプローチすれば、いい反応を返すかもしれません」。こうして過激なアイディアが生まれた。MI6長官のモーリス・オールドフィールドが直々にコペンハーゲンへ赴き、KGBのレジジェントを自らスカウトしようというのだ。これには防諜部長が大反対した。「C」を積極的な作戦に参加させて危険にさらすことなどできないし、もし失敗したら、注意がゴルジエフスキーに向けられるだろう。「ありがたいことに、この計画は中止されたよ」と、ある情報部員は語った。「あれは正気の沙汰じゃなかった」。

ゴルジエフスキーは、こう書いている。「私は、全体主義体制のために働く不誠実な人間でなくなったことに、安堵と陶酔を感じていた」。しかし、この誠実さを手に入れるには、自分の気持ちをだまし、高潔な目的のため欺瞞を行ない、二重生活を正当化しなくてはならなかった。彼は、見つけ出した秘密の真実をすべてＭＩ６に伝える一方、同僚や上司と、家族と、親友と、不仲になった妻と、新たな愛人に嘘をつき続けていた。

5　レジ袋とマーズのチョコバー

ヴェロニカの練った脱出作戦

ロンドンのウォータールー駅からほど近い、ランベス地区のウェストミンスター・ブリッジ・ロードに、センチュリー・ハウスという、ガラスとコンクリートでできた、二二階建ての巨大で醜いオフィスビルがあった。これといった特徴がまったくないビルだった。出入りする男女は、このあたりで働く他の会社員と同じに見えた。しかし、じっくり見てみれば、ロビーにいる警備員が通常よりも体がたくましく、警戒度もはるかに高いことに気づいたかもしれない。それに、日中の妙な時間に電話工事のバンが何台も事務所の外に駐まっているのも、変だ。さらに、働く人たちの勤務時間がまちまちなことや、太くて短い柱状の電動式車止めが地下駐車場を守っていることにも、気がついたかもしれない。もっとも、こうしたことに気づくほど長時間付近をうろついてじろじろ観察していたら、逮捕されたに違いない。

センチュリー・ハウスはＭＩ６の本部ビルで、ロンドンで最も厳重に秘密が守られていた建物だった。公式には、このビルも、MI6も、存在しないことになっていた。あまりに目立たず、わざと平凡な外見にしていた建物だったため、ここに初めて来た人は、手違いから間違った住所に遣わされたのではないかと思うことが多かった。「秘密情報部にスカウトされても、実際にそこで一週間か二週間働いてみて、ようやくここが本部なのだと実感する者もいた」と、ある元情報員は書いている。[*1]この平凡なビルの真の目的について、一般大衆はまったく何も気づいていなかったし、その目的を知る少数の公務員やジャーナリストは口を閉ざしていた。

ソ連圏の担当部署は、一三階のワンフロアをすべて占めていた。その一角にあるデスクの島を、P5班が使用していた。P5班は、ソ連での作戦と工作員を運用し、MI6モスクワ支局と連絡を取っているチームだ。P5でゴルジエフスキー工作を知っているのは三人だけだった。そのひとりに、ヴェロニカ・プライスという女性がいた。

プライスは、一九七八年当時は四八歳、未婚で、MI6の仕事に打ち込んでおり、威勢がよくて現実的で、くだらない冗談を嫌い、ましてそれが男の口から出たものだったら容赦はしない、典型的なイギリス人女性だった。事務弁護士だった父親は第一次世界大戦で重傷を負っており(「その後死ぬまで父の体からは爆弾の破片が出てきました」)、その娘である彼女は、正真正銘の強い愛国心を持って育ったが、同時に元女優の母親から演劇の血も受け継いでいた。「私は弁護士にはなりたくありませんでした。旅行がしたかったのです」。速記がうまくなかったため外務省に入ることができず、最終的にMI6の秘書になった。秘書としてポーランド、ヨルダン、イラク、メキシコで勤務したが、二〇年近くたってようやくMI6は、ヴェロニカ・プライスの才能がタイピングと資料整理にとどまるものではないことに気がついた。一九七二年、彼女は試験を受けて、イギリス秘密情報部で初の女性情報員のひとりになった。五年後にはＰ５の副班長に任命された。彼女は、ホーム・カウンティーズと呼ばれるロンドン周辺地域にある自宅で、夫に先立たれた母と、姉妹のジェーンと、数匹の猫と、ボーンチャイナの膨大なコレクションとともに暮らしており、そこから毎日センチュリー・ハウスに通勤していた。プライスは普段から、物事はきちんと行なうべきだと言っていた。判断力にたいへん優れ、ある同僚の言葉を借りれば「ひとつのことに徹底的に集中する」タイプだ。彼女は問題を解くのが好きだった。一九七八年の春、ヴェロニカ・プライスはゴルジエフスキー工作を教導され、かくして彼女は、それまでＭＩ６が取り組んだことのない問題と格闘することになった。その問題とは、どうやってソヴィエト連邦からスパイをひそかに出国させるか、その方法を考え出すことだった。

その数週間前、ゴルジエフスキーが隠れ家であるアパートに、疲労と不安の表情を浮かべてやってきた。

「ニック、私は自分の身の安全について考えなくてはならなくなった。最初の三年間は、そんなことは考えなかったが、私はもうじきモスクワに戻ることになりそうだ。私が疑われた場合に備え、ソヴィエト連邦から脱出する方法を用意してもらえないだろうか？　国に戻っても、出てくる方法はあるだろうか？」

彼の周辺では不穏な噂が広がり始めていた。モスクワ本部が、ＫＧＢの内部でスパイが活動していると疑っているらしいというのだ。噂は、情報漏洩の起きている場所をデンマークだとも北欧だともほのめかすものではなかったが、内部調査が始まるという気配だけで、身が震えるほどのひどい不安を引き起こすには十分だった。もしＭＩ６にもスパイが潜入していたら一大事だ。第二のフィルビーがイギリスの情報機関内部に潜んでいて、今にもゴルジエフスキーの正体を暴露するかもしれない。

彼がいつか再び外国に赴任できるという保証はなく、まして離婚すれば、その可能性はさらに減り、ソヴィエト連邦に永久に閉じ込められてしまうかもしれない。ゴルジエフスキーは、必要な場合に脱出できる見込みがあるかを知りたかった。

このソ連人スパイをひそかに連れ出すのがデンマークからであれば、それは造作もないことだった。緊急電話番号に電話し、夜に隠れ家に集まり、偽造パスポートとロンドン行きの切符を渡すだけで済んだからだ。しかしモスクワから、KGBに正体を見破られた彼を首尾よく脱出させるのは、まったく別の話であり、まず不可能だと思われた。

ガスコットの返事は冷徹なものだった。「私たちとしては、何の約束もできないし、君が一〇〇パーセント脱出できるという保証も与えることはできない」。

ゴルジエフスキーは、成功の確率がそれよりはるかに低いことを知っていた。「もちろん」と彼は答えた。「それははっきり分かっています。ただ、念のため脱出の手段を用意してほしいのです」。

ソヴィエト連邦は、事実上、巨大な収容所であり、二億八〇〇〇万人以上の人々が厳重に警備された国境の内側に幽閉され、一〇〇万を超えるKGB情報員や情報提供者が看守として見張っていた。国民は常時監視下に置かれていたが、どの社会階層よりも特に厳しく監視されていたのは、実はKGBそのものだった。組織内の監視を担当するのは第七局で、モスクワだけでも約一五〇〇人が配置されていた。レオニート・ブレジネフの硬直した共産主義時代には、猜疑心がスターリン時代のレベルに届くほど高まり、全員が全員を監視するスパイ国家ができあがった。電話は盗聴され、手紙は開封され、誰もが自分以外の全員について、いつでもどこでも密告するよう奨励された。ソ連によるアフガニスタン侵攻と、それに伴う国際的緊張の急激な高まりによって、KGBの内部監視は強化された。

「夜は恐怖に震え、日中は嘘にまみれた体制を熱心に支持する振りをするため必死に努力するのが、ソ連国民の恒久的な状態だった」と、ソ連研究家ロバート・コンクエストは書いている。*2

スパイをソヴィエト連邦に潜入させたり、ソ連国内でスカウトしたり連絡を取り続けたりすることは、きわめて困難だった。少数ながら、鉄のカーテンの向こう側でスカウトしたり、向こう側へ潜入させたりしたスパイはいたが、そうしたスパイは何の前触れも説明もなく行方不明になることが多かった。諜報活動に常時神経をとがらせている社会では、秘密工作員の平均寿命は短かった。KGBの網が閉じるとき、そのスピードは恐ろしく速かった。しかし、現役のKGB情報員であるゴルジエフスキーなら、その身に危険が迫っていることをいち早く察知し、緊急脱出を試みるのに十分な時間を確保できるかもしれなかった。

まさにこれこそヴェロニカ・プライスが好む種類の難題であり、しかも、当時すでに彼女は脱出作戦の専門家のようになっていた。一九七〇年代半ば、彼女は「インヴィジブル」作戦を立案し、チェコの科学者夫妻をひそかにオーストリアへ出国させることに成功していた。また、暗号名「ディスアレンジ」作戦でチェコの情報部員をハンガリーから脱出させていた。「ですが、チェコにもハンガリーにもKGBはありませんでした」と彼女は語っている。「ソ連は、それよりずっと、はるかに難しかった」上に、安全な場所へ到達するまでの距離も、はるかに長かった。脱出作戦が失敗すれば、工作員を失うだけでなく、ソ連にプロパガンダの格好の武器を渡すことにもなった。

ひとつ考えられたのは、海路を使うことだった。プライスは、逃亡者が偽造文書を使って、ソ連のどこかの港から出航する民間の定期船か商船に乗ることはできないか、調査し始めた。しかし、埠頭や港は国境や空港に劣らず厳重に監視されていたし、ソ連の公文書は紙幣のような透かしが入っていて複写できなかったから、文書偽造は事実上不可能だった。モーターボートを使えば、黒海を渡ってトルコへ行くか、カスピ海を渡ってイランへ向かうことで、脱出するスパイを安全な場所まで運ぶことはできるだろうが、その前にソ連の警備艇に見つかって撃沈される可能性が非常に高い。トルコとイランは陸上でもソ連と国境を接しているが、その長い国境線はモスクワから二〇〇〇キロ近く離れている上、国境警備兵と地雷原と通電柵と有刺鉄線で厳重に守られていた。

外交用郵袋を使えば、機密扱いにすべき品目を、国境を越えて輸送することができた。主に文書の輸送に使われていたが、薬物や武器の運搬にも使われたし、理論上は人間を運ぶこともできた。外交用手荷物と記された小包を開封することは、正式に言えばウィーン条約違反だった。リビア人テロリストは、この方法を用いてイギリスに銃を持ち込んでいた［例えば一九八四年四月一七日、ロンドンのリビア大使館前でデモの警戒に当たっていた女性警官が、大使館からの銃撃で死亡するという事件が起きている。第一〇章参照］。ソ連も、外交用郵袋の定義を拡大して、木箱を大量に積んだスイス行きの九トン・トラックを外交用郵袋だと言い張り、検査から除外しろと迫ったことがある。もちろんスイスは拒絶した。一九八四年には、失脚したばかりのナイジェリア大統領の義兄弟で、ロンドンに亡命していた外交官が、薬物を飲まされて目隠しをされ、「特別貨物」のラベルを貼った木箱に入れられ、ナイジェリアの当時の首都ラゴスにある外務省宛てに送られそうになったことがある。幸い彼は、イギリスのスタンステッド空港で税関職員によって発見され、解放された。モスクワのイギリス大使館から人間サイズの外交用郵袋が出てきたら、気づかれずに済むはずがなかった。

選択肢はひとつまたひとつと、実行不可能か、もしくは非常識なほどリスクが高いとして、退けられていった。

しかしもうひとつ、ゴルジエフスキーのために利用できそうな外交上の慣習があった。

昔からの慣例により、大使館職員が運転する外交官用ナンバープレートを付けた自動車は、通常、国境を越えるときに検査を受けることはない——外交官は、外交特権により、安全な通行と、接受国の法律による訴追の免除が認められており、自動車の無検査は、この特権の延長である。ただし、これはあくまでも慣例であって法的な規則ではなく、ソ連の国境警備兵が、疑わしい自動車を検査するのに後ろめたさを感じることはほとんどなかった。それでも、これはソ連を囲む強固な壁に開いた小さな隙間だった。スパイを外交官用自動車の中にかくまえば、もしかすると、この鉄のカーテンの隙間をうまくすり抜けることができるかもしれなかった。

ソ連とフィンランドの国境は、東西両陣営が接する最前線のうち、モスクワから最も距離が短かったが、それでもモスクワからは自動車で一二時間かかった。西側の外交官は、休暇と保養や、買い物や治療のため、定期的にフィンランドを訪れていた。通常は自動車で行き来しており、ソ連の国境警備隊も、目の前で外交官用自動車が検問所を通過するのには慣れていた。

しかし、脱出者を自動車に乗せるのは、それはそれで大問題だった。イギリスの大使館も領事館も、外交官用の全住宅も、警察の制服を着たKGB情報員によって厳重に見張られていた。ソ連人が中に入ろうとすれば、必ず制止されて身体検査と尋問を受けた。さらに、イギリス大使館の車は、どこへ行くにも必ずKGBの監視チームに尾行されたし、外交官用の車両はKGBの整備士が整備しており、分からないように盗聴器と追跡装置が設置されていると考えられていた。

何週間もかけて問題をあらゆる角度から検討した結果、ヴェロニカ・プライスは計画の大枠を作成したが、それには仮定の条件がいくつも付けられていた。もしゴルジエフスキーが脱出する必要があるとモスクワのMI6支部に警告することができ、彼がフィンランド国境近くにある集合地点に尾行されることなく自力で来ることができ、MI6の情報員が運転する外交官用自動車がKGBの監視をまいてゴルジエフスキーを回収するのに十分な時間を確保することができ、彼を自動車内に確実に隠すことができ、ソ連の国境警備隊が外交上の慣例を守って自動車を検査せずに通したら……以上の条件がすべて満たされたら、彼はフィンランドへ脱出できるかもしれなかった（ただし脱出しても、フィンランド当局に逮捕されてソ連に送還される可能性はあった）。

これでうまくいくのか？

これは博打《ばくち》も博打、大博打だった。しかし、ヴェロニカ・プライスが思いつくことのできた最善の策であった。それはすなわち、これが現状で実現可能な最善の策ということだった。

MI6のモスクワ支局長に、フィンランド国境の近くで脱出者を回収できそうな適切な集合地点を見つけるようにとの指示が出された。支局長は、買い物旅行を装ってレニングラード〔現サンクトペテルブルク〕から自動車でフィンランドへ向かい、国境地帯の手前約四〇キロの、「キロメートルポスト836」とモスクワからの距離が書かれた道路標識の近くに、回収地点になりそうな道路わきの待避所を見つけた。交通警察の詰め所（国家自動車監督局のロシア語の頭文字から「GAI詰め所」と呼ばれていた）が約一五キロごとに設置されていて、全車両の動きを監視し、特に外国の自動車には目を光らせていた。待避所は、前後の詰め所からほぼ等距離の場所にあった。KGBに尾行されていなければ、MI6の回収車がそこで数分停車しても、次の詰め所はおそらくそのことに気づかないだろう。一帯は木が鬱蒼と茂っており、側道が右に分かれて作る大きなDの字形のカーブは、元の道に合流するまで、並ぶ木々に遮られて本道からは見えなかった。ロンドンのテラスハウス［長屋］ほどの大きさの巨大な岩が、待避所への入り口の目印になった。支局長は車の窓から写真を何枚か撮影すると、進路を南に変えてモスクワへ向かった。もしもその様子を見られていたら、きっとKGBは、どうしてイギリスの外交官が、人里離れた場所にある大きな岩の写真を撮りたいと思ったのだろうかと、不思議に思ったことだろう。

ヴェロニカ・プライスの計画では、ゴルジエフスキーがメッセージを渡したいと思ったときや脱出する必要が生じた場合に、そのことを知らせるための「信号地点」も必要だった。

モスクワに駐在するイギリス外交官は、MI6支局のメンバーである情報員二名と秘書一名も含め、その多くがモスクワ川の西側を走る広いクトゥーゾフ大通り（通称クツ）に面する同じアパートに入っていた。通りの向かい側には、ソヴィエト・ゴシック様式の高層ビルであるホテル・ウクライナのすぐ近くにパン屋があり、その隣には、バスの時刻表やコンサートの案内や『プラウダ』を貼った何枚もの掲示板が置かれていた。このあたりは、新聞を読む人で普段から人だかりができており、パン屋は、厳重に警備された向かいのアパートに住む外国人たちが盛んに利用していた。

計画では、ゴルジエフスキーがモスクワにいるときは、毎週火曜日の午後七時三〇分に、MI6支局のメンバーが信号地点となったパン屋を「見張る」とされた。パン屋はアパートの一部からよく見えたし、MI6の情報員がパンを買うという口実でパン屋に行ってもよいし、仕事からの帰りに、ちょうど時間に合うように信号地点の前を通り過ぎてもよかった。

この脱出計画を発動する方法はただひとつ、ゴルジエフスキーが七時三〇分に、西側のスーパーマーケット・チェーン「セーフウェイ」のビニール製レジ袋を持ってパン屋のそばに立つだけでよかった。セーフウェイのレジ袋には、赤くて大きなSの字が印刷されており、この一目で分かるロゴなら、モスクワのくすんだ景観の中でひときわ目立つはずだ。ゴルジエフスキーは西側で生活し働いていたから、西側のレジ袋を持っていても特におかしいとは思われないだろう。レジ袋は重宝されており、特に外国製の物は珍重されていた。これに加えて別の認識信号として、ゴルジエフスキーは購入したばかりのグレーのレザー帽をかぶり、グレーのズボンを履くこととされた。MI6の情報員は、ゴルジエフスキーが必須の信号であるセーフウェイのレジ袋を持ってパン屋のそばで待っているのに気づいたら、脱出信号を確認した証しとして、ロンドンの高級デパートであるハロッズの緑のバッグを持ち、キットカットかマーズのチョコバーを食べながら彼の前を通り過ぎる――英語で「手から口への方法」と言えば「一時しのぎの策」という意味だが、これは、ある情報員の言うとおり「文字どおり手から口への方法」だった。チョコバーを食べるのに加え、情報員はグレーのもの――ズボン、スカート、スカーフなど――を身に付け、一瞬アイコンタクトを取るが、歩みを止めてはならないとされた。「グレーは目立たない色であり、そのため監視者によるパターンの蓄積を避けるのに役立った。不利な点は、モスクワの長い冬の夜には、ほとんど見えなかったことだ」。

脱出信号が出されたら、計画はただちに第二段階へ移行する。三日後の金曜日の午後に、ゴルジエフスキーはレニングラード行きの夜行列車に乗る。エレーナは同行させないものとする。ソ連第二の都市レニングラードに到着したら、レーニンが一九一七年に革命を始めるため到着したことで知られるフィンランド駅へタクシーで向かい、着いたらすぐに列車に乗って、バルト海沿岸の町ゼレノゴルスクまで行く。そこからバスに乗ってフィンランド国境へ向かい、国境の町ヴィボルクの南約二五キロにあり、国境地帯までは四〇キロの位置にある集合場所かその近くで下車する。待避所に着いたら藪《やぶ》の中に隠れて、ひたすら待つ。

　同時に、MI6の情報員二名は外交官用自動車でモスクワを出発し、レニングラードで一泊する。こうした正確なタイムスケジュールを左右し、複雑にしていたのが、ソ連政府の事務手続きだった。旅行の正式な許可は、出発の二日前に入手しなくてはならず、外交官用自動車には、国外へ出るための特別なナンバープレートを取り付ける必要があった。その取り付けを行なう自動車整備工場は、水曜日と金曜日にしか開いていない。ゴルジエフスキーが信号を火曜日に出せば、自動車関係の事務手続きは金曜日の午後一時までに終わらせることができ、MI6チームはその日のうちに、信号発信からわずか四日後である土曜日の午後二時三〇分きっかりに集合地点に到着できるよう出発することができる。チームは、ピクニックをするように装って、車で待避所に入る。危険がないようなら、情報員のひとりが車のボンネットを開ける。これが、ゴルジエフスキーが隠れ場所から出てきてよいという合図だ。ゴルジエフスキーは、すぐさま車のトランクに入り、ソ連国境に配備されていると考えられていた赤外線カメラと熱感知装置に気づかれないよう、断熱効果の高いスペースブランケットで全身を覆い、精神安定剤を一錠もらう。そして、トランクに入ったまま車で国境を越えてフィンランドに入るという計画だった。

　脱出計画は、「ピムリコ」という暗号名を与えられた（口絵ページ最後の地図「1985年『ピムリコ』作戦」を参照）。

　MI6では、ほとんどの秘密情報機関と同じく、暗号名は建前として、公的に承認されたリストからランダムに割り振ることになっていた。たいていは実在する単語で、暗号名が指し示す事柄のヒントにならないよう、意図的に無味乾燥な言葉が選ばれていた。しかしスパイたちは、実際の内容と関係するか、内容をぼんやりと（あるいは、あまりぼんやりとではなく）示すヒントになる言葉を選びたいという誘惑に勝てないことが多かった。ＭＩ６で暗号名を管理している担当者は、アーシュラという名（これは本名）の女性秘書だった。「アーシュラに電話して、リストにある次の名前を尋ねます。もし、その名前が気に入らなければ、もう一度電話して、もっといい名前をもらえるよう頼みます。あるいは、工作のさまざまな要素に付けるため暗号名を一度にたくさんもらい、一番気に入ったものを選ぶこともありました」。戦時中にＭＩ５がスターリン（「鋼鉄の男」の意）に付けていた暗号名は、石に刻んだ彫刻を意味する「グリプティック」だったし、ドイツがイギリスに付けた暗号名は、ゴルフコースを意味する「ゴルフプラッツ」だった。暗号名が相手をひそかに侮辱するのに使われることもあった。アメリカがＭＩ６に「堅苦しい保守派」を意味する「アップタイト」という暗号名を付けていたことが偶然ＣＩＡの電報から判明したときは、センチュリー・ハウスで怒りの声が上がった。

「ピムリコ」は、いかにもイギリス的な響きがした［「ピムリコ」は、ロンドン南西部の地区名］――そしてイギリスは、作戦が成功すれば、ゴルジエフスキーが最終的にやってくる土地だった。

次の会合でゴルジエフスキーは、ガスコットが「ピムリコ」作戦の概要を説明するのを礼儀正しく聞いていた。彼は集合地点の写真をじっくりと観察し、クトゥーゾフ大通りでの脱出信号の手はずに熱心に耳を傾けた。

ゴルジエフスキーは、ヴェロニカ・プライスの脱出計画について、しばらく真剣に検討した末に、これは絶対にうまくいかないと明言した。

「非常に興味深く、想像力に富んだ脱出計画だったが――しかし、たいへん複雑だった。信号地点については、細かい注意点がとても多く、条件も非現実的だった。私は真剣に受け止めなかった」。彼は計画を暗記したが、内心、これを思い出すようなことにならなければよいがと願った。一方センチュリー・ハウスでは、懐疑的な者たちが、「ピムリコ」は決してうまくいかないと言っていた。「私は非常に真剣にとらえていました」と、後にプライスは回想している。「私以外の多くの人は、そうではありませんでした」。

ソネット集を餞別に

一九七八年六月、ミハイル・リュビーモフは、ゴルジエフスキーをコペンハーゲンのソヴィエト大使館にある自室に呼び、君はもうじきモスクワに戻ることになったと告げた。五年以上に及んだ二度目のデンマーク赴任が終わるのは、意外でも何でもなかったが、夫婦生活とキャリアと諜報活動に数々の問題を引き起こした。

エレーナは、夫が以前から秘書と不倫を重ねていることを、すでにすっかり知っており、モスクワに戻ったらすぐに離婚することに同意した。レイラの世界保健機関での仕事も終わろうとしており、数か月後には同じくソ連に帰国する予定だ。ゴルジエフスキーは、できるだけすぐに再婚したかったが、離婚が自分のキャリアに影響しないなどという幻想は抱いていなかった。これまでゴルジエフスキーはKGBでとんとん拍子に出世し、四〇歳になる今、いずれ大きく昇進して、北欧を担当する第三部の副部長になるだろうと考えられるまでになっていた。しかし、その過程で多くのライバルや敵を作っており、モスクワ本部で重箱の隅をつついて陰口を言う者たちは、出る杭を打つ口実が見つかるのを今か今かと待っていた。「連中は攻撃してくるぞ」とリュビーモフは、自身の経験を基に忠告した。「離婚を責めるのはもちろん、君が赴任中に不倫していたことも非難するだろう」。彼はレジジェントとして、ゴルジエフスキーを「完璧で、政治的に正しい考えを持った情報員で、あらゆることに強く、語学に堪能で、報告書を書く才能も高い」と絶賛する報告書をモスクワに送っていた。さらにリュビーモフは、少しでも「打撃を和《やわ》らげる」よう、部長に宛てて、ゴルジエフスキーの夫婦問題を説明して寛大な処置を請う添え状も書いていた。ふたりとも、道徳にやかましいモスクワ本部の厳しい態度を考えれば、帰国すればおそらくかなりの期間、窓際に追いやられるだろうと思っていた。

モスクワへの帰国が近づき、仕事の先行きも見通せなかったのだから、ゴルジエフスキーはこの機会を利用してスパイとしての活動をやめ、姿を消してもよかっただろう。MI6からは、いつでも手を引いてイギリスに身を隠してもよいと常々はっきりと言われていた。自由がなくて抑圧的なソ連の厳しい生活に戻るのではなく、今こそ西側へ、できることなら愛人も連れて、亡命しようと決断しても、おかしくなかった。しかし、亡命するという可能性は彼の脳裏をよぎらなかったらしい。彼はソ連に戻り、新たに見出したイギリスへの忠誠心をひそかに温めながら、できるだけ機密情報を収集し、機が熟するのを待つことにした。

「モスクワに戻ったら、どうするつもりですか？」とガスコットは尋ねた。

「極秘の、最も重要な、ソ連指導部の本質的要素を探り出したいと思います」とゴルジエフスキーは答えた。「体制がどのように機能するのかを探り出したいのです。すべてを見つけ出せるとは思いません。共産党中央委員会はＫＧＢに対してすら秘密を隠していますから。でも、できるだけ探り出すつもりです」。ここに、ゴルジエフスキーの反逆の本質があった。彼は、自分が忌み嫌う体制についてできるだけ多くを探り出し、できることなら破壊しようと思っていたのだ。

諜報活動を成功させるには、長距離走と同じように、忍耐力とスタミナとタイミングが必要だ。ゴルジエフスキーの次の職場は、おそらく、イギリスと北欧を担当する第三部になるだろう。彼はKGBを内側から観察し、イギリスと西側に役立ちそうな情報を何でも集めることになる。離婚と再婚にまつわる騒動が収まれば、きっとリュビーモフと同じように、KGBで出世の階段を再び上り始めるだろう。もしかすると、わずか三年で再び外国に赴任できるかもしれない。次のラップも自分のペースで進むつもりだ。モスクワで何が起ころうとも、彼の活動は続く。彼は走り続けるのだ。

KGBの奥深くに潜入したスパイは、どの西側情報機関にとっても最高の宝だった。しかし、CIA長官リチャード・ヘルムズが述べていたように、工作員をKGBに潜入させることは「スパイを火星に送り込むのと同じくらい無理なこと」だった。[*3] 西側諸国には、「ソ連国内にスパイと呼ぶにふさわしいソ連人工作員はほとんど」[*4] おらず、そのため「敵の長期的計画や意図についての信頼できる情報は、実質的に存在しなかった」。[*5] しかし今イギリス情報部は、KGBの内部にいる工作員を、彼が見つけた秘密をひとつ残らず引き出すことで存分に活用するチャンスを手にしたのである。

ところがMI6は、それとは正反対のことをする決断をした。

情報活動史上まれに見る自制心と克己心で、ゴルジエフスキーの監督官たちは、モスクワでは我々とコンタクトを維持しなくてもよいし、機密を送ろうとしなくてもよいと告げたのである。センチュリー・ハウスの工作担当官たちは、その代わり、彼らのスパイを休眠させることを選んだ。ゴルジエフスキーは、モスクワへ戻ったら完全に放置されることになった。

その理由は単純かつ完璧なものだった。ソ連では、ゴルジエフスキーをデンマークでと同じように運用するのが不可能だったからだ。モスクワには隠れ家もなければ、喜んで彼の背後を見守ってくれる現地の友好的な情報機関もなく、彼の正体が万が一見破られたときに頼りになる緊急対策もなかった。監視のレベルは非常に厳しく、イギリスの外交官は——情報部員だと疑われている者だけでなく——全員が常時見張られていた。これまでソヴィエト連邦国内で工作員を運用してきた経験から、熱心すぎるとほとんど必ず失敗に終わることが分かっていた。ペニコフスキーの悲惨な末路は、その代表だ。スパイは遅かれ早かれ（たいていは「早かれ」だが）、すべてに目を光らせている国家によって見つけ出され、逮捕されて抹殺された。

あるMI6情報員は、こう語っている。「オレークは、危険にさらすには、あまりに惜しかった。あまりにも貴重だったため、私たちは自制しなくてはならなかった。ソヴィエト連邦でもコンタクトを維持したいという強烈な誘惑はあったが、MI6には、それを十分な頻度で秘密裏に行なえる自信がなかった。彼を破滅させてしまう可能性が高かったのだ」。

ガスコットはゴルジエフスキーに、MI6はモスクワでは君と連絡を取ろうとはしないつもりだと告げた。秘密の会合を用意したり、情報を回収しようとしたりはしない。しかし、ゴルジエフスキーの方で必要になったら、コンタクトを取ってもよい。

毎月第三土曜日の午前一一時に、MI6は情報員をひとり、サドーヴァエ環状道路の近くにあるモスクワ中央市場へ行かせて、時計の下を歩かせる。中央市場は人だかりの多い場所で、外国人がいても場違いには見えない。ここでも情報員はハロッズのバッグを持ち、グレーの衣類を身に付けておく。「この目的はふたつあった。もしオレークが、私たちが今も変わらず彼のために気を配っているか改めて確認したくなったら、自分の姿を見せずに私たちの姿を見ればよかった。もしも彼がブラッシュ・コンタクトをして具体的なメッセージを渡したいと思ったら、グレーの帽子とセーフウェイのレジ袋で私たちに分かるようにすればよかった」。

彼がレジ袋と帽子とともに姿を表したら、ブラッシュ・コンタクト計画は第二段階に入る。次の次の次の日曜日、彼は赤の広場にある聖ワシーリー大聖堂へ行き、大聖堂の奥にある螺旋《らせん》階段を午後三時きっかりに上る。ここでも、認識されやすいよう、グレーの帽子とグレーのズボンを身に付けておく。MI6の、おそらく女性の情報員が、グレーの衣類を身に付け、両手にグレーの物を持って、上の階からタイミングを見計らって降りてくるので、この狭い階段ですれ違いざまに、紙に書いたメッセージを彼女に渡せばよい。

このブラッシュ・コンタクトは、彼の見つけた情報が、例えばソ連のスパイがイギリス政府内にいるなど、イギリスの国家の安全に直接影響を与えるものである場合にのみ行なうこととされた。こうしたメッセージを受け取ってもMI6から返信することはできなかった。

脱出する必要が生じたら、火曜日の夜七時三〇分にセーフウェイのレジ袋を持ってクトゥーゾフ大通りのパン屋に立って、脱出計画を発動させる。MI6は、パン屋の周辺を毎週確認するものとする。

計画の詳細な説明が終わると、ガスコットは、オックスフォード大学出版局が出しているシェイクスピアのソネット集のハードカバーを一冊渡した。この本は、ソ連人が西側から持ち帰りそうな、何の変哲もない記念品に見えた。しかし実は、これはヴェロニカ・プライスから贈られた、独創的な備忘録だった。裏表紙の見返し（表紙の内側に貼った紙）の裏には、小さなセロハン紙が入れてあり、そこには「ピムリコ」作戦について、スケジュールから、認識用の衣類、脱出信号、836キロポストを過ぎた場所にある集合地点、主要地点間の距離などが、ロシア語で詳しく記されていた。ゴルジエフスキーはこの本を、モスクワのマンションの書棚に置いておくようにと言われた。脱出作戦を実行する前に記憶を確かめたくなったら、本を水に浸し、見返しをはぎ取って、セロハン紙を取り出せばよい。さらなる安全策として、セロハン紙に書かれた地名は、ソ連のものからフランスのものへ変えられていた。例えばモスクワは「パリ」で、レニングラードは「マルセイユ」といった調子だ。これなら、彼が国境へ向かっている最中にKGBがこの「カンニングペーパー」を見つけても、正確な脱出ルートは必ずしも分からないだろう。

最後にガスコットは、ロンドンの電話番号を手渡した。もしゴルジエフスキーがソヴィエト連邦から何らかの事情で国外に出て、電話しても大丈夫だと思ったら、この番号に電話を掛けてほしい。必ず誰かが対応するから。そう言われてゴルジエフスキーは、メモ帳を取り出し、ごちゃごちゃとした走り書きの中に、この電話番号を逆順に書き記した。

この数か月前にゴルジエフスキーは、北欧担当者から聞き知った断片的な重要情報をガスコットに伝えていた。KGBか、軍の情報機関GRUか、おそらくその両方だと思われるが、とにかくソ連の情報機関がスウェーデンで大物スパイをスカウトしたのだという。詳細は不明だが、このモグラは、政府か軍かは分からないがスウェーデンの情報機関で働いているらしい。MI6はこの極秘情報をデンマーク側と協議し、秘密調査が行なわれた。「特定するのに長くはかからなかった」とガスコットは言う。「すぐに、この人物をほぼ確実に特定するのに十分な証拠が集まった」。スウェーデンは重要な同盟国で、スウェーデンの情報機関にソ連側のスパイが潜入しているという証拠は、伝えずにおくには、あまりにも重要すぎた。そこでガスコットはゴルジエフスキーに、この情報は、情報源を明かすことなくすでにストックホルムに伝えてあり、近いうちに対応が取られるはずだと説明した。彼は異議を唱えなかった。「このころになると彼は、私たちが彼を情報源として守るはずだと信頼するようになっていた」。

ゴルジエフスキーとガスコットは握手を交わした。二〇か月間、誰にも気づかれることなく、ふたりは少なくとも月に一度、会合を持ち、数多くの秘密書類をやり取りした。「これは真の友情であり、真の親しさだった」とガスコットは何年も後に語っている。しかしそれは、厳しい制限の中で育まれた、奇妙な友情だった。ゴルジエフスキーがニック・ヴェナブルズの本名を知ることはなかった。スパイとその担当官が、一緒にレストランで食事をしたこともなかった。「一緒にランニングに出かけたかったが、それはできなかった」とガスコットは語っている。ふたりの関係は、隠れ家の壁に囲まれた中だけで、常にテープレコーダーが回っている状態で深められた。スパイどうしの関係の例に漏れず、ふたりの関係もゆがめられ、欺瞞とごまかしを特徴としていた。ゴルジエフスキーは、自分が悪《あ》しざまに罵《ののし》る政治体制を攻撃し、彼が強く欲していた尊厳を手に入れていた。ガスコットは、敵の要塞の内部に長期間にわたって深く潜入している工作員を運用していた。しかし、ふたりのどちらにとっても、この関係はそれ以上の意味を持っていた。ふたりは、秘密と危険と忠誠心と裏切りの中で、精神的な強い絆を結んでいたのである。

シェイクスピアのソネット集をセーフウェイのレジ袋に入れると、ゴルジエフスキーは、これを最後に隠れ家のアパートを出て、デンマークの夜に消えた。以後、この工作は長距離で運用されることになる。モスクワに戻ったら、ゴルジエフスキーは自分が望むときにイギリス情報部と連絡を取ることができるが、MI6には、自分たちの方から彼に接触する手段はない。彼は、必要となれば脱出を試みることができるが、イギリス側から脱出計画を開始することはできない。彼は自分の判断で行動できる。イギリス情報部は、推移を見守り、待つことしかできなかった。

ゴルジエフスキーが、いつ終わるかも分からぬままレースを走る覚悟を決めていたとするならば、同じ覚悟をMI6も決めていたのである。

裏切り者は目の前に

モスクワ本部の第一総局本部で、ゴルジエフスキーは第三部の部長の元へ出頭して、私は今の妻と離婚し、その後に別の女性と再婚するつもりですと説明し、自分の目の前でキャリアが崩れていくのを見つめていた。部長はヴィクトル・グルシコという名の、背が低くて太ったウクライナ人で、陽気で利己的で、KGBの道徳に厳しい風潮に完全に従順だった。「これですべてが変わることになる」とグルシコは言った。

飛ぶ鳥を落とす勢いだったゴルジエフスキーは、リュビーモフの予期したとおり、ドスンと地上に引き落とされた。副部長になるどころか、人事課に左遷され、強烈な道徳的非難を浴びた。何人かの同僚からは、「君は赴任中に不倫をした。まったくプロ意識に欠けている」と、ざまあみろという顔で言われた。任される仕事は、退屈で取るに足らないものばかりだった。夜勤をさせられることも多かった。依然として上級情報員ではあったが、「具体的な担当は何もなかった」。再び彼は、閉塞状態に陥った。

離婚は、ソヴィエトらしい淡々とした迅速さで成立した。裁判官はエレーナに尋ねた。「あなたの夫は、子供が欲しいと思っているのに、あなたが子供を欲しがらないので離婚したいと言っています。それで間違いはありませんか?」。エレーナは激しく言い返した。「まったく違います! 彼は若くてかわいい女を好きになったのです。ただそれだけです」。

当時、エレーナは大尉に昇進し、外国の大使館を盗聴するという以前の仕事に戻っていた。離婚を持ちかけられた側の彼女は、KGBでのキャリアに影響は出なかったが、ゴルジエフスキーを決して許さず、決して再婚しなかった。KGBの女性上級情報員たちが集まって茶話会を開くと、決まってエレーナは「あれは誠意のかけらもないペテン師で、偽の仮面をかぶった男よ。あいつは、どんな裏切りでもできるやつよ」と言って、元夫の不誠実さを激しい言葉で罵った。ゴルジエフスキーの不倫の噂は、KGBの下の方にも広まった。ほとんどの人は、エレーナの発言を離婚された女性の恨み節だと思って相手にしなかった。「捨てられた妻が、ほかにどんなことを言うと思う？」と、第三部の同僚は語っている。「私も、ほかの誰も、この発言を報告しようとさえ思わなかった」。しかし、どうやら報告した人物がいたようだ。

ゴルジエフスキーが帰国して一か月後に、父親が八二歳で亡くなった。火葬には、ほんの一握りの年老いたKGB情報員だけが参列した。通夜は家族のマンションで執り行なわれ、親戚が三〇名以上集まってすし詰め状態の中、ゴルジエフスキーは、父が共産党とソヴィエト連邦――今では自分が積極的に共謀して転覆させようとしているイデオロギーと政治体制――のため果たした業績を称えるスピーチを行なった。数年後にゴルジエフスキーは、父の死は母にとって「解放」だったのかもしれないと語っている。しかし、父が亡くなったことでひそかに解放されていたのは、実は当のゴルジエフスキーだった。

アントン・ラヴレンチエヴィチは、一九三〇年代の大飢饉と粛清の時代に自分が秘密警察官として何をしたのか、家族には絶対に語らなかった。父が死んで数年後、ようやくゴルジエフスキーは、父がオリガと出会う前に結婚しており、この内緒だった昔の結婚で子供ももうけていたかもしれないことを知った。一方自身も、KGBでの仕事の性質を父に説明したことは一度もなく、ましてや、新たに西側に忠誠を誓ったことは、まったく打ち明けていなかった。そのことを父が知ったら、昔からのスターリン主義者だったから、驚き、そして恐怖に震えたことだろう。父と息子の関係をむしばんだ嘘は、墓場まで続いた。ゴルジエフスキーは、父が象徴していたものを、すべてひそかに嫌っていた。残忍なイデオロギーへのやみくもな服従も、「ホモ・ソヴィエティクス」の臆病さも、嫌悪していた。しかし同時に彼は父を愛してもいて、彼も受け継いでいた頑固な性質を尊敬してさえいた。父と息子の間では、愛情と欺瞞は手に手を取って歩んでいた。

ゴルジエフスキーの再婚は、離婚に劣らぬ速さでとんとん拍子に進んだ。レイラが一九七九年一月にモスクワへ戻ると、結婚は数週間後に戸籍登記所で行なわれ、その後、彼女の両親のマンションで家族だけでの祝宴が開かれた。オリガは、息子がとても幸せそうな様子を見て喜んだ。彼女はエレーナをほとんど好きになれず、かつての嫁を、目をギラギラさせてKGBでの出世だけを考えている女だと思っていた。新婚夫婦は、KGBの協同組合がレニンスキー大通り一〇三番地に所有するマンションの九階に新居を定めた。「私たちの関係は温かく、近しかった」とゴルジエフスキーは書いている。「私が昔からずっと待ち望んでいたもののすべてだった」。この結婚の根底にあった欺瞞は、家具を買ったり、書棚を作ったり、デンマークから持ってきた絵画を掛けたりといった、素朴な家庭的喜びで隠された。オレークは、西側の音楽と自由がないのを残念がった。しかしレイラは、ソヴィエト式の生活に不平や疑問もなく戻った。「本当の幸せは、徹夜して列に並んだ末に、欲しい物を手に入れることです」と彼女は語った。まもなくレイラは妊娠した。

ゴルジエフスキーは、第三部の歴史を執筆する仕事を任された。ソ連の過去の諜報活動を知ることはできるが、現在進行中の作戦についてはまったく知ることのできない、仕事と言えない仕事だった。一度だけ、ノルウェー班の同僚のデスクでファイルをちらりと見たことがあった。ファイルのタイトルはOLTで終わっていた――トレホルト（Treholt）の名前の前半は、別の紙で隠れていたのだ。これは、アルネ・トレホルトが活動中のKGB工作員だということを示す、さらなる証拠だった。イギリス側はこれに関心を持つだろうが、リスクを冒してまで知らせるほどのことではないと、彼は思った。

彼はMI6とコンタクトをまったく取ろうとしなかった。自分の祖国で異郷生活を送りながら、秘密の忠誠心を孤独な誇りを持って抱き続けた。広大なソ連の中で、ゴルジエフスキーの気持ちを理解できる人物は、おそらくひとりしかいなかっただろう。

キム・フィルビーは、年老い、孤独で、酒に酔っていることも多かったが、それでも頭の働きは以前と変わらず鋭かった。長年にわたる実体験から、スパイの二重生活と、発覚を避ける方法と、モグラを捕まえる方法を、彼以上に熟知している者はいなかった。彼はいまだにKGB内では伝説的な人物だった。ゴルジエフスキーは、フィルビー事件について書かれたデンマーク語の本を持ち帰っており、フィルビーに、この本にサインしてほしいと頼んだ。返ってきた本には、次のような献辞が添えられていた。「我が友オレークへ――書かれていることを信じてはいけないよ！　キム・フィルビー」。ふたりは友人ではなかったが、共通点は多かった。フィルビーは三〇年にわたりMI6の内部でひそかにKGBに仕えていた。今では半ば引退して快適な生活を送っているが、その欺瞞に関する専門知識は、ソ連情報機関の幹部たちに依然として活用されていた。

ゴルジエフスキーが帰国してすぐ、フィルビーは本部から、グンヴォル・ホーヴィックの工作を評価して何が問題だったのかを探ってほしいとの依頼を受けた。なぜノルウェーのベテラン・スパイは逮捕されたのか？　フィルビーは数週間をかけてホーヴィック・ファイルを読み込むと、その長いキャリアで何度も成し遂げてきたように、正しい結論に到達した。いわく「工作員の正体を暴露する情報漏洩が、ＫＧＢ内部から発生したとしか考えられない」。

ヴィクトル・グルシコは、ゴルジエフスキーも含め上級情報員たちを執務室に招集した。「ＫＧＢから情報が漏洩している形跡がある」とグルシコは述べ、ホーヴィック工作に関するフィルビーの詳細な結論を公表した。「これはとりわけ憂慮すべきことだ。なぜなら事件のパターンが、裏切り者は、今この瞬間にこの部屋にいるのかもしれないことを示唆しているからだ。裏切り者は、私たちに交じって座っているのかもしれない」。

ゴルジエフスキーは激しい恐怖を感じ、ズボンのポケット越しに自分の腿を強くつねった。ホーヴィックは、その長い諜報活動の中で一〇人以上のＫＧＢ担当官と会っていた。ゴルジエフスキーは、この工作の運用に関与したことは一度もなく、ノルウェーを担当したこともなかった。それでも彼は、自分がガスコットに漏らした情報がホーヴィックの逮捕に直接つながったのに違いないと思い、欺瞞を見破るのに長《た》けたイギリス人の老スパイのため、今では疑惑の雲が危険なほど近づいてきていると確信していた。吐き気が喉元まで込み上げてきた。彼はショックを隠したままデスクに戻ると、私はＭＩ６に、今になって自分の身を危険にさらしそうなことを、ほかに何か言わなかっただろうかと考えた。

悪評に耐え、モームを愛読し

かつてスティグ・バーリリンは、秘密工作員の生活を「霧と褐炭の煙とのせいで、灰色で、黒くて、白くて、どんよりとしている」と語ったことがある。[*6] しかし、スウェーデンの警察官を経て情報部員となり、ソ連の潜伏スパイとなった彼のキャリアは、恐ろしいほどカラフルだった。

バーリリンは、警察官として働いた後、スウェーデンの公安警察であるSÄPOの監視チームに入り、スウェーデン国内でソ連側工作員の疑いのある者の活動を見張る任務を担当した。一九七一年には、SÄPOとスウェーデン国防参謀本部との連絡係に任命され、スウェーデンの国防施設すべての詳細など、極秘情報にアクセスできるようになった。二年後、国連監視団員としてレバノンに派遣されていたとき、ベイルートのソヴィエト大使館付き武官でGRUの将校だったアレクサンドル・ニキフォロフと接触した。一九七三年一一月三〇日、彼は最初の秘密情報をソヴィエト側に三五〇〇ドルで売った。

バーリリンがスパイになった理由はふたつある。ひとつはお金で、彼はこれが大好きだった。もうひとつは上官たちの高圧的な態度で、彼はこれが大嫌いだった。その後四年間にわたって、彼はソヴィエト側に一万四七〇〇件の文書を渡して、スウェーデンの国防計画、兵器体系、保安コード、防諜作戦などを漏らし、ソヴィエト側担当官と、隠顕インクやマイクロドット、短波無線などを使って連絡を取った。彼は「ソ連情報部への情報に対する報酬として」[*7] と記された領収書にサインさえしており、そのため当然ながら、KGBによる脅迫を受けやすくなった。バーリリンは、どうしようもない愚か者だった。

そこへ、スウェーデン情報部にソ連側工作員がいると指摘するゴルジエフスキーの秘密情報がもたらされた。MI6の防諜部長がストックホルムへ飛び、スウェーデンの公安警察に、内部にスパイがいると伝えた。

当時バーリリンは、SÄPOの調査局長であり、スウェーデン陸軍の予備役将校であると同時に、ひそかにソ連軍情報部の大佐にもなっていた。

スウェーデン側は内偵を進めた。一九七九年三月一二日、彼はイスラエルのテルアヴィヴ空港で、スウェーデンの要請を受けたシン・ベート（イスラエル公安庁）によって逮捕され、SÄPOの元同僚たちに引き渡された。九か月後、彼は諜報活動により有罪となり、終身刑が言い渡された。バーリリンは、ソ連側のスパイ監督官たちから、ひと財産を稼いでいた。彼がスウェーデンの国防に与えた損害は、修復するのに推計で二九〇〇万ポンドもかかった。

ゴルジエフスキーに密告されたソヴィエト側スパイが、ひとりまたひとりと摘発されていった。その結果、西側は以前より安全になっただろう。しかし、ゴルジエフスキーは違った。第三部の内部で互いへの疑念が高まり、自身のキャリアは停滞している一方で、新たな妻と幸せな結婚生活を送り、もうじき最初の子供も生まれるのだから、仮にこのとき、ゴルジエフスキーがやはり過去を清算して、MI6との関係をすべて断ち、KGBに真実が見つからないよう願いながら、残りの人生を目立たぬように送る道を選択したとしても、おかしくなかった。しかし、彼はペースを上げた。キャリアを進めるには起爆剤が必要だった。彼は西側へ、できることならイギリスへ、配置されなくてはならなかった。

彼は英語を話せるようになろうと思った。

ＫＧＢは、情報員が公的な外国語課程を修了した場合、給与を一〇パーセント増額させていたが、この方針は二言語までとの制限があった。ゴルジエフスキーは、すでにドイツ語とデンマーク語とスウェーデン語を話すことができた。それでも彼は登録した。四一歳だった彼は、ＫＧＢの英語課程で最年長の生徒となり、課程は四年のコースだったが、それを二年で修了した。

もしもＫＧＢの同僚たちがもっと注意を払っていたら、どうしてゴルジエフスキーは給与面でのインセンティヴもないのに新たな言語をあれほど急いで身に付けようとしているのか、どうして突然イギリスにあんなに興味を持つようになったのかと、不思議に思ったかもしれない。

ゴルジエフスキーは二巻本の露英辞典を購入し、イギリス文化に没頭した——正確に言えば、ソ連国民に許される範囲でイギリス文化を学んだ。チャーチルの『第二次世界大戦』や、フレデリック・フォーサイスの『ジャッカルの日』、ヘンリー・フィールディングの『トム・ジョウンズ』を読んだ。このころミハイル・リュビーモフは、コペンハーゲンから戻って第一総局の研究機関の長という高い役職に就いていたが、当時はゴルジエフスキーが「たびたび遊びに来ては、イギリスについて滞在経験者からのアドバイスを求めていた」という。リュビーモフは喜んで求めに応じ、ロンドンで社交クラブが集まる地区であるクラブランドや、スコッチ・ウイスキーの楽しみについてうれしそうに詳しく語った。「何という皮肉だろう！」と、後にリュビーモフは書いている。「その場で私は、イギリス側スパイにイギリスについてのアドバイスを送っていたのだ」。レイラも、夜に英単語のテストをして彼の勉強を手助けし、自分も英単語をいくつか覚えた。「私は、彼の能力がとてもうらやましかったです。一日で単語を三〇も覚えられたのですから。彼は優秀でした」。

リュビーモフの勧めに従い、ゴルジエフスキーはサマセット・モームの小説を読み始めた。自身も第一次世界大戦中にイギリスの情報部員だったモームは、作品の中で、諜報活動の道義的曖昧さを見事に表現している。数々の登場人物の中でも、とりわけゴルジエフスキーが夢中になったのは、十月革命中のロシアへ派遣されたイギリス人工作員アシェンデンだった。モームはアシェンデンの人となりを、次のように書いている。「アシェンデンは、善を称賛しはするが、悪に憤慨することはなかった。他者には愛情よりも興味を抱くことの方が多く、そのため人から冷酷だと思われることもあった」。[*8]

英語力をさらにアップさせるため、ゴルジエフスキーはキム・フィルビーの報告書の翻訳に協力した。フィルビーが書き、話す英語は、彼の世代の政府職員の例に漏れず、上流階級に属する官僚特有の回りくどい英語だった。中央官庁の所在地の名を取って「ホワイトホール官話」とも呼ばれる、母音を長く伸ばした、ゆっくりとした覇気のない言葉は、ロシア語に訳すのがとりわけ難しかったが、イギリス官界の難解な言葉遣いを知る格好の基礎訓練になった。

第三部では、イギリス班と北欧班は隣どうしで活動していた。ゴルジエフスキーは、イギリス班への異動を助けてくれそうな人物と積極的に交わり始めた。一九八〇年四月、レイラは女の子マリヤを出産し、大喜びした父親は、部長のヴィクトル・グルシコとリュビーモフを、一緒にお祝いしてほしいと言って招待した。「グルシコと私は、彼の義母が用意したアゼルバイジャン料理のディナーに招待された」と、リュビーモフは回想している。「彼女は、私の夫はチェカ〔ボリシェヴィキ政府の秘密警察〕に勤めていたのだと言って、その功績について語った。ゴルジエフスキーは、デンマークで収集した絵画を見せびらかした」。

上司にゴマをする問題点は、上司は異動することがあり、その場合はゴマすりが無駄になってしまうことだ。

ミハイル・リュビーモフは、突然、追い出されるようにしてKGBを解雇された。彼もゴルジエフスキーと同じく本部で道徳を振りかざす者たちの不興を買っていたが、彼の罪の方が重かった。二度目の結婚も破綻し、別の情報員の妻と恋愛関係になったが、次の人事異動までに、そのことをKGBに報告しなかったのである。彼は反論の機会を与えられることもなく免職となった。ゴルジエフスキーにとってリュビーモフは、秘密の貴重な情報源だったが、同時に庇護者であり、助言者であり、仲間であり、親友だった。自信満々のリュビーモフは、私は小説家になってソ連のサマセット・モームを目指すと宣言した。

ヴィクトル・グルシコは、第一総局の副局長に昇進し、第三部の部長には、元オスロのレジジェントでアルネ・トレホルトの工作担当官だった「ワニ」ことゲンナジー・チトフが就任した。北欧・イギリス班の新たな班長になったのは、ニコライ・グリビンという魅力的な人物だった。グリビンは、一九七六年にコペンハーゲンでゴルジエフスキーの下で働いていたが、その後、KGB内の序列で彼を飛び越えて出世していた。グリビンは、スリムで、さわやかで、ハンサムだった。パーティーでは、ギターを手に取り、もの悲しいロシア民謡を奏でるのが定番で、演奏が終わるころには、部屋にいる誰もがすすり泣いていた。飛び抜けて野心的で、上級情報員たちと仲よくなるのが得意だった。「上司たちは、彼を逸材だと思っていた」。それに対してゴルジエフスキーは、グリビンは上司に取り入るのがうまいだけの「典型的なおべっか使いで、出世第一主義者」だと考えていた。しかし、彼にはそのグリビンの支援が必要だった。ゴルジエフスキーは、ぐっとこらえてゴマすりに精を出した。

一九八一年の夏、ゴルジエフスキーは英語の最終試験に合格した。彼の英語は、お世辞にも流暢とは言えなかったが、少なくとも手続き上は、イギリスへ赴任する資格を得た。九月に次女アンナが生まれた。レイラはこのままいけば「第一級の母親」となり、思いやりのある従順な妻になりそうだった。「彼女は、家ではすばらしかった」とオレークは回想している。ゴルジエフスキーは、もはやスキャンダルの渦中の人間ではなかった。復権の最初の兆しは、第三部の年次報告書を書くよう依頼されたことだった。やがて、もっと重要な会合に出席するようになった。そうした中でも彼は、MI6との接触を再開してもいいと思えるほど重要な秘密にアクセスできるようになるのだろうかと、考えるようになっていった。

一方のセンチュリー・ハウスでも、「サンビーム」チームがまったく同じ疑問に頭を悩ませていた。ゴルジエフスキーから何の連絡もないまま、三年が過ぎていた。クトゥーゾフ大通りの信号地点は入念に確認され、脱出計画である「ピムリコ」作戦は、いつでも発動できる態勢を維持していた。本番同様の演習も行なわれた。支局長は妻とともに脱出ルートに沿ってヘルシンキまで自動車で移動し、ガスコットとプライスは、国境のフィンランド側で支局長夫妻と会うと、北端にあるノルウェー国境まで自動車で延々とドライブした。モスクワでは、毎週火曜日の夜七時三〇分に、雨が降ろうが槍が降ろうが、MI6支局のメンバーかその妻が、マーズのバーかキットカットを用意してパン屋の前の歩道を見張り、グレーの帽子をかぶってセーフウェイのレジ袋を持った男性がいないか確認した。毎月第三土曜日には、ハロッズの袋を持ったMI6情報員が中央市場の時計の近くに立ち、買い物する振りをしながら、ブラッシュ・コンタクトの信号が出ていないか目を配った。「イギリス政府は今も私に、冬のトマト一個分の代金一〇ポンドの借りがあるんだ。あのときモスクワには、トマトがあれ一個しかなかったはずだ」と、ある情報員は語ってくれた。

ゴルジエフスキーは、一度も姿を見せなかった。

その年、ジェフリー・ガスコットはスウェーデンのＭＩ６支局長に任命された――スウェーデン語を話すゴルジエフスキーが再び外国に派遣されるとすれば、ストックホルムに姿を現す可能性があるというのが、任命理由のひとつだった。ゴルジエフスキーは現れなかった。工作は完全な休眠状態にあり、目覚める気配はまったくなかった。

そのとき心臓の鼓動が、眠っていても死んではいないという明確な証拠が、常に信頼できるデンマークの情報機関からもたらされた。ＰＥＴも、あのソ連人スパイがどうなったのかを知りたがっていた。そこで、定期的にモスクワを訪問しているデンマークの外交官に頼んで、次にモスクワへ行ったとき、ソ連領事部で実に見事なデンマーク語を話していた、あの魅力的な職員、同志ゴルジエフスキーについて、気軽な感じで尋ねてもらうことにした。果たせるかな、外交官が次の訪問で出席した歓迎会に、ゴルジエフスキー本人も来ていた。彼は自信に満ちていて健康そうだった。デンマーク人外交官はＰＥＴに、ゴルジエフスキーは再婚し、今では父親として娘がふたりいると報告した。確認された目撃情報は、ただちにＭＩ６にも伝えられた。

しかし、ＰＥＴから報告された内容のうち、最も重要で、抑えられない興奮を「サンビーム」チーム内に引き起こしたのは、ゴルジエフスキーがカクテルとカナッペを楽しみながら語った一言だった。何気ない風を装ってゴルジエフスキーはデンマーク人外交官の方を向くと、こう言ったのだ。「今、私は英語を勉強中なんです」。

6　工作員「ブート」

ロンドン赴任のための布石

ゲンナジー・チトフは悩みを抱えていた。第一総局第三部の部長である彼は、ロンドンのソヴィエト大使館に駐在するKGB情報員に欠員ができたのに、後任を見つけられずにいたのである。もっとも、厳密に言えば――この職務を任せる第一の条件である――ゲンナジー・チトフに間違いなく平伏して追従する人物を、見つけることができずにいたのだった。

この「ワニ」は、巨大な官僚組織によくいる、相手が今後は自分の奴隷になるという条件で恩を着せる類の人間だった。チトフは粗野で狡猾で、上司にはお世辞を欠かさず、部下には見下す態度を取っていた。「KGB全体で最も不愉快で最も人気のなかった情報員のひとり」とゴルジエフスキーに評された彼だったが、同時に最も強大な力を持った情報員でもあった。グンヴォル・ホーヴィックの逮捕でノルウェーから追放されたものの、彼は一流のスパイ監督官という評価を得ており、アルネ・トレホルトを遠い距離から運用し続け、ウィーンやヘルシンキなどで定期的に会って豪華な昼食をともにしていた。一九七七年にモスクワへ戻ってくると、チトフは出世のための露骨な裏工作を展開し、上司にお世辞を言ったり、仲間を要職に就けたりして、たちまち昇進していった。ゴルジエフスキーは、そんなチトフを忌み嫌っていた。

本部は、一九七一年に「フット」作戦で一〇〇人以上のKGB情報員が追放されて以降、ロンドン支局を再建すべく力を尽くしていた。欠員を埋めようにも、英語を話せる有能な情報員がまったく足りていなかった。KGBは、一九三〇年代にはイギリスの支配層に工作員を広く潜入させていて、フィルビーなど、いわゆるケンブリッジ・ファイヴ［一九三〇年代にケンブリッジ大学在学中にスカウトされた五人のスパイ］を通じて大きなダメージを与えており、それと同様の功績を上げられないことが、強い不満の種になっていた。さまざまなイリーガルがイギリスに潜入し、何人ものKGB情報員がジャーナリストや通商代表を装って活動していたが、正式な外交官の身分を装って効果的に活動できるスパイは、不足していた。

一九八一年の秋、イギリスで表向きはロンドンのソヴィエト大使館の参事官を務めながらKGBのPRラインを担当していた副官が、モスクワに戻ってきた。後任の第一候補は、MI5から秘密活動を疑われており、実際MI5の読みは当たっていたため、外務省によって拒絶された。KGBがこの魅力的なポストを埋めるには、外国に赴任した経験があり、英語を話すことができ、正式な外交官として勤務した記録を持ち、イギリス側から即座には拒絶されなさそうな人物が必要だった。

ゴルジエフスキーは、自分はその基準を満たす人物であり、自分以外にはいないと、それとなくほのめかし始めた。イギリス・北欧班の新任の班長ニコライ・グリビンが後押ししてくれたが、チトフは自分の言いなりになる人物をロンドンに派遣したがっており、これまでゴルジエフスキーは、彼が求めるレベルの服従の態度を示してこなかった。しばらく激しい駆け引きが続き、チトフが自分の選んだ候補をポストにねじ込もうとする一方、ゴルジエフスキーは、熱意と追従と偽りの謙遜を自分なりに正しく組み合わせた行動を取った。あからさまにならないようにロビー活動を行ない、ライバルの評判をひそかに落とし、これでもかというほど「ワニ」にお世辞を言い続けた。ついにチトフは折れたが、イギリス側がビザを出すとは思わなかった。「ゴルジエフスキーは、西側ではよく知られている。おそらくすぐに拒否されるだろう。それでも、とりあえずやってみよう」と彼は言った。

ゴルジエフスキーは大げさに感謝してみせた。しかし内心、近いうちに「ワニ」に復讐できるのを楽しみにしていた。レイラも、出世街道に乗ったKGB情報員の妻として、イメージの中では伝説上の夢の国と大差なかったイギリスへ行けることに大喜びした。幼い娘たちは、ふたりともぐんぐん成長していた。マリヤは元気によちよちと歩き始めたころで、エネルギッシュで独立心が旺盛だった。アンナは、ロシア語で言葉を話し始めたばかりだ。レイラは、英語を話す娘たちにきれいな服を着せてロンドンの学校へ連れていったり、商品のあふれる巨大なスーパーマーケットへ食料の買い出しに行ったり、歴史あるロンドンの街を探索したりする様子を想像した。ソ連のプロパガンダでは、イギリスは、しいたげられた労働者と強欲な資本家の国として描かれていたが、すでにデンマーク時代にレイラは西側の生活の実態を知っており、一九七八年には世界保健機関の会議に出席するソ連代表団の一員として、短期間ながらロンドンを訪問していた。一緒に同じ冒険に乗り出そうとする夫婦はたいていそうだが、外国で家族一緒に新生活を始められそうだという思いは、ふたりの距離をさらに縮めた。ふたりは一緒に、広い道路が縦横に走り、クラシック音楽のコンサートがひっきりなしに開かれ、おいしい食事を出すレストランと、優雅な公園のあるロンドンを、ワクワクしながら想像した。

ふたりで街を散策したり、読みたい本を何でも読んだり、イギリス人の新しい友人を作ったりできるだろう。ゴルジエフスキーはレイラに、コペンハーゲンで会ったイギリス人の話をした。みな、ウィットに富む洗練された人たちで、よく笑い、心も広かった。デンマークも素敵な国だったが、ロンドンはもっと楽しいだろうと、彼は言った。四年前に初めて会ったとき、ゴルジエフスキーは、活躍中のKGB情報員と、その美しくて若い妻と、幼い子供たちとで世界中を旅する様子を想像して語ったことがあった。今、その約束が現実のものになろうとしており、そのため彼女はいっそう夫を愛した。しかしゴルジエフスキーが想像した中には、レイラに打ち明けなかった情景もあった。ロンドンのKGBレジジェントゥーラは、世界で屈指の活発な支局であり、彼はきわめて重要な秘密を扱うことになる。安全が確認され次第、彼はMI6と再びコンタクトを取るつもりだった。イギリスのためにイギリスでスパイ活動を行ない、そして、すぐかもしれないし今から数年後かもしれないが、いつの日か彼はMI6に、もう終わりだと告げる。そうすれば、彼は亡命して、ようやく妻にこれまでの二重生活を打ち明けることができ、家族でいつまでもイギリスで暮らすことになる。このことを、彼はレイラに告げなかった。

夫にとっても妻にとっても、ロンドン赴任は夢をかなえるものだった。しかし、それはふたり別々の夢だった。

ゴルジエフスキーに、新しい外交官用パスポートが支給された。ビザの申請書が作成され、モスクワのイギリス大使館に送られた。書類は大使館からロンドンへ発送された。

二日後、MI6のソヴィエト班長ジェームズ・スプーナーがセンチュリー・ハウスで自分のデスクに座っていると、部下が入ってきて、息を切らせて「ビッグ・ニュースです」と言った。部下は一枚の紙を渡した。「このビザ申請書を見てください、たった今モスクワから届いたばかりです」。添え状には、同志オレーク・アントーノヴィチ・ゴルジエフスキーがソヴィエト大使館の参事官に任命されたので、至急イギリス政府は外交ビザを発給してほしいと記されていた。

スプーナーは大興奮した。しかし、それを彼の表情から読み取ることは絶対にできなかっただろう。

スコットランドの上級ソーシャルワーカーを務めた医師を親に持つスプーナーは、学校時代、「特に優秀な男子生徒たち」のクラブに所属していた。出身校はオックスフォード大学で、歴史学で最優秀の成績を収め、中世建築に強い関心を寄せていた。「彼は飛び抜けて頭がよく、判断が抜群に正確だったが、本当は何を考えているのかを知るのは難しかった」と、同期生のひとりは述べている。スプーナーは一九七一年、同じく特に優秀な者たちのクラブであるMI6に入った。一部には、彼は将来MI6の長官になれる素質を持った人物だと言う者もいた。MI6という組織には、向こう見ずで、一か八かの勝負に出たり直感に従ったりするという評判があった。しかし、スプーナーは正反対だった。彼は、情報活動の複雑な問題に、まるで歴史学者のような態度で取り組み（ちなみに、後に彼の依頼によってMI6初の公認の歴史書が執筆されることになる）、証拠を集め、事実を調べ、検討に検討を重ねた末にようやく結論に達していた。スプーナーは、急いで判断に跳びつくタイプの人間ではなかった。むしろ、非常にゆっくりと、一歩一歩着実に判断へと近づいていった。一九八一年当時、彼はまだ三二歳だったが、外交官の身分を隠れ蓑にして活動するMI6情報員として、すでにナイロビとモスクワに赴任した経験を持っていた。ロシア語に堪能で、ロシア文化に強い関心を持っていた。モスクワ駐在中、彼はKGBの典型的な「ダングル」の標的となり、ソ連の海軍将校がイギリスのためスパイ活動をしたいと言って接近してきた。そのため、スプーナーのモスクワ駐在は切り上げられた。一九八〇年の前半、彼は作戦チームP5の班長となり、ヴェロニカ・プライスらとともに、ソ連圏の内外で活動するソ連人工作員を運用した。彼は多くの点で、KGBで対イギリス工作を担当するゲンナジー・チトフと一八〇度違っていた。スプーナーは、出世のための裏工作を忌み嫌い、お世辞が通じず、厳格なプロ意識を持っていた。

「サンビーム」ファイルは、彼のデスクに最初にやってくる文書のひとつだった。

ゴルジエフスキーがモスクワに戻ったものの、音信不通で活動に進展がなかったため、本工作は宙ぶらりんの状態だった。「コンタクトを取らないというのは、明らかに正しかった」と、スプーナーは語っている。「あの戦略的意思決定は、非常によかった。私たちは長期戦を戦っていた。もちろん、何が起こるかは分からなかった。彼がロンドンに来ることになるとは思いもよらなかった」。

しかし、今やゴルジエフスキーは孤立状態から脱しようとしており、三年の活動停止と中断を経て、ジェームズ・スプーナー、ジェフリー・ガスコット、ヴェロニカ・プライスら「サンビーム」チームは活動を開始した。スプーナーはプライスを呼び、ビザ申請書を見せた。「私は本当にとても喜びました」とプライスは語っているが、これは、狂喜乱舞するほど興奮したという彼女なりの表現だった。

「これはすばらしかったです。これを、私たちは待ち望んでいたのですから」。

「いったん戻って考えさせてください」と彼女はスプーナーに言った。

「考えるのに時間をかけすぎないように」とスプーナーは言った。「この件は『C』に伝える必要がある」。

ゴルジエフスキーにビザを発給するのは、簡単な話ではなかった。原則として、誰であれKGB情報員の疑いがある人物は、イギリスへの入国が自動的に禁止される。普通の状況であれば、外務省が予備調査を行ない、オレークが二度コペンハーゲンに赴任していたことを発見する。規定に従ってデンマーク側に情報を照会すると、記録に情報部員の疑いありと記載されているのが判明するので、ビザ申請は即座に却下される。しかし、今回は状況が普通ではなかった。MI6には、ゴルジエフスキーをイギリスに滞りなく、どこからも異議を差し挟まれることなく、迎え入れる必要があった。単に入国管理局にビザを発給せよと指示してもよいが、それでは特別な事情がゴルジエフスキーにあると知らせるようなものだから、疑惑を招きかねない。秘密をMI6の外に漏らすわけにはいかなかった。事情を知るやすぐに喜んで協力してくれたのは、PETだった。MI6に、外務省からもうじき質問が行くと告げられると、デンマーク側は「記録を操作」して、疑惑はあったがゴルジエフスキーがKGBであるという証拠はないと返答した。「おかげで私たちは、疑惑を残しながらもビザが通常どおりに下りるようにすることができました。私たちは、『ええ、彼はデンマーク側から目を付けられていますが、間違いなくそうだというわけではありません』と言ったのです」。外務省と入国管理局が関知する限り、ゴルジエフスキーは大勢いるソヴィエト外交官のひとりにすぎず、どうも怪しいが気のせいかもしれず、ともかく騒ぎ立てるべき事案ではなかった。イギリスの旅券局が外交ビザを発給するのに通常は最低でも一か月かかったが、ゴルジエフスキーに正式な外交官としてイギリスへの入国を認める許可は、わずか二日後に届いた。

モスクワでは、この迅速さが怪しいと思われた。ゴルジエフスキーがソ連外務省へパスポートを取りに行くと、外務省の職員は「彼らがあなたに、これほど速くビザを与えたというのは、どうにも変だ」と、怪しむように言った。「彼らはあなたが何者かを知っているは<ruby>ず</ruby>だ——何度も外国へ行っているのだから。あなたの申請書が来たとき、私はきっと却下されるだろうと思っていた。最近はかかなりの数の申請が却下されている。あなたはそうとう幸運だったと考えた方がいい」。この洞察力に優れた職員は、どうやら疑念を自分の胸にしまい込んだようだ。

日夜ファイルを読み込む

ＫＧＢの事務手続きは、イギリスよりはるかに遅かった。三か月たっても、ゴルジエフスキーはソ連から出国する正式な許可をいまだに待っている状態だった。ＫＧＢで内部調査を担当するＫ局の第五部は、ゴルジエフスキーの経歴を調べており、それに時間をかけていた。問題があるのだろうかと、彼は考え始めた。センチュリー・ハウスでも、不安のレベルが高まり続けていた。スウェーデンにいるジェフリー・ガスコットは、ゴルジエフスキーが来たら出迎えられるよう、いつでも飛行機でロンドンに向かう態勢を整えておけと命じられていた。しかし、彼はいっこうに来ない。何か問題が起こったのだろうか？

何週間も待たされている間、ゴルジエフスキーはその時間を利用して、ＫＧＢ本部――内部の人間以外にとっては、地上で最も秘密に覆われ、侵入することのできない場所――にあるファイルを熟読した。モスクワ本部の内部セキュリティーシステムは、複雑で、かつ原始的だった。機密度が最も高い作戦資料は、部長の執務室にある鍵付きの書類棚に保管されていた。しかし、その他の書類は各セクションの執務室に保管されていたり、部の業務の多種多様な側面それぞれを担当する情報員が管理する個々の金庫に収められたりしていた。毎晩、各情報員は自分が管理する金庫や書類棚に鍵を掛け、鍵を小さな木箱に入れたら、工作用粘土であるプラスチシンで木箱に封をし、その上に――昔の文書で封蠟《ふうろう》を使っていたのと同じ要領で――各人の印章を押しつける。その木箱を当直の情報員が集めて、ゲンナジー・チトフの執務室にある別の金庫に入れる。その金庫の鍵は、同じように別の小さな箱に入れられ、当直の印章で同じように封をされて、夜通し人が詰めている第一総局長の書記局室に預けられる。このセキュリティーシステムは、かなりの時間がかかったし、大量のプラスチシンも必要だった。

ゴルジエフスキーは、イギリス班の政治係である六三五号室のデスクを使っていた。この部屋にある三つの大きな金属製の戸棚に、KGBが工作員や工作員候補、秘密連絡員と見なしていたイギリス国内の個人に関するファイルが収められていた。六三五号室は、進行中の工作しか保管していなかった。それ以外の資料はメインの記録保管庫に移されていた。ファイルは段ボール箱に収められていた。箱は、ひとつの戸棚に三個ずつあり、それぞれにファイルがふたつずつ入っていて、紐とプラスチシンで封じられていた。ファイルの封を解くには、班長のサインが必要だった。イギリス班の戸棚には、「工作員」に分類された個人と、「秘密連絡員」とされた十数名のファイルが合計六つあった。

ゴルジエフスキーは、イギリスでKGBが実行中の政治作戦について調べ、その全体像を理解しようとし始めた。副班長のドミトリー・スヴェタンコは、ファイルを読むのに熱心な彼を、「そんなのばかり読んで時間を無駄にするな。どうせイギリスに行けば、どうなっているのか分かるんだから」と言ってからかった。ゴルジエフスキーは、職務に熱心だという評判が立てば、どんな疑惑も打ち消されるだろうと思いながら、調査を続けた。彼は毎日サインをもらってファイルを出し、封を破ると、KGBが釣り上げようとしているイギリス人や、すでに釣り針を飲み込ませているイギリス人を新たに発見していった。

こうした人々は、厳密に言えば、スパイではなかった。PRラインは、主として政治的影響力や秘密情報を求めており、そのターゲットは、世論形成者、政治家、ジャーナリストなど、権力のある地位にいる者たちだった。その中には、機密かどうかに関係なく情報を秘密の方法で意図的に提供している自覚的な「工作員」と見なされる者もいれば、共謀しているという意識の濃淡に差はあるものの、有益な情報を提供してくれる「秘密連絡員」もいた。各種のもてなしや休暇、金銭などを受け取る者もいた。それ以外の、もっぱらソ連の大義に共感している者たちは、自分たちがKGBと関係を深めているという意識すらなかった。その大半は、自分が暗号名を与えられ、自分のファイルがKGB本部の鍵付きのスチール製戸棚にあると聞かされたら、きっと驚いたことだろう。それでも彼らは、デンマークでKGB支局が追い求めていた取るに足らない連中とは異なり、桁違いの大物だった。イギリスは主要なターゲット国だった。工作の中には、何十年も前までさかのぼるものもあった。さらに、一部には衝撃的な名前もあった。

ジャック・ジョーンズは、労働組合運動で最も尊敬される人物のひとりであり、元イギリス首相ゴードン・ブラウンが「世界で最も偉大な労働組合のリーダー」[*1]と評した熱心な社会主義者だった。その彼は、KGBの工作員でもあった。

リヴァプールの元港湾労働者だったジョーンズは、スペイン内戦で国際義勇軍の一員として共和派のために戦い、一九六九年には、当時二〇〇万人以上の組合員を抱えて西側世界で最大の労働組合だった運輸一般労働組合（TGWU）の書記長となり、約一〇年間その地位にあった。一九七七年の世論調査によると、有権者の五四パーセントが、ジョーンズをイギリスで首相よりも強い影響力を持った、最も有力な人物と考えていた。陽気で、率直で、妥協しないジャック・ジョーンズは、労働組合を代表する公的な顔だった。しかし、その私的な領域には不審な点が多かった。

ジョーンズは、一九三二年に共産党に入り、少なくとも一九四九年まで党員だった。最初にソ連情報部からの接触があったのは、スペイン内戦で受けた傷から回復中のことだった。MI5の報告書によると、ロンドンの共産党本部に対する盗聴作戦により、ジョーンズには「労働組合での立場によって秘密裏に伝えられた政府などの情報を党に伝える用意」[*2]のあることが判明した。KGBが彼に「ドリーム」という暗号名を与えて正式に工作員と見なしていた一九六四年から一九六八年までの間、ジョーンズは「彼がNEC〔労働党全国執行委員会〕や党の国際委員会のメンバーとして入手した労働党の機密文書や、同僚と連絡員に関する情報」[*3]を渡していた。「休暇の費用」に対する寄付金も受け取っており、「首相官邸で起きていることや、労働党指導部のことや、労働組合運動についての情報」を渡していたため「KGBから『非常に訓練された、有益な工作員』と見なされて」いた。一九六八年のプラハの春をきっかけにジョーンズはKGBとの関係を断ったが、ファイルには、その後も断続的にコンタクトのあったことが示されていた。一九七八年にTGWUから引退し、貴族の爵位をきっぱりと断っていたが、依然として左派の有力者であり続けていた。ゴルジエフスキーは、「ファイルに、KGBが彼との関係を復活させたがっていることを明確に示す内容」があったと述べている。

ふたつ目のファイルは、ボブ・エドワーズに関するものだった。彼は左派労働党の下院議員で、やはり元港湾労働者であり、スペイン内戦の従軍経験者で、労働組合のリーダーで、そして長期にわたるKGBの工作員だった。一九二六年、エドワーズは青年代表団のリーダーとしてソ連へ行き、スターリンとトロツキーに会った。政治家としての長いキャリアの中で、エドワーズは機密度の高い情報にアクセスできる、自発的な情報提供者になった。後にMI5は、この下院議員が「見つけられるものは何でも「KGBに」渡していたのは間違いない」[*4]と結論づけている。彼は、その秘密活動を認められて、ソ連の勲章で三番目に高い人民友好勲章をひそかに授与された。そのとき彼の工作担当官だったレオニート・ザイツェフ（かつてコペンハーゲンでゴルジエフスキーの上司だった人物）は、ブリュッセルでエドワーズに会って勲章を直接見せると、保管のためモスクワへ持ち帰っている。

ファイルには、こうした大物たちのほかに、数多くの小物も記載されていた。その中には、例えば、長らく平和活動に従事した元下院議員で労働党書記長のフェナー・ブロックウェイ卿がいた。この「秘密連絡員」は、長年にわたるKGBとのやり取りの中で、ソ連情報部からかなりの量のもてなしを受けていたが、その見返りとして価値ある情報は、どうやら何も渡していなかったようだ。一九八二年当時、彼は九四歳だった。また、新聞『ガーディアン』のジャーナリストであるリチャード・ゴットに関するファイルもあった。ゴットは一九六四年、シンクタンクの王立国際問題研究所で働いているとき、ロンドンのソ連大使館職員から初めて接触され、これを契機に、その後何度かKGBとコンタクトした。彼は、スパイの世界とのやり取りを堪能した。「私は、冷戦時代のスパイ小説を読んだことのある者なら誰もがよく知っている、あの諜報活動の雰囲気をかなり楽しんでいた」と、述懐している。[*5] 一九七〇年代に再びコンタクトが始まった。彼は、KGBから「ロン」という暗号名を与えられた。ソ連に費用を負担してもらってウィーンとニコシアとアテネに旅行もした。後にゴットは、こう書いている。「ほかの多くのジャーナリストや外交官や政治家と同じく、私も冷戦中にソ連人とランチをともにした。（中略）私は、私自身とパートナーの昼食代という形にすぎなかったにせよ、確かにソ連の金を受け取っていた。そのときは笑えるジョークのように思っていたが、状況を考えれば、あれは非難されてしかるべき浅はかな行為だった」。[*6]

諜報機関はどこもそうだが、KGBも現実がうまくいかなくなると、希望的観測を抱いたり情報を捏造したりしがちだった。ファイルで名前が挙がっている中には、単に左派の人物で、親ソ派になるかもしれないと判断されたにすぎない者もいた。反核団体である核軍縮キャンペーンは、特に有望なスカウト対象と見なされていた。「多くは理想主義者で、大半が無意識に『援助』を『与えていた』」と、ゴルジエフスキーは述べている。ターゲットには全員に暗号名が与えられていた。だからと言って、その全員がスパイだったわけではない。また、情報活動ではよくあることだが、政治情報ファイルには、新聞や雑誌から集めてきて、ロンドンのKGBが秘密情報に見えるよう脚色し、さも重要情報であるかのように仕立てた資料がたくさん含まれていた。

しかし、ひとつだけ、ほかとは明らかに異なるファイルがあった。その段ボール箱にはフォルダーがふたつ入っていた。ひとつは厚さが三〇〇ページで、もうひとつはその半分くらいだ。古い紐で縛られ、プラスチシンで封をされている。ファイルのラベルには「ブート」と記されている。表紙にあった「工作員」という語は線を引いて消され、代わりに「秘密連絡員」と書き換えられている。一九八一年一二月、ゴルジエフスキーは封を破って、このファイルを初めて開いた。一ページ目には、次のような格式ばった序文のメモがあった。「私、上級作戦情報員イワン・アレクセーエヴィチ・ペトロフ少佐は、ここに、ブートという仮名を与えられたイギリス国民、工作員マイケル・フットに関するファイルを開始する」。

工作員「ブート」は、著名な作家・演説家であり、左派のベテラン下院議員で、労働党の党首であり、次の選挙で労働党が勝てばイギリス首相になるだろうと目されていた、マイケル・フット閣下だった。女王陛下の野党を率いるリーダーが、報酬をもらって活動しているKGBの工作員だったのである。[*7]

ゴルジエフスキーは、以前にデンマークでミハイル・リュビーモフが、一九六〇年代に労働党の前途有望な下院議員を引き込もうと手を尽くしたと語っていたのを思い出した。リュビーモフは回顧談の中で、事情を知っている者にははっきりと分かるように、彼がスカウトを行なっていたロンドンのパブを「リュビーモフとブート」[*8]という店名で呼んでいた。ゴルジエフスキーは、マイケル・フットがイギリスで屈指の著名な政治家になっていることを知っていた。その後の一五分間、彼は心臓の鼓動が速くなるのを感じながらファイルのページを次々と繰った。

マイケル・フットは、政治史で特異な地位を占めている。後年の彼は、だらしのない身なりと、厚手の作業着であるドンキージャケットと、分厚い眼鏡と、節の多いステッキのため、「ワーゼル・ガミッジ」［イギリスで人気の児童小説の主人公である案山子《かかし》」と呼ばれてからかいの対象になった。しかし彼は、二〇年にわたって労働党左派の第一人者であり、教養豊かな作家で、その演説は説得力にあふれ、政治家として強い信念を持っていた。彼は、イギリスの愛すべき変人として人気があった。一九一三年生まれのフットは、ジャーナリストとしてキャリアをスタートさせ、社会主義系の新聞『トリビューン』の編集長となり、一九四五年に下院議員に当選した。一九七四年、ハロルド・ウィルソン内閣で雇用大臣として初入閣を果たした。一九七九年に労働党党首ジェームズ・キャラハンが総選挙でマーガレット・サッチャー率いる保守党に敗れ、一八か月後に党首を辞任した。一九八〇年一一月一〇日、フットは労働党の党首に選出された。就任に当たって彼は「私は、これまでと同様、社会主義に対して強い確信を抱いています」と語った。[*9]当時イギリスは深刻な不況下にあった。サッチャーは人気がなかった。世論調査では、労働党は支持率で保守党を一〇ポイント以上、上回っていた。次の総選挙は一九八四年五月に予定されており、マイケル・フットが勝利して首相になる可能性が高いと見られていた。

もし「ブート」ファイルが公開されたら、その可能性は即座にゼロになるだろう。

有益な愚か者

ペトロフ少佐はユーモアのセンスがあったようで、暗号名を選ぶとき「フット（Foot／足）」と「ブート（Boot／長靴）」の語呂合わせに抵抗できなかったらしい。しかし、それ以外ではファイルは真剣そのものだった。そこには、二〇年にわたるフットとの関係が、KGBが彼を「進歩的」と判断した一九四〇年代後半から進展していく様子が、段階的に説明されていた。フットとの最初の会合は、『トリビューン』紙のオフィスで行なわれ、外交官を装ったKGBの情報員たちは、彼のポケットに一〇ポンド（現在の価値でおよそ二五〇ポンド）を滑り込ませた。彼は拒絶しなかった。

ファイル中の一枚に、長年にわたるフットへの支払いの一覧があった。標準的な形式で、支払日と金額と、支払った情報員の氏名が記載されている。ゴルジエフスキーは数字をざっと調べ、一九六〇年代に一〇回から一四回、一回当たり一〇〇ポンドから一五〇ポンド、合計およそ一五〇〇ポンド（現在の価値で三万七〇〇〇ポンド以上）が支払われたと計算した。その金がどうなったのかは今も不明だ。後にリュビーモフはゴルジエフスキーに、フットは「一部を自分の懐に入れた」のではないかと思うと語っているが、フットは金で動くような人間ではなく、おそらく現金は、年中資金繰りに苦労していた『トリビューン』を支えるのに使われたのだろう。

別のページには、ロンドンのレジジェントゥーラから工作員「ブート」を運用していた工作担当官の、本名と暗号名が列挙されていた。ゴルジエフスキーは、すぐに暗号名「コリン」のリュビーモフを見つけた。「私は急いでリストに目を通した。その目的のひとつは、ほかに私の知る者がいないか確認し、あのような人物を操縦できる情報員は誰なのかを見つけ出すことだった」。ほかに、五ページにわたる一覧表があり、KGBとの会話でフットが言及した全人物が列挙されていた。

会合は、およそ月一回のペースで、たいていはロンドンのソーホー地区にある有名レストラン「ゲイ・フザー」でランチを取りながら行なわれた。会合は、毎回念入りに計画されていた。会合の三日前に、話し合うべき内容の概要がモスクワから送られてくる。会合後の報告書は、ロンドンのPRラインのトップが読み、次にレジジェントが目を通した上で、モスクワ本部に送られた。各段階で、進行中の工作に対する評価がなされた。

ゴルジエフスキーは、報告書を二通ほど詳しく読み、五通ほどをざっと読んだ。「私は、報告書の言葉遣いや文体と、彼との関係をどのように述べているかとに興味があったが――思いのほかよいものだった。報告書は、それほど独創的ではなかったが、知的でよく書けていた。関係は非常に成熟しており、どちらの側も相手に好意的で、どちらも相手が秘密を守ると信頼して、心を開いて話し合い、真実の情報にあふれた、具体的な事柄を多く話していた」。リュビーモフは、フットの運用と彼への支払いがとりわけ巧みだった。「ミハイルは現金を封筒に入れておき、それを彼のポケットに忍ばせていた――彼は、相手を納得させる方法で支払う、エレガントなやり方を心得ていた」。

KGBは、その見返りとして何を得ていたのだろうか？　ゴルジエフスキーは、こう述懐している。「フットは、何の気兼ねもなく、労働党の動きについての情報を彼らに漏らしていた。どの政治家や労働組合のリーダーが親ソ派か教え、どの組合のボスにソ連の出費で黒海での休暇をプレゼントすべきかさえ提案していた。核軍縮キャンペーンの主要な支持者だったフットは、核兵器に関する議論について知っていることも流していた。その見返りにＫＧＢは、イギリスの軍縮を後押しする記事の原稿を与え、彼はそれを編集し、本当の執筆者が誰か分からないようにして『トリビューン』に掲載すればよかった。ソ連が一九五六年にハンガリーへ侵攻した際、フットはＫＧＢに抗議せず、何度もソヴィエト連邦を訪問して最高レベルの歓迎を受けていた」[*10]。

フットは、ずば抜けて情報に明るかった。労働党の内部抗争について詳細に知らせたほか、その時々の最新の話題に対する労働党の姿勢についても伝えており、その範囲は、ヴェトナム戦争から、ケネディ暗殺の軍事的・政治的影響、インド洋に浮かぶディエゴガルシア島の米軍基地化、朝鮮戦争での懸案事項を解決するため開かれた一九五四年のジュネーヴ会議などにまで及んでいた。フットは、ソヴィエト側に政界の内部事情を知らせることのできるユニークな立場にあり、ソ連の方針に理解を示していた。運用は巧妙だった。「マイケル・フットに、こう告げる。『フットさん、私たちの分析担当官は、国民がこれこれを知れば有益だろうとの結論に達しました』。そして情報員は、こう語る。『資料を用意しましたので（中略）よろしければ、お持ちになって、お使いください』。彼らは、彼の新聞やその他の媒体に、今後どんなことを載せればよいかを話し合った」。フットがソヴィエトの生のプロパガンダ情報を受け取っていたことは、決して明かされなかった。

「ブート」は一風変わった工作員であり、ＫＧＢの定義にピッタリと合致してはいなかった。彼は、ソ連政府の関係者と会うことを隠さなかった（ただし、大っぴらに触れて回ることもしなかった）し、そもそも有名人であるため、会合を秘密裏に準備することは不可能だった。彼は「世論形成者」であり、そのため、諜報活動を行なう工作員というより、世論や政策決定を左右する「影響力を持つ代理人」であった。フットは、自分がＫＧＢの組織内の定義により「工作員」に分類されていることを、おそらく知らなかっただろう。彼は知的独自性を保持していた。国家機密は一切洩らさなかった（そもそも当時は、国家機密にアクセスできる立場になかった）。彼は自分がソ連から『トリビューン』への多額の支援を受け取ることで、進歩的な政策と平和のために尽くしていると思っていたに違いない。もしかすると、会っている相手がKGBの情報員で、フットに情報を与える一方、フットが明かした内容をすべてモスクワへ報告していたことすら、知らなかったのかもしれない。もしそうだとしたら、彼は途方もなく甘かったと言わざるをえない。

一九六八年、「ブート」工作は調子が変わった。フットは、プラハの春を受けてモスクワを激しく批判するようになった。ハイド・パークでの抗議集会では、「ソ連側の行動は、社会主義に対する最悪の脅威のひとつがクレムリンそのものから出ていることを裏づけている」[*11]と断言している。以後、金銭のやり取りはなくなった。「ブート」は「工作員」から「秘密連絡員」に格下げされた。会合の回数も減り、フットが労働党の党首に立候補していたころには、完全にストップしていた。しかし、一九八一年時点でのKGBの考えでは、この工作は終了しておらず、再開できる可能性はまだあった。「ブート」ファイルでゴルジエフスキーは確信を持った。「KGBは一九六八年まで、マイケル・フットを活動中の工作員と見なしていた。彼は我々から直接現金を受け取っており、それはすなわち、我々は彼を確かに工作員と見なすことができるということだった。工作員が現金を受け取れば、それはたいへんよいことだ――金は、関係を強化する要素だからだ」。

フットは、法律を破ってはいなかった。ソ連側のスパイではなかった。国を裏切ったわけでもない。しかし、彼は敵である全体主義的独裁国家から指示を受け、情報を提供しながら秘密裏に現金を受け取っていた。もし彼とKGBの関係が（党の内外を問わず）政敵に知られたら、彼のキャリアは一瞬にして破滅し、労働党は崩壊し、イギリス政治を書き換えるスキャンダルになるだろう。少なくとも、フットが次の総選挙で負けるのは確実だった。

レーニンが作ったとされることの多い造語に、「有益な愚か者」（ロシア語でполезный дурак パリェーズヌイ・ドゥラーク）がある。その意味は、「うまく利用すれば、本人の自覚なしに、操縦者の意図する目的に賛同させることもなく、こちらのプロパガンダを広めさせることができる人物」だ。

マイケル・フットはKGBにとって有益であり、完全に愚か者だった。

ゴルジエフスキーは「ブート」ファイルを一九八一年一二月に読んだ。さらに翌月、今度は全部を暗記するつもりで読んだ。

副班長のドミトリー・スヴェタンコは、そんなことはしなくていいと言っておいたのに、ゴルジエフスキーがイギリスでの過去の工作にまだ没頭していると知って驚いた。

「何をしてるんだ？」と彼はいきなり尋ねた。

「ファイルを読んでいます」とゴルジエフスキーは、感情が表に出ないようにしながら答えた。

「本当にそんな必要があるのか？」

「徹底的に準備しておいた方がよいと思ったので」

スヴェタンコは、特に感心した様子ではなかった。「そんなファイルを読んで時間を無駄にするより、役に立つ書類でも書いたらどうだ？」と無愛想に言って、執務室から出ていった。

一九八二年四月二日、アルゼンチンが、南太平洋に浮かぶイギリス領フォークランド諸島に侵攻した。野党の党首であり、平和を訴えていたマイケル・フットでさえ、アルゼンチンの侵略には「言葉ではなく行動」を求めた。マーガレット・サッチャーは、侵攻軍を撃退するため機動部隊を派遣した。

モスクワ本部では、フォークランド戦争をきっかけに反英感情が一気に高まった。サッチャーは、ソヴィエト連邦ではすでに嫌われ者になっており、フォークランド戦争は、イギリス帝国主義の傲慢さを示す、さらなる事例と見なされた。「KGBの敵意はヒステリー同然だった」とゴルジエフスキーは述懐している。同僚たちは、イギリスは勇ましい小国アルゼンチンに敗れるだろうと確信していた。イギリスは戦争状態に入った。KGB内ではゴルジエフスキーだけがイギリス側だった。彼は、ひそかに忠誠の誓いを立てた国に本当に行けるのだろうかと思った。

ようやくKGBの第五部は、ゴルジエフスキーにイギリスへ向かう許可を与えた。一九八二年六月二八日、彼はレイラと、二歳の長女と九か月の次女を連れて、アエロフロートのロンドン行きの飛行機に乗った。彼は、出発できることに安堵し、MI6と再びコンタクトを取ろうと考えていたが、今後についてはまだ決めかねていた。イギリスのための仕事がうまくいけば、いずれは亡命しなくてはならなくなり、ソ連には二度と戻れないかもしれない。母や妹にも二度と会えないかもしれない。事が露見すれば戻ることはできるだろうが、それはKGBの監視下での帰国となり、その後は尋問されて処刑されるだろう。飛行機が離陸したとき、ゴルジエフスキーの頭の中は、四か月間KGBの記録をひそかに徹底的に熟読して蓄積させた記憶という手荷物でいっぱいになっていた。見つけたことをメモに書くのは、あまりにも危険すぎた。メモする代わりに、彼は情報を頭の中に入れて持ってきていた。イギリスにいるPRラインの全工作員と、ロンドンのソヴィエト大使館にいるKGBスパイ全員の名前を頭に入れていた。ケンブリッジ・ファイヴで正体不明だった「第五の男」の身元を示す証拠と、キム・フィルビーの亡命先での活動と、ノルウェー人アルネ・トレホルトがモスクワのスパイであることを示すさらなる証拠も、記憶していた。そして、最も重要な、マイケル・フットに関する

ＫＧＢの資料「ブート」ファイルの詳細な記憶も持ってきていた——それは、イギリス情報部にとって思いがけないプレゼントであり、非常に爆発しやすい政治的な爆弾だった。

第二部

7　隠れ家

不平の多い監督官

はた目には、オールドリッチ（リック）・エイムズは、よくある不満を抱えたCIA情報員にすぎなかった。彼は酒を飲み過ぎていた。妻との仲は、冷え切ったままずるずると破局に向かっていた。いつも金に困っていた。仕事は、冷戦の周縁部であるメキシコシティでソ連人スパイをスカウトすることだったが、これが驚くほど退屈で、成果はまったく上がらなかったため、ヴァージニア州ラングリーにあるCIA本部からは、連日のように厳しく叱責されていた。エイムズは、自分の評価も給料も低く、性欲さえも低いと思っていた。最近は、クリスマス・パーティーで泥酔し、金庫に鍵を掛けるのを忘れ、ソヴィエト人工作員の写真が入ったブリーフケースを列車に置き忘れるなどして、何度も懲戒処分を受けていた。しかし、彼の勤務記録には問題の深刻さをうかがわせるような記述は何ひとつなく、ただ、エイムズはどこをとっても平凡で、確実に二流の人間であり、いるのかいないのか分からないような仕事ぶりだということを示すものしかなかった。背が高く、やせ型で、分厚い眼鏡を掛け、少しも自信ありげに見えない口ひげを生やした彼は、集団の中で見つけるのが難しく、群衆に交じると誰にも気づかれなくなる。エイムズに特別な点は何もなかった――そして、どうやらそれが問題だったようだ。

リック・エイムズの心の奥では、利己主義という害悪が、強く激しく、誰にも気づかれぬほどゆっくりと、エイムズ本人にすら分からないほどゆっくりと、大きくなっていっていた。

かつてエイムズは大きな夢を抱いていた。一九四一年にウィスコンシン州リヴァーフォールズに生まれた彼は、一九五〇年代という、表向きはシリアルのパッケージに描かれるような郊外の牧歌的で理想化された姿をしているが、その裏には鬱《うつ》病とアルコール依存症と静かな絶望とが隠されている時代に少年期を送った。父親は、もともとは大学の研究者だったが、最終的にビルマ［現ミャンマー］でCIAに勤務し、アメリカ政府の資金援助をひそかに受けたビルマ語の出版事業に現金を渡す仕事をしていた。子供のころエイムズは、作家レスリー・チャータリスが書いた、「聖者」ことサイモン・テンプラーを主人公とする冒険小説シリーズを読み、自分が「さっそうとしていて礼儀正しいイギリス人冒険家」になった様子を思い描いていた。スパイに見えるようトレンチコートを着たり、手品の練習をしたりもした。彼は、人をアッと驚かせるのが好きだった。

エイムズは頭がよく想像力も豊かだったが、現実が思いどおりに行くようにはまったく見えず、自分にふさわしいと彼が考える人生に恵まれているとは決して思えなかった。シカゴ大学を中退し、しばらくの間、パートタイムの俳優として働いた。彼は権威を忌み嫌った。「彼は、やりたくないことをやってほしいと頼まれても、嫌だとは言わなかった。頼みを無視してやらないだけだった」。やがて何とか学位を取得し、父親の勧めでＣＩＡにもぐり込んだ。「息子よ、嘘をつくのはよくないことだが、それがもっと大きな善のためなら、かまわないのだ」と父親は、ますますバーボン臭くなる息で言った。

ＣＩＡの新任情報員研修課程は、情報収集という複雑かつ厳しい世界で、愛国心から職務に全身全霊で取り組むよう鍛えるのが目的だった。しかし、これは別の結果を生むこともあった。エイムズが学んだのは、道徳は状況に応じて変えられるものであり、アメリカの法律は他国の法律より優先され、金銭欲からスパイになった者は「いったん金銭という釣り針にかかったら、捕まえて操るのが楽になる」のでイデオロギー的理由でスパイになった者よりも価値があるということだった。工作員をスカウトできるかどうかは「その人物の弱点を見極める能力」で決まると、エイムズは信じるようになった。相手の弱みが分かれば、罠を仕掛けて操縦することができる。背信は罪ではなく、作戦遂行のための手段だった。「諜報活動の要点は、信頼を裏切ることである」とエイムズは断言していた。しかし彼は間違っていた。工作員の運用を成功させる要点は、信頼を維持することであり、一方への忠誠心を、もう一方への、より高い忠誠心に置き換えることなのである。

エイムズは、東西両陣営による諜報戦の中心地であるトルコに赴任すると、研修で学んだことを実践して、首都アンカラでソ連人工作員をスカウトし始めた。エイムズは、自分は生まれながらのスパイ監督官であり、「ターゲットに集中し、関係を築き、自分と相手を私が望む状況へと操縦していく能力」を持っていると思っていた。しかし上司たちは、彼の成果は「満足できる程度」にすぎないと考えていた。プラハの春の後、エイムズは、「六八年を忘れるな」というスローガンが書かれたポスター数百枚を——トルコ国民がソ連の侵攻に激怒しているという印象を与えるため——一晩で貼れという指令を受けた。彼はポスターをごみ箱に捨てると、飲みに出かけた。

一九七二年にワシントンに戻ると、エイムズはロシア語の研修課程を受け、その後の四年間、ソ連・東欧部で働いた。彼が加わった部署は、楽しい職場ではなかった。リチャード・ニクソン大統領が一九七二年にCIAを使ってウォーターゲート・ビル侵入事件の捜査を妨害しようとしていたことが判明すると、それがCIA内部に危機を引き起こし、過去二〇年間の活動に対する一連の調査が始まった。通称「一家の恥」と呼ばれる調査報告書は、膨大な数の違法行為がCIAの権限をはるかに逸脱して行なわれてきたことを明らかにし、そうした違法行為として、ジャーナリストに対する盗聴、不法侵入、暗殺計画、人体実験、マフィアとの癒着、国内での一般市民に対する計画的な監視などが挙げられていた。蘭の収集が趣味で、青白い顔をしていたCIAの防諜担当トップ、ジェームズ・アングルトンは、キム・フィルビーが西側の情報機関に大量のスパイを潜入させようとしているという誤った強迫観念を根拠に、内部でのモグラ狩り［潜入スパイの摘発］に執念を燃やし、CIAをほとんど壊滅状態に追い込んでいた。ついにアングルトンは一九七四年に退職を余儀なくされ、深い猜疑心という置き土産を残してCIAを去った。CIAは、スパイ戦でも後手に回っていた。「アングルトンと彼の防諜部スタッフの執念のせいで、我々にはソ連国内でスパイの名に値するソ連人工作員がほとんどいなかった」と、エイムズとほぼ同じ時期にスカウトされ、後にCIA長官になったロバート・M・ゲイツは語っている。[*1] CIAは、その後一〇年にわたって徹底的な改革を進めることになるが、エイムズが加わったのは、CIAが最も低迷していた時期、すなわち、士気が落ち、組織としてのまとまりに欠け、不信感が蔓延していた時代であった。

一九七六年、彼はソ連人工作員のスカウトに取り組むためニューヨークへ異動となり、その後一九八一年にメキシコシティへ転勤になった。CIAは、彼が期限を守らず不平を言いがちであることはもちろん、その飲酒癖も分かっていたが、解雇すべきとの提言は、まったくなされなかった。CIAで二〇年近く働いてきた彼は、組織の仕組みをよく理解していたが、思うように出世できず、それを周囲のせいにしていた。メキシコで工作員をスカウトしようとしたものの、ほとんどうまくいかず、同僚の大半と上司全員を間抜けだと思っていた。「私がしていたことの多くは無駄だった」と彼は認めている。エイムズは、同僚の情報部員ナンシー（ナン）・セゲバースと、深く考えることなく、すぐに結婚した。彼の結婚生活は、ゴルジエフスキーの場合と同じく、冷え切ったものとなり、子供も生まれなかった。メキシコシティにナンは一緒に来なかった。彼は、たいして好きでもない女性たちと満足感を得られないまま何度も情事を重ねた。

一九八二年半ばには、エイムズはどん底に落ちようとしていた。不機嫌で、孤独で、怒りっぽく、不満を抱えているが、だらだらと酒を飲み続けてばかりで、ずるずると落ちていくのを食い止めようと手を打つ気などなかった。そこに現れて彼の人生に明かりをともしたのが、ロサリオだった。

マリア・デ・ロサリオ・カサス・デュピュイは、コロンビア大使館の文化担当官だった。フランス系の貧しいコロンビア貴族の家に生まれたロサリオは、当時二九歳、博識で、恋の駆け引きを楽しむ快活な、カールした黒髪と輝くような笑顔が印象的な女性だった。「彼女は、葉巻の煙の充満する部屋に入ってきた、さわやかな空気のようだった」と、メキシコシティで勤務していた国務省職員は語っていた。その一方で、彼女は子供っぽく、貧乏で欲が深かった。一族は、かつて田舎に大きな屋敷をいくつも所有していた。彼女は最高レベルの私立学校で教育を受け、ヨーロッパとアメリカの大学で学んだ。コロンビアのエリート階級の一員でもある。しかし、一族は破産していた。かつて彼女は「私は、財産のある人たちに囲まれて育ちました」と語っている。「ですが、我が家には財産がまったくなかったのです」。ロサリオは、その状況を改めるつもりだった。

彼女がリック・エイムズと出会ったのは、ある外交官のディナー・パーティーでだった。ふたりは床に座って、現代文学について熱く語りあい、それから彼のアパートへ行った。ロサリオはエイムズを普通のアメリカ人外交官だと思っており、だからきっとかなり裕福だろうと考えていた。リックは彼女を「聡明で美しい」と思い、惚れたとすぐに考えた。「私たちのセックスはすばらしかった」と語っている。

ロサリオの情熱は、新たなアメリカ人の恋人が既婚者で、金に困っていて、CIAのスパイだと知って、少し冷めたのかもしれない。「あなたは、このスパイたちと何をやっているの？」と彼女は迫った。「どうして時間や才能を無駄にしているの？」。エイムズは、できるだけ早くナンと離婚してロサリオと結婚すると約束した。結婚したら、ふたりでアメリカに戻って新しい生活を始め、おとぎ話のように「いつまでも幸せに暮らしましたとさ」という結末を迎えよう。しかし、CIAの安月給で暮らす男にとって、これは費用のかさむ約束だった。ナンと離婚するのは高くつくだろうし、浪費癖のあるロサリオと暮らせば、破産しかねない。彼はロサリオに、CIAを辞めて新たな仕事に就くと言ったが、四一歳の彼には、それを実行に移す気持ちもエネルギーもなかった。代わりに、リック・エイムズの不安な心のどこかで、給料が安くてやりがいもないCIAでの仕事を、今よりはるかに実入りの多い仕事に変える計画が生まれ始めていた。

昂揚と幻滅と

オールドリッチ・エイムズが金の儲かる新たな未来を計画していたころ、地球の反対側では、ひさしのあるレザー帽をかぶった、がっしりとした男性が、ロンドンのケンジントン・パレス・ガーデンズ一三番地にあるソヴィエト大使館をひそかに抜け出し、西にあるノッティング・ヒル・ゲイト小路へ向かっていた。彼は数百メートル行くと逆戻りし、最初の角を右に曲がり、すぐ次の角を左に曲がるとパブに入り、一分後、裏口から外に出た。やがて、脇道で赤い公衆電話ボックスに入ると重いドアを閉め、四年前にコペンハーゲンで教えられた番号に電話した。

「やあ！　ロンドンへようこそ」と、録音されたジェフリー・ガスコットの声がロシア語で流れてきた。「電話をありがとう。君と会えるのを楽しみにしている。とりあえず二、三日はリラックスして新生活に慣れてほしい。七月の初めに連絡を取ろう」。録音された音声は、七月四日の夜にもう一度電話してほしいと告げていた。ガスコットの声の響きは彼を「ものすごく安心させて」くれた。

MI6は、オレーク・ゴルジエフスキーを八年間運用していた。そしてようやく、経験豊富で熱心なスパイをKGBロンドン支局の内部に潜入させたのだから、性急に動いて工作を破滅させるわけにはいかなかった。

オレークと家族は、到着してすぐ、ケンジントン・ハイ・ストリートにあるソヴィエト大使館職員だけが暮らす寝室二部屋のアパートに落ち着いた。レイラは、見るものすべてが新しい環境にすっかり魅了されていたが、ゴルジエフスキーは思いがけず失望を味わっていた。イギリスは、彼がリチャード・ブラムヘッドにスカウトされて以来、ずっと行きたいと思っていた国であり、彼の頭の中では、洗練されていて魅力的というイメージを持った場所だったが、現実はまるで違っていた。ロンドンはコペンハーゲンよりもはるかに汚れていて、モスクワと比べてもたいしてきれいではなかった。「私は、何もかもがもっと小ざっぱりとしていて魅力的だと思っていた」。それでも、イギリスに来たということ自体が「イギリス情報部にとっても私にとっても大きな勝利」だと考えた。MI6は到着したことをきっと知っているだろうが、コンタクトを取るのは、万一KGBに監視されているといけないので、数日待つことにした。

到着の翌朝、ゴルジエフスキーは四〇〇メートルほど歩いてソヴィエト大使館へ行き、新品の通行証を守衛に見せると、KGBのレジジェントゥーラに案内された。最上階にある、タバコの煙に満ちた、警備の厳しい狭苦しい場所で、不信感でピリピリとしており、ここをグークという、ぶっきらぼうで音楽的響きに欠ける名前を持った、極端に疑り深い支局長が統率していた。

アルカージー・ワシーリエヴィチ・グーク将軍は、表向きはソヴィエト大使館の一等書記官だったが、実はKGBのレジジェントで、二年前にイギリスに来ていたが、この国に順応するのを断固拒否していた。信じられないほど無知で、恐ろしいほど野心に満ち、年中と言っていいほど酔っ払っていたグークは、文化に興味を持つことは、どんな形であれ、知識人ぶった行為だとして退け、本も映画も演劇も美術も音楽も、すべて完全に拒絶していた。かつてバルト三国でソヴィエト支配に対する民族主義的抵抗を一掃し、それによってグークはKGBの防諜（KR）局で頭角を現した。暗殺の支持者・専門家で、何かにつけて、自分はスターリンの娘など西側へ逃亡した数多くの裏切り者や、ニューヨークで反ソ活動を続けるユダヤ防衛同盟の議長を殺害すべきだと提案したことがあると自慢していた。食べるのはロシア料理だけで、しかもそれを大量に食べ、英語はほとんど話さなかった。ロンドンに来る前は、モスクワ市内のある地区でKGB支局長を務めていた。ミハイル・リュビーモフとは対照的に、彼はイギリスとイギリス人を憎んでいた。しかし、彼が最も忌み嫌っていたのは、ソ連大使ヴィクトル・ポポフだった。ポポフは、教養のある少々気障《きざ》な外交官で、グークが嫌悪するものすべてを体現する存在だった。KGB支局長のグークは、一日の大半を執務室にこもって、ウォツカを飲み、タバコを立て続けに吸いながら、ポポフの悪口を言い、その評判を落とす新たな方法を考え出そうとして過ごしていた。モスクワへ送っていた情報の多くは、純然たる捏造――例えば、一九八一年三月にイギリスで結成された中道左派の新党、社会民主党（SDP）はCIAによって作られたなど――で、モスクワで広まっていた陰謀説を煽るよう巧みに作り上げられていた。ゴルジエフスキーは、この新たな上司を「でぶでぶと太った巨漢で、脳みそは月並みだが卑劣な手段を次々と繰り出せる人物」と見なしていた。

彼よりも賢く、脅威となりそうなのが、グークの第一の腹心である防諜担当トップのレオニート・エフレモヴィチ・ニキテンコだった。彼は美男子で、その気になれば魅力的に振る舞えたが、その実、血も涙もなかった。その深くくぼんだ、黄色みがかった目は、ほとんど何も見逃すことがなかった。早くからニキテンコは、ロンドンで出世するにはグークに取り入るのがいいと判断していた。また、彼は定石も踏めれば奇手も出せる有能な防諜担当官であり、ロンドンで三年間働いて、イギリス情報部のやり方に詳しくなっていた。後にニキテンコは、MI5とMI6を相手に戦う業務を振り返って、こう語っている。「こんな仕事はほかにありませんよ。私たちは政治家であり、兵士であり、そして何より、すばらしい舞台に立つ俳優なんですから。情報活動よりもいい仕事など、ちょっと思いつきませんね」[*2]。もしゴルジエフスキーを悩ませそうな人物がいるとすれば、それはニキテンコだった。

ゴルジエフスキーの直属の上司であるPRラインのチーフは、イーゴリ・フョードロヴィチ・チトフだった(ゲンナジーと血縁関係はない)。頭がはげかかったチェーンスモーカーで、規律にやかましい反面、西側のポルノ雑誌に目がなく、KGBの仲間たちへのプレゼントとしてソーホー地区で購入しては、外交用郵袋に入れてモスクワへ送っていた。チトフは、表向きは大使館の外交官ではなく、ロシア語の週報『新時代』の特派員というジャーナリストの地位を隠れ蓑に活動していた。ゴルジエフスキーはモスクワでチトフと知り合いになっており、彼を「真に邪悪な男」と思っていた。

この三人の上司たちが、ゴルジエフスキーをレジジェントの執務室で待っていた。三人の握手からは熱意が感じられず、交わす挨拶は型どおりのものだった。グークは、この新顔が教養を持っているように見えたため、すぐさま反感を抱いた。ニキテンコは、誰も信頼しないことに慣れた人物らしく感情を表に出さずにじろじろと見た。そしてチトフは、この新たな部下は将来のライバルになると思った。KGBは、強烈な部族社会だった。グークとニキテンコの両名はKRラインの出身で、防諜部の考え方が染みついており、そのため直感的に、この新顔を脅威と見なし、適任とは言えない仕事に「割り込んできた」男だと判断した。

猜疑心は、プロパガンダと無知と秘密と恐怖から生まれる。一九八二年当時のKGBロンドン支局は、地上で最も猜疑心の強い場所のひとつであり、自分たちは包囲されているという、主に幻想に基づく心理状態になっていた。KGBはモスクワで膨大な時間と労力を使って他国の外交官をスパイしていたので、MI5とMI6もロンドンで同じことをしているに違いないと思い込んでいた。確かにMI5はKGB工作員の疑いのある者を見張って尾行していたが、その監視はソ連側が思っていたほど厳しいものではなかった。

しかしKGBは、ソヴィエト大使館全体が大規模な継続的盗聴作戦のターゲットになっていると思い込んでおり、盗聴されている気配がまったく感じられないことを、イギリス側の盗聴が非常に巧みな証拠だと考えた。隣接するネパール大使館とエジプト大使館は「盗聴拠点」と考えられ、情報員たちは隣との間に立つ壁の近くで話をするのを禁じられていた。姿の見えないスパイたちが望遠レンズを使って大使館を出入りする者全員を見張っていると考えられていた。KGB内の噂で、イギリス側はケンジントン・パレス・ガーデンズの地下に特殊なトンネルを掘り、大使館の下に盗聴装置を設置しようとしたと言われていた。電動タイプライターは、入力音が拾われて解読されるかもしれないという理由で禁じられ、手動タイプライターも、キーを叩く音で内容が分かるかもしれないからと、使用は控えられていた。壁という壁には「名前や日付を大声で言わないこと」と警告する張り紙が貼られていた。窓は原則としてすべてレンガでふさがれた。唯一の例外はグークの執務室で、ここではふさぐ代わりに、録音されたロシア音楽を窓の二重ガラスの隙間に小型の無線スピーカーで流しており、そのため、こもったような独特の音が室内に漏れてきて、シュールな雰囲気をさらに増していた。秘密の会話は、壁一面に金属を貼った、窓のない地下室ですべて行なわれたが、そこは一年中じめじめしていて、夏は焼けつくように熱かった。建物の中間階に執務室を持つポポフ大使は、KGBは盗聴器を天井から差し込んで私の会話を聞いているのだろうと思っていた（その考えは、おそらく当たっていた）。グークが個人的に恐れていたのはロンドンの地下鉄で、彼は地下鉄に決して乗らなかった。地下鉄駅にある広告パネルの一部がマジックミラーになっていて、これを使ってMI5はKGBのあらゆる動きを追跡していると思い込んでいたからだ。どこへ行くにもグークはアイボリーホワイトのベンツで移動した。

ゴルジエフスキーは、今度の勤務先がスターリン国家のミニチュア版であり、ロンドンの他の地域から切り離された、不信と妬《ねた》みと陰口が渦巻く閉鎖的な世界であることに気がついた。「嫉妬、悪意、ひそかな攻撃、陰謀、非難、こうしたことすべてが大規模に行われており、それに比べればモスクワの本部は女学校のように思われた」。

ここのKGB支局は、本当に嫌な職場だった。しかしゴルジエフスキーの心の中では、もはやKGBは彼の主たる雇用主ではなかった。

新たな暗号名

一九八二年七月四日、ゴルジエフスキーは違う電話ボックスから再びMI6に電話を掛けた。あらかじめ指示を受けていた電話交換室が、電話をすぐに一三階のデスクに回した。今度はジェフリー・ガスコットが直接出た。ふたりの会話は喜びに満ちていたが、簡潔かつ実務的で、翌日の午後三時に会おうとの提案がなされ、会合場所として、ソ連側スパイが最も隠れていそうにないと判断された場所が指定された。

スローン・ストリートにあるホリデイ・インは、誰もが認めるロンドンで最も退屈なホテルだった。唯一の売りといえば、毎年ダイエットで最も減量した人を選ぶスリマー・オヴ・ザ・イヤーの大会が開かれることくらいだった。

ゴルジエフスキーは、指定された時間にスイングドアからホテルに入ると、ロビーの奥にガスコットがいるのにすぐ気がついた。彼の横にはエレガントな女性が座っていた。年のころは五〇あまりで、ブロンドの髪はきちんと整えられており、足にはセンスのよい靴を履いている。ヴェロニカ・プライスは、この工作に加わってから五年になるが、ゴルジエフスキーを、ピンボケした写真とパスポートの証明写真でしか見たことがなかった。彼女はガスコットをひじでつつき、小声で「来たわ！」と言った。ガスコットは、四三歳のゴルジエフスキーは以前会ったときよりも老けたようだが、健康そうだと思った。ゴルジエフスキーがイギリス人担当官を見つけると、その顔に「わずかな笑み」が浮かんだ。ガスコットとプライスは、立ち上がると、アイコンタクトをせずに、ホテルの奥に通じる廊下を歩いていった。事前の打ち合わせどおり、ゴルジエフスキーはふたりに続いてホテルの裏口から外に出て、舗装された道路を渡ると、階段を上がってホテルの立体駐車場の二階に行った。うれしそうな笑顔のガスコットは、車の横で、後部座席のドアを開けて待っていた。車は、前の晩にプライスが駐めておいたもので、すぐに出発できるよう、階段ドアの横で、出口スロープに近い場所に駐車させていた。車はフォードで、今回の移動用に特別に購入されたものであり、ＭＩ６までたどることのできないナンバープレートを付けていた。

ゴルジエフスキーが車に乗って安全が確認されると、ようやく彼らは挨拶を交わした。ガスコットとゴルジエフスキーが後部座席に座り、早口のロシア語で旧友どうし家族の消息を伝え合う間、プライスはハンドルを握り、交通量の少ない道路を自信満々に運転した。ガスコットは、私は外国にいたのだが、君を出迎えるためロンドンに戻ってきたのであり、今後の計画を立てて新しい工作担当官への引継ぎを準備したいと告げた。ゴルジエフスキーはうなずいた。一行は、ハロッズとヴィクトリア・アンド・アルバート博物館の前を通り、ハイド・パークを抜け、ベイズウォーター地区に建つ新築のアパートの前庭に入ると、地下駐車場へ進んだ。

ヴェロニカは数週間、無関心な不動産業者とともにロンドン西部を探し回って、隠れ家にピッタリの物件を見つけた。近代的なビルの四階にある寝室一部屋のアパートで、並木が目隠しになっていて外から中の様子をうかがうことはできない。地下駐車場からの出口は建物に直結しており、ゴルジエフスキーを尾行しようとする者は、車が駐車場に入るのは見えても、彼がどの部屋に入ったのかまでは分からない。裏庭の門は裏道に通じており、緊急時にはビルの裏を抜けてケンジントン・パレス・ガーデンズへ向かう脱出ルートになる。アパートは、ソヴィエト大使館からそこそこ離れているので、ゴルジエフスキーが他のKGB情報員に偶然姿を見られる可能性は低いが、彼が車でやってきて駐車し、工作担当官と会い、ケンジントン・パレス・ガーデンズに戻るまでをすべて二時間以内にやれる程度には近かった。近所にデリカテッセンがあるので、食事の心配も不要だった。プライスは、「アパートは、雰囲気がよく、それなりのステータスのものでなくてはなりませんでした。ブリクストン地区のぼろアパートではだめです」と力説していた。部屋には趣味のよい近代的な家具が備え付けられていた。盗聴器も設置されていた。

一同がリビングに座ると、プライスが忙しく動き回って紅茶の準備を整えた。KGBでは、女性の工作担当官はほとんど知られておらず、ゴルジエフスキーはプライスのような女性にこれまで会ったことがなかった。「彼は彼女をすぐに好きになった」とガスコットは語っている。「オレークには女性を見る目があった」。また、ゴルジエフスキーが正式な英国式紅茶を体験するのは、これが初めてだった。プライスは、彼女の年代や階級の人々の多くと同じく、紅茶の時間を神聖な愛国的儀式と見なしていた。ガスコットは、彼女を「ジーン」だと紹介した。ゴルジエフスキーは、彼女の顔は「品位と礼節というイギリスの伝統的資質のすべてを体現しているように思えた」と述懐している。

ガスコットは作戦計画の概要を説明した。オレークの方で問題がなければ、月に一度、このアパートでランチタイムにＭＩ６情報員と会うことにする。ＫＧＢ支局は、昼食休憩になると情報員が豪華なランチを連絡員に（あるいは、もっと正確に言えば、自分たちに）食べさせるため出かけるので、人がいなくなる。ゴルジエフスキーが席を外しても気づかれないだろう。

次にガスコットは、ケンジントン・ハイ・ストリートとホランド・パークの間にある家の鍵を渡した。この家は避難場所で、危険を察知したら、家族と一緒でもいいし単独でもいいので、すぐにこの場所に逃げ込んで身を隠せばいい。会合をキャンセルしたい場合や、ＭＩ６の情報員とすぐに会わなければならない場合、あるいは、とにかく緊急に助けが必要な場合には、到着時に掛けた電話番号に電話してもらう。電話交換室は二四時間体制で人が詰めており、交換手が、チームのメンバーのうち出勤している誰かしらに電話をつなぐことになっている。

さらにガスコットはもうひとつ、決定的に重要な安心材料を伝えた。モスクワからの脱出計画である「ピムリコ」作戦は、ゴルジエフスキーがロンドンにいる間も準備態勢を維持することになっていると告げたのである。ＫＧＢは休暇を気前よく認める組織で、情報員は冬に四週間、夏には最大六週間の年次休暇を取って帰国することが多かった。また、ゴルジエフスキーが突然呼び戻される可能性もあった。彼がモスクワにいたときは、いつでもＭＩ６の情報員は、信号地点であるクトゥーゾフ大通りのパン屋と中央市場に、セーフウェイのレジ袋を持った男がいないか確認し続けていた。同じことを、彼らはゴルジエフスキーがソ連国内からいなくなった後も継続していた。ＫＧＢは、モスクワにいるイギリス人外交官全員を厳重に見張り、彼らのアパートを盗聴していたし、監視所は彼らの動きをホテル・ウクライナの最上部や外国人専用アパートの屋根からモニターしていた。外交官が少しでもいつもと違った動きをすれば、気づかれるかもしれない。例えば、ゴルジエフスキーがモスクワにいるときはパン屋の前を定期的に歩き、いないときは歩くのをやめ、戻ってきたら再び歩き始めたとしたら、そのパターンが見破られるかもしれない。彼がモスクワにいようがいまいが、何週間もＭＩ６は信号地点の確認を続けていた。スパイ活動の厳しい原則に従って、「ピムリコ」作戦の手順は何か月も、あるいは何年間も、継続しなくてはならなかった。

工作は新たな段階に入ったので、新しい暗号名が与えられた。以後、「サンビーム」は「ノックトン」（リンカンシャーにある村の名前）になった。

これまでにＭＩ６はロンドンに拠点を置くＫＧＢスパイを運用した経験がなく、そのため今までにない難題がいくつも持ち上がっていた。とりわけ問題だったのが、同じ情報機関である保安局ＭＩ５に工作を破滅させられる危険性だった。ＭＩ５は、ロンドンでＫＧＢ情報員の疑いがある者全員の動きを監視する任務を負っていた。ＭＩ５の監視チームであるＡ４班、通称「ウォッチャーズ」が、ゴルジエフスキーがベイズウォーターの怪しい場所で秘密の会合に参加しているのを見つけたら、きっと調査を開始するだろう。しかし、ゴルジエフスキーを監視下に置くなという一律の命令を出したのでは、彼が守られていることをはっきりと示すことになる。どちらにしても、工作の安全度は取り返しのつかないほど損なわれてしまうだろう。これほど重要な工作を、イギリス国内で保安局に報告せずに行なうことはできなかった。そこで、この工作はＭＩ５と共同で実施し、ＭＩ５長官をはじめとする一握りの上級情報員たちを「教導する」という決定が下された。そうすれば、ＭＩ６はゴルジエフスキーが監視下に入ったときに報告を受け、会合をウォッチャーズに監視されずに行なえるだろうと考えられた。

このようにＭＩ５とＭＩ６が協力するのは前例がなかった。イギリスの情報活動を担う両機関は、常に意見が一緒だったわけではなかった――それも当然かもしれない。なぜなら、スパイを捕まえるという任務と、スパイを運用するという仕事は、必ずしも両立するものではなく、重なり合うこともあれば、ときには衝突することもあったからだ。ふたつの情報機関は、伝統も、行動規範も、テクニックも、違っていた。両者の対抗心は強く、それがマイナスに作用することも多かった。以前からMI6の関係者には、国内活動を担当するMI5を、想像力と情熱に欠けた、警察組織と大差ないものと見下す傾向があった。一方のMI5は、国外での情報活動を担当する情報員たちを、学歴を鼻に掛けた薄っぺらい冒険好きの連中と見なしがちだった。そして互いに相手を「当てにならない」やつだと思っていた。しかも、MI5がMI6の情報員キム・フィルビーを長期にわたって調査したことで、相互の不信感は明白な敵意へと変わっていた。しかし、「ノックトン」のために両者は協力し合うことになった。MI6は、ゴルジエフスキーを日常的に運用し、MI5で厳選された数名が、工作の進展状況について常に報告を受け、工作の保全に関わる事柄を担当する。秘密を共有する範囲をMI6の外に広げるという決定は、それまでの伝統とは明らかに異なるものであり、一種の賭けであった。ゴルジエフスキーに関してMI6とMI5が共有する情報には、暗号名「ランパッド」（ギリシア神話に登場する冥界《めいかい》のニンフ「ランパス」の英語名）が付けられた。MI6内で「ノックトン」について知っているのはほんの一握りで、MI5内で「ランパッド」について知っている人数は、それよりさらに少なかった。MI6とMI5の関係者のうち、集合を表すベン図で共通部分に当たる、両方の情報に通じている者は一二人しかいなかった。

記憶という機密

隠れ家のアパートでは、作戦の条件が確認され、お茶の道具が片付けられると、ゴルジエフスキーは身を乗り出して、四年の間に収集した秘密という荷物を解いて、モスクワで集めて暗記した、名前、日付、場所、計画、工作員、イリーガルなど、驚くほど大量の情報を延々と語り始めた。ガスコットはメモを取り、ほんのときおり話をさえぎって不明な点を確認した。しかし、ゴルジエフスキーには記憶を引き出すヒントを与えてもらう必要はほとんどなかった。彼は、記憶した事実でできた途方もない山の中を、長距離走のように一歩一歩、ラップごとにペースを落とすことなく着実に進んでいった。最初の会合ではゴルジエフスキーの記憶の全体をざっと確認しただけだったが、時がたち、彼がリラックスするにつれて、秘密が彼から、抑制しながらも途切れることなく滔々《とうとう》と流れ出てきた。

人は誰しも自分の記憶を語るとき、出来事を思い出す回数が増えれば増えるほど事実に近づいていくと思っている。しかし、これは必ずしも正しいとは言えない。たいていの人は過去の一バージョンを語ると、その後はそれにこだわるか、その内容を脚色する。だが、ゴルジエフスキーの記憶力は違った。内容が首尾一貫しているだけでなく、だんだんと厚みが増していったのである。「彼は会合のたびに次々と詳細を付け加え、私たちの知識を徐々に形作っていきました」とヴェロニカ・プライスは語っている。写真のような記憶力では、一枚の正確な白黒の画像が記録されるが、ゴルジエフスキーの記憶は点描画のようなもので、いくつもの点が集まって全体を埋め尽くすと、色鮮やかな巨大な絵ができあがった。「オレークには、会話を記憶できるという天賦《てんぷ》の優れた才能がありました。彼はタイミングも、状況も、言葉遣いも思い出し（中略）内容がそれることはありませんでした」。彼は、夜勤のときに他の情報員たちと交わした会話さえも記憶していた。高度な訓練を受けた情報部員だった彼は、何が関心を呼びそうなもので、何が余計な内容かを知っていた。情報は、すでにまとめられていて分析も済んでいた。「彼は優れた洞察力と、その情報が意味するところを非常に正確に理解する力を持っていて、それが彼を際立たせていました」。

会合は決まったパターンに沿って行なわれ、最初は月に一度だったのが、やがて二週間に一度となり、ついには週に一度になった。ゴルジエフスキーが隠れ家に到着すると、必ずガスコットとプライスが軽い昼食を用意して待っていて温かく歓迎してくれた。「彼はまだカルチャーショックを受けており、基本的に敵対的な環境のKGB支局で働いていた」と、ガスコットは述懐している。「彼は膨大な量の知識を貯め込んでいた。私たちの主な狙いは、情報提供が中止されないようにすることだった。私たちは、彼を安心させることに非常に気を使った」。

一九八二年九月一日、ゴルジエフスキーがアパートに着くと、ガスコットとプライスのほかに第三の人物が待っていた。小ざっぱりとした熱心そうな若い男性で、黒い頭髪は生え際が後退していた。ガスコットはロシア語で、この人物を「ジャック」だと紹介した。ゴルジエフスキーとジェームズ・スプーナーは、初めて握手を交わした。ふたりはすぐに意気投合した。

ジェームズ・スプーナーは、ロシア語に堪能で、作戦スキルも高かったため、ガスコットがストックホルムに戻った後で本工作を運用するのにふさわしい候補者と見なされた。当初はドイツで別の任務に就く予定になっていたが、その代わり「ノックトン」を運用してほしいと依頼された。「私は二分ほど考えて、イエスと言いました」。工作員と工作員担当官は、心の中で互いに相手を評価した。

「私は入念なブリーフィングを受けており、彼は私が予期したとおりの人物でした」とスプーナーは語っている。「若く、活動的で、有能で、自制心があり、意欲的でした」。これらの言葉は、スプーナー自身にも当てはまった。ふたりとも大人になってからは情報活動にどっぷりつかり、ふたりともスパイ術を歴史というプリズムを通して眺め、比喩的にも現実の場でも同じ言葉を話した。

「私は彼をまったく疑っていなかった。これっぽっちも」とスプーナーは語る。「説明するのは難しいが、何を信頼してよく、何を信頼してはならないかは、きちんと分かります。自分の判断力を発揮するのです。オレークは完璧に信頼でき、誠実で、正しい動機に動かされていました」。

ゴルジエフスキーは、すぐさまスプーナーを「一流の情報部員だが、同時に心から親切で、感情と感受性にあふれ、人に対しても、自分の倫理原則に対しても誠実」な人物だと判断した。後に彼はスプーナーを「私が今まで会った中で最高の担当者」だったと述べている。

ゴルジエフスキーにとって、イギリスはいまだに「異質で慣れない」国に思えたが、会合の回数が増えるにつれて、MI6と定期的に会う通常のコンタクトはパターン化していった。ベイズウォーターのアパートは、グークが取り仕切るKGBレジジェントゥーラ内部での情け容赦ない内部抗争と猜疑心に満ちた敵意とから解放される安息の場であり避難所であった。ヴェロニカが近所のデリカテッセンで食事を調達していた。たいていはピクニック用の食事だったが、ときにはニシンの酢漬けとビーツの前菜といったロシア料理も出し、瓶ビールをいつも一本か二本用意していた。スプーナーは、コーヒーテーブルに常にテープレコーダーを置いていた。秘密の盗聴器が故障した場合のバックアップとしてだが、同時にそれはプロ意識の表れであり、会合を重視していることを示していた。会合は最大で二時間続き、毎回最後に次回の約束をして終わった。それからスプーナーは、やり取りの内容をテープから文字に書き起こして英語に翻訳し、きちんとした報告書に仕上げた。報告書作成のため夜遅くまで働くことも多く、しかも、センチュリー・ハウス内で注意を引かないよう自宅で書いていた。本当は何をしているのかをＭＩ６の同僚たちに悟られないよう、スプーナーは外国での工作を担当していて海外に出張しなくてはならないのだとされていた。彼が書き起こした内容は、その後、いわば情報の採石場となり、そこから個々の報告書がさまざまな「取り引き先」――ＭＩ６の一般的な慣例に従い、ひとつの「取り引き先」は特定の分野をひとつだけ担当する――のために掘り出された。一回の会合から生み出される報告書の数は、一文だけという短いものも含め、二〇件になることもあった。「ノックトン」で得られた情報を照合・分析し、分割し、偽装を施して配布する任務は、ＭＩ６内で冷戦の有能な専門家が率いる特殊班に任された。

ゴルジエフスキーは自分の記憶を、思い出したら詳しく述べて積み上げていくという具合に、体系的に掘り起こしていた。彼は三か月にわたって報告し、記憶していた情報を細かい点までひとつ残らず明らかにした。その結果得られたのは、ＭＩ６史上最大の「作戦に関する獲得情報」で、ＫＧＢと、その過去・現在・未来の計画についての、驚くほど詳細で広範囲にわたる知識だった。

ゴルジエフスキーは、ＭＩ６の歴史に登場した悪魔たちを、ひとりまたひとりと除去していった。彼はキム・フィルビーについて、今もＫＧＢのために働いているが、臨時の分析官としてであって、ＣＩＡのジェームズ・アングルトンが想像するような、すべてを見通す黒幕などでは絶対にないと説明した。何年も前からイギリスの支配層は、フィルビーのようなスパイがまだ自分たちの中に潜んでいるのではないかと考え、タブロイド紙は、いわゆる「第五の男」を容赦なく追い求めて何人もの容疑者の名前を挙げ、その過程で何人かのキャリアと人生を破滅させていた。当時ＭＩ５の情報員で後に暴露本『スパイキャッチャー』を執筆するピーター・ライトは、ＭＩ５の元長官ロジャー・ホリスはソヴィエト側のモグラ［潜伏スパイ］だという説に固執し、きわめて有害な内部調査を開始した。ゴルジエフスキーは、ホリスの嫌疑を完璧に晴らして、この陰謀説を葬った。彼の情報により、第五の男は元MI6情報員で、すでに一九六四年にソ連側工作員であると自白していたジョン・ケアンクロスであることが確認された。イギリス側がありもしない話をめぐって大混乱に陥っている様子に、KGBのモスクワ本部は痛快と思いながらも当惑を覚え、そのあまりの奇妙さに、これは計略ではないかと疑ったほどだったと、ゴルジエフスキーは報告した。彼によると、ゲンナジー・チトフ本人が、この魔女狩りをめぐるイギリスの新聞記事を何度も読んで、「なぜ彼らはロジャー・ホリスの話をしているんだ？　まったく無意味で、理解できない、これは我々に向けたイギリス側の特殊な計略に違いない」と言っていたという。二〇年に及んだモグラ狩りは、甚大な被害をもたらしただけで、まったく時間の無駄であった。

これ以外にも、ゴルジエフスキーがKGBの記録文書を調べたことで解明された謎があった。例えばソ連側スパイのうち、一九四六年に存在が確認され、暗号名「エリ」と名づけられていたものの正式には正体不明だった人物は、実は元情報部員で、ケンブリッジ大学在学中だった戦前に共産主義陣営にスカウトされたレオ・ロングであった。また、戦時中にイギリスの原爆研究に携わっていたイタリア人の核物理学者ブルーノ・ポンテコルヴォは、一九五〇年にソ連に亡命する七年前に、KGBのために働きたいと自ら志願していた。さらにゴルジエフスキーは、ノルウェー人スパイのアルネ・トレホルトが今も活動中であることを明らかにした。トレホルトは、ノルウェーの国連代表団の一員としてニューヨークに赴任した後、現在はノルウェーに戻って統合参謀学校の研究員として数多くの機密資料にアクセスしていた——その資料を、彼はKGBに渡していた。ノルウェーの保安機関は、ゴルジエフスキーが一九七六年に初めて情報を提供してから、ずっとトレホルトを監視していたが、まだ行動を起こしてはいなかった――その理由のひとつは、イギリス側が、彼が逮捕されれば、ノルウェー側が知らない情報源に疑惑の目が向けられるのではないかと危惧し、逮捕しないよう強く要請していたためだった。しかし、ついにトレホルトを捕らえるべく、罠が締まり始めた。

首相候補にまつわる不都合な真実

MI6の高官数名が、「ノックトン」の工作担当官たちから、聞き取りの最初の結果を聞くためセンチュリー・ハウスに集まった。いずれも、すぐに感情を表に出したり気持ちが高ぶったりする人たちではなかったが、それでも室内は「興奮と期待」の空気に満ちていた。高官たちは、イギリスにKGB工作員の巨大ネットワークがあり、ケンブリッジ・ファイヴのような、支配体制を内側から破壊するため入り込んだ共産主義スパイが大勢いるという報告を受けるものと期待していた。一九八二年当時のKGBは、以前と変わらず強大に違いないと思い込んでいたのだ。ところがゴルジエフスキーは、そうではないことを証明していた。

イギリスにはKGBの工作員・連絡員・イリーガルがごく少数しかおらず、深刻な脅威となる者はひとりもいないという報告は、安堵とともに失望をもって受け止められた。ゴルジエフスキーは、KGBの記録文書に、労働組合のリーダーであるジャック・ジョーンズと、労働党の下院議員ボブ・エドワーズに関する現在更新中のファイルがあったことを告げていた。さらに、KGBから現金をもらったり接待を受けたりしていた好意的な「連絡員」として、『ガーディアン』のジャーナリストであるリチャード・ゴットや、高齢の平和活動家フェナー・ブロックウェイなどの名を挙げていた。しかし、防諜担当者が見るところ、追及しがいのある大物はほとんどいなかった。ただひとつ、おおいに気になることがあった。それは、ゴルジエフスキーがジェフリー・プライムという名を一度も聞いたことがないらしいことだった。ジェフリー・プライムは、イギリスの情報機関で通信情報を扱う部署GCHQ（政府通信本部）の分析官で、先ごろソ連側スパイとして逮捕されたばかりだった。もしゴルジエフスキーがすべてのファイルを見ていたのだとすれば、その中に一九六八年からソ連のスパイとして活動していたプライムのファイルがないのは、なぜなのだろうか？　答えは簡単だった。プライムの運用を担当していたのがKGBのイギリス・北欧部ではなく、防諜担当だったからだ。

ゴルジエフスキーが、ロンドン、北欧、およびモスクワでのKGBの活動を詳細に説明したことで、ソ連側にいる敵は神話に出てくるような見上げるほど背が高い巨人ではなく、弱点があり、不器用で能率が悪いことが明らかになった。一九七〇年代のKGBは、三〇年以上前のKGBとは明らかに別物だった。一九三〇年代にはイデオロギーに対する熱意があり、熱心な工作員が非常に多くスカウトされていたが、そうした熱意は今では恐怖による服従に取って代わられ、まったく異なる種類のスパイを生み出していた。確かに今も規模は大きく、資金は潤沢で、情け容赦がないことに変わりはないし、最も優秀な人材を呼び集めることはできた。しかし今では職員の中に、想像力のかけらもなく、事なかれ主義者だったり、おべっかを使ったり、仕事もせずに出世することだけしか考えない者も大勢含まれていた。KGBはいまだに危険な敵ではあるが、その弱点と欠点は明らかになった。KGBが衰退期に入ろうとしていたのと時を同じくして、新たな活力と野心が西側の情報機関を活気づけようとし始めていた。MI6は、一九五〇年代から一九六〇年代のスパイ・スキャンダルで弱体化していた時期には守勢に回っていたが、いよいよそこから反転攻勢に出ようとしていた。

自信と興奮が波のように組織全体に走った。このKGBなら打ち負かすことができる。

しかし、ゴルジエフスキーの情報の中にひとつだけ、イギリスの情報・保安機関のトップたちが居住まいを正して、たとえつらくても飲み込まなくてはならない事実があった。

マイケル・フットがKGBと関係していたのは、遠い過去のことだった。ゴルジエフスキーは、工作員「ブート」の重要度を誇張しないよう気をつけていたし、ジェフリー・ガスコットは、この件について、フットは「偽情報の流布《るふ》という目的」のためだけに利用されていたが、それははるか昔のことであり、彼はスパイ、すなわち、一般に認められている意味で言うところの「自覚的な工作員」ではないという明確な評価を下していた。しかし、フットは一九八〇年から野党労働党の党首を務め、イギリス首相の座をマーガレット・サッチャーと争っていた。遅くとも一九八四年に予定されている次の総選挙で、もしかすると首相になるかもしれない。もしKGBとのかつての金銭関係が明らかにされれば、フットの信用は打ち砕かれ、権力をつかむ可能性はなくなり、もしかすると歴史の行方を変えることにもなるだろう。すでに多くの人が、彼は危険なほど左派すぎると考えていたが、KGBとの接触が知れ渡れば、彼のイデオロギー的立場はいっそう邪悪な色を帯びることになる。真実は、フットを考えが甘く、どうしようもない愚か者だと思わせるのに十分なほど不利なものだった。しかし選挙の真っ最中では、報酬をもらって働いていた本格的なKGBスパイと見られかねなかった。

「私たちは、この知識は取り扱いに慎重を要し、政党の党利党略のために使われるのを避けなくてはならないことを心配していました」とスプーナーは語っている。「この国にはイデオロギー上の深い分断がありましたが、私たちは、この情報が政治の表舞台に出ないようにしなくてはならないことは分かっていました。私たちは、誤解される可能性が非常に大きい情報を伏せていたわけです」。

フットに関する新事実は、国の安全保障に深刻な影響を与えかねなかった。MI6は、この証拠をMI5長官ジョン・ジョーンズに伝えた。MI5が次の一手を決めなくてはならない。「それが彼らの仕事でしたから」。

内閣官房長のサー・ロバート・アームストロングは、公務員のトップであり、首相の上級政策顧問であり、情報機関ならびに情報機関と政府との関係を監督する公務員だった。政治的に中立であり、イギリスの国家公務員の高潔さを生きながら具現化していたアームストロングは、ハロルド・ウィルソン政権とエドワード・ヒース政権で首席秘書官を務めていた。現在の彼は、サッチャーが最も信頼を寄せる相談相手のひとりだった。しかし、だからと言って彼はすべてを首相に伝えるわけではなかった。

MI5長官はアームストロングに、かつてマイケル・フットは工作員「ブート」という名でKGBから報酬を受け取っていた連絡員だったと告げた。ふたりは相談の末、この情報は政治的にあまりに刺激的すぎるため首相には伝えないことにした。

何年も後に、この一件について問われたアームストロングは、官僚の最高の伝統に従って、次のように慎重かつ曖昧な返答をした。「私は、マイケル・フットが労働党の党首となる前にKGBと接触していたと考えられていたことと、『トリビューン』がモスクワから、おそらくはKGBから、資金援助を受けていたと信じられていたことを知っていました。（中略）ゴルジエフスキーが、このことを裏づけました。その件について、外務大臣や首相にどれほど情報が開示されていたかについては、私は知りません」。

後にアームストロングは、イギリス政府がピーター・ライトの暴露本の出版差し止めを求めて敗訴した「スパイキャッチャー裁判」で重要な証人となった。彼は「真実を節約する」というフレーズを作った人物でもある。彼が最も節約したのが、マイケル・フットについての真実だったのは間違いないようだ。彼はマーガレット・サッチャーにも、彼女の他の上級顧問にも伝えなかった。公務員にも保守党にも労働党にも伝えなかった。アメリカにも、イギリスの他の同盟国にも伝えなかった。彼は誰にも伝えなかった。

不発弾を渡された内閣官房長は、それを自分のポケットに入れると、フットが選挙に敗れ、問題が自然消滅するのを願って、保管し続けた。ヴェロニカ・プライスははっきりと「私たちは、それを握り潰したんです」と述べている。そうだとしても、MI6内部では、マイケル・フットが選挙に勝った場合に国政が受ける影響について議論が起こった。その結果、KGBと関係を持った過去のある政治家が万一イギリス首相になったら、女王には伝えなくてはならないということで意見はまとまった。

もうひとつ、ゴルジエフスキーが伝えた情報には「ブート」ファイルよりもはるかに危険な内容が含まれており、そのKGBの秘密は、世界を変えるだけでなく、世界を滅亡させる危険性すらはらんでいた。

一九八二年、冷戦は再び厳しさを増し始め、核戦争が現実に起こりうると思えるほど緊張が高まりつつあった。そうした中でゴルジエフスキーは、ソヴィエト政府が、誤解なのだが心の底から真剣に、西側は核ミサイルの発射ボタンを押そうとしていると思い込んでいると告げたのである。

8　RYAN作戦

現実味を帯びる核攻撃

一九八一年五月、KGB議長ユーリ・アンドロポフは、上級情報員たちを秘密会議に招集し、驚くべき発表をした。アメリカが、核兵器による先制攻撃を仕掛けてソヴィエト連邦を地上から消す計画を立てていると告げたのである。

二〇年以上にわたって東西間の核戦争は、相互確証破壊——核戦争はどちらが始めるかに関係なく、ひとたび起これば両陣営とも確実に全滅するという考え——に対する懸念から、長らく食い止められてきた。しかし一九七〇年代末に西側が核軍拡競争でリードし始めると、緊張緩和に代わって、それまでとは異なる心理的対立が生じ、そうした中でソヴィエト政府は、核兵器による先制攻撃で国が破壊されて敗北するのではないかと恐怖するようになった。一九八一年初めにKGBは、新たに開発されたコンピューター・プログラムを使って地政学的状況を分析し、「世界の力の相関関係」は西側に優位に動いているとの結論に達した。ソ連のアフガニスタン介入は損害が大きくなりそうであり、キューバはソ連の資金を浪費しているし、ＣＩＡはソ連に対して積極的な秘密作戦を開始しており、アメリカは軍備増強を進めていた。このままではソヴィエト連邦が冷戦に負けるのは確実に思われ、長年のスパーリングで疲れ果てたボクサーのように、一発の強烈なパンチで試合が終わってしまうのではないかとソ連政府は恐れていた。

ソ連が核兵器による奇襲攻撃を受けるかもしれないというＫＧＢ議長の信念は、どうやら理性的な地政学的分析ではなく、アンドロポフの個人的体験と関係があるようだ。ソ連大使としてハンガリーに赴任していた一九五六年、彼は外見上は強力な体制があっという間に崩壊する様子を目《ま》の当たりにしていた。ハンガリーでの反ソ暴動を鎮圧するのに重要な役割を果たしたのは彼だった。一二年後、アンドロポフはプラハの春を弾圧するため再び「非常手段」に訴えた。この「ブダペストの虐殺者」は、軍事力とＫＧＢによる弾圧ですべてが解決すると固く信じていた。ルーマニアの秘密警察のトップは、彼を「共産党の代わりにＫＧＢでソ連を支配した人物」[*1]と評していた。アメリカで新たに成立したレーガン政権の自信に満ちた強気の姿勢は、迫りくる脅威を強調しているように思われた。

そうしたわけでアンドロポフは、猜疑心に凝り固まった人物の例に漏れず、自分の恐怖を裏づける証拠を探し始めた。

ＲＹＡＮ作戦（ＲＹＡＮは、ロシア語で「核ミサイル攻撃」を意味する語のラテン字表記 Raketno-Yadernoye Napadeniye〔ラケートナ＝ヤジェルノエ・ナパジェーニエ〕の頭文字。〔ロシア語の表記では Ракетно-Ядерное Нападение〕）は、ソ連が平時に実施した史上最大の情報作戦だった。唖然とするＫＧＢ高官たちに向かってアンドロポフは、ソ連の指導者レオニード・ブレジネフが同席する中、アメリカとＮＡＴＯは「核戦争の準備を積極的に進めて」いると宣言した。そして、ＫＧＢの任務は、この攻撃が差し迫っている場合にその兆候を探り出して早期警報を出し、ソヴィエト連邦が奇襲されないようにすることであると告げた。それはつまり、攻撃が目前に迫っている証拠が見つかれば、ソヴィエト連邦の方から先制攻撃を仕掛けられるということだ。ソ連の衛星国で自由を弾圧した経験からアンドロポフは、攻撃こそ最大の防御であると確信していた。先制攻撃される恐怖から、先制攻撃を引き起こす可能性が生まれたのである。

RYAN作戦は、アンドロポフの異常な想像の中で生まれた。それは着実に大きくなって、KGBとGRU（軍の情報機関）内で情報への執着へと変質し、膨大な量の時間と労力を消費して、両超大国間の緊張を恐ろしいレベルにまで引き上げる一因となった。RYAN作戦には、「見逃すな！《ニ・プラジヴァーチ》」という命令形のモットーさえあった。一九八一年一一月、RYAN作戦の最初の指令が、アメリカ、西ヨーロッパ、日本、および第三世界諸国にあるKGB支局に発せられた。一九八二年初めには、全レジジェントゥーラにRYAN作戦を最優先事項にせよとの指示が出された。ゴルジエフスキーがロンドンに到着したころには、作戦はすでに自力で進む勢いを得ていた。しかし、作戦は深刻な誤解に基づいていた。アメリカは先制攻撃の準備などしていなかった。KGBは攻撃計画の証拠を求めて至る所を探し回ったが、政府公認のMI5史に記されているように、「そのような計画は存在しなかった」[*2]のである。

RYAN作戦を発動するにあたって、アンドロポフは情報活動で最も重要な規則を破っていた。それは、そうに違いないと自分が思い込んでいることの証拠を決して求めてはならないという規則だ。ヒトラーは、連合軍がヨーロッパに反攻してくる場合はカレーが上陸地点になるはずだと考えており、だからドイツ側のスパイたちは（連合軍の二重スパイたちの働きもあって）上陸地点はカレーだとヒトラーに告げ、それによってノルマンディー上陸作戦は成功した。トニー・ブレアとジョージ・W・ブッシュは、サダム・フセインが大量破壊兵器を所有していると思い込んでおり、だから英米両国の情報機関はそのような結論を下した。頭が固くて独裁的なユーリ・アンドロポフは、KGBの部下たちが迫りくる核攻撃の証拠を見つけるはずだと一〇〇パーセント確信していた。だから部下たちは、そうした証拠を見つけてきた。

ゴルジエフスキーは、モスクワを出発する前にRYAN作戦のブリーフィングを受けていた。KGBによる、この壮大な積極的行動を知らされたとき、センチュリー・ハウスのソ連専門家たちは、この報告を当初は疑いの目で見ていた。本当にソ連政府の老人たちは、アメリカとNATOが先制攻撃を仕掛けると信じ込むほど、西側の道徳意識を完全に誤解しているのだろうか？　これはきっと、偏執狂であるベテランKGBが発した人騒がせな戯言《たわごと》にすぎないのではないか？　あるいは、もしかするともっと邪悪な策略で、西側に軍事力増強を断念させて軍備を縮小させようとする意図的な偽情報作戦なのではないか？　情報員たちは迷っていた。ジェームズ・スプーナーも、モスクワ本部が本当に「現実世界からこれほど乖離《かいり》している」のだろうかと思った。

しかし一九八二年一一月、レオニート・ブレジネフの後任として、アンドロポフがKGB議長として初めて共産党書記長に選出されて、ソ連の指導者になった。その直後、各地のレジジェントゥーラに、RYAN作戦は「今では特に大きな重要度を」帯び、「特別な緊急度を獲得した」と告げられた。当然KGBのロンドン支局にも、アルカージー・グークに宛てて（偽名の「エルマコフ」という宛名で）、「親展」「極秘」と記された電報が到着した。それをゴルジエフスキーはポケットに忍ばせて大使館から持ち出し、スプーナーに渡した。

「NATOのソ連に対する核ミサイル攻撃の準備を察知するための恒久的作戦指令」と題された電報は、RYAN作戦の青写真であり、KGBが西側による攻撃準備として注意すべき、さまざまな指標が詳細に記されていた。この文書こそ、先制攻撃に対するソ連の恐怖が本物で、根強く信じられており、しかも以前より大きくなっていることを示す証拠だった。文書には、「本指令の目的は、レジジェントゥーラが計画的に活動して、主敵〔アメリカ〕によるRYAN準備のいかなる計画も察知し、ソ連に対して核兵器を用いる決断が下される兆候や、核ミサイル攻撃の準備がただちに実施される兆候に対して継続的な監視を組織するようにすることである」と記されていた。そして、攻撃開始の可能性を示す兆候が合計二〇列挙されていたが、そこには論理的なものから荒唐無稽なものまで、さまざまなものが含まれていた。例えば、KGB情報員は「核使用を決断する重要人物」を厳重に監視せよと指示されていたが、その対象者には、なぜかキリスト教会の指導者や大物銀行家が含まれていた。対象者が決断を下すと思われる建物も、核物質貯蔵施設、軍事施設、脱出経路、核シェルターとともに、厳重に監視すべき施設に挙げられていた。また、急を要する事項として、政府・軍・情報機関・民間防衛組織の内部にいる者を工作員としてスカウトせよと命じられた。さらに情報員には、主要な政府ビルの電灯が夜間にいくつ点灯しているかを数えるようにと告げられた。攻撃が迫れば、公務員たちは夜を徹して仕事をするはずだと考えたからだ。政府施設の駐車場に駐まっている車の数も数えるべきだとされた。例えば国防省で急に駐車スペースが足りなくなれば、それが攻撃準備の兆候かもしれないからだ。病院も監視の対象とされた。敵は、先制攻撃に対する報復を予期しているはずだから、多数の負傷者を収容する準備をするはずだという発想だ。同様に厳重な監視の対象となったのが食肉処理施設だった。施設で処理される牛の数が急激に増えれば、それは西側が最終戦争の前にハンバーガーの備蓄を増やそうとしているからかもしれないという理屈である。

最も奇妙奇天烈《きてれつ》な指示だったのが、「血液バンクに蓄えられている血液の量」を監視し、政府が血液を購入して血漿《けっしょう》の備蓄を増やし始めたら報告せよというものだった。「RYANの準備が開始されたことを示す重要な兆候のひとつは、ドナーから血液を購入する量と、それに対して支払われる金額が増加することだと考えられる。（中略）数千ある血液ドナーの受付センターの場所と、血液の価格を調べ、あらゆる変化を記録せよ。（中略）血液ドナーセンターの数と支払価格が不意に急上昇した場合は、ただちに本部に報告せよ」。

言うまでもなく、西側諸国では血液は一般国民の献血によって集められている。その対価はビスケットだけで、ときにはそれに一杯の紅茶が加わるにすぎない。しかしソ連政府は、西側では生活の隅々まで資本主義が浸透していると考え、「血液バンク」を文字どおりの銀行と捉え、実際に血液が売買されていると思い込んでいたのだ。KGBのどの支局にも、この基本的な間違いを敢えて指摘しようとする者はいなかった。臆病な縦型の組織では、自分の無知をさらけ出すより危険なことはただひとつ、上司の愚かさを指摘することだけだった。

ゴルジエフスキーと同僚たちは、この奇妙な命令リストに当初は否定的で、RYAN作戦を、これまでにも本部が支局を遊ばせておかないために命じていた、正確な情報に欠けた無意味な仕事のひとつと考えていた。洞察力のある経験豊富なKGB情報員たちは、西側には核戦争を起こす気などなく、ましてNATOとアメリカが奇襲攻撃を仕掛けるはずなどないことを知っていた。グークでさえ、「馬鹿げた」命令だと考えて、「本部の要求に口先だけで同意していた」にすぎなかった。しかし、ソ連の情報機関という世界では、常識よりも服従の方が強く、世界各地のKGB支局は職務に忠実に敵の計画の証拠を探し始めた。そして当然というべきか、そうした証拠を見つけ始めた。人間の行動というものは、とにかく徹底的に調べ上げれば、たいていは怪しく見えてくるものだ。外務省でつけっぱなしになった電灯も、国防省で駐車スペースが不足しているのも、好戦的らしい司教も、すべてが怪しそうだ。ソ連を攻撃するという、ありもしない計画の「証拠」が集まってくると、それらはソ連政府が以前から恐れていたことを裏づけているように思われ、本部では猜疑心が募り、さらなる証拠が求められた。架空の話は、このようにして固定化されていく。このプロセスをゴルジエフスキーは「情報収集と評価の悪循環」と呼び、「外国の支局は警戒すべき情報を、たとえそれが正しい情報ではないと思っていても、報告しなくてはならないと感じていた」と語っている。

続く数か月間、RYAN作戦はKGBにとって唯一の主要な関心事となった。その間も、レーガン政権の発言が、アメリカは一方的な核戦争へと突き進もうとしているというソ連政府の確信を強めていた。一九八三年の初め、レーガンはソヴィエト連邦を「悪の帝国」と呼んで非難した。間近に迫った中距離弾道ミサイル、パーシングⅡの西ドイツ配備も、ソ連側の恐怖を増幅させた。このミサイルは「超奇襲第一撃能力」を持ち、ミサイル発射用サイロなどソ連国内の攻撃が難しい標的に、警戒されることなく、わずか四分で命中させることができた。モスクワまでの飛行時間は、およそ六分と推定されていた。もしKGBが攻撃のかなり前に警告を発することができれば、それによってモスクワは「報復措置を取るのに（中略）必要な準備時間」を得ることができる。つまり先制攻撃ができるわけだ。三月にロナルド・レーガンは、そうした先制攻撃をすべて無力化するかもしれない構想を発表した。アメリカの戦略防衛構想（SDI）である。すぐに「スターウォーズ計画」の名で知られることになるSDIは、人工衛星と宇宙兵器を使って、ソ連から発射される核ミサイルを撃ち落とすシールドを作ろうという構想だ。これが実現すれば西側は弱点がなくなり、アメリカは報復される心配をせずに攻撃を仕掛けることが可能となる。アンドロポフは激怒してアメリカ政府を「勝てる見込みはないのに、核戦争を最良の手段で始める方法に関する新たな計画を考えた」として責め、「ワシントンの行動は全世界を危険にさらそうとするものだ」と非難した。RYAN作戦は拡張された。アンドロポフと彼に従順なKGBの部下たちにとって、これはソ連の存亡を賭けた問題だった。

兄弟に共有された「ノックトン」

当初MI6はRYAN作戦を、改めてKGBの無能を示す愉快な証拠と解釈していた。ありもしない計画の調査に全力を注いでいる組織に、もっと効率的な諜報活動を行なう時間など、ほとんどないはずだと考えたからだ。しかし時がたち、両陣営で怒りに満ちた発言がエスカレートするにつれ、ソ連政府の恐怖を単に時間を浪費するだけの幻想として片づけられないことが明らかになってきた。間近に迫る衝突に恐怖する国家が先に襲いかかる可能性は次第に高くなっていった。RYAN作戦は、冷戦の対立がどれほど不安定になっていたかを、最も明確な形で示したものだった。

アメリカ政府のタカ派的な態度は、核兵器による最終戦争で終わりかねないソ連側の妄想を膨らませ続けた。それなのにアメリカの外交アナリストたちは、ソ連側の警告をプロパガンダのための意図的な誇張にすぎず、昔から続けてきた、はったりの応酬と同じものだと軽く考える傾向にあった。しかし、アンドロポフがアメリカは核戦争の開始を計画していると主張したとき、彼は大真面目だった。そして、ゴルジエフスキーのおかげで、イギリス側はその事実を知っていた。

アメリカには、ソ連政府の恐怖が、無知と猜疑心に基づくものだとは言え、本心からのものであることを伝えなくてはならないようだ。

イギリスの情報機関とアメリカの情報機関の関係は、兄弟の関係に少し似ている。親密だが競争心があり、仲がよいが嫉妬もし、互いに支え合うがケンカもする。イギリスもアメリカも、過去に共産圏の工作員に上層部まで潜入されたことがあり、両国とも、相手は信用できないかもしれないという疑念を以前から抱えていた。文書による合意に基づき、傍受した通信情報は共有されていたが、人間を媒介として集められた情報は、それほど頻繁に共有されてはいなかった。アメリカにはイギリスに知らせていないスパイがいたし、イギリスにもアメリカに知らせていないスパイがいた。そうしたスパイたちからの「成果」は「必要最低限のことしか知らせない」という方針で提供されており、その際の必要の定義は時と場合によって変化した。

ゴルジエフスキーがRYAN作戦について報告した内容はCIAに、有益ではあるが真実を節約した形で伝えられた。これまで「ノックトン」資料は、配布される対象が限られており、MI6とMI5内の「教導された」情報員と、必要に応じてPETに提供されていたほか、首相府、内閣府、および外務省にも伝えられていた。配布の範囲を広げてアメリカの情報機関を含めるという決定は、この工作の重要な転機となった。MI6は、これが世界のどの地域から得られた資料であるかも、誰が提供したのかも、言わなかった。情報源は入念にカムフラージュして目立たないようにされ、情報は出所が曖昧となるような形で提示された。「分割して編集した資料を通常のCX〔情報報告書〕として渡すとの決定が下されました。私たちは、出所を偽装しなくてはなりませんでした。ロンドン以外の場所で、中位の職員から得られたものだと言いました。できるだけ当たり障りのないものに見えるようにしなくてはなりませんでした」。それでもアメリカ側は、自分たちが聞いている内容の信憑性と信頼性を疑わず、これは最高クラスの情報で、信頼できる有益なものだと確信した。ＭＩ６はＣＩＡに、情報はＫＧＢの内部から得られたものだとは伝えなかった。しかし、おそらくその必要はなかっただろう。

　かくして、二〇世紀で屈指の重要度を持った情報共有作戦が始まった。

　ゆっくりと、用心しながら、ひそかな誇りと抑え気味のファンファーレとともに、ＭＩ６はアメリカにゴルジエフスキーの秘密を少しずつ与え始めた。イギリス情報部は、人間の工作員を運用することに昔から誇りを抱いている。アメリカには資金と科学技術力があるかもしれないが、イギリス人は人間というものを理解していた。というより、理解していると信じたがっていた。ゴルジエフスキー工作は、長年のフィルビー問題でなかなか消えなかった汚名を、ある程度ながら晴らすものであり、イギリス側は少々誇らしげに情報を提供した。アメリカの情報機関は、感心し、興味を抱き、感謝したが、弟分に恩着せがましく行動されて、ほんのわずかだが、いら立った。ＣＩＡは、自分たちに知る必要があることとないことを他の機関に決定されることに慣れていなかった。

　やがて、ゴルジエフスキーの諜報活動の成果が膨大かつ詳細になってくると、情報はアメリカ政府の最高レベルにまで到達するようになり、大統領府内部の政策にも影響を与え始めた。しかしアメリカの情報部員で、イギリス側が地位の高いソ連人スパイを潜入させていることを知っている者は、ほんの一握りしかいなかった。そのひとりに、オールドリッチ・エイムズがいた。

　エイムズのＣＩＡでのキャリアは、メキシコから帰国して以降、順調に進んでいた。彼とロサリオは、首都ワシントンの郊外であるヴァージニア州フォールズチャーチに住居を構え、一九八三年には、安定しない仕事ぶりだったにもかかわらず、ＣＩＡで対ソ連作戦を担う部署の防諜班トップに昇進した。エイムズはCIAで出世の階段を上り続けていたが、そのスピードは、仕事に対して募る不満を抑えるほど速くはなかった。ロサリオは結婚を承諾してくれていたが、離婚は恐ろしく高くつきそうだった。エイムズは新しいクレジットカードを作ると、すぐにローンの限度額である五〇〇〇ドルを全部使って新しい家具を買った。ロサリオは落胆して気落ちし、コロンビアの実家に頻繁に電話を掛けた。その電話代だけで月四〇〇ドルにもなった。アパートは窮屈だった。エイムズは廃車寸前の古いボルボに乗っていた。

エイムズの考え方によると、年にたった四万五〇〇〇ドルという給料は、彼が毎日扱う秘密の価値を考えれば、恐ろしく少額だった。レーガン政権で新たにCIA長官になったエネルギッシュなビル［ウィリアム］・ケーシーの下、ソヴィエト部は息を吹き返し、今では鉄のカーテンの向こう側で約二〇名のスパイを運用していた。エイムズは、その全員の身元を知っていた。CIAがモスクワ市外で電話を盗聴し、大量の情報を引き出していることも知っていた。技術部の職員たちが、輸送用コンテナを改造して、シベリア横断鉄道で列車が核弾頭を輸送する際に情報を引き出せるようにしたことも知っていた。やがて彼は、MI6が地位の高い工作員を、おそらくKGBの内部に潜入させているが、その身元をイギリス側は隠しているという秘密も教えられた。エイムズは、これらのほかにも数々の秘密を知っていた。しかし、ワシントンのあちこちのバーでバーボンを舐《な》めている彼が何よりもよく知っていたのは、自分が破産寸前ということだった。それに、新しい車も欲しかった。

イギリスに来て六か月が過ぎると、ゴルジエフスキーの二重生活は心地よい具合に落ち着いてきた。レイラは新しい我が家をうれしそうに探検していたが、夫の秘密活動についてはまったく知らなかった。娘たちは一夜にしてイギリスの女の子になったようで、人形に英語で話しかけている。彼はロンドンの公園とパブが気に入り、ケンジントンに数軒あるエキゾチックでスパイシーな香りの漂う小さな中東レストランも好きになった。レイラは、エレーナとは対照的に料理が大好きで、イギリスの店では食材がどれほどたくさん手に入るかを、驚嘆しながら毎日のように話してくれた。家事と子育ては、すべてレイラに任されていた。不平不満は何ひとつ言わず、一時的であれ外国で生活することができてなんて幸運なのかしらと、たびたび語った。モスクワにいる家族や友人に会えないのは寂しかったが、ソ連の外交官の赴任期間は長くても三年なので、いずれ帰国することは分かっていた。レイラがホームシックになると、決まってオレークは話題を変えようとした。いつかは妻に、自分はイギリス側のスパイであり、国には二度と戻れないことを伝えなくてはならない。でも、今はまだ妻をストレスと危険にさらさなくてもいいだろう。レイラは立派なソ連人妻であり、私がスパイであることを明かすときが来たら、ショックを受けてしばらくは悲しむかもしれないが、きっと受け入れてくれるだろうと、彼は自分に言い聞かせていた。いずれにせよ、妻は真実を遅かれ早かれ知らねばならない。「遅かれ」の方が望ましいように思われた。

ふたりはイギリスの首都で芸術に満ちた生活にひたり、クラシックのコンサートや、美術館のオープニングセレモニー、演劇鑑賞に足を運んだ。彼は、自分が西側のために行なっているスパイ活動は、文化的反体制派の行為であって、変節者の行為ではないと信じていた。「作曲家のショスタコーヴィチが音楽で抵抗し、作家ソルジェニーツィンが言葉で戦ったように、ＫＧＢの人間である私は、私自身の情報の世界を通してしか行動できなかった」。彼の武器は秘密であった。

毎朝彼は、ホランド・パークでランニングをした。そしてほぼ毎週、曜日をずらして、あらかじめ決められた、MI5のウォッチャーズが別の場所にいることが分かっている日に、同僚たちに向かって、これから連絡員とランチを取るため出かけると告げ、車に乗ってベイズウォーターの隠れ家へ向かった。地下駐車場に着くと、車をビニールシートで覆って外交官用ナンバープレートを隠した。

本部は指示をマイクロフィルムでは送らなくなっていたので、ゴルジエフスキーは会合前に文書の現物を、ときには束ごと、ひそかに持ち出していた。執務室が無人になるのを待って、書類をこっそりポケットにねじ込むのだ。選ぶ候補はたくさんあった。本部のさまざまな部署が、ロンドンのレジジェントゥーラの人員に競って命令を出しており、しかもロンドンの人員は数がたいへん多かったからだ。大使館内にKGB情報員が二三名いるほか、ソ連の通商代表部で八人が身分を隠して働いており、さらに四人がジャーナリストを装い、これに加えてイリーガルと、KGBとは別にGRUが派遣した軍事情報将校一五名がいた。「本部は大量の情報を出しており、その中から私はどれでも自由に渡すことができた」。

ゴルジエフスキーがアパートの部屋に入ると、ヴェロニカ・プライスがランチを準備する間、スプーナーが報告を受け、セアラ・ペイジという名の、優しい魅力を持ち、きわめて有能なMI6の秘書が寝室で文書の写真を撮影した。ゴルジエフスキーの記憶の発掘が終わると、焦点は現在進行中の作戦に移った。「非常に速やかに現状報告に移りました」とスプーナーは語っている。「彼は、前回からの間に起こったあらゆることについて、事件から、指示、訪問、現地での活動、さらにはレジジェントゥーラの同僚との会話に至るまで、すべてについて最新情報を教えてくれました」。観察の訓練を受けていたオレークは、利用できるかもしれないものは、本部からの指示や、RYAN作戦に関する最新の要請と報告、イリーガルの活動と彼らの身元に関する手がかり、接近すべきターゲット、工作員のスカウト、スタッフの異動など、何でもすべて記憶に残していた。それればかりか、ゴシップや噂など、同僚たちが何を考え、何を計画し、勤務時間外に何をしているかや、酒量がどれくらいで、誰と誰が肉体関係にあり、誰が誰と肉体関係を持ちたがっているかなど、些末な情報も彼は伝えていた。「あなたはKGBレジジェントゥーラのもうひとりのメンバーですね」とゴルジエフスキーはスプーナーに語った。

ときどきヴェロニカ・プライスが、彼が急にモスクワに呼び戻されて脱出しなくてはならなくなった場合に備え、「ピムリコ」作戦の詳細を改めて説明した。この脱出計画は、最初に立案されてから、いくつか大きな変更が加えられていた。ゴルジエフスキーは、今では結婚して二児の父になっている。そのためMI6は、脱出用の車両を一台ではなく二台用意することになった。それぞれの車のトランクに大人ひとり、子供ひとりを乗せ、子供たちには、眠らせてトラウマを軽減させるため、強力な睡眠導入剤を注射する。脱出の瞬間に彼が自分の手で娘たちに注射しなくてはならなくなったときのため、ヴェロニカ・プライスは注射の練習用に、注射器とオレンジを渡した。さらに彼は、数か月ごとに娘たちの体重を測った。測定結果はモスクワのMI6支局に伝えられ、用意した注射器の投薬量が必要に応じて調整された。

工作は順調に進んでいたが、緊張感は容赦なかった。あるとき、隠れ家であるアパートでの会合を終えて、オレークは近くのコノート・ストリートへ車を取りに行った（このときは、地下駐車場に車を駐めていなかった）。歩道から一歩踏み出そうとしたとき、恐ろしいことに、グークのアイボリーホワイトのベンツが車道をこちらに向かって近づいてくるのが見えた。しかも運転席には太ったレジジェント本人が座っている。見つかったと思ったゴルジエフスキーは、冷や汗が一気に噴き出し、大使館から遠く離れた住宅街で何をしていたのかを説明する言い訳を、すぐさま考え始めた。しかしグークは、どうやら彼に気づかなかったようだ。

秘密を伝える信頼の輪に入れられた政治家は、三人だけだった。マーガレット・サッチャーは、ゴルジエフスキーがイギリスに到着して六か月後の一九八二年一二月二三日に、「ノックトン」工作を「教導」された。整理前の情報は、特別な赤のフォルダー、通称「レッド・ジャケット」に収められ、首相と外交顧問と秘書官のみが鍵を持つ錠付きの青い箱に入れられていた。サッチャーは、MI6がKGBのロンドン支局に工作員を潜入させていると告げられていた。その工作員の名前は知らなかった。内務大臣のウィリアム・ホワイトローは、この一か月後に知らされた。もうひとり秘密を知らされた閣僚は外務大臣である。ジェフリー・ハウは、外相就任時に「ノックトン」資料、とりわけRYAN作戦を知らされて「強烈な印象」を受け、次のように述べている。「ソ連指導部は、自分たちで作ったプロパガンダの大部分を本当に信じていた。彼らは、『西側』が彼らの転覆を計画しており、それを実現するためなら——現実にはありえないことだが——どんなことでもやりかねないと心の底から恐怖していた」[*3]。

KGBでの不振が問題に

MI6のための諜報活動は大成功を収めていたが、ゴルジエフスキーのKGBでの仕事は窮地に陥ろうとしていた。レジジェントとその副官であるグークとニキテンコは、あからさまに敵対的だった。直属の上司イーゴリ・チトフは、一貫して非友好的だった。それでも、同僚の全員が猜疑心に満ちた俗物だったわけではない。中には非常に頭脳明晰な者もいた。PRラインの同僚だった三〇代の情報員マキシム・パルシコフは、父親がレニングラードの芸術家で、ゴルジエフスキーと文化的な趣味がよく合った。ふたりは政治班の隣り合った机で、ラジオ3から流れるクラシック音楽を聴きながら勤務した。パルシコフは、この同僚は「人当たりがよくて知的で、際立って高い教養と文化レベルを備えている」と思った。[*4]パルシコフが風邪を引いたとき、ゴルジエフスキーは最近イギリスの薬局で見つけた点鼻薬オトリビンを勧めた。「私たちは、クラシック音楽への愛と、オトリビンによって結ばれていた」とパルシコフは書いている。それでも彼は、ゴルジエフスキーが心の奥底に抱える不安に気づいていた。「私をはじめ、オレークがロンドンに来て最初の数か月に彼と親しくなった者たちは、彼の生活に何か深刻で不安なことが起きていることをはっきりと感じ取っていた――彼は非常に神経をとがらせていて、強いプレッシャーを受けているようだった」。この新人には、ほかの人とは違った、強い頑なさがあった。パルシコフは、こう語っている。

レジジェントゥーラの幹部たちは、最初から彼を嫌っていた。周囲と同じような酒の飲み方をせず、非常に知的で、「我々のひとり」ではなかったからだ。例えば、レジジェントゥーラの小さな中央室でソヴィエトの祝日を祝うために開かれた、典型的なパーティーを想像してほしい。すべてがきちんと用意されている。テーブルの上には、サンドイッチとフルーツのほか、男性用にウォツカとウイスキーが、数名のご婦人方のためにワインのボトルが一本、置いてある。乾杯の声とともに、レジジェントから順にひとりずつ祝杯を上げる。ゴルジエフスキーは、自ら率先して執事の役を引き受け、空になったグラスに手際よく酒を注いで回るが、自分のグラスには注がず、しかも飲んでいるのは赤ワインだけだ。彼は、誰とも親しく交わらなかった。それを妙だと思う者もいた。しかし私は、へえ、我々の仲間に変わったやつが入ってきたぞ、と考えた。ある情報員の妻は、ゴルジエフスキーに我慢がならなかった。どうして彼を嫌うのか、その理由を自分でも説明できなかったが、彼女はオレークを、どこか「邪悪」で「不自然」で「ふたつの顔」を持っていると感じていた。

パルシコフは、中傷にはほとんど注意を払わなかった。「私は無精者《ぶしょうもの》なので、レジジェントゥーラの素敵な同僚を熱心に中傷したりはしなかった」。パルシコフの見るところ、ゴルジエフスキーの最大の問題は、仕事の業績が下がっていることだった。彼の英語は、いまだにうまくなかった。ある程度定期的にランチへ出かけているようだが、新たな情報を持ち帰ることはほとんどない。彼が到着して数か月後には、ゴシップにあふれたレジジェントゥーラで、オレークにこの仕事は務まらないという趣旨の中傷作戦が始まった。

ゴルジエフスキーは、仕事がうまくいっていないことを自覚していた。PRラインの前任者から何人もの連絡員を引き継いでいたが、彼らは有益な情報をまったく提供しなかった。本部が工作員と認定していた、あるヨーロッパの国の外交官とコンタクトを取ったものの、「彼は、大量の食事を取る気は満々だったが、わずかばかりでも関心を持てることは何ひとつ話さなかった」。また、スカウト候補として名前の挙がっていた人物に、エジンバラ・リース選挙区選出の労働党下院議員ロン・ブラウンがいた。彼は労働組合の元オルガナイザーで、アフガニスタン、アルバニア、北朝鮮の共産主義政権を声高に支持していたことから、KGBに注目されていた。乱暴な振る舞いで議会当局とたびたび面倒を起こし、後に愛人の下着を盗んで彼女のアパートを荒らしたため労働党から追放されることになる人物だ。リース生まれのブラウンは、どろどろのオートミール並みにスコットランド訛《なま》りがきつかった。話し上手で陽気だったが、ソ連人の耳には、何を言っているのかほとんど理解不能だった。ゴルジエフスキーは、イギリス英語の標準的な発音であるBBCの容認発音ですら聞き取るのに苦労していて、ブラウンを何度かランチに連れ出したものの、お国訛りでまくしたてるスコットランド人を前に、分かったような顔でうなずきながらも、言っていることの一〇にひとつも理解できていなかった。「もしかすると、彼はアラビア語か日本語をしゃべっていたのかもしれない」。ゴルジエフスキーはレジジェントゥーラに戻ると報告書を書いたが、それは、あのスコットランド人が話していたであろうと思われる内容を基にした、純然たる創作だった。ブラウンは最高レベルの極秘情報を漏らしていたのかもしれないが、もしかするとサッカーについてしゃべっていたのかもしれない。ブラウンが有罪か無罪かは、その理解不能なスコットランド訛りに永遠に隠されたまま、今も歴史上の謎となっている。

昔からの連絡員との関係を復活・強化させるのは、新しい連絡員を見つけようとするのと同じくらい思いどおりにいかなかった。ボブ・エドワーズは齢《よわい》八〇近くの、現役最高齢の下院議員で、以前と変わらずKGBの友であり、過去のことについては喜んで話してくれたが、現在のことについては明かすべき秘密をほとんど持っていなかった。ゴルジエフスキーは、労働組合の元リーダーであるジャック・ジョーンズとも再びコンタクトを取り、彼の住む公営アパートで会った。引退して久しいジョーンズは、ランチの誘いを喜んで受け、ときには現金も受け取ったが、情報提供者としては「完全に役に立たない」存在だった。たびたび本部は、核軍縮キャンペーンの運動家ジョーン・ラドックやテレビ司会者メルヴィン・ブラッグなど、著名な「進歩派」の名前を知らせてきた。適切なアプローチをすればソ連側のスパイになるかもしれないと思っていたからだ。しかし、この点についても、ほかの指示と同じく、KGBは間違っていた。ゴルジエフスキーは何週間も、労働党、平和運動、イギリス共産党、労働組合など、いろいろな組織の周辺をうろついて新たな連絡員を作ろうとしたが、うまくいかなかった。六か月たっても、彼は努力に見合った成果をほとんど上げられずにいた。

グークの仲間であるレジジェントゥーラの主任アナリストは、ゴルジエフスキーの働きぶりを酷評し、この新人は無能だと不満を言い始めた。ゴルジエフスキーはパルシコフに、「成績不振を責められるかもしれない」と思うと年次休暇でモスクワに戻るのが怖いと打ち明けていた。本部は冷淡で、「パニックにならずに仕事を続けよ」と言うだけだった。

ゴルジエフスキーは困っていた。レジジェントから嫌われ、大使館内では人望がなく、新たな職場と、新たな言語と、新たな都市で成果を出そうと苦しんでいた。さらに、イギリス側のため情報を収集するのに忙しく、KGBの日常業務に十分な時間を割《さ》けずにいた。

ゴルジエフスキーが日常業務で抱えていた問題は、MI6にとっては思いがけない憂慮すべきジレンマであった。もし彼が本国に送り返されたら、西側で最も重要なスパイ工作が、世界を変えるほど重要な情報を生み出し始めたところでストップすることになる。工作の成否は、ゴルジエフスキーが出世するかどうかに懸かっていた。彼がKGBの立場から見て活躍すればするほど、出世の見込みが上がり、有益な資料にアクセスする権限が広がるからだ。彼のKGBでのキャリアを後押しする必要がある。MI6は、これをふたつの前例のない方法で実現させることにした。ひとつは、彼に代わってスパイ活動の下調べをすることであり、もうひとつは、彼の行く手を阻む者を排除することだった。

ゴルジエフスキーが同僚や上司の目に優秀だと映るようにする任務は、対ソ連班の「ノックトン」

チームに所属する若いＭＩ６情報員マーティン・ショーフォードに任された。ロシア語を話し、モスクワ赴任から戻ったばかりのショーフォードは、本工作の政治報告を担当していた。その彼が、ゴルジエフスキーが自分で集めたものとしてＫＧＢに報告できる情報を集め始めた。情報は、ゴルジエフスキーが政治情報収集の専門家だと本部を納得させつつも、後々ソヴィエト側の役に立ちそうなものであってはならなかった。このように、本物だが深刻なダメージを与える恐れがないため、工作員の信頼度を上げる目的で敵に渡してかまわない情報のことを、スパイ用語では、量は多くて食べ応えはあるが実際の栄養価はほとんどないという意味で「チキンフィード」［ニワトリの餌］と呼ぶ。イギリス情報部は、第二次世界大戦中にチキンフィード作りの達人になっていて、真実の情報と、真実を一部だけ含んだ情報と、真実ではないがそう見えないよう偽装した偽情報を、入念にチェックして混ぜた膨大な量のチキンフィードを、二重スパイを通してドイツ側担当官に渡していた。ショーフォードは、雑誌や新聞など出典が明らかな情報を詳しく調べて、アパルトヘイトが進む南アフリカの概況や、米英関係の現状、党大会の周辺で集めた保守党の内輪話など、ゴルジエフスキーが連絡員など他の情報源から集めたように見える情報を探した。これらは、少しばかり想像力を使えば、収集した情報のように見せることができる。「私たちには、彼がレジジェントゥーラに持ち帰って不在や会合などを正当化できる資料が必要でした。彼の信用度を高めて行動を正当化することが重要だったのです。私たちは、彼が知り合いになるような人々からどんな話を聞きそうか、よく分かっていました」。ＭＩ６は渡してかまわない資料を頻繁に求めたため、ＭＩ５で本工作を担当するＫ６部は、ペースについていくのに苦労した。「そのせいで、ゴルジエフスキー工作の歴史で唯一と言っていい摩擦が両機関の間に起こりました」。ショーフォードは、毎週タイプライターで四分の三ページ分の概要を作成し、それをゴルジエフスキーがレジジェントゥーラに持ち帰ってKGBの用語に書き換え、自分でいくつか詳細を書き加えた上で上司に提出した。MI6が作った原本は、細かく破ってトイレに流した。

しかし、オレークにチキンフィードを渡すのは、出世の見込みを高める方法のひとつにすぎなかった。ゴルジエフスキーがよく働いていることを上司に納得させるためには、本物だが価値のない情報を彼に提供する実在の人物と会う必要があった。情報源の名前を告げずに情報のみを渡しているだけでは、いずれは疑惑を招く。ゴルジエフスキーには自分だけの「秘密連絡員」が必要だった。そこで、これをMI6が用意することになった。

MI5のK4部は、ソ連を対象とした防諜活動を担当しており、イギリス国内で活動しているスパイ――KGBとGRUの情報員と、彼らがスカウトした工作員やイリーガルなど――を見つけ出し、監視し、尾行し、可能な限り無力化していた。この任務では、「接触工作員」が活用されることが多い。接触工作員とは、市民生活を送りながら、スパイ容疑者と接触して信頼を勝ち取り、話をするよう仕向けて情報を引き出し、好意的な態度を示してスカウトできそうな人間であるかのように振る舞う者のことだ。スパイが正体を表せば、イリーガルの場合は逮捕し、外交官を装ってイギリスに滞在している場合は国外追放にする。しかし、こうした作戦の究極の目的は、スパイを仲間に誘い込み、報酬や脅迫で、ソヴィエト連邦に対してスパイ活動を行なうよう説得することにあった。こうした接触工作員、別名「統制下連絡員」は、この水面下で進む諜報戦に手を貸すようK4によってひそかにスカウトされた一般市民だった。彼らは、実質的にはダングルであり、その定義上、ソ連の情報部員がスカウトしたいと思うような人々だった。一九八〇年代前半、K4は秘密の接触工作員数十名を使って、ソ連側ターゲットに対する工作を数十件、並行して進めていた。

黒髪で背が高く魅力的なローズマリー・スペンサーは、ウェストミンスター地区中心部のスミス・スクエア三二番地に位置する保守党中央事務局では、よく知られた人物だった。ミス・スペンサーは四二歳、党調査部の国際課で働き、フォークランド戦争に関するフランクス報告書の作成に携わった女性だ。人々は、やや意地悪気味に、彼女は党と結婚したのだと言っていた。陽気で賢く、やや孤独だったかもしれないが、政界の情報通であり、KGBが情報員たちにスカウトするよう促すタイプの人間だった。保守党の同僚たちは、調査部にいる陽気な独身女性が実はMI5の秘密工作員だと知ったら、きっと驚愕したに違いない。

ゴルジエフスキーがローズマリー・スペンサーと初めて会ったのは、ウェストミンスターでのパーティーだった。ふたりの出会いは偶然ではなかった。彼は、保守党の陽気な調査員を探すようにと命じられていた。彼女の方も、ソ連の外交官を装ったKGB情報員から接触されるかもしれないと告げられており、その場合は関係を進めるようにと言われていた。ふたりはランチをともにした。ゴルジエフスキーは、できるだけ魅力的に振る舞った。彼は彼女がMI5の接触工作員であることを知っていた。彼女は彼がKGBであることを知っていたが、彼が実はMI6のために働いていることは知らなかった。ふたりは再びランチをともにした。さらにもう一度ランチで会った。ローズマリーのMI5担当官は、彼女が渡してもよい情報として、彼女の仕事のうち機密度はあまり高くないが興味を持たれそうなもの、例えば保守党内のゴシップなど、ちょっとしたチキンフィードを渡すようにと助言した。これらをゴルジエフスキーはタイプで報告書にまとめたが、そこにはローズマリーが実際に言ったことだけではなく、MI6から与えられた、人脈のある保守党員なら言いそうなことも含まれていた。KGBは、この報告書に当然ながら感心し、ゴルジエフスキーは保守党中央事務局の内部に新たに重要な情報源を作りつつあり、この情報源は、いずれは秘密連絡員か、あるいは工作員になるかもしれないと考えた。

ゴルジエフスキーとスペンサーの関係は、強い友情になったが、これは欺瞞に満ちた友情でもあった。彼女は、自分は彼をだましていると思っており、彼は彼女にそう思わせることで彼女をだましていた。彼はKGBでの自分の立場をよくするために彼女を利用していた。彼女は、ソヴィエト連邦に打撃を与えていると思っていた。これも、策略と優しさの組み合わせという諜報活動に固有の性質が現れた一例だった。イギリス保守党の調査員とソ連の外交官は友情を結んだが、そのどちらもが秘密のスパイだったのだから。ふたりは互いに嘘をついていたが、心からの好意を抱いていた。

仕組まれた昇進

KGBのレジジェントゥーラ内でゴルジエフスキーの株は急上昇した。グークでさえも彼に優しくなったように思えた。本部への報告書はレジジェントがサインしており、ゴルジエフスキーの仕事のおかげでグークも有能に見えるようになってきた。パルシコフは、ゴルジエフスキーの態度がはっきりと変わったことに気がついた。「彼はチームになじみ始め、周囲の人々と関係を築くようになった」。以前よりも自信にあふれ、リラックスしているように見えた。唯一、ゴルジエフスキーの活躍を快く思っていなかったのが、直属の上司イーゴリ・チトフだった。PRラインのトップであるチトフは、以前からこの部下を脅威と見なしており、ゴルジエフスキーが詳細な報告書を提出し、新たに多くの情報源を得たのを知って、この部下が昇進するチャンスを潰そうとの決意をいっそう強くした。ゴルジエフスキーは出世の波に乗った。しかし、チトフが妨害している。そこでMI6は彼を排除することにした。

一九八三年三月、イーゴリ・チトフはイギリスでペルソナ・ノン・グラータと宣告され、ただちに出国するよう命じられた。ゴルジエフスキーは、上司を追放する計画を事前に知らされていた。疑いの目をそらすため、ＧＲＵの情報員二名も、諜報活動を意味する一般的な婉曲表現「外交官としての立場と相容《あいい》れない活動」を理由に同時に追放された。チトフは激怒した。「私はスパイではない」[*5]と、彼は記者に嘘を言った。ＫＧＢの支局内で彼が去るのを残念に思った者はほとんどおらず、驚いた者は、それよりさらに少なかった。数か月前から西側諸国ではスパイ追放の嵐が吹き荒れていたし、チトフが現役のＫＧＢ情報員であることを示す証拠はたっぷりとあった。

チトフが排除されると、誰の目にもゴルジエフスキーこそ、彼の後任として政治情報担当部署のトップとなるべき候補と映った。彼は中佐に昇進した。

ＭＩ６が自分たちのスパイをＫＧＢで出世させる計略は、完璧にうまくいった。一九八三年の半ばには、以前のような不人気で職を失いかねないほどの落伍者から、レジジェントゥーラの新星となり、工作員のスカウトと情報収集の名手という評価が高まった。しかも、この仕組まれた昇進は、疑念をまったく招くことなく成し遂げられた。パルシコフも述べているように、「すべてがまったく自然に思えた」。

レジジェントゥーラで政治情報担当のトップとなったゴルジエフスキーは、ＰＲラインのファイルにアクセスできるようになり、ＭＩ６が以前から疑っていたことを確認することができた。それによれば、ソ連のイギリス支配層への潜入状況はお粗末なもので、「スカウトされた工作員」に分類されているのは六人ほどにすぎず（しかも、ほとんどは高齢）、「秘密連絡員」はおそらく一〇名程度しかいなかった（しかも、ほとんどはかなりの小物）。多くは、「情報員がモスクワの目には忙しそうに見えるよう、書類に残されている」だけの、単なる「紙の上での工作員」だった。組織の内部に第二のフィルビーは隠れていなかった。さらに好都合だったのは、ゴルジエフスキーが新たにライン長になったことで、ラインと呼ばれる他の部署、つまりXライン（科学技術情報）、Nライン（イリーガル）、KRライン（防諜と保安）などの動きも以前より分かるようになったことだ。ひとつまたひとつと、ゴルジエフスキーはKGBの秘密をこじ開け、MI6に渡していた。

さらに、レイラが非常勤としてKGB支局に入ったことで、別の情報源を利用できるようになった。アルカージー・グークは、もうひとり秘書を必要としていた。レイラは速くて有能なタイピストだった。彼女は、子供たちを午前中は託児所に預けてレジジェントゥーラに出勤するようにと命じられた。以降、彼女はグークの報告書をタイプすることになった。レイラは、このレジジェントを非常に恐れていた。「彼は自己顕示欲の強い人でした。KGBの将軍になったのですから、本当にすごいことです。私は決して質問をせず、ただ言われたことをタイプしました」。彼女は、夕食のテーブルでその日の出来事や、上司のためにタイプした報告書や、秘書どうしの噂話などを話したが、そのとき夫がどれほど熱心に耳を傾けていたか、まったく気づいていなかった。

パルシコフは、このたび昇進した上司がとてもうれしそうで、たいへん気前がよかったと書き記している。「諸君、接待費をどんどん使ってくれたまえ」とゴルジエフスキーは部下に告げた。「今年は、連絡員への接待や贈り物にほとんど費用を使っていない。もし使わないのなら、来年は経費を削減する」。これは、経費を水増しせよという要請であり、同僚の中には改めて言われる必要のない者もいた。

ゴルジエフスキーには、満足して自信を抱くのに十分な理由があった。彼は出世の階段を上っていた。彼の立場は盤石《ばんじゃく》だ。彼の提供する情報は、定期的にイギリス首相のデスクに置かれ、彼は自分が忌み嫌う共産主義体制を、その内側から攻撃していた。何もかもが順調に思われた。

一九八三年四月三日、復活祭の日曜日、アルカージー・グークがホランド・パーク四二番地の自宅アパートに戻ると、郵便受けに封筒が突っ込まれているのに気がついた。封筒には、極秘文書が入っていた。先月に起きたチトフとGRU情報員二名を追放する工作の概要を記した覚え書で、三人がどのようにしてソ連側の情報部員だと特定されたのか、その詳細も含まれていた。添え状には、もっと秘密を提供したいという申し出と、送り手とコンタクトを取る詳細な方法が書かれていた。手紙に署名されていた名前は「コバ」。スターリンの古いニックネームのひとつだ。

イギリス情報部の内部の人間が、ソヴィエト連邦のためスパイになろうと申し出ていたのである。

9　コバ

普段と違うことが起きている！

アルカージー・グークは、脅威と陰謀を至る所に感じ取っていた。ロンドンのKGBレジジェントである彼は、そうした脅威と陰謀を、ソ連人の同僚の頭の中にも、ロンドン地下鉄の広告掲示板の裏にも、イギリス情報部の目に見えない謀略にも見出していた。

「コバ」からの手紙を見て、疑念に満ちた彼の心は動転した。書かれていた指示は、詳細かつ明確だった。グークが協力の意思を示したいなら、地下鉄ピカデリー・サーカス駅のピカデリー線である三番ホームと四番ホームから上がる階段の右側の手すりの一番上に、画鋲《がびょう》を一個、置いておく。コバは、この信号を受け取った証しとして、オックスフォード・ストリートから入る路地アダム・アンド・イヴ・コートで五つ並んでいる電話ボックスのうち、真ん中のボックスの電話線に青の粘着テープを巻いておく。それからデッド・ドロップとして、秘密情報の入ったフィルムのケースを、オックスフォード・ストリートの映画館アカデミー・シネマにある男子トイレの貯水タンクの蓋の裏にテープで貼り付けておく。

グークは二二日後の四月二五日までに、申し出を受けるかどうか決めなくてはならない。

レジジェントは、この尋常ならざる手紙をひと目見て、罠に違いないと判断した。これはMI5による「ダングル」で、私を罠にはめ、KGBに恥をかかせ、最終的に私を追放するために計画された意図的な挑発に違いない。そう考えて、彼は手紙を無視した。

グークは、自宅がMI5の監視下にあるに違いないと考えており、事実そのとおりだった。イギリス情報部にいる本物のスパイなら、このことを知っているはずで、だから手紙を玄関まで運んでくるのを目撃されるリスクを冒すはずがない。そう考えたグークだったが、まさかコバがMI5の監視スケジュールを知ることができる立場にあり、復活祭の日曜日はウォッチャーズが勤務していないというのを確かめた上で、その日の真夜中すぎをわざわざ選んで配達したとは、夢にも思わなかった。

グークは手紙をファイルにしまい、こんな見え透いた計略にだまされなかったことに安堵した。

しかし、コバは無視されてもあきらめなかった。音沙汰のないまま二か月が過ぎた後、六月一二日に二度目の封筒が、深夜にグークの郵便受けにゴトンと入れられた。今度のは、さらに興味深いものだった。封筒には、二ページにわたるMI5の文書が入っていた。ロンドンにいるソヴィエト側情報部員がひとり残らず列挙された完璧なリストで、それぞれのスパイは「完全に特定」「ほぼ特定」「KGB支局に所属している疑いあり」に分類されていた。今回も添え状があり、さらに機密情報を提供したいという申し出と、新たな連絡方法とデッド・レターボックス［デッド・ドロップを行なう場所］が記されていた。それによれば、グークがコンタクトを取りたい場合は、七月二日か四日のランチタイムに、アイボリーホワイトのベンツをハノーヴァー広場の北側にあるパーキングメーターに駐車する。この信号が確認されたら、秘密情報のフィルムをカールスバーグの緑色のビール缶に入れて、七月二三日に、西ロンドンのグリーンフォード地区にある道路ホーセンデン・レーンに平行して走る歩道に立つ、シェードがなくて一方に傾いだ、壊れた街灯の下に置いておく。グークが缶とその中身を受け取ったら、その証しとして、ユーストン駅近くのメルトン・ストリートにあるセント・ジェームズ・ガーデンズへの最初の入り口の右側にある門柱の下に、オレンジの皮をひとつ置いておく。今回も、手紙にはコバという署名があった。

グークは、防諜部トップのレオニート・ニキテンコを大使館の屋根裏部屋に呼び、ドアを閉めると、ウォツカを飲みタバコを吹かしながら、この謎について話し合った。グークは依然として、このアプローチは下手な策略だと断言していた。自ら情報提供を志願してくるスパイは「ウォーク・イン」［飛び込み］と呼ばれ、スカウトで採用された者と比べ、すぐに疑惑の目を向けられる。封筒の文書に書かれていたのは、すでにKGBが知っていることばかりで、正確だが役に立たない情報、つまりチキンフィードだった。このときもグークは、コバはグークが真偽を確認できる情報をわざと提供していて、それによって自分が信用できる人間であることを証明しようとしているのだとは思わなかった。ニキテンコは、これがMI5の罠だという意見には、それほど納得していなかった。文書は本物らしく見え、いかにもMI5が作成したレジジェントゥーラの「戦力組成」の完全な一覧表のように思われた。間違いなく正確だ。信号地点とデッド・レターボックスの指定方法も十分に複雑で、相手が本当に捕まりたくないと思っていることがうかがえる。黄色みがかったニキテンコの目には、この申し出は本物に見えた。しかし彼は抜け目がなく、出世欲も強かったので、上司に反論しなかった。本部に相談したところ、何もせずに成り行きを観察せよとの指示が返ってきた。

ゴルジエフスキーは、「何か普段と違うことが支局で起きている」ことに気がついた。グークとニキテンコは、姿を消してふたりだけで相談し、モスクワへ至急電報を送っている。レジジェントの表情は、いかにも陰謀を進めていますと言わんばかりだ。グークは、猜疑心に満ちた秘密の世界にどっぷりつかってきた男だったが、驚くほど軽率に振る舞うこともあった。彼は自慢屋でもあった。六月一七日の午前、彼はゴルジエフスキーを執務室に呼び、ドアを閉めると、もったいぶった様子でこう尋ねた。「ちょっと珍しいものを見たくはないかね？」。

そう言ってグークはデスク越しに、コピーした二枚の紙を差し出した。「これは驚いた《ボージェ・モイ》！」とゴルジエフスキーは小声でつぶやいた。「これはどこから出たものですか？」。

彼はＫＧＢ情報員のリストに目を通し、自分の名前を見つけた。彼は「ほぼ特定」に分類されていた。その意味するところを彼はすぐさま理解した。誰であれ、このリストを作った人物は彼がＫＧＢの工作員であることを確実には知っておらず、これを渡した人物は、彼がひそかにイギリスのスパイとして活動していることを知っているはずがない。もし知っていたら、自分の正体が暴かれないよう、ゴルジエフスキーの正体をグークに伝えたはずだからだ。コバが秘密にアクセスできるのは間違いないが、ゴルジエフスキーが二重スパイであることは知らないらしい。少なくとも今のところは。

「非常に正確ですね」と言って、彼は文書を返した。

「ああ」とグーク。「いい仕事だ」。

ゴルジエフスキーは、この文書を改めてじっくりと見る機会に恵まれた。報告執筆者スラヴァ・ミシュスチンに、文書の翻訳を手伝ってほしいと言われたのだ。ミシュスチンは、イギリス側がＫＧＢの人員について「これほど正確な情報」を収集できたことに驚いていた。ゴルジエフスキーは、その情報がどこから出たものか、よく知っていた。

しかし、彼が感じていたのは驚きではなく当惑だった。彼もグークと同じく、ホランド・パーク四二番地へ深夜に配達された手紙は、おそらく本物の申し出ではなく罠だろうと思っていた。イギリス情報部が何か作戦を実行中なのは間違いない。しかし、もしイギリス側がダングルをやろうとしているのなら、なぜスプーナーは知らせてくれなかったのだろう？　それに、MI5がKGBに、イギリスで活動中の情報員を全員正確に特定していることを本当に知らせたりするだろうか？

ランチタイムになると、彼は外に抜け出して緊急番号に電話した。ヴェロニカ・プライスがすぐに出た。「何が起きているのですか？」とゴルジエフスキーは言って、グークのアパートに配達された送り主不明の封筒と、彼が目にした文書について説明した。しばしヴェロニカは無言だった。そしてこう言った。「オレーク、私たちは会う必要があります」。

ゴルジエフスキーが一時間後に隠れ家に到着したとき、すでにジェームズ・スプーナーとヴェロニカ・プライスが待っていた。

「あなた方ではないと思いますが、誰かが私たちの邪魔をしようとしているようです」とゴルジエフスキーは言った。

そしてスプーナーの顔を見て言った。「まさか！　あれは本物だというんじゃないでしょうね？」。

ヴェロニカが口を開いた。「私たちが知る限り、進行中の挑発作戦はありません」。

後にゴルジエフスキーは、MI6の反応は「いかにもと思えるほど冷静」だったと述べている。しかし実際には、イギリス情報部にいる誰かがソ連側のためスパイになりたいと自発的に申し出ていることが明らかになると、それを知らされた少数の者の間に衝撃が走り、かつての恐ろしい経験が一気によみがえった。フィルビーやホリスなど過去のスパイ・スキャンダルのときと同じく、今度もイギリス情報部は内部でのモグラ狩りを開始して、裏切り者を見つけ出さなくてはならない。もしモグラが調査に感づいたら、KGBレジジェントゥーラの内部にいる人物がイギリス側に情報を漏らしたのだと気づくかもしれず、そうなったらゴルジエフスキーに危険が及ぶことになる。明らかにこの「ウォーク・イン」は、それなりの立場にいる人物で、機密情報にアクセスでき、スパイ術にも通じているようだ。もっとダメージの大きい秘密がソ連側に渡される前に、食い止めなくてはならない。MI5とMI6では、数千人が働いている。その中にコバがいるのだ。

しかし、こうして始まった熱心なモグラ狩りでは、イギリス情報部に圧倒的に有利な点がひとつあった。

そのスパイが誰であれ、この人物はゴルジエフスキーがイギリス側の工作員であることを知らない。もしコバが「ノックトン」チームの一員なら、こうした行動に出ればゴルジエフスキーによってすぐさまMI6に報告されるのが分かっている――現にそうなった――から、そんな手は絶対に打たなかったはずだ。そのスパイが最初に打つべき手は、ゴルジエフスキーの正体をグークに知らせ、自分の安全を確保することだろう。だが、実際はそうではなかった。よって裏切り者の探索は、ゴルジエフスキーの秘密を知っていて完全に信頼できる情報員だけで行なうことにした。このモグラ狩りには暗号名として「エルメン」（オーストリア領チロルにある村の名前）が与えられた。

ゴルジエフスキー工作を教導されていた少数のMI5情報員たちが、MI5の防諜部であるK局のジョン・デヴェレル局長の指揮下、内部に潜むモグラを見つける任務に当たることになった。彼らはデヴェレルの執務室を拠点に活動し、調査中は秘密組織の秘密部署内の秘密チームとして、他のMI

5から切り離されて行動した。「チーム以外の者で、普段と変わったことが行なわれていることに気づいた人はいなかった」。「エルメン」チームは「ナッジャーズ」と自称していた。「ナッジャーズ(nadgers)」とは、あまり知られていない俗語で、一九五〇年代に俳優スパイク・ミリガンがラジオのコメディー番組『ザ・グーン・ショー』で、漠然とした苦しみや病気、不快感などを意味する語として作ったと言われている。例えば「うわー、ひどいナッジャーズになった(Oo-er, I've got a nasty dose of the nadgers.)」などと使う。ちなみに「ナッジャーズ」には「きんたま」という意味もある。

イライザ・マニンガム＝ブラーは、一九七四年にパーティーでスカウトされてMI5に加わった。ここでの仕事は、もともと彼女のDNAに入っていた。父親は元法務総裁で、MI6の二重スパイだったジョージ・ブレイクなど、以前のスパイたちを起訴していた。母親は、第二次世界大戦中に伝書鳩を訓練しており、その鳩たちは占領下のフランスに投下されてレジスタンスがイギリスにメッセージを送り返すのに使われた。完全に信頼できて思慮分別のあることを理由に、彼女は早い段階でゴルジエフスキー工作を教導され、少人数の「ランパッド」チームに入って、彼がデンマークから送ってくる情報の分析と、MI6との連絡を担当していた。一九八三年当時はMI5の人事部に所属しており、スパイを探すのに理想的な立場にあった。

マニンガム＝ブラーは、その後の二〇〇二年にMI5長官になり、競争が厳しい男性中心の組織でトップに昇り詰めた女性である。物腰や話し方は、「元気で快活な良家の娘さん」といった風だが、その実、彼女は率直で自信にあふれ、非常に頭がよかった。MI5は女性差別と偏見に満ちていたが、それでも彼女は自身が「私の場所」と呼んだMI5に強い忠誠心を抱き続けており、そのためイギリス情報部にまたひとり裏切り者が潜んでいると知って、たいへんショックを受けた。「それは私のキャリアの中で最も不愉快な時期のひとつでした。特に、それが誰なのか分からなかった初めのころはそうでした。エレベーターに乗るたびに周囲を見回し、疑っていたのですから」。同僚たちから怪しいと思われないよう、ナッジャーズは勤務時間が終わってから、マニンガム＝ブラーの母が所有するインナーテンプル法曹学院のアパートの一室でたびたび会合を持った。メンバーのひとりは妊娠していて臨月が近かった。おなかの中にいる子供には「リトル・ナッジャー」というニックネームが付けられた。

情報機関にとって、内部に潜む正体不明の裏切り者を探し出すことほど、精神的につらく気が滅入《めい》る作業はない。フィルビーがＭＩ６の自信に与えたダメージは、ＫＧＢのためにスパイ活動を行なって与えたどんな損害よりも桁外れに大きく、いつまでも尾を引いた。潜入スパイは不信感をあおるだけではない。異端者のように、信頼に基づく一体感そのものを弱くするのだ。

マニンガム＝ブラーらナッジャーズは職員のファイルを使って、裏切り者の可能性がある人物を絞り込んでいった。ソ連側スパイ三名を追放した工作の概要を説明したＭＩ５の文書は、外務省、内務省、および首相府へ送られていた。ソ連の情報部員全員を列挙したリストは、ＭＩ５で対ソ連防諜を担当するＫ４部で作成され、五〇部が秘密活動を行なうさまざまな部署に送られていた。モグラ狩りは、このふたつの文書の両方にアクセスできたと思われる人間を特定することから始まった。

「スマイリー」と呼ばれた男

内部調査が全力で進められていた六月下旬、オレーク・ゴルジエフスキーは家族ともどもモスクワに帰省した。休暇を取る気分ではなかったが、年次休暇を断れば、すぐさま疑惑を持たれてしまう。

リスクは大きかった。コバはまだ捕まっておらず、いつ何時ゴルジエフスキーの活動に気づいてグークに知らせるか分からない。もしそれがモスクワ滞在中に起これば、ゴルジエフスキーは戻って来られないだろう。MI6のモスクワ支局は、彼がコンタクトしたり脱出信号を発したりする必要が生じた場合に備え、緊急態勢に置かれた。

そのころナッジャーズの捜査線上に、ある男性が浮かび上がってきていた。その男は、今になって考えれば、イギリス情報部にいるのが悪い冗談か何かのような人物だった。

マイケル・ジョン・ベタニーは、孤独で不幸で情緒不安定だった。オックスフォード大学に在学中は、かつてのドイツ兵のように膝をぴんと伸ばして大学周辺を行進し、蓄音機でヒトラーの演説を大音量で流していた。ツイードの服とブローグの靴を着用し、パイプを吸っていた。「彼は銀行の支店長のような服装をして、ナチの突撃隊員になることを夢見ていた」と大学時代の同級生は語っている。[*1] パーティーが終わった後で自分の体に火をつけたこともあったし、一時期ちょびひげを生やしたこともあったが、女子学生からは不評だった。しゃべり方には、もともと北部訛りがあったが、それを上流階級風の長く引き伸ばす話し方に変えた。後の調査で、彼は「かなりの劣等感と不安感を持った人物」と評されている。激しい不安感は、MI5の情報員にとって理想的な資質ではなかったが、それでもオックスフォード在学中に新人情報員としてスカウトされ、一九七五年にMI5に入った。

正式な新人研修を終えると、彼は北アイルランドでテロと戦うという、困難きわまる任務に投入された。ベタニー本人は、カトリックである私は適任なのでしょうかと異議を唱えた。彼の異議は却下された。それは残酷な仕事であり、複雑で危険きわまりないものだった。IRAの内部で工作員を運用し、電話を盗聴し、敵意に満ちたパブで不愉快な連中と話をし、しかも一歩間違えば、ベルファストの裏通りで頭を拳銃で撃ち抜かれてしまうかもしれない。ベタニーは任務がトラウマとなり、成果もそれほど上げられなかった。一九七七年に父親が死に、翌年には母親も亡くなった。両親が立て続けに逝去したにもかかわらず、ベタニーのベルファストでの勤務期間は延長された。彼のファイルを見返して、イライザ・マニンガム＝ブラーは啞然となった。「私たちがベタニーをああいう人物にしたのです。彼は北アイルランドから立ち直ることができなかったのです」。彼は、話し方も、服装も、イメージもすべて自分のものではなく、家族も、友人も、愛情も、しっかりとした信念もなく、何かしらの目的を探しながら、自分にまったく合わない任務を遂行していた。「彼はここにいるべき人物ではありませんでした」とマニンガム＝ブラーは語っている。情報活動特有のストレスと守秘義務が、彼をさらに現実から逃避させたのかもしれない。違った仕事を選んでさえいれば、おそらくベタニーは平穏で満ち足りた生涯を送ったことだろう。

ロンドンに戻ると、訓練部で二年間を過ごした後、一九八二年一二月に、MI5でスカウト担当工作員の運用などソ連がイギリスで行なう各種の諜報活動を分析して対処する部署K4へ異動になった。彼は独り暮らしで、家にはプラスチック製の大きな聖母マリアの像と、何枚ものロシア正教のイコン［聖像］と、引き出しにいっぱい入ったナチの戦時勲章と、ポルノ関係の膨大なコレクションがあった。内気で孤独だった彼は、MI5の女性スタッフをベッドに誘おうとして何度も口説いたが、うまくいかなかった。ときどきパーティーで酔っ払っては、「おれは付くべき相手を間違えた」とか「おれが引退したら、おれのダーチャ［ロシア語。旧ソ連で都市住民が郊外に持っていたセカンドハウス］に会いに来てくれ」と大声で叫んでいたのを周囲に聞かれていた。グークに最初の封筒を配達する六か月前、ベタニーはロンドンのウェスト・エンド地区で、酔っ払って立てずに歩道に座り込んでいるところを発見された。公共の場で泥酔した容疑で勾留されると、彼は警察に向かって「お前らにおれは逮捕できない、おれはスパイだ」と叫んだ。彼は罰金一〇ポンドを科せられた。MI5は、彼の辞職願を受け取らなかった。これが誤りだった。

マイケル・ベタニーは、国家機密から一キロ以内に近づいてはならない人物だったが、三二歳当時の彼は、MI5に八年勤務し、昇進を重ねて、MI5の対ソ防諜班の中堅情報員になっていた。

彼が道を踏み外そうとしている明確な兆候は、気づかれてはいたが、無視されていた。カトリックの信仰は突然に消えた。一九八三年には、蒸留酒を日に一瓶飲むようになり、上司がアルコールの摂取量を減らすよう「親身な忠告」をした。それ以上の対策は取られなかった。

その間にベタニーは自分の道を進み始めた。秘密文書の内容を暗記し始め、最初は手書きでメモを作っていたが、やがてロンドン南部の郊外にある二軒長屋の自宅でタイプライターでメモを作り、写真に撮るようになった。夜勤のときは、いつもカメラをMI5に持ち込んで、ファイルを手当たり次第に撮影した。誰も彼を調査しなかった。同僚たちは、彼をジョン・ル・カレの小説に登場するベテラン情報員にちなんで「スマイリー」と呼んでいたが、彼らは「優越感〔と〕傲慢さ」も感じ取っていた。多くのスパイと同じくベタニーも、隣に座っているスパイよりも大きな秘密を知りたいと願い、それを隠しておきたいと思っていた。

K4には情報員が四人いた。このうち二名がゴルジエフスキー工作を教導されていた。ベタニーは違ったが、彼は文字どおりにも比喩的にも、MI6のスパイがKGBのロンドン・レジジェントゥーラにいるという組織最大の秘密の隣に座っていたのである。

後にベタニーは、私は一九八二年にマルクス主義に転向したと言い、KGBのために働きたいと思ったのは、純粋にイデオロギー的信念によるものだと主張した。延々と自己正当化を続ける中で、彼は自分の行動を輝かしい政治的殉教に脚色し、恨みと陰謀説と義憤が入り交じった奇妙な夢物語に変えた。彼はサッチャー政権を、「レーガン政権の侵略的で独善的な政策に奴隷のように従っている」のに加え、「すでに多くの富を持つ者にさらなる富を」もたらすため意図的に失業者を増やしていると言って、非難した。私は世界平和のために行動しているのだと主張し、MI5を「ソヴィエト政権と党を排除するだけでなく、ソ連の社会組織全体を破壊するため（中略）邪悪で非道徳的な手段」を使っているとして攻撃した。そして、革命家が使う大げさな表現を使って、こう言った。「私は、あらゆる場所にいる同志に呼びかける。歴史的に不可避な勝利を目指す決意を新たにし、その努力を倍加させよと！」。

ベタニーのマルクス主義的政治思想は、彼の甘ったるい話し方と同じく表面的なものだった。彼は、フィルビーのように強い自覚を持った共産主義者では決してなかった。彼がソヴィエト連邦なり、共産主義の必然的な発展なり、抑圧された労働者階級なりに何らかの特別な親近感を抱いていたという証拠は、ほとんどない。一度だけ、ふと気を緩め、本心をさらけ出してこう言った。「私は、どうしても世の中に影響を与える必要があると思ったんだ」。ベタニーが欲しかったのは、金でも、革命でも、世界平和でもなかった。彼は人々の注目が欲しかったのだ。

それだけに、KGBが彼に何の関心も示さなかったのは余計につらかった。

ベタニーは、グークの郵便受けに最初に投函した封筒が何の反応も引き起こさなかったことに、とても驚いていた。彼は何度かピカデリー駅に足を運び、手すりに画鋲がないのを見て、デッド・レターボックスと信号地点に選んだ場所がソヴィエト大使館に近すぎたのだと判断した。二回目の指示では、場所をロンドン中心部の外に指定し、連絡予定日を数週間後に決め、K4が最近入手した中で機密度がかなり高い文書を提供した。ベタニーは待ち、悩み、酒を飲んだ。

今になって考えれば、ベタニーは数年前にリスクとして特定されているべき人物だった。しかし、世界三大情報機関——CIA、MI6、KGB——は、どれも時期は違えど、詳しく調査してみれば明らかにたいへん疑わしい人物によって内部から裏切られるのに弱かった。よく情報機関は、鮮やかな洞察力と沈着冷静な有能さを備えていると言われているが、候補者を念入りに調べているにもかかわらず、他の巨大組織と同じく、不適切な人間を採用して雇い続けることがある。この仕事には、冷戦の東西両陣営のどちら側でも、大量の飲酒がつきもので、情報員と工作員はしばしばストレス解消を、アルコールと、そのアルコールでもたらされる現実感の喪失に求めた。工作員とその運用担当者との関係は緊張感がとりわけ強く、その緊張を、酒が持つ人を陽気にして羽目を外させる効果で和げることも多かった。ほかの政府機関とは異なり、情報機関はウィンストン・チャーチルの言う「らせん状の精神」を持った想像力豊かな人材を採用する傾向があった。もしも裏切り者になる可能性を示す特徴が、頭脳明晰でエキセントリックで、酒を少々飲み過ぎる傾向があることだとするならば、イギリスとアメリカで戦中・戦後に活躍したスパイの半数は容疑者になるだろう。しかし、この点KGBは違っていた。KGBは、公式には飲酒癖と個性に眉をひそめていたからだ。ゴルジエフスキーの裏切りは、彼が酒をあまり飲まず、表向きは組織に順応していたため、気づかれずに済んでいた。ベタニーは、飲酒癖があり、組織に順応できなかったために見破られずに済んでいた。

一方、ナッジャーズはモグラ狩りの対象を三人の容疑者にまで絞り込んでおり、その筆頭に挙げられていたのがベタニーだった。しかし、彼を監視下に置くことには問題があった。ベタニーはウォッチャーズこと監視チームA4をよく知っており、尾行されていたら気づくよう訓練も受けていた――もし彼がウォッチャーズの尾行に気づいたら万事休すだ。しかも、ウォッチャーズはベタニーを知っており、誘惑に勝てずに、同僚が監視されているということをMI5の誰かに漏らすかもしれない。そこで、MI5の監視のプロを使うのではなく、ベタニーに誰も顔を知られていないMI6の「ノックトン」チームを使うことにした。MI5長官は、MI5の作戦にMI6の情報員を使うことを明確に拒否した。その命令をデヴェレルは無視した。ゴルジエフスキー工作を担当するMI6の情報員たちは、ベタニーをひそかに追い、裏切り行為の現場をつかもうとした。

ベタニーには「パック」［シェイクスピア作『夏の夜の夢』に登場する小妖精の名］という暗号名が付けられたが、これがナッジャーズでは不評だった。「シェイクスピアと関係のある言葉は、チームのメンバー全員がまったく不適切だと思っていたし、この言葉そのものも、よく知られている英語の罵り言葉にあまりに近かった」からだ。

その瞬間、彼だと分かった

七月四日の朝、南ロンドン郊外の町クールズドンで、ぼろを着て薄汚れた一組の男女がヴィクトリア・ロードの突き当たりを何をするともなくぶらついていた。男は、MI6でソ連圏での作戦を担当するP5の班長サイモン・ブラウンで、女は、ゴルジエフスキーの脱出計画を立案したヴェロニカ・プライスだった。装飾品から着るものまで典型的なホーム・カウンティーズ出身者だったプライスに、この種の変装は不向きだった。ふたりが変装するとき、彼女は「家政婦の帽子を借りたんです」と言っていた。

八時五分、マイケル・ベタニーがヴィクトリア・ロード五番地の自宅から出てきて、正面の門で立ち止まると、通りの左右を見た。「その瞬間、彼だと分かった」とブラウンは語っている。「後ろめたい人間でなければ、あんなふうに監視されている証拠を探そうとはしないものだ」。ベタニーは、ぼろを着たふたりを一度ちらりと見ただけだった。彼はクールズドン・タウン駅を八時三六分に出た列車の車内で、少し離れた所に座っている妊婦にも気づかなかったし、ヴィクトリア駅からカーゾン・ストリートにあるMI5のビルまで歩いて一〇分の距離を、はげかかった男に尾行されていることにも気づかなかった。その日ベタニーは二時間の昼食休憩を取ったが、ある時点で、彼の姿は昼食に出かける人混みの中に消えた。MI5には、このとき彼がハノーヴァー広場へ、レジジェントが行動開始の意思をついに示すため車を広場の北側に駐めたのかを確認しに行ったのかどうか、確かなことは分からなかったが——グークは車を駐めていなかった。

落胆して不安を募らせたベタニーは、KGBに協力させるべく、もう一度やってみる決心をした。七月一〇日の真夜中すぎ、彼はグークの郵便受けに三通目となる手紙を入れた。今回は、前回までの封筒を受け取ったのかどうかと、それに対するソ連側の反応を尋ねる内容だった。彼は、七月一一日の午前八時五分にソヴィエト大使館の電話交換室に電話を掛け、グークを名指しで呼び出したいと提案していた。レジジェントには、電話に出て、コバの集めた秘密に興味があるのかないのかを具体的な言葉で述べてもらいたいと記されていた。

なぜMI5がグークの住居を厳しい監視下に置かず、そのためスパイが三度目の配達をするのを見逃してしまったのかは、今も謎のままだ。当時ゴルジエフスキーはモスクワにおり、この最新の接触をイギリス側の味方に伝えることができない状況にあった。しかし、いずれにしてもベタニーは、自ら墓穴を掘るような発言を繰り返しており、その様子からは彼が強い精神的ストレスを受けていて、どうやら一種の神経衰弱状態にあったらしいことがうかがえた。七月七日、彼は同僚たちを相手にグークについて、「とりつかれている」と思われるほど熱心に論じ、このKGBレジジェントをMI5はスカウトすべきだと言った。翌日には、KGBはすばらしい情報源を提示されても断るだろうと述べた。特定のKGB情報員について妙な質問をしたり、自分の直接の任務範囲外のファイルに興味を示したりし始めた。キム・フィルビーなど過去のスパイたちの動機について長々と話したりした。

七月一一日の朝、彼は公衆電話からソヴィエト大使館に電話を掛け、「ミスター・コバ」と名乗ると、グークと話がしたいと告げた。KGB支局長は、受話器を取るのを拒絶した。ベタニーは三度、KGBのトップに価値ある贈り物をしたが、グークは三度とも怪しいと思って受け取らなかった。情報活動の歴史で、チャンスをこれほどみすみす逃した事例は、ほかにまずない。

三日後、ベタニーはMI5の同僚に、「もしイギリスの情報部員がグークの家の玄関に手紙を投じたら、彼はどう反応すると思う?」と尋ねた。これこそ、コバがマイケル・ベタニーである決定的な発言だった。

しかし、ベタニーに対する証拠は状況証拠にすぎなかった。電話は盗聴されていたが、何の成果も出ていなかった。自宅をひととおり捜索したものの、罪に問えるようなものは何も発見できなかった。ベタニーは、プロとしての力を発揮して自らの痕跡を消していた。MI5が告発を成功させるには、裏切りの現場を押さえるか、自白を引き出す必要があった。

ゴルジエフスキー一家は八月一〇日に休暇から戻ってきた。ベイズウォーターの隠れ家での休暇後初の会合で、ゴルジエフスキーは、すでに容疑者は特定されたが、MI5内のスパイはまだ逮捕されていないと告げられた。彼はＫＧＢのレジジェントゥーラに戻ると、周りの人に、自分の不在中に正体不明のコバによるダングルは進展があったかと、さりげなく尋ねてみたが、新しいことは何も分からなかった。通常業務に戻ってＫＧＢのため連絡員を養成したり、ＭＩ６のため情報を集めたりしようとしたが、今もスパイがイギリス情報部内のどこかで自由に動き回っていると思うと、仕事に集中するのは難しかった。この人物が、グークに最初に手紙を渡したときにはゴルジエフスキーがイギリスのスパイとして活動していることを知らなかったのは間違いない。しかし、それはもう四か月以上も前のことだ。その間にコバは真実を見つけたのではないだろうか？　グークはコバの申し出を受け入れることに決め、ＫＧＢの同僚たちは実は私を監視していて、ぼろを出すのを待っているのではないだろうか？　このスパイが捕まらずにいる間は、日一日と脅威が増していった。彼は娘ふたりを学校へ迎えに行き、レイラを外食に連れ出し、バッハを聴き、本を読んで、平静を装おうとしていたが、不安は確実に募っていた。名前の分からぬスパイが私の正体に気づく前に、ＭＩ６の仲間たちが捕まえてくれるだろうかと、心配でならなかった。

一方ベタニーは、グークが答えてくれるのを待つのに飽きてしまったらしく、この違法な商品を別の場所に売り込もうと決心した。彼は職場で、休暇はウィーンで過ごそうと思っていると漏らした。ウィーンは、冷戦における諜報活動の要地で、大規模なＫＧＢレジジェントゥーラがあった。彼は職場の戸棚で見つけた文書から、「フット」作戦でイギリスから追放されたＫＧＢ情報員が、今はオーストリアに住んでいることを知った。どうやらベタニーは逃亡しようとしていたらしい。

ＭＩ５は、彼を逮捕して自白を引き出す決断を下した。それは大きな賭けだった。もしベタニーがすべてを否認し、ＭＩ５を辞職したら、彼が出国するのを法的に止めることはできない。ベタニーを問い詰める計画、暗号名「コー」は、裏目に出るかもしれなかった。MI6は、もしベタニーが対応を間違えなければ「最終的には大手を振って出ていって、やりたいことを自由にできる」かもしれないと指摘し、「成功は保証できない」と言って注意を促した。それに何より、ベタニーを拘束することでゴルジエフスキーに危険が及ぶことがあってはならなかった。

九月一五日、ベタニーはガウアー・ストリートにあるMI5本部での会議に呼ばれた。急に持ち上がった防諜上の問題について話し合うためだという。しかし到着すると、彼は最上階にある宿泊用の部屋に連れていかれ、ジョン・デヴェレルとイライザ・マニンガム＝ブラーから、彼に不利な証拠を突きつけられた――その中には、実際には目撃されていなかったものの、手紙を投函するところを見られたと思わせる目的で、グークの自宅玄関の写真も含まれていた。ベタニーはショックを受け、「目に見えて動揺」したが、取り乱したりはしなかった。彼は仮定法を使って、この架空のスパイがしたと思われる事柄について語り、自分が何かをしたと示唆するような発言はまったくしなかった。そのスパイにとって自白するのは自身のためにならないだろうと言って暗に容疑を認めたが、これでは自白とは言い難かった。たとえ罪を認めたとしても、現時点では逮捕されているわけではないし、弁護士も同席していないので、証拠としては認められない。MI5は、彼にすべてを話させた後で逮捕し、被疑者としての権利を説明した上で再び自白させたいと思っていた。しかし彼は応じなかった。

会話は盗聴されて、階下のモニタリング・ルームに送られており、そこではMI5とMI6の上級情報員たちが一列に並んで、一言一句聞き漏らすまいとしていた。「何も認めまいとする彼の言葉を聞いているのは、耐えがたい経験だった」と、ある情報員は語っている。ベタニーは情緒不安定かもしれなかったが、愚か者ではなかった。「私たちは、ベタニーが最後までごまかし切ってしまうことを、心の底から強く懸念していた」。夜になり、誰もが疲れ切っていたが、事態が打開される気配はまったく感じられなかった。MI5には彼を引き留めておく法的権限はなかったものの、ベタニーは一晩をこの部屋で過ごすことに同意した。すでに昼食を食べるのを断っており、夕食も辞退した。その代わりウィスキーを一瓶要求し、絶え間なく飲み続けた。マニンガム＝ブラーと監視係二名が、「ときどき率直な質問をしながら」親身になって耳を傾ける中、彼はMI5が集めた「一連の証拠」は見事なものだと言ったが、それが事実だとは認めなかった。ある時点から、彼はイギリス人を「君たち」、ソ連人を「我々」と呼び始めた。これまでKGBの情報員に、監視下にあると警告したいと思ったことはあると認めた。しかし自白はしなかった。午前三時、ようやく彼はベッドに倒れ込むようにして眠った。

翌朝、マニンガム＝ブラーが朝食を用意したが、彼は食べなかった。寝不足で、二日酔いで、空腹で、とにかく不機嫌だったベタニーは、自白するつもりはないと宣言した。しかし、彼はいきなり仮定法をやめ、一人称での話に変えた。かつて冷戦で活躍したスパイを「キム〔・フィルビー〕」とジョージ〔・ブレイク〕」と親しげに呼び始めた。

デヴェレルが部屋を出ていたとき、ベタニーは一一時四二分に尋問官の方を向いて、はっきりこう言った。「胸の内をすっきりさせた方がよさそうだ。K局長に、自白したいと伝えてください」。断固とした態度で長い間耐えてきた後で、いきなり降参するのは、いかにも衝動的なベタニーらしいことだった。一時間後、彼はロチェスター・ロー警察署ですべてを自白していた。

ヴィクトリア・ロード五番地の自宅を改めて徹底的に捜索したところ、彼の諜報活動を示す証拠が出てきた。フィリップスの電動シェーバーの箱の中に、ウィーンで接触しようと思っていたKGB情報員の詳細なメモがあった。撮影器具が、地下の石炭貯蔵室から見つかった。洗濯用の棚には、機密情報を写した未現像のフィルムが置かれていた。段ボール箱の中には、グラスを重ねた下に、機密情報に関する手書きのメモがあった。タイプで打ったメモは、クッションの中に縫い込まれていた。ベタニーは不思議と後悔して、こう言った。「私は保安局をひどい立場に追い込んだ——そんなつもりではなかったんだ」。

イギリスの情報機関でモグラがさらに一匹発見されたことは、MI5の勝利として説明された。マーガレット・サッチャーは「本件は非常に手際よく処理された」と、MI5の長官を褒めた。ナッジャーズはゴルジエフスキーに、「私たちが彼をどれほど大切に思っているか」をはっきりと伝える私信を送った。ゴルジエフスキーも、スプーナーを通して返事を送り、いつの日かMI5の情報員たちに直接感謝したいと告げた。「そんな日が来るのかどうか、私には分かりません——もしかすると、来ないかもしれません。それでも私は、この思いをどこかに記録してほしいと願っています。彼らこそまったく文字どおりの意味で民主主義の真の守り手であるという私の信念を、彼らは明確にしてくれたのですから」。

マーガレット・サッチャーは、内閣のメンバーのうち、イギリス人スパイの逮捕劇でゴルジエフスキーが果たした役割を知る唯一の人物だった。イギリス情報機関の内部では、ナッジャーズだけが本当は何が起きたのかを知っていた。大騒ぎするマスコミを利用して、ベタニーの裏切りに関する手がかりは「通信情報」（つまり盗聴）で得られたとか、ソ連側が自らMI5に組織内のスパイについて告げたといった、巧妙な偽情報がばらまかれた。ある新聞は、次のような事実と異なる記事を掲載した。「ロンドンのソ連人たちは、ベタニーからの接触にうんざりし、彼は典型的な扇動工作員だと考え、MI5にベタニーは時間を無駄にしていると告げた。それをきっかけにMI5はベタニーの調査を開始した」。まだ内部にスパイがいる場合に備え、かつ、真の情報源から注意をそらすため、MI5は保管用に、ベタニーによる接触の情報はソヴィエト大使館の通常の外交官からもたらされたとする偽の報告書を作成した。ソ連側はすべてを否定し、KGBの諜報活動という話は「ソ英関係の健全な発展を妨害することを狙って」悪意をもって作られたプロパガンダだと主張した。KGB支局の内部では、グークが、この茶番はすべて彼に恥をかかせるためにMI5が仕組んだことだという意見に固執していた（そうしなければ、自分がとんでもない大失敗を犯したと認めることになってしまう）。ゴルジエフスキーは、ベタニーの正体を暴露した真の情報源について疑念の気配がまったくないのを確認した。「グークもニキテンコも、私を『コバ』と結びつけてはいなかったと思う」。

さまざまな憶測が飛び交い、新聞の紙面がセンセーショナルなベタニー事件に多数割かれたものの、真相が表に出ることは一度もなく、ブリクストン刑務所で公職秘密法を破った一〇件の罪による裁判を待っている男がオレーク・ゴルジエフスキーの活躍で収監されたという事実は決して公表されなかった。

10　ミスター・コリンズとミセス・サッチャー

大韓航空機撃墜事件

鉄の女は、彼女のソ連人スパイに好感を抱くようになっていた。

マーガレット・サッチャーは、オレーク・ゴルジエフスキーと一度も会ったことがなかった。本名も知らず、彼のことを、理由は分からないがともかく「ミスター・コリンズ」と呼んでいた。彼がソ連大使館の内部でスパイ活動をしていることを知っており、彼が受けている個人的ストレスを心配し、「いつ何時《なんどき》跳び出して」亡命するかもしれないと思っていた。もしそうなったら、彼とその家族を適切に保護しなくてはならないと、首相は主張していた。このソ連人工作員は、彼女いわく、単なる「情報という卵を産む者」ではなく、きわめて危険な状況下で自由のために働く、半ば仮想の英雄だった。彼の報告書は秘書官によって運ばれて番号が振られ、「極秘・親展」という印判と、他国に知らせてはならないという意味の「UK Eyes A」の印判が押された。これらを首相は熱心に読んだ。「彼女は一語も漏らさずしっかりと読み、注を付け、質問をし、文書が戻ってきたときには、印やアンダーライン、感嘆符、コメントなどが至る所に書き込まれていた」。伝記作家チャールズ・ムーアの言葉によれば、サッチャーは「秘密そのものや、諜報活動という冒険物語に興奮することもあった」が、このソ連人が政治に対する独自の貴重な見解を提供していることにも気がついていた。「ゴルジエフスキーの報告は（中略）ほかの情報ではなかったことだが、ソ連指導部が西側の現象、とりわけ彼女に対して、どのように反応しているかを伝えていた」。このスパイはソ連政府の考え方を知る窓を開き、それを彼女は、感嘆と感謝の念を抱きながら、のぞき込んだ。「歴代のイギリス首相の中でも、サッチャー女史がゴルジエフスキーに向けたような強い個人的関心をもってイギリス側工作員による活動を追った人物は、おそらくいないだろう」。

イギリス情報部がコバを追いかけていたころ、KGBは一九八三年の総選挙でサッチャーを敗退させるべく懸命の努力を続けていた。ソ連政府の目に映るサッチャーは「鉄の女」であり――このニックネームは、ソ連軍の機関紙が彼女を侮辱するつもりで作ったものだが、当の本人はこれをいたく気に入っていた――KGBは一九七九年に彼女が首相になって以降、その力を弱めるため、ソ連に好意的な左派ジャーナリストを使って批判記事を掲載させるなど、さまざまな「積極策」を打ち出していた。KGBには依然として左派に連絡員がおり、モスクワは、選挙結果が労働党に有利になるよう影響を与えることができるかもしれないとの幻想に執着していた。そもそも労働党の党首は、今もKGBのファイルに「秘密連絡員」として登録されているのだ。現在につながる興味深い先駆けであるが、モスクワは、不正工作や秘密の干渉を通して、モスクワが選んだ候補者が当選するよう民主的な選挙を操作しようとしていたのである。

もし労働党が選挙に勝ったら、ゴルジエフスキーは非常に奇妙な立場に置かれることになる。KG

Bの秘密を、かつてKGBの現金を喜んで受領していた人物が首相を務める政府に渡すことになるからだ。結局、マイケル・フットがかつて工作員「ブート」だったことは極秘のままとなった。選挙結果を操作しようとしたKGBの努力は何の実も結ばず、六月九日、マーガレット・サッチャーは、前年のフォークランド戦争での勝利を追い風にして、地滑り的な勝利を収めた。新たな民意を武器とし、ソ連政府の心理に関するゴルジエフスキーの見解を秘密兵器として、サッチャーは冷戦に目を向けた。そこで見たのは、心の底から憂慮すべき事態だった。

一九八三年の後半、東西両陣営は、「レーガン流のレトリックとソヴィエトの猜疑心という、破滅をもたらす可能性のある組み合わせ」に後押しされて、おそらく最終戦争となる武力衝突へ向かっているように思われた。アメリカ大統領レーガンは、イギリス議会での演説で、「マルクス・レーニン主義を歴史の灰の山に置き去りにする」[*1]と約束した。アメリカの軍備拡張は急速に進み、同時に、ソ連領空への侵犯や海軍の秘密作戦によってNATOがソ連の軍事基地にどれほど近づけるかを誇示するなど、さまざまな心理作戦も展開された。これらはソ連側の不安をかき立てることを狙ったものであり、それは成功した。RYAN作戦はギアを上げ、各地のKGB支局には、アメリカとNATOが核兵器による奇襲攻撃を準備している証拠を見つけよという命令が次々と送られた。八月には、第一総局長ウラジーミル・クリュチコフ（後にKGB議長）からの個人電報で各レジジェントゥーラに、ソヴィエト連邦に「核・生物・化学兵器を持った破壊工作チームが秘密裏に潜入した」かどうかなど、戦争への準備状況を監視せよとの指示が下った。疑わしい活動を任務に忠実に報告したKGB支局は称賛され、そうでない支局は厳しく批判されて、もっとしっかりやれと命じられた。グークは、「ソ連に対する核ミサイル奇襲攻撃に関するアメリカとNATOの具体的準備計画」を見つけようとする努力が「不十分」であることを認めざるをえなかった。ゴルジエフスキーはRYAN作戦を「茶番」だと思っていたが、MI6への報告では、ソ連指導部は心の底から恐怖し、戦闘を覚悟し、パニックのあまりソ連の存亡は先制攻撃に懸かっているかもしれないと思い込むほどになっていると、疑問の余地なく説明した。しかもこの状況は、日本海上空での悲劇的な事故によって決定的に悪化した。

一九八三年九月一日未明、ソヴィエト軍の迎撃機が、ソ連領空に迷い込んだ大韓航空（KAL）のボーイング747を撃墜し、乗客乗員二六九名全員が死亡した。このKAL007便の撃墜により、東西関係はかつてないほど危険な状態にまで悪化した。当初ソ連政府は撃墜に関与したことを否定したが、その後、この旅客機はアメリカによる意図的な挑発のためソ連領空に侵犯したスパイ機だと主張した。ロナルド・レーガンは、「大韓航空機の大虐殺」は「野蛮な行為（中略）［であり］非人間的な残虐行為」だと非難して国内外での怒りを煽り、アメリカ当局者いわく「自分が完全に正しいという悦楽」[*2]にひたっていた。アメリカ議会は国防費のさらなる増額を承認した。一方モスクワは、KAL007便をめぐる西側の怒りを、攻撃に先立って捏造された倫理的ヒステリーだと解釈した。ソ連政府は謝罪するどころか、「犯罪的・挑発的行為」を取ったとしてCIAを非難した。緊急性が最も高い「特別緊急」電報がロンドンのKGB支局に矢継ぎ早に到着し、想定される攻撃からソ連の資産と国民を守り、アメリカの責任を問い、ソ連政府が唱える陰謀説を支持する情報を集めよとの指示が伝えられた。後にKGBのロンドン支局は、「大韓航空機をめぐる反ソ連キャンペーンに対抗した努力」を本部から称賛された。アンドロポフは、後に彼の死因となる病気を患って寝たきりになっていたが、彼の言うアメリカの「悪意に満ちた軍国主義的精神病」を激しく非難していた。ゴルジエフスキーは、電報を大使館からひそかに持ち出し、MI6に渡した。

ＫＡＬ００７便撃墜事件は、韓国人パイロットとソ連人パイロットの両者による初歩的な人為的ミスの結果だった。しかし、ゴルジエフスキーのＭＩ６への報告では、高まる緊張と相互無理解というプレッシャーの中で、ありふれた悲劇的事件が異常に危険な政治的状況へと悪化していく様子が示されていた。

この激しい不信と誤解と敵意が渦巻く中で、ある事件が起こり、それが冷戦を実際の戦争の瀬戸際へと追いやることになった。

「エイブル・アーチャー83」は、ＮＡＴＯが一九八三年一一月二日から同一一日まで行なう机上演習の暗号名であり、その目的は、エスカレートする対立を、核攻撃に至るまでシミュレートすることだった。[*3] この種の軍事演習は過去に何度も両陣営によって行なわれていた。「エイブル・アーチャー」には、アメリカと西ヨーロッパのＮＡＴＯ加盟国の将兵四万人が参加し、部隊の配置と調整は暗号通信で行なわれた。演習を行なう指揮所は、オレンジ軍（ワルシャワ条約機構軍）がユーゴスラヴィアに部隊を派遣し、その後、フィンランドとノルウェーと、最終的にはギリシアを侵攻する中、青軍（ＮＡＴＯ軍）が同盟国を守るという状況を想定していた。演習では、仮想の対立が激化した結果、通常戦が化学兵器と核兵器を用いた戦争へとエスカレートするとされたので、ＮＡＴＯはこの演習で核ミサイル発射手順を練習することができた。現実の兵器は何ひとつ展開されない。これは予行演習だったが、ＫＡＬ００７便撃墜事件後の緊張した雰囲気の中で、ソ連政府内で不安を募らせていた者たちは、これにはもっと邪悪な意図が隠されていると思った。三年以上前からアンドロポフが予想し、ＲＹＡＮ作戦が探索していた、核先制攻撃という本当の戦争準備を偽装するための計略だと考えたのだ。ＮＡＴＯは、ＫＧＢが西側による核攻撃を探り出そうと躍起になっていた、まさにその瞬間に、実際に即した核攻撃の模擬演習を実施しようとしたのである。「エイブル・アーチャー」には、それまでなかった数々の特徴があり、それが、これは単なる演習ではないというソ連側の疑惑を強めていた。現に、アメリカとイギリスで交わされる秘密通信の量が一か月前から激増し（実は、これはアメリカによるグレナダ侵攻のためだった）、西側の指導者たちが最初から参加し、ヨーロッパの米軍基地で将校がそれまでと違ったパターンの動きをするなど、怪しい要素が多かった。内閣官房長サー・ロバート・アームストロングは、後にサッチャー首相に、ソヴィエト側がこれほど強い恐怖の反応を示したのは、この演習が「ソヴィエトの主要な休日に行なわれた〔のに加え〕単なる机上演習ではなく、実際の軍事行動や警戒待機の形式を取っていた」ためだと報告している。

一一月五日、ロンドンのレジジェントゥーラは本部から、アメリカとNATOが先制攻撃の開始を決断したら、ミサイルは七〜一〇日後に空輸されるだろうと知らせる電報を受け取った。グークは、主要な施設で「通常と異なる活動」がないか探るため急ぎ監視を実行せよと命じられ、その具体的対象として、核基地、通信所、政府の掩蔽壕《えんぺいごう》、そして何より、政府職員が「報道機関に知らせることなく」戦争準備のため熱心に働いているはずの首相官邸が挙げられていた。KGBは、優先度が明白な指示書の中で、情報員たちに、「政界・経済界・軍のエリート層」のメンバーが家族をロンドンから避難させている証拠をチェックせよと命じた。

ゴルジエフスキーがMI6に渡した電報は、西側が初めて受け取った、ソヴィエト側がこの演習に異例の深い警戒感を抱いて反応していることを示す証拠だった。二日後（あるいは、もしかすると三日後）、第二の特別緊急電報がKGBの各レジジェントゥーラに送られ、アメリカ軍基地が警戒態勢に入ったという間違った情報が伝えられた。本部はさまざまな理由を説明したが、「そのひとつは、

『エイブル・アーチャー』を偽装として核先制攻撃へのカウントダウンが始まったというものだった」（実際には、ベイルートでアメリカ軍人に対するテロ攻撃があったため、基地が警備を強化しているにすぎなかった）。ゴルジエフスキーからの情報は、西側が演習を中止するには遅すぎた。この時点ですでにソヴィエト連邦は、自軍の核兵器の準備を開始していた。東ドイツとポーランドの航空機に核兵器が搭載され、西ヨーロッパに照準を定めたＳＳ-20ミサイル約七〇基が高度な警戒態勢に置かれ、核弾道ミサイルを搭載したソ連軍の潜水艦は探知されるのを回避するため北極海の氷の下に展開された。ＣＩＡは、バルト三国とチェコスロヴァキアで軍事活動が見られると報告した。一部のアナリストたちは、ソヴィエト連邦はＩＣＢＭ（大陸間弾道ミサイル）発射のためサイロの準備をしたとしても、結局は土壇場で発射を見送るだろうと思い込んでいた。

一一月一一日、「エイブル・アーチャー」は予定どおり終了し、両陣営はゆっくりと銃口を下げ、無用だった恐怖のにらみ合いは、一般大衆には知られないまま、終息した。

このとき世界が戦争勃発にどれほど近づいていたかについて、歴史家の意見は分かれている。政府公認のＭＩ５史は、「エイブル・アーチャー」を「一九六二年のキューバ・ミサイル危機以降で最も危険な瞬間」[*4]だったと述べている。これに対して、モスクワはこれが単なる演習だということを最初から知っており、ソ連の核戦争の準備は、よくあるシャドーボクシングにすぎなかったとする意見もある。ゴルジエフスキー自身は、冷静に「私は、これはモスクワで高まる猜疑心をさらに厄介なほど反映したものであり、ほかの兆候がないので喫緊の問題だとは思わなかった」と述べている。

しかしイギリス政府内では、ゴルジエフスキーの報告とモスクワから来た一連の電報を読んだ者たちが、核戦争による破局はギリギリのところで回避されたと思っていた。イギリスの外務大臣ジェフリー・ハウいわく、「ゴルジエフスキーのおかげで我々は、ソ連側が現実の核攻撃に対して常軌を逸していているが本物の恐怖を抱いていることをはっきりと知っていた。NATOは、これが演習にすぎないことをソ連側にはっきりと知らせるため、演習の一部を意図的に変更した」[*5]。実際には、NATOは通常の演習と違うことをしたため、悪意があるという印象を強めてしまったのかもしれない。後に統合情報委員会（JIC）が出した報告書は、「我々は、少なくとも一部のソ連政府当局者／将校が『エイブル・アーチャー』を（中略）本物の脅威を与えるものだと誤解した可能性を軽視することはできない」と結論づけている。

思い込みの恐怖

マーガレット・サッチャーは深く懸念していた。ソ連の恐怖とレーガン流のレトリックの組み合わせが核戦争という結果を招く可能性はあったが、アメリカは自分たちが半ば作り出した状況を完全には理解していなかった。「ソヴィエト連邦が西側の意図を見誤ることで感情的な反応をする危険を排除するため」何かしらの手を打たなくてはならないと、彼女は命じた。外務省は「NATOによる奇襲攻撃だとソ連側が誤解するかもしれないという問題について、アメリカ側と協議を始める方法を至急検討」しなくてはならない。MI6は、「ゴルジエフスキーが明かした情報をアメリカ側と共有する」ことに同意した。「ノックトン」資料の配布は、ギアがさらに一段階アップした。MI6はCIAに、KGBは机上演習が戦争勃発の意図的な前触れだったと考えていると、はっきり伝えた。

ロナルド・レーガンは、ソ連政府が「エイブル・アーチャー」の最中に核攻撃を心から恐れていたと告げられると、「どうして彼らがそんなふうに思い込むことができたのか、私には分からない。しかし、これは少し考えてみなくてはならない」と言った。[*6]

実はアメリカ大統領は、核戦争で世界が終わる可能性について、すでにいろいろと考えていた。一か月前にレーガンは、テレビ映画『ザ・デイ・アフター』で描かれた、核攻撃で破壊されたアメリカ中西部の都市の姿を見て「ひどく重い気持ちになった」。「エイブル・アーチャー」が終わってすぐ、彼は国防総省で核戦争の「想像を絶する恐ろしい」影響を説明するブリーフィングに出席した。たとえアメリカが核戦争に「勝った」としても、一億五〇〇〇万のアメリカ人の命が失われるだろう。レーガンは、このときのブリーフィングを「非常にハッとさせられる経験」だったと語っている。その夜、彼は日記にこう記した。「私はソ連側が（中略）攻撃されるという猜疑心が非常に強いので（中略）我々の方から、ここにはそうしたことをする意図を持つ者はひとりもいないと伝えるべきだと感じている」。

レーガンもサッチャーも、冷戦を平和な西側民主主義に対する共産主義の脅威という視点から理解していた。それがゴルジエフスキーのおかげで、今ではふたりともソ連側の不安が世界にとってソ連の侵略よりも大きな危険となるかもしれないことに気づいていた。レーガンは回顧録の中で、次のように書いている。「三年間で私はソ連人について驚くべきことを学んだ。ソ連エリート層のトップにいる多くの人は、アメリカとアメリカ人を心から恐れていたのだ。（中略）ソ連政府高官の多くが、我々を敵として恐れているだけでなく、彼らに核兵器で先制攻撃を仕掛けるかもしれない侵略者としても恐れているのだと、私は次第に理解するようになった」。[*7]

「エイブル・アーチャー」はターニングポイントとなり、西側のメディアも大衆も気づかぬうちに、恐ろしい冷戦の対立の中で、ゆっくりとだがはっきりと分かるペースで雪解けを進める契機となった。

レーガン政権は、その反ソ的レトリックを和らげ始めた。サッチャーはソ連政府と話をする決意を固めた。「彼女は、『悪の帝国』というレトリックを乗り越え、どうすれば西側は冷戦を終結させられるかを考える時が来たと感じていた」。ソ連政府の猜疑心は和らぎ始め、その傾向は一九八四年二月にアンドロポフが死去するとさらに進み、依然としてKGB情報員には核戦争準備の兆候に対する警戒を解かないようにとの命令が出ていたものの、RYAN作戦の勢いは弱くなり出していた。

その功績の一端はゴルジエフスキーにあった。それまで彼の秘密は、丹念に吟味した上で小分けにしてアメリカに与えられていた。それがこれからは、以前よりも大きな塊としてCIAと共有されることになった。ただし、入念なカムフラージュは続けられた。「エイブル・アーチャー」のときにソ連が抱いた恐怖についての情報は、その出所は「NATOの大規模演習を監視する任務を与えられた(中略)チェコスロヴァキアの情報部員」だとされた。ゴルジエフスキーは、MI6が彼の情報をCIAと共有することを喜んでいた。「オレークは、それを望んでいました」と、あるイギリス側担当官は語っている。「彼は、インパクトを与えたかったのです」。そして、彼の望みどおりになった。

CIAは、ソ連にスパイを数名送り込んでいたが、この種の「ソ連の心理状態に対する真の洞察」を提示したり、「先制攻撃がいつでも起こるかもしれないという真の不安を明らかにする文書」のオリジナルを提供したりできる情報源はいなかった。CIAの情報次官だったロバート・ゲイツは、ゴルジエフスキーの情報に基づく報告書を読んで、CIAが失策を犯したことに気がついた。「報告に対する私の最初の反応は、我々が情報活動で大失敗していたのかもしれないということだけでなく、それ以上に、『エイブル・アーチャー』に関して最も恐ろしいことは、我々は核戦争の瀬戸際にいたのに、そのことに気づいてすらいなかったのかもしれないということだった」[*8]。数年後に書かれた

「エイブル・アーチャー」の恐怖に関するCIAの秘密内部概要書によると、「ゴルジエフスキーの情報はレーガン大統領にとっては天啓だった。（中略）ゴルジエフスキーがMI6を通じてタイミングよく警告してくれたおかげで、事態が行き過ぎるのを抑えることができた」[*9]。

「エイブル・アーチャー」以降、ゴルジエフスキーの政治報告の中核部分は、ひとりの工作員を情報源とすることが明らかな通常の概要書の形式で、ロナルド・レーガンに伝えられた。ゲイツは、後に振り返ってこう書いている。「ソヴィエト連邦にいる我々の情報源は、軍事や軍の研究開発に関わる情報を提供する人物である傾向があった。ゴルジエフスキーが我々に与えていたのは、指導者層の考え方に関する情報であり――そうした情報は我々には非常に少なかった」。レーガンは報告を読み、これはソ連体制の奥深くで命を危険にさらしながら活動している人物から得られたものだと知って、「いたく感動」した。MI6からの情報は「CIAでは何よりも神聖なものとして扱われ、厳しい条件下で原本を読む少人数のグループの目にしか触れず」[*10]、その後、再び梱包されて大統領執務室へ送られた。ゴルジエフスキーの情報は「緊張を緩和するためだけでなく冷戦を終わらせるために今以上の努力をしなくてはならないというレーガンの確信」に根拠を与えていた。CIAは、感謝していたが不満も抱いていて、この途切れることなく流れてくる秘密の出所をどうしても知りたいと思うようになった。

スパイは、自分のスパイ術について大言壮語を吐く傾向があるが、諜報活動の現実では、スパイ術が後々まで続く影響を残すことはまずない。政治家は極秘情報を、それが秘密だからという理由で重視するが、秘密だからと言って、誰もが自由にアクセスできる情報より信頼できるとは限らないし、むしろ信頼できないことの方が多い。敵のスパイが味方の陣地に潜んでいて、味方のスパイも敵の陣地に潜んでいると、世界は少し平和になるかもしれないが、基本的に、延々と続く深遠な呪文のような、「それを、私はあなたが知っているということを私が知っているということをあなたが知っているということを……」という堂々巡りに陥ってしまう。

それでも、ごくまれにスパイが歴史に大きなインパクトを与えることがある。連合軍がエニグマ暗号を解読したことで、第二次世界大戦は少なくとも一年短くなった。諜報活動と戦略的欺瞞作戦が成功したことで、連合軍のシチリア上陸作戦とノルマンディー上陸作戦はうまくいった。一九三〇年代から一九四〇年代にソ連が西側の情報機関にスパイを潜入させたことで、スターリンは西側との外交で決定的な優位に立つことができた。

世界を変えた優秀なスパイはほんの一握りしかおらず、オレーク・ゴルジエフスキーはそのひとりだった。彼は歴史の決定的な分岐点でKGBの内部機構を暴露して、ソ連の情報部が何をしているのか（および、何をしていないのか）だけでなく、ソ連政府が何を考え何を計画しているのかも明らかにし、そうすることでソヴィエト連邦に対する西側の考え方を変えた。彼は命を賭して国を裏切り、世界を少しだけ安全にした。CIAの極秘内部報告書の言い方を借りれば、「エイブル・アーチャー」への恐怖は「冷戦の最後の発作」だったのである。

ゴルジエフスキー情報の真価とは

一九八四年二月一四日、赤の広場はユーリ・アンドロポフの葬儀のため何千何万という人で埋め尽くされていた。参列した各国要人の中に、マーガレット・サッチャーがいた。エレガントな喪服に身を包み、胴回りがいつもより大きく見えたが、それはモスクワの寒さ対策としてコートの下にお湯を入れたボトルを忍ばせていたためだった。彼女はジョージ・ブッシュ・アメリカ副大統領に、この葬儀は東西関係にとって「神の贈り物」だと言った。彼女は見事な演技を見せた。西側の他の要人たちは葬儀の間「場もわきまえず雑談を交わし」、アンドロポフの棺を担ぎ手が落としたときには声を殺して笑いさえしていたが、彼女は最初から最後まで「その場にふさわしい厳粛な」態度を崩さなかった。たくましいイギリス人の護衛が、KGBから武器ではないかと疑われたものでポケットを膨らませたまま、彼女の後をついてクレムリンの大広間に戻ると、一足のハイヒールをさっと取り出し、首相に履き替えさせた。彼女は四〇分間、アンドロポフの後継者となった高齢で病弱なコンスタンチン・チェルネンコと話し、「今こそ根本的な軍縮協定を結ぶチャンスで、おそらくこれが最後のチャンスでしょう」と告げた。彼女には、チェルネンコは驚くほど老齢で、共産主義の過去から出てきた生きる化石のように見えた。「お願いだから、何とかして若いソ連人を見つけてちょうだい」[*11]と、彼女は帰りの飛行機で側近たちに言った。実を言えば、役人たちはソヴィエト側の交渉相手として最適と思える人物をすでに特定していた。それは、政治局で頭角を現していたミハイル・ゴルバチョフという人物だった。

サッチャーは、ゴルジエフスキーの協力で書かれた台本に従って、自分の役を完璧に演じた。葬儀の前、ジェームズ・スプーナーはゴルジエフスキーに、サッチャーがどのような態度を目指すべきか助言を求めた。ゴルジエフスキーは、礼儀正しく友好的に振る舞うべきだと言った上で、ソ連人は神経質ですぐに怒りがちだと注意した。「オレークは、彼女がどのように振る舞うべきかについて、十分に説明してくれました」と、本工作の「成果」の分析・配布を担当していたMI6情報員は語っている。「壇上では黒の喪服を着て毛皮の帽子をかぶり、とても厳粛そうな表情をしていました。見る人を引きつける振る舞いでした。彼女は、彼らの心理状態を理解していました。オレークがいなければ、もっと強硬な態度を取っていたでしょう。オレークのおかげで、彼女はどのように行動するのが最善なのか分かっていました。それは彼らに伝わりました」。

ロンドンのソ連大使館では、ポポフ大使がKGB関係者も含めた大使館職員たちとの会合で、サッチャー首相の葬儀参列はモスクワできわめて好意的に受け止められたと語った。「首相の、葬儀の場にふさわしい思いやりと、優れた政治的頭脳は、強烈な印象を残した」とポポフは告げた。「サッチャー女史は、格別の努力をして主催者たちを魅了した」。

これは、情報の完璧なサイクルだった。ゴルジエフスキーは、ソ連人に対してどのように対応すべきかを首相に説明し、その後、その振る舞いに対するソ連側の反応を報告した。普通スパイは事実を伝えるだけで、その分析は受け手に任せるものだ。しかしゴルジエフスキーは、その独自の立場から、KGBが何を考え、何を期待し、何を恐れているのかを西側のため解釈することができた。「それこそが、オレークの貢献の真髄です」と、MI6の分析官は言っている。「他者の心に入り、その論理や、その推論に入り込んでいたのです」。

ゴルジエフスキーの諜報活動には、積極的なものと、消極的なものがあった。積極的な活動では、重要な秘密を提供し、事前の警告や知見を与えていた。これらに劣らず有益な消極的活動では、イギリスのKGB支局は全体として力不足で、トップにいる人間と同様、頭の回転が鈍く、無能で、偽の報告書ばかり作っていることを示して安心感を与えていた。アルカージー・グークは、本部の上司たちを軽蔑していたが、彼らからの要求には、どれほど馬鹿げたものであっても急いで対応した。BBCのラジオ放送で巡航ミサイルの演習がグリーナム・コモン空軍基地で実施されたと聞くと、グークは大急ぎで、私はこの演習を事前に知っていたという内容の報告書を偽造した。核兵器反対の大衆デモがイギリスで起こると、グークは、KGBの「積極策」が抗議活動を誘発したと、事実と異なる主張をして、自分の功績だと言った。ロンドンでソ連国民二名――ひとりは通商代表部の男性で、もうひとりは政府職員の妻――が自殺すると、グークは猜疑心から暴走した。彼は遺体を、ふたりが毒殺されたか否か確認せよとの命令とともにモスクワへ送り、KGBの科学者たちは言われるがままに確認した――男性の方は首つり自殺で、女性の方はバルコニーから身を投げての投身自殺だったにもかかわらずだ。これこそ「ソ連の猜疑心が自身のノイローゼを強化しているさらなる証拠」とゴルジエフスキーは考えた。KGBレジジェントであるグークは、ベタニー事件について、あれはすべてイギリス情報部が用意した巧妙な策略だったとモスクワに断言して、自分の無能を丹念に覆い隠した。

グークは自分の秘密を油断なく守っていたが、ゴルジエフスキーは、大使館内でのゴシップから政治や国家を左右する重要情報に至るまで、驚くほど大量の有益な情報を集めることができた。KGBはイギリスで数多くのイリーガルを運用しており、Nラインはレジジェントゥーラ内で半ば独立した状態で活動していたが、ゴルジエフスキーは地下スパイ網についての情報をキャッチすると、そのたびにMI5に伝えた。一九八四～八五年に炭鉱労働者のストライキが頂点に達していたとき、ゴルジエフスキーは、全国炭鉱労働組合（NUM）がモスクワと接触して資金援助を依頼していたことを知った。KGBは、組合への資金提供に反対した。ゴルジエフスキー自身、KGBの同僚たちに、モスクワが労働争議に金を出していると見られることは「望ましくないし無駄なことだ」と語っていた。しかし、ソヴィエト共産党中央委員会はそう考えず、ソ連邦外国貿易銀行から一〇〇万ドル以上を送金することを了承した（しかし、受け取り側であるスイスの銀行が疑念を抱き、結局送金は行なわれなかった)。サッチャーは炭鉱労働者を「内なる敵」と呼んで中傷したが、この偏見は、外なる敵がストライキに資金を与えようとしていることを知って、さらに強まったに違いない。

ゴルジエフスキーの諜報レーダーは、モスクワから遠く離れた敵も捕らえることができた。一九八四年四月一七日、イヴォンヌ・フレッチャーという名の女性警官が、ロンドン中心部のセント・ジェームズ・スクエアにあるリビア大使館から機関銃による銃撃で殺害された。翌日KGBのレジジェントゥーラは、本部から受け取った電報で、「銃撃はカダフィが直接命じたものであるとの信頼できる情報」を伝えられ、「リビア情報機関の東ベルリン支部から経験を積んだ狙撃手が銃撃を監督するためロンドンに来ていた」と知らされた。ゴルジエフスキーは、この電報をただちにMI6に渡した――この情報が、強硬な対応を取るべきとの主張を後押しした。サッチャー政権はリビアとの外交関係を断ち、カダフィの殺し屋たちを追放して、リビアによるテロをイギリスからほぼ一掃した。

情報が成果を生むのに時間がかかることもある。ゴルジエフスキーがアルネ・トレホルトの諜報活動について最初にMI6に伝えたのは一九七六年のことだったが、ノルウェーの保安機関が行動を起こすには、情報源を守るためもあって、数年の歳月を要した。その間、ノルウェー左派の魅力的なスターは、ノルウェー外務省で広報部のトップになっていた。一九八四年の初めにゴルジエフスキーは、ノルウェー側に逮捕の用意ができたと伝えられ、異論はないかと尋ねられた。最初の情報を漏らしたのは彼なので、トレホルトが逮捕されると身の安全が危険にさらされる恐れがあったからだ。ゴルジエフスキーは躊躇しなかった。「もちろん、かまいません。彼はNATOとノルウェーに対する裏切り者ですから、当然できるだけ早く逮捕しなくてはなりません」。

一九八四年一月二〇日、トレホルトはオスロ空港でノルウェー防諜部のトップによって身柄を拘束された。彼は、過去一三年にわたってランチをともにしてきたKGB担当官「ワニ」ことゲンナジー・チトフと会うためウィーンへ向かうところだったと考えられた。ブリーフケースの中から、機密文書が約六五件、発見された。自宅からは、さらに八〇〇件の文書が見つかった。当初、彼はスパイ活動を否定していたが、チトフと一緒の写真を見せられると、激しく嘔吐して、「何と言ってよいやら」[*12]と言った。

チトフもノルウェーの情報機関に捕らえられ、取り引きを持ち掛けられた。もし西側に寝返るか、あるいは亡命するのに同意すれば、五〇万アメリカ・ドルを支払おうと提案されたのである。彼はこれを拒絶し、国外追放となった。

裁判でトレホルトは、オスロ、ウィーン、ヘルシンキ、ニューヨーク、およびアテネでソ連やイラクの工作員に秘密情報を渡したことでノルウェーに「取り返しのつかない損害」を与えたと非難された。さらに、KGBから八万一〇〇〇ドルを受け取っていたことも明らかにされた。新聞は、彼を「クヴィスリング以来最悪のノルウェーに対する裏切り者」と呼んだ。クヴィスリング（Quisling）は戦時中ナチに協力した人物で、その名は英語で「売国奴」を意味する普通名詞になっている。裁判官は、トレホルトが「自分自身の重要度について、非現実的で誇張された意見」を抱いていると述べた。彼は国家反逆罪で有罪となり、禁固二〇年の刑を言い渡された。

一九八四年の夏の終わり、ジェームズ・スプーナーは異動となり、後任の工作担当官にサイモン・ブラウンが就任した。ロシア語が話せるソ連班P5の元班長で、以前ぼろを着た仮装でベタニーを尾行した、あのブラウンだ。ブラウンが「ノックトン」工作に加わったのは一九七九年、モスクワ支局長時代に、脱出作戦「ピムリコ」の信号地点の監視を担当したときからである。ゴルジエフスキーにとっては、スプーナーのときと違って、すぐにふたりの波長が合うということはなかった。ふたりが初めて会っている間、ヴェロニカがランチにセロリを用意し、やかんを火にかけた。ブラウンは緊張していた。「私が流暢なロシア語を話せず、彼が私を愚か者と思ったらどうしようと、考えていたのです。その後テープを再生してみたら、恐ろしいことに、聞こえてくるのは湯の沸いたやかんから出るシューッという音と、男がセロリをぼりぼりと食べる音だけだったのです」。会合にはMI6の秘書セアラ・ペイジが、静かに落ち着き払って周囲を安心させるような態度で常に同席していた。「周りを落ち着かせる彼女の存在が、場を和《なご》ませて、やや緊張した雰囲気を少しずつ和らげるのに役に立った」。

一方、ゴルジエフスキーは日常業務である政治的連絡員との関係作りを続けていた。そうした連絡員には、心からソ連に好意的な者もいれば、ローズマリー・スペンサーのように役立つチキンフィードを提供している者もいた。保守党中央事務局の調査員であるスペンサーは、ゴルジエフスキーが実はイギリス情報部のために働く二重スパイで、自分は彼に情報を渡すためMI5に利用されているのだということを知らなかったが、そのような統制下接触工作員は彼女だけではなかった。ロンドンの行政・立法を担当する大ロンドン議会のフィンチリー選挙区選出保守党議員で、保守党の地方組織であるチェルシー保守協会の元会長ネヴィル・ビールも、接触工作員だった。彼がゴルジエフスキーに与えた議会関連文書は秘密ではなく非常に退屈な内容だったが、ゴルジエフスキーが公的な情報を引き出す技術に長けていることを示す、さらなる証拠となった。

本部はたびたびスカウト候補を提案してきていたが、その大半はまったく現実的でない、ありえない提案だった。一九八四年、本部からゴルジエフスキーに親展電報が届き、元工作員「ブート」ことマイケル・フットと再び接触せよと指示してきた。フットは、総選挙で大敗した後、労働党の党首を辞任したが、下院議員は続けており、左派の指導的人物だった。電報には、フットは一九六〇年代後半以降KGBとの交流はないが「接触を再び確立するのは有用かもしれない」と記されていた。MI6の運用するスパイがイギリスで最上位の政治家のひとりを積極的にスカウトしようとしていることが発覚したら、その結果はさぞ見物だっただろう。「のらりくらりとかわしてください。できることなら、手を引くのが一番いい」と、MI6は助言した。ゴルジエフスキーは本部に返信を送り、これから策を練って、パーティーでフットに話しかけ、彼の過去の接触を知っていると「穏やかに」打ち明けて感触を確かめるつもりだと伝えた。それからは何もせず、本部がこの件を忘れてしまうのを願った——そして実際、本部はしばらく忘れていた。

最初の二年間で、「ノックトン」工作により情報と防諜に関する報告書が数千件作成された。文章が数行しかない報告もあれば、何ページにも及ぶ報告書もあった。こうした報告書は、さらに細かく分割されて関係各所に届けられた——受け取り先は、MI5、マーガレット・サッチャー、一部の官僚、外務省で、これに加えて、CIAも情報を受け取る量が増えていた。ほかにも一部の同盟国が防諜上のヒントを随時受け取っていたが、それは重大な国益が危険にさらされている場合に限られていた。CIAは、特別な「優遇国」に分類されていた。

MI6ばかりでなく、KGBもゴルジエフスキーの活躍を心から喜んでいた。モスクワにいる上司たちは、彼がPRラインの責任者として途切れることなく提供している情報に感心していた。MI6は、KGBを十分に満足させられるだけの興味深い情報をチキンフィードに混ぜてゴルジエフスキーに提供していた。グークでさえ満足していたが、この大活躍中の部下のせいで自分のスパイとしてのキャリアが屈辱的な最後を迎えるとは夢にも思っていなかった。

次のレジジェントは誰だ?

マイケル・ベタニー裁判は、一九八四年四月一一日、考えうる最大の警備態勢の中、中央刑事裁判所で始まった。裁判所の窓は覆われ、大勢の警官が配置され、審理中に助言が必要になった場合に備えてMI5本部との間に盗聴防止機能の付いた直通電話が設置された。証拠は極秘だったため、審理の大半は一般の傍聴者も記者も入れずに非公開で進められた。ベタニーは、ピンストライプのスーツと水玉のネクタイ姿で現れた。彼は、私の動機は「純粋かつイデオロギー的なものである――私は同性愛者ではなく、脅迫されてもいないし、利益のために働いていたわけでもない」と主張した。

五日間にわたった証言の後、ベタニーは禁固二三年の刑を言い渡された。

「あなたは背信を自身の行動指針とした」と、首席裁判官のレイン卿は刑の言い渡しのときに言った。「私が思うに、多くの点であなたが幼稚であるのは非常に明白である。さらに、あなたが自説に固執し、危険であることも、私には明らかである。あなたは、複数の人がほぼ間違いなく死ぬことになろうとも、躊躇することなく人々の名前をソ連側に開示したであろう」。

マスコミは、自分は共産主義のスパイだというベタニーの主張を受け入れた。「徐々に、しかし最後には完全に政治的転向」を果たした人物という説明の方が理解しやすかったからだ。新聞各紙は、ベタニーに自分たちが見たいものを見た。「ツイードを着たやつが邪悪な裏切り者になった」と『サン』は書き立てた。「情報分野での冷戦は決して縮小しない」と『タイムズ』は書いた。『デイリー・テレグラフ』は同性愛への嫌悪感に縛られていて、彼は同性愛者であり、よって言うまでもなく信頼できないとほのめかそうとして、「ベタニーは、大学で芸術家気取りの同性愛者の集団と交際があったらしかった」と書いた。左寄りの『ガーディアン』が最も同情的で、「彼自身の考えでは、彼はMI5での自分の立場を利用して、イギリスと西側の同盟国が新たな世界大戦へ進んでいくのを食い止めようとしていたのである」とした。ワシントンではアメリカ政府関係者たちが、イギリスの情報機関が再び内部の人間による諜報活動の餌食になったことにいら立ちを覚えていた（と同時に、ひそかに笑っていた）。「大統領は本当に驚いている」と、ホワイトハウスのスポークスマンは言った。あるCIA関係者は『デイリー・エクスプレス』に「私たちは、イギリス情報機関の情報管理について再び懸念せざるをえません」と語っている。後に保安委員会が実施した調査では、MI5が不安定なベタニーによる危険を察知できなかったことが非難された。『タイムズ』でさえ、MI5とMI6をひとつの情報機関に統合すべき時が来たのではないかと考え、「そもそもKGBは国内と国外の両方で活動している」と書いた。

どの新聞も、MI5で初めて有罪となった裏切り者を発見したのがKGBの内部にいるMI6のスパイだったとは思いつかなかった。ゴルジエフスキーは、イギリスを情報活動の大失敗から救うと、自身の出世の道を再び歩み始めた。

アルカージー・グークは、裁判での証言でKGBの支局長だと特定された。ソ連の太った将軍は、両端が上がった眼鏡を掛けた妻とともにケンジントンの自宅を出るところを写真に撮られた。その写真は「スパイのグーク」という見出しとともに新聞の一面を飾り、大失敗したソ連側スパイのリーダーは「第二次世界大戦以降で初めてKGBが保安局内部の潜入工作員をスカウトするチャンスを辞退した」と書き立てられた。実際グークは注目を浴びるのを楽しんでいるようで、「映画スターのように歩き回っていた」。

今こそ彼を排除して、ゴルジエフスキーがKGBの序列をさらに上る道を開き、極秘資料にアクセスできる量を増やす絶好の機会だった。MI6は、グークを今すぐ追放してほしいと要請した。イギリス政府は、外交問題を再び引き起こす気はあまりなかった。レジジェントを排除する機会は二度と来ないと、MI6の新たな防諜・保安部長（DCIS）クリストファー・カーウェンは指摘した。「グークは、KGBの工作員運用作戦に直接関与しないよう常に細心の注意を払っており、その注意は今後さらに強くなるだろう」。[*13] 追放に反対する人間はMI5にもいた。当時MI5は新任の駐在保安員をモスクワに派遣したばかりで、もしグークに国外追放を命じたら、その報復としてこの保安員が追放されるのは間違いないと主張した。しかしMI6は、それだけの犠牲を払う価値のあることだと言った。グークがいなくなり、ニキテンコの任期が終わりに近づいていけば、やがてゴルジエフスキーがロンドンのKGBレジジェントを引き継ぐかもしれない。「その確率は非常に高い」と、ある高官は主張した。「この国に対するKGBの作戦のすべて、あるいは、ほぼすべてにアクセスできるチャンスにほかならないのだ」。サッチャー首相から外務省へ送る、グークが公けに特定されたからには彼を追放しなくてはならないという趣旨の手紙の草稿が作られた。その手紙では、ちょっとした工夫として、グークの名（一般的な綴りは「Guk」）は「Gouk」と記された。イギリスの新聞では、唯一『デイリー・テレグラフ』だけがこう綴っていた。サッチャー首相は『デイリー・テレグラフ』の読者だった。それで何を外務省に伝えようとしたかは言わずもがなだ。首相はソ連側スパイのトップについて朝刊で読んで知り、彼を追放したがっているので、もし外務省が追放を妨害し続ければ、首相はそれを自分への個人攻撃と見なすだろうということだ。この作戦はうまくいった。

一九八四年五月一四日、グークは「外交官としての立場と相容れない活動」を理由にペルソナ・ノン・グラータと宣告され、一週間以内に荷物をまとめてイギリスを出るよう命じられた。ソ連側は予想どおりすぐに反応し、MI5の新任者をモスクワから追い出した。

送別会が、グークが出国する前日の晩にソ連大使館で開かれて、料理と飲み物がふんだんに供され、離任するレジジェントを称えるスピーチが順々に続いた。ゴルジエフスキーがスピーチをする番になると、彼はたっぷりとお世辞を言った。それについて後に「私の話し方は少しばかり滑《なめ》らかすぎ、ほんの少しだけ誠意に欠けていたに違いない」と語っている。スピーチが終わるとグークが近づいてきて、小声で「君は大使からずいぶん学んだのだな」と言った。大使が偽善的なスピーチをする才能は、大使館では定番のジョークだった。すでにかなり酔っていたグークだったが、この部下が自分の離任を喜んでいるのを感じ取っていた。翌日、グーク将軍は飛行機でモスクワに戻り、その後は完全に表舞台から姿を消した。彼は人々の注意を引いたことでKGBに恥をかかせた。それは、彼の度を越した無能ぶり以上に許しがたいことであった。

レオニート・ニキテンコは、レジジェント代理に指名されると、正式に任命されるよう、ただちに行動を開始した。ゴルジエフスキーは彼の副官となり、KGB支局の電報とファイルにもっとアクセスできるようになった。MI6には、新たな情報がいきなりどっと押し寄せた。究極の宝物は、もう手が届く所にあった。彼が巧みに立ち回ってレジジェントの執務室の主になることができれば、支局の秘密がすべて思いのままになる。それを邪魔しているのはニキテンコだけだった。

レオニート・ニキテンコは、KGBで屈指の頭のよい男であり、自分の仕事を天職と思っている数少ない人物のひとりだった。彼は後に、KGBで防諜を担当するK局の局長になった。彼と会ったことのあるCIA情報員は、こう評している。「胸板の厚いクマのような男で、活気にあふれ（中略）スパイの駆け引きというドラマが大好きで、そうした駆け引きが得意だったのは間違いない。この秘密の世界を熟知していて、一瞬一瞬を楽しんでおり、自分のために用意した舞台に立って、自ら脚本を書いた役を演じる俳優であった」*14。この黄色い目をした防諜担当官は、すでにイギリスに来て四年以上たっており、モスクワに戻る期限が過ぎていたが、ニキテンコは、喉から手が出るほど欲しかったレジジェントの地位に照準を定めていた。KGBの海外勤務は通常三年までだったが、ときには本部の意向で赴任期間が伸びることもあったので、彼は自分こそレジジェントに最も適任である――より正確に言えば、ゴルジエフスキーは適任でない――ことを実証すべく、熱烈な運動を開始した。このふたりが、相手に好感を抱いたことは一度もなかった。かくしてグークの後任をめぐる争いが始まり、その戦いは、宣戦布告がない分、激しかった。

MI6は、ここで再び介入してニキテンコをペルソナ・ノン・グラータと宣告し、ゴルジエフスキーがすんなり支局長になるよう画策すべきか考えた。波及効果《ノックオン》は強力で、これを工作担当官たちは、本工作の暗号名をもじって「ノックトン効果」と呼んでいた。この策略は魅力的だった。もしゴルジエフスキーを支局長の座に押し上げることができれば、彼のロンドン赴任は最大の成果を生み、任期が切れたときに亡命することができる。しかし、議論の結果、ニキテンコの追放はやりすぎであり、「おそらく逆効果」になるだろうと判断された。KGB情報員をふたり続けて追放するのは、当時の緊張した雰囲気からすれば不自然なことではなかった。しかし、ゴルジエフスキーの直属の上司を三人すべて排除すれば、そこに何かしらのパターンがあると思われるかもしれなかった。

ゴルジエフスキーと最も親しい同僚マキシム・パルシコフは、友人が「本来の調子になったようだった。副レジジェントに昇進した瞬間から、オレークは気持ちがほぐれて安堵しているように見え、以前よりも冷静で自然に振る舞うようになった」ことに気づいた。中には、あいつは思い上がっていると思う者もいた。友人で元同僚のミハイル・リュビーモフはモスクワに戻り、解雇後は作家として新たな人生をスタートさせようとしていた。「彼と私は手紙のやり取りをしていたが、彼がすぐに返事を寄こさないようになって私は不機嫌になった。私が二通送る間に一通しか返事が来ないこともあった——権力は人を堕落させるものであり、ロンドンの副レジジェントは大きな地位だ」。リュビーモフは知らなかったが、旧友は秘密の仕事をふたつ同時にこなしながら、さらなる昇進も画策していて、とにかく忙しかったのである。

一家はロンドンで幸せな日々を送っていた。娘たちはぐんぐんと成長し、流暢な英語を話して、イギリス国教会系の学校に通っている。一〇〇年前にカール・マルクスは、自分の子供たちがイギリスでの生活にすぐさま順応したことに驚いている。マルクスの妻は、「子供たちには、気に入っているシェイクスピアの国を離れるなど思いもよらないことです。彼らは骨の髄までイギリス人になりました」と語っている。[*15] ゴルジエフスキーも、気がつけば自分がイギリスの女の子ふたりの父親になっていたことに、同じように驚き、かつ喜んでいた。レイラもイギリス生活をどんどん楽しむようになっている。英語は上達したが、妻たちは付き添いなしでイギリス国民と会うのを禁じられていたため、イギリス人の友人を作るのは難しかった。同僚たちの中で常に神経をとがらせているゴルジエフスキーとは違って、レイラは他のKGB関係者たちと気楽に交わり、大使館スタッフの妻たちと紅茶を飲みながら噂話に花を咲かせていた。「私はKGB情報員の家庭で育ちました」と、かつて彼女は語ったことがある。「父はKGBの情報員で、母もKGBの情報員でした。私が青春時代を過ごした地区に住んでいる人はほぼ全員がKGBに雇われていました。私の友人やクラスメートは、みんな父親がKGB情報員でした。ですから、私はKGBを怪物だと思ったことも、恐ろしい行為と結びつけたことも、ありませんでした。それが私の人生そのものであり、私の日常生活でした」[*16]。彼女は、夫がとんとん拍子に出世していることを誇りに思い、レジジェントになる夢を応援した。夫は、何かに気を取られているように見えることが多く、ときどき、まるで別の世界に引き込まれたかのように、じっと遠くを見つめていることもあった。いつも爪を噛んでいる。日によっては、とても興奮していたり、精神的ストレスで緊張しているように見えたりすることもあった。彼女はそれを、責任の重い仕事から来るプレッシャーのせいだと思った。

ゴルジエフスキーは、レイラの気兼ねがなく、元気いっぱいで家庭生活に献身的なところを愛していた。その純朴な愛らしさと、俗っぽい疑念のない素直な心は、彼が日々体験している、嘘偽りでゆがんだ世界を忘れさせてくれる中和剤だった。彼女をこれほど愛しく思ったことはこれまでなかったが、ふたりは彼だけが知る偽りによって隔てられていた。「私の結婚生活はとても幸せだった」と彼は述懐している。ときどき彼は、妻に秘密を明かして共犯関係に引き込み、それによってふたりの仲を嘘偽りのない完璧なものにした方がよいのではないかと考えた。いずれ妻は、彼がイギリスに亡命すれば、そのときに真実を知ることになる。MI6から、その瞬間が来たら妻はどう反応すると思うかと、それとなく探りを入れられたとき、彼は強い口調でこう答えた。「彼女は受け入れます。いい妻ですから」。

ときどき彼は、レイラの前でソ連政府を公然と批判した。あるとき、少し熱が入りすぎて、共産主義体制を「邪悪で、間違っていて、犯罪的だ」と言った。

「ああ、話をやめて」とレイラはぴしゃりと言った。「ただのおしゃべりでしょ、そんなことどうしようもないのに、そんな話をしてどんな意味があるの？」。

怒ってゴルジエフスキーは反撃した。「私ならどうにかできるかもしれない。いつの日か君は、私がどうにかできたのだと知るだろう」。

彼は、そこで何とか踏みとどまった。「私は話をやめた。もし続けていたら、妻にもっと話すか、何かしらのヒントを与えていただろうと思ったからだ」。

後に彼は、こう語っている。「彼女は理解してくれなかっただろう。誰も理解しなかっただろう。誰もだ。ほかの誰にも話さなかった。そんなことは不可能だった。絶対に不可能だ。孤独だった。本当に孤独だった」。彼の結婚生活の奥には、隠れた孤独があった。

ゴルジエフスキーは妻を敬愛していたが、真実を打ち明けられるほど信頼することはできなかった。レイラは今もKGBだ。しかし彼は違っていた。

ゴルバチョフ登場

その年の夏、休暇でモスクワに戻ったとき、オレークは第一総局から君の将来について「ハイレベルの話し合い」をしたいと言われて本部に呼び出された。デンマーク時代に知り合いになっていたギターの得意な若手のホープ、ニコライ・グリビンは、今ではイギリスと北欧を担当する第三部の部長になっており、ゴルジエフスキーを「好意そのもの」といったふうで迎えると、昇進案をふたつ提示した。ひとつはモスクワに戻って副部長になる案で、もうひとつはロンドンのレジジェントになる案だ。ゴルジエフスキーは、ていねいだがしっかりとした口調で、後者の方が望ましいと伝えた。グリビンは、辛抱して待つようにと忠告した。「支局長の地位に近づけば近づくほど、危険は大きくなり、策略も激しくなる」。それでも彼は、ゴルジエフスキーを全面的に支援すると約束した。

会話は政治の話に移り、グリビンは、共産主義という大空で明るく輝く新星ミハイル・ゴルバチョフについて熱心に語った。農場で働くコンバイン運転手の息子だったゴルバチョフは、共産党エリートの中でとんとん拍子に出世を遂げて、五〇歳を待たずに正式な政治局員になっていた。彼が、死にかけているチェルネンコの後継者になるだろうと、もっぱらの噂だった。すでにKGBも「将来を考えればゴルバチョフが最もふさわしいとの結論に達し」ていると、グリビンは明かしてくれた。

マーガレット・サッチャーも、同じ結論に達していた。

ゴルバチョフこそ、彼女が望んでいるエネルギッシュなソ連の指導者だと目されていた。改革派で、ビジョンを持ち、ソ連圏以外に旅行した経験があり、ソ連の狭量な老人政治家たちとは対照的だった。イギリス外務省が打診した結果、一九八四年の夏、ゴルバチョフは招待に応じて同年一二月にイギリスを訪問することに決めた。サッチャーの秘書官チャールズ・パウエルは、この訪問は「次世代のソ連指導者たちの心の内を理解しようと試みる、またとない好機」[*17]になるだろうと首相に告げた。

それはゴルジエフスキーにとっても好機だった。レジジェントゥーラで政治情報を担当するトップとして、彼はゴルバチョフが何を予想しておくべきかモスクワに説明する任務を負うことになる。またイギリス側工作員として、ソ連側の訪問準備についてMI6に説明することになるだろう。情報活動では前代未聞なことだが、ひとりのスパイが両陣営のためにスパイ活動と報告を行なうことで、世界の指導者二名の会談を形作り、さらには演出までする立場に立った。ゴルジエフスキーは、サッチャーに何を言えばよいかをゴルバチョフに助言しつつ、同時に、サッチャーがゴルバチョフに何を言えばよいかを提案できた。そして、もし会談がうまくいけば、ゴルジエフスキーがレジジェントのポストを手にする可能性は上がり、そうすれば棚ぼた式に得られる情報活動の成果も増えると予想された。

ソ連の次期指導者がロンドンに来るという知らせを受け、ロンドンのKGB支局は準備に大わらわとなった。モスクワからの指示がどっと押し寄せ、政治・軍事・科学技術・経済など、イギリス生活のあらゆる側面についての細かい情報を要求してきた。まだ続いていた炭鉱労働者のストライキは特に関心の的で、労働者は勝てるのか、資金はどのように獲得しているのかと尋ねられた。言うまでもなく、ソヴィエト連邦ではストライキは禁じられていた。さらに本部は、ゴルバチョフはイギリス側がどのような行動を取ると予想すべきであるか、また、イギリス情報部がひそかに何か不愉快なことを計画しているのではないかという点について、詳しい情報を知りたがった。一九五六年にフルシチョフがロンドンを訪問したとき、MI6は滞在するホテルに盗聴器を仕掛け、掛ける電話を傍受し、さらには、フルシチョフが乗ってきたソ連の巡洋艦の船体を調査するため潜水工作員を送り込んでいたからだ。

不信感という負の遺産は、どちらの側でも根深かった。ゴルバチョフは熱心な共産党員で、ソヴィエト体制から生まれた人物だった。サッチャーは共産主義反対を声高に訴え、共産主義思想を非道で抑圧的だと非難していた。前年にはアメリカのウィンストン・チャーチル財団での講演で「クレムリンに道義心はあるのでしょうか？」と問いかけている。「彼らはこれまで、人生の目的は何かと自問したことはあるのでしょうか？　すべては何のためにあるのかと？　（中略）いいえ。彼らの主義に道義心はなく、善と悪に駆られることがないのです」[*18]。歴史はゴルバチョフをリベラルな進歩派と定義している。彼は後にグラスノスチ（情報公開）とペレストロイカ（立て直し）を提唱し、ソヴィエト連邦を変えていくが、そうして動き始めた力のせいで、やがてソ連そのものが崩壊していくことになる。しかし一九八四年当時、そうした未来はほとんど見えていなかった。サッチャーとゴルバチョフは、大きく開いた政治的・文化的溝のあちら側とこちら側に立っていた。会談は成功が保証されていたわけではまったくなかった。関係改善には、繊細な外交交渉と、秘密の裏工作が必要だった。

KGBはイギリス訪問を、ゴルバチョフの立場を強化するチャンスと見ていた。「できるだけ詳しい事前情報を送ってくれ」と、グリビンはゴルジエフスキーに命じた。「そうすれば、彼は優れた知性の持ち主のように見えるだろうから」。

ゴルジエフスキーと彼のチームは仕事を開始した。「私たちは本当に腕まくりをしました」と、マキシム・パルシコフは述懐している。「イギリス政治の根本的に重要な側面すべてについての徹底したメモと、イギリス側参加者全員の詳細な情報を作成するためです」。ゴルジエフスキーは、ニキテンコがモスクワのKGB本部に送るために収集した情報すべてを、MI6にも渡していた。その一方で、イギリス情報部はゴルジエフスキーに、彼がモスクワへ送る報告書に書き加えるための情報を与えており、それには議論のテーマ、炭鉱労働者のストライキなど意見が一致すると思われる点と一致しないと思われる点、関係者と交流する方法についての助言などが含まれていた。イギリス情報部は実質的に、来たるべき会談の日程を決定し、両国へのブリーフィングを行なっていたのである。

ミハイルとライサのゴルバチョフ夫妻は、一九八四年一二月一五日にロンドンに到着し、八日間にわたるイギリス訪問が始まった。ショッピングと観光の時間もあり、熱心な共産主義者らしく、マルクスが『資本論』を書いたときに座っていた大英図書館の座席にも足を運んだが、今回の訪問は基本的には外交交渉の延長であり、冷戦で敵対する両者は、首相の地方官邸チェッカーズでの一連の会談で相手の真意を慎重に探り合った。毎晩ゴルバチョフは、「翌日の会談が進む方向の予測」を含む、三ページから四ページの詳細なメモを要求した。KGBは、そのような情報を持っていなかった。しかし、MI6は持っていた。これは、ゴルジエフスキーの真価をモスクワの上司たちに証明すると同時に、両チームの考えを一致させる絶好のチャンスだった。MI6は、外務大臣ジェフリー・ハウのために作成された、ゴルバチョフと彼のチームに提起する予定の論点を列挙した報告書を、外務省から入手した。ゴルジエフスキーは、これを手渡されると全速力でKGB支局に戻り、ロシア語に翻訳して大急ぎでタイプライターで打つと、報告執筆者に渡してその日のメモに書き直してもらった。

「これだ！」と、ニキテンコはメモを読んで叫んだ。「これこそ我々が必要としているものだ」。

こうしてジェフリー・ハウへの外務省の報告書は、ミハイル・ゴルバチョフへのKGBの報告書になった。「一言一句、同じでした」。

ゴルバチョフのイギリス訪問は大成功だった。イデオロギー上の違いはあっても、サッチャーとゴルバチョフは波長が合うようだった。もちろん、緊張が走る場面は何度かあった。あるときサッチャーはゴルバチョフに、自由企業制と競争原理の利点を説いた。するとゴルバチョフは「ソ連の制度の方が優れている」と主張し、ソ連の諸民族がどれほど「喜びに満ち」た生活を送っているか、ご自身で見に来てくださいと招待した。また、物理学者アンドレイ・サハロフなど反体制派への処遇や、軍拡競争についても意見が対立した。とりわけ激しいやり取りが交わされたのは、サッチャーがソ連を、炭鉱労働者に資金を提供しているとして非難したときだった。ゴルバチョフは否定した。「ソヴィエト連邦はNUMに一切資金を送っていない」と言い、それからソ連側代表団のメンバーで横にいたプロパガンダ責任者をさっと一瞥《いちべつ》すると、こう付け加えた。「私の知る限りは」。これは嘘であり、そのことをサッチャーは知っていた。去る一〇月、ゴルバチョフはストライキ中の炭鉱労働者たちに一四〇万ドルを送る計画を承認していた。

しかし、言葉の応酬はあっても、ふたりの指導者は気が合った。ふたりはまるで同じ台本を読んで演技しているようであり、ある意味、実際そうであった。ＫＧＢが毎日ゴルバチョフに提出した報告書は、「何か所かに感謝や満足を示す下線を添えて」戻されていた。彼は報告書をじっくりと読んでいた。「どちらの側も我々の報告を受けていました」と、ＭＩ６の分析官は語っている。「我々は新しいことをやっていました――情報をゆがめるのではなく、そのまま利用することで、両者の関係を管理して新たな可能性を開こうと本気で努力していたのです。我々は、人数は一握りでしたが、歴史の転換点ですばらしい時間を過ごしていました」。

専門家は、「人と人との明らかな親和力が作用」していたと述べた。協議が終わると、ゴルバチョフは「実に満足」したと述べた。サッチャーも同じ気持ちだった。「彼の性格は、木でできた腹話術人形のような平均的ソ連政治局員とはこれ以上ないほど違っていた」。ゴルジエフスキーは、「モスクワでの熱狂的な反応」をＭＩ６に報告した。

サッチャーはレーガンに宛てたメモに、こう書いている。「私は、彼は間違いなく一緒に仕事ができる人物だと思いました。実際、かなり好感を持ちました――彼がソ連の体制に完全な忠誠心を抱いているのは間違いありませんが、人の話に耳を傾けて誠実に対話し、自身で決断を下す覚悟を持っています」[*19]。この「一緒に仕事ができる人物」は、今回の訪問のキャッチフレーズとなり、さらには、チェルネンコが死んで一九八五年三月についにゴルバチョフが後継者となったときに成立する、若くて活気に満ちた指導部を象徴する言葉になった。

一緒に仕事ができる状況を可能にした立役者のひとりが、ゴルジエフスキーだった。

モスクワ本部は満足していた。KGBが推す次期指導者候補であるゴルバチョフは、イギリス訪問で政治家にふさわしい資質を示し、ロンドンのレジジェントゥーラはかつてないすばらしい活躍をした。ニキテンコは「訪問を非常にうまく処理したこと」を特別に称賛された。しかし、功績の多くは、有能な政治情報担当トップで、イギリスでの多くの情報源から集めた内容を基に、あれほど詳細で洞察に富む報告書を作成したゴルジエフスキーのものだった。これでゴルジエフスキーは、レジジェントの職を手にする最有力候補となった。

それでも、KGBとMI6の両方のために最高の仕事を終えた満足感を抱きながらも、ゴルジエフスキーの心の中には不安という小さくて鋭いとげが刺さっていた。

ゴルバチョフの訪英中、ニキテンコは副官であるゴルジエフスキーを呼んだ。この代理レジジェントは、目の前のデスクに、ゴルバチョフへ送って書き込みとともに戻ってきた報告書を広げていた。

KGBの防諜専門家は、その黄色い目でゴルジエフスキーをじっと見た。「ふむ。ジェフリー・ハウについての非常にすばらしい報告だ」とニキテンコは言い、一瞬間を置いて、こう続けた。「まるでイギリス外務省の文書のようだな」。

11　ロシアン・ルーレット

顔のないスーパースパイ

ＣＩＡのソ連班班長バートン・ガーバーは、ＫＧＢの専門家で、ソヴィエト連邦との諜報戦での作戦経験が豊富だった。オハイオ州出身の彼は、背が高くやせていて、自己主張が強く、こうと思えば突き進む性格で、アメリカの情報機関で過去の猜疑心に毒されていない新たな世代の情報部員のひとりだった。彼は行動指針として、西側のスパイになりたいという申し出はすべて真剣に受け止め、あらゆる可能性を追うべきだとする、いわゆる「ガーバー・ルール」を打ち立てていた。ガーバーには、オオカミの研究という一風変わった趣味があり、その彼がＫＧＢの獲物を追いかける様子は、確かにオオカミのようなところがあった。一九八〇年にＣＩＡの支局長としてモスクワに赴任したが、一九八三年初めにワシントンに戻り、ＣＩＡで最も重要な、鉄のカーテンの向こう側でスパイを運用する部署を引き継いでいた。そうしたスパイはたくさんいた。ＣＩＡは、過去一〇年の疑心暗鬼に代わって、ビル・ケーシー長官の下、特に軍事面で積極的に動いて多くの成果を上げる時代に入っていた。

ソヴィエト連邦内でCIAは秘密作戦を一〇〇以上実行中で、それまでで最多となる二〇人以上のスパイが、GRU、ソ連政府、軍部、研究機関の内部で活動中だった。CIAのスパイ網にはKGBの情報員も数名いたが、その手腕が、MI6に良質な一次情報を提供している正体不明の工作員に匹敵する者はひとりもいなかった。

バートン・ガーバーがソ連でのスパイ活動について知らないことは、知る価値のないものだったが、ひとつだけ重要な例外があった。彼は、イギリスのKGBスパイの正体を知らなかった。そして、そのことが彼をいら立たせていた。

ガーバーは、MI6から提供される資料を見て、感嘆すると同時に好奇心をそそられた。どの情報活動でも精神的な満足感を与えてくれるのは、敵より多くを知っていることだが、味方より多くを知っていることも満足感の源になる。本部のあるラングリーから全世界を包括的に見渡しているCIAにしてみれば、知りたいことを何でもすべて知る権利があった。

英米の情報機関の関係は、緊密で互いに援助しあっていたが、対等ではなかった。CIAは、豊富な資金と世界規模の工作員ネットワークを持ち、情報収集能力で対抗できるのはKGBしかなかった。アメリカの国益に資する場合、CIAは情報を同盟国と共有したものの、すべての情報機関と同じく、情報源は厳重に守られた。情報共有はギヴ・アンド・テイクの関係で成り立つものだが、CIA情報員の中には、アメリカはすべてを知る権利があると考えている者がいた。MI6は、質がきわめて高い情報を提供していたが、CIAが情報源を知りたいと何度遠回しに聞いてみても、頑なで腹立たしいほど礼儀正しい態度で、教えるのを拒み続けていた。

最初は遠回しだった聞き方は、次第に直接的になった。ある年のクリスマス・パーティーで、MI

6のソ連圏統括官はCIAのロンドン支局長ビル・グレイヴァーにすり寄られた。「彼は私を捕まえると壁に押しつけて、こう言いました。『この情報源についてもっと教えてくれないか？　この情報は本当に抜群だから、信頼できるという保証が必要なんだ』」。

統括官は、首を横に振って言った。「それが誰なのかを教えるつもりはありませんが、私たちは彼を完全に信頼していて、彼にはこの情報が本物であることを証明する権限があるということで、安心していただきたい」。グレイヴァーは退散した。

同じころ、MI6はCIAに頼み事をしていた。何年も前からイギリス情報部の高官は、ハンスロープにある技術部に実用的な隠しカメラを開発するよう働き掛けていたが、MI6の理事会は経費を理由にこれを常に却下していた。MI6は、旧式のミノックス・カメラをまだ使っていた。一方CIAは、スイスの時計職人を採用して、レギュラーサイズのBICのライターの中に隠すことのできる独創的な小型カメラを開発したことが知られていた。このカメラは、長さ二八・五センチの糸とピンを組み合わせて使うことで完璧な写真を撮ることができた。まず、チューインガムを使って糸をライターの底面にくっつける。糸の反対側にあるピンが文書の上にぺたりと横たわったら、それが理想的な焦点距離となり、ライターの上部にあるボタンを押してシャッターを切ればよい。ピンと糸はジャケットの襟の裏に隠すことができる。ライターの外見に怪しい所はまったくない。きちんとタバコに火をつけることもできる。これは、ゴルジエフスキーにとって理想的なカメラだった。亡命するときが来たら、これをもってレジジェントゥーラへ行き、写真撮影という形で「金庫を空に」すればいい。ビル・ケーシーに判断が仰がれ、最終的にCIAはMI6にカメラを一台提供することに同意したが、引き渡す前に、興味深いやり取りがCIAとMI6の間で交わされた。

CIA「これは何か特定の目的で必要なのか？」
MI6「我々には、内部に人間がいる」
CIA「我々も、その情報を得られるのか？」
MI6「必ずしもそうはならない。それについては保証できない」
MI6は、要求にも、説得にも、賄賂《わいろ》にも応じようとはせず、ガーバーは不満を募らせた。イギリス側は、非常に優秀な人間を抱えているのに、その人間を隠している。後にCIAが作成した「エイブル・アーチャー」の恐怖に関する非公開の評価報告書は、次のように記している。「［CIAに］届いた（中略）情報は、主としてイギリス情報部からのものであり、断片的かつ不完全で曖昧だった。さらに、イギリス側は情報源の身元（中略）を隠しており、その人物の信頼性を独自に確認することはできなかった」[*1]。この情報は大統領にまで伝えられていた。その出所が分からないというのは恥でしかなかった。
そこでガーバーは、上司からの承認を得て、ひそかにスパイ狩りを開始した。一九八五年の初め、彼はCIAの調査員に、イギリスのスーパースパイの正体を暴く作業に取り掛かるよう指示した。MI6には、何が起きているのか絶対に悟られてはならない。ガーバーは、これを信頼に対する裏切りだとはまったく思わず、まして、味方に対するスパイ行為だとも思っていなかった。単に曖昧な部分をなくすための、賢明で正当な照合確認だと考えていた。
オールドリッチ・エイムズは、CIAの対ソ防諜活動の責任者だった。CIA情報員で、後にソヴィエト部を引き継ぐミルトン・ベアデンは、「バートン・ガーバーは、イギリス側の情報源を特定する決意を固め、ソ連・東ヨーロッパ部の防諜責任者オールドリッチ・エイムズに、それを解明する任務を与えた」[*2]と書いている。後にガーバーは、私はエイムズ本人に探偵仕事をするよう頼んだのではなく、名前は出さないが、「その種の確認をする才能がある」別の情報員に頼んだのだと主張した。その情報員は、防諜活動の責任者であるエイムズと一緒に仕事に取り組んだのだろう。

エイムズの肩書は立派そうに聞こえるが、ソヴィエト部でスパイを排除し、どの作戦が潜入されやすいかを評価する部署は、ケーシーのCIAでは舞台裏の仕事と見なされていて、「才能があるかどうかわからない不適任者の掃《は》き溜《だ》め」と言われていた。

エイムズは四三歳、顔色の悪い公務員で、虫歯と、飲酒問題と、金遣いが非常に荒い婚約者を抱えていた。彼は毎日、フォールズチャーチにある狭い賃貸アパートを出て、通勤の波にもまれてラングリーに着くと、自分のデスクに座って「将来について思い悩み、邪悪なことを考えていた」。エイムズには、四万七〇〇〇ドルという多額の借金があった。銀行強盗を考えたこともあった。内部評価には、「自身の衛生状態に対する無頓着」と記されている。ランチはほとんど常にアルコールで、延々と飲んでいた。ロサリオは「たっぷりある自由時間をリックの金を使って」過ごし、金が足りないといつも不平を言っていた。彼のキャリアは行き詰まっていた。これが最後の昇進になるかもしれない。彼はCIAに失望していた。上司のバートン・ガーバーに対しても、ロサリオをCIAの経費でニューヨークに連れてきたことを叱責されて、腹を立てていた。CIAはエイムズがおかしくなっていることに気づくべきだったのかもしれないが、MI5のベタニーの場合と同じく、単に行動がおかしく、酒を飲み過ぎ、勤務記録にむらがあるだけでは、疑う理由にはならない。エイムズは、CIAでは汚れているが見慣れた備品のひとつだった。

エイムズは、その立場と勤続年数から、ソ連政府を対象とした全作戦のファイルを見ることができた。しかし、ソ連人スパイでひとりだけ、目と鼻の先からCIAに貴重な情報を送っているにもかかわらず、その正体を彼が知らない人物がいた。それが、イギリス側が動かしている優秀な工作員だった。

広大なソヴィエト政府機関に潜む、たったひとりのスパイを特定するのは、非常に困難な仕事だった。しかし、シャーロック・ホームズいわく、「不可能なものを除いていけば、残ったものが、たとえ本当とは思えなくても、真実に違いない」。それをCIAはやろうとしていた。ホームズから「初歩的」と言われるほど明示的なことではないが、どんなスパイも必ず手がかりを残す。CIAの調査員たちは、正体不明のイギリス側工作員が過去三年間にもたらした情報を丹念に洗い直し、消去法と演繹《えんえき》法によって彼（または、もしかすると彼女）を特定しようとし始めた。

調査は、おそらく次のように進んだのだろう。

MI6から提供されたRYAN作戦に関する詳細は、情報源がKGB情報員であることを示しており、資料は中位の職員から得られたものだと言われているが、その品質は、上位の人物であることを示唆している。報告が定期的に行なわれていることから、その人物はMI6と頻繁に会っていると考えられ、ゆえに、たぶんソヴィエト連邦の国外、おそらくイギリスにいると思われる――この推論は、彼が「イギリスに関する情報に通じている」らしいことから支持される。個々のスパイは、提供する情報の種類から特定できる場合があるが、提供しない情報からも特定できることがある。イギリス側から渡される情報には、技術情報と軍事情報はほとんど含まれていないが、良質な政治情報は大量に含まれている。ゆえに、彼は第一総局のPRラインで働いているのであろう。KGB内にいる工作員なら、ソ連側のために働いている西側のスパイをきっと何人も指摘したに違いない。では、最近ソ連側が工作員を失った国はどこだろう？　ノルウェーでホーヴィックとトレホルト。スウェーデンでバーリリン。しかし、最近ソ連側スパイが暴露される最も劇的な事件が起きたのは、世間の話題をさらったマイケル・ベタニーの逮捕と裁判があったイギリスだった。

ＣＩＡは、ＫＧＢの組織構成を詳しく知っていた。第一総局の第三部は、北欧諸国とイギリスを一緒に担当している。これまでのパターンは、第三部にいる人物を指しているようだ。

ＫＧＢの工作員であると判明している者と、その疑いがある者を集めたＣＩＡの膨大なデータベースから、ホーヴィックとバーリリンが捕まったときに北欧にいて、トレホルトとベタニーが逮捕されたときイギリスにいた人物は、ひとりしかいないことが分かった。すでに一九七〇年代初めにデンマークでレーダーに引っ掛かっていた、四六歳のソヴィエト外交官だ。他の資料を見てみれば、オレーク・ゴルジエフスキーの名前がスタンダ・カプランに関するＣＩＡのファイルにあることが分かっただろう。さらに丹念に見ていけば、デンマーク側はこの人物をＫＧＢ情報員らしいと特定していたものの、イギリス側は一九八一年、明らかな規則違反であるにもかかわらず、本物の外交官として彼にビザを発給していたことが判明したはずだ。さらに最近イギリス側は、レジジェントのアルカージー・グークなどＫＧＢ情報員を何人も追放している。彼らは、自分たちのスパイが出世できるよう意図的に道を切り開いているのではないか？　最後に、一九七〇年代のデンマークに関するＣＩＡの記録を調べたところ、「かつてデンマークの情報部員が、ＭＩ６は一九七四年にＫＧＢ情報員を、コペンハーゲン駐在中にスカウトしたと漏らしたことがあった」[*3]ことが判明した。ロンドンのＣＩＡ支局に電報で問い合わせて、オレーク・ゴルジエフスキーがこのプロフィールに合致することが確認された。

三月にバートン・ガーバーは、イギリスがこれほどの長期間隠してきたスパイの正体を見つけ出したと確信した。

ＣＩＡは、ＭＩ６に対して情報活動で小さいが満足の行く勝利を収めた。イギリス側は、自分たちはアメリカ側が知らない事実を知っていると思っているだろうが、今やＣＩＡは、ＭＩ６がＣＩＡが知っているとは知らない事実を知っていた。この世界での勝負は、こういうものだ。オレーク・ゴルジエフスキーは、ＣＩＡが無作為に選んだ暗号名「ティクル」［自尊心をくすぐるもの］を与えられた。害のない国際的なちょっとした対抗意識にピッタリの、当たり障りのなさそうな暗号名だった。

同僚を驚かせたパンクヘア

ロンドンでは、ゴルジエフスキーがモスクワからの知らせを、強い不安を感じつつも興奮を募らせながら待っていた。彼はレジジェントを引き継ぐ最有力候補だったが、本部ではいつものように時間がかかっていた。ニキテンコが言った、ゴルバチョフの訪英中にゴルジエフスキーが提出した格段に詳しい報告書についての不吉な言葉が、その後も気にかかっており、報告書をしっかり偽装しなかった自分をひそかに悔いた。

一月、彼は「ハイレベルなブリーフィング」のためモスクワへ来るよう指示を受けた。

イギリス情報部では、この命令をきっかけに議論が起こった。ニキテンコの遠回しな脅しを根拠に、これは罠ではないかと思う者もいた。今こそ、オレークに情報活動をやめさせて亡命を手配すべき時ではないのか？　彼はすでに務めを立派に果たしていた。何人かは、彼をソ連へ行かせるのはリスクが大きすぎると主張した。「ここで大当たりをする可能性はありました。しかし、もしうまくいかなければ、地位の高い工作員を失うだけではすみません。私たちが収集した貴重な情報を公表せず、今まで限られた範囲だけで回覧させていたのは、オレークを危険にさらす可能性がある以上、情報を十分に活用・共有することができなかったからなのです」。

しかし、今や宝の山は手の届く所にあり、当のゴルジエフスキーも自信を抱いていた。モスクワからの危険な兆候はない。今回の命令は、おそらく彼がニキテンコとの権力争いに勝ったことを示しているのだろう。「私たちは、あまり懸念していませんでしたし、彼もそうでした」と、サイモン・ブラウンは述懐する。「昇進の手続きが遅かったのは気になりましたが、たぶん大丈夫だろうというのが彼の考えでした」。

その上で、ゴルジエフスキーにはやめる機会が与えられた。「私たちは彼に、もし今やめたいのであれば、それでかまわないと言いました――しかも、本気で言いました。もしやめると言っていたら、たいへんがっかりしたことでしょう。彼は私たちに劣らず鋭敏でした。彼は、大きな危険が待ち構えているとは思っていませんでした」。

出発前の最後の会合で、ヴェロニカ・プライスは「ピムリコ」作戦を、ひとつひとつ、入念に再確認した。

ゴルジエフスキーは、モスクワの第一総局本部に到着すると、部長のニコライ・グリビンから温かく迎えられ、彼が「グークの後任として最適な候補者に選ばれた」と告げられた。年内には正式発表されるという。数日後、彼はKGBの内部会議で「ロンドンのレジジェント予定者の同志ゴルジエフスキー」と紹介された。グリビンは、発表を待たずに就任がKGBの同僚たちに漏れたことに激怒していたが、ゴルジエフスキーは昇進の話が公けになったことに安堵し、喜んだ。

その満足感に少しだけ冷や水を浴びせたのが、彼が漏れ聞いた同僚ウラジーミル・ヴェトロフの末路だった。ヴェトロフは、科学技術の諜報活動を専門とするＸラインに所属していたＫＧＢ大佐で、数年間パリに勤務した後、フランス情報機関のスパイとして活動を開始した。暗号名「フェアウェル」（別れ）を与えられた彼は、四〇〇〇件以上の文書や情報を提供し、それによって四七名のＫＧＢ情報員がフランスから追放された。モスクワに戻った一九八二年、ヴェトロフは駐車した車の中で恋人と激しい口論を始めた。補助警官が騒ぎを聞いて車の窓をノックすると、ヴェトロフは、スパイ活動で逮捕されるのだと思い、警官を刺し殺した。収監中、彼はうかつにも逮捕前に「でかいこと」に関係していたと漏らしてしまった。その後の調査で、その大々的な裏切り行為が明らかとなった。「フェアウェル」という不吉な暗号名だった彼は、ゴルジエフスキーがロンドンに戻る数日前の、一月二三日に処刑された。ヴェトロフは殺人を犯して自滅を招いたわけだが、彼の処刑は、西側のためスパイ活動をしていて捕まったＫＧＢの裏切り者がどうなるかを、まざまざと印象づけるものであった。

　ゴルジエフスキーが一九八五年一月末に昇進の知らせを持ってロンドンに帰ってくると、ＭＩ６は歓喜に沸いた——正確に言えば、喜びを完全に秘密にしなくてよいのであれば、歓喜に沸いたことだろう。ベイズウォーターの隠れ家では、会合が新たな緊迫感と興奮を帯びるようになった。これは前代未聞の一撃だった。彼らのスパイが、もうじきロンドンのＫＧＢ支局を引き継ぎ、支局内のありとあらゆる秘密にアクセスできるようになるのだ。彼がこの先も出世するのは確実だった。すぐに再び昇進し、いずれはＫＧＢの将軍に昇り詰める気配があった。三六年前、キム・フィルビーは昇進してアメリカの首都ワシントンでＭＩ６支局長となり、ＫＧＢのスパイとして西側世界の権力中枢で活動していた。そのＭＩ６が、かつてＫＧＢにされたことを、今度はＫＧＢにし返そうとしている。形勢は逆転した。可能性は無限に思えた。

就任の正式な通知を待つゴルジエフスキーは、喜びのあまり気もそぞろになっていた。あるときマキシム・パルシコフは、友の明らかに奇行と言える行動の変化に気がついた。「灰色の薄い髪の毛が、いきなり黄赤色になったんです」。一夜にしてソ連風のごま塩頭から、パンク風の奇抜な髪に変わったのだ。同僚たちは、陰で笑いながら噂し合った。「若い愛人でもできたんだろうか？ それとも、まさかとは思うが、ロンドンのＫＧＢレジジェントに就任する直前になって、オレークはいきなり同性愛者になったんだろうか？」。パルシコフが、髪の毛をどうしたのかと、おずおずと尋ねると、オレークは、ちょっと気まずそうに、シャンプーと間違えてうっかり妻の染髪剤を使ってしまったのだと説明した。ただ、この説明に説得力はあまりなかった。レイラの黒髪は、ゴルジエフスキーが新たに染めたショッキングな黄赤色とは色合いがまったく違っていたからだ。「『シャンプーと間違えた』という説明を繰り返すので、私たちは聞くのをやめました」。パルシコフは、「誰にも好きなようにおかしなことをする権利がある」と思って、この件を終わりにした。

ニキテンコは、モスクワに戻る準備をするようにと指示された。彼は、イギリスでたった三年の経験しかない部下に追い越されたことに激怒し、うわべは取り繕って祝いの言葉を述べても、腹の中は煮えくり返っていた。ゴルジエフスキーが正式にレジジェントになるのは四月末の予定だ。それまでの間、ニキテンコは何かにつけて非協力的で不愉快な態度を取り、上司の耳に悪口を吹き込んだり、耳を傾けてくれる者には誰彼かまわず新任者をけなしたりした。それより厄介だったのは、次期レジジェントに見る権利がある電報を決して渡そうとしないことだった。単なる嫌がらせなのだろうと、ゴルジエフスキーは考えたが、ニキテンコの態度には、単なる負け惜しみ以上の悪意が感じられた。ゴルジエフスキーと「ノックトン」チームにとって、工作は奇妙な宙ぶらりん状態になった。ともかくニキテンコがKGB本部の防諜部で新たな仕事に就くため立ち去ってしまえば、KGBの金庫の鍵はゴルジエフスキーのものとなり、MI6が大収穫を手にすることは間違いなかった

ゴルジエフスキーがレジジェントに就任する予定日の一二日前、オールドリッチ・エイムズは、KGBに取り引きをしたいと申し出た。

エイムズはいら立っていた。息は臭く、仕事も面白くない。CIAの評価は不当に低いと思っていた。しかし、後に彼は自分の行動の理由について、もっと簡単に「金のためにやった」と説明している。彼は、ロサリオが高級デパートであるニーマン・マーカスでしたショッピングや、レストラン「ザ・パーム」で食べたディナーの代金を払わなくてはならなかった。彼は、寝室一部屋のアパートから引っ越し、前妻に慰謝料を払い、豪華な結婚式を挙げ、即金で自分の車を持ちたかった。

エイムズがアメリカをKGBに売ろうと決めたのは、自分に与えられて当然と思っていたアメリカン・ドリームを買うためだった。ゴルジエフスキーは、金に一切興味がなかった。エイムズは、金にしか興味がなかった。

四月上旬、エイムズはソヴィエト大使館のセルゲイ・ドミトリエヴィチ・チュヴァーヒンという名の職員に電話を掛け、会いたいと告げた。大使館には四〇人のKGB情報員が活動していたが、チュヴァーヒンはそのひとりではなかった。彼は軍備管理の専門家で、CIAにとって「関心のある人物」、つまり関係作りの妥当なターゲットと見なされていた。エイムズは同僚たちに、このソ連大使館の職員が連絡員になるか打診してみるつもりだと言っていた。会合はCIAとFBIの両方から

「認可され」た。チュヴァーヒンは、四月一六日の午後四時に、一六番街にあるソヴィエト大使館から遠くないメイフラワー・ホテルのバーで会って一杯やることに同意した。

エイムズは緊張していた。メイフラワー・ホテルのバーで待っている間、ウォッカ・マティーニを一杯飲み、さらに二杯飲んだ。一時間たってもチュヴァーヒンは現れなかったので、エイムズは、彼の言葉を借りれば「即興を演じる」ことにした。かなりの千鳥足でコネティカット・アヴェニューを歩いてソヴィエト大使館へ行くと、チュヴァーヒンに渡そうと思っていた小包を受付に預けて立ち去った。

小包は、ワシントンのKGBレジジェント、スタニスラフ・アンドロソフ将軍に宛てられていた。中には別に封筒があり、宛て先は、アンドロソフの作戦用の偽名「クローニン」となっていた。手書きのメモには、こう書かれていた。「私はH・オールドリッチ・エイムズといい、CIAで対ソ防諜班の班長をしています。私はニューヨークで、アンディ・ロビンソンという偽名で活動していました。私は五万ドルが必要であり、その金の見返りとして、ここに私たちが現在ソヴィエト連邦で養成している三名の工作員に関する情報を送ります」。彼が挙げた名前は、三人ともソ連側が「ダングル」として CIAに仕掛けた人物で、スカウト候補を装っていたが、実はKGBの潜入スパイだった。「この三人は本当の裏切り者ではなかった」とエイムズは後に語っている。彼らを暴露しても、誰かを傷つけることにはならないし、CIAの作戦にダメージを与えることにもならないと、彼は自分に言い聞かせていた。封筒には、CIA内の電話帳から破り取ったページも含まれており、エイムズの名前に黄色いフェルトペンで下線が引かれていた。

エイムズは今回のアプローチに、自分が真剣であることを証明する四つの異なる要素が含まれるよう、入念に計画していた。その要素とは、ただのおとりなら絶対に明かすはずのない現在進行中の作戦に関する情報、KGBに知られていると思われるニューヨーク勤務時代の古い偽名、レジジェントの秘密の暗号名を知っていること、自分の身元とCIAでの仕事を証明するものの四つだ。これでソヴィエト側の注意をがっちりつかみ、現金が転がり込んでくるのは確実と思われた。

KGBの動き方を熟知していたエイムズは、すぐに反応があるとは思っていなかった。「ウォーク・イン」は、モスクワに報告され、調査が行なわれ、おとりである可能性を調べた後で、本部は申し出を受けることになっている。「彼らがいい返事をくれるだろうと、私は確信していた」と彼は後に書いている。「そして、そのとおりになった」。

二週間後の一九八五年四月二八日、オレーク・ゴルジエフスキーはロンドンで最も上位のKGB情報員であるロンドンのレジジェントになった。ニキテンコからの引き継ぎは変わっていた。慣習に従い、離任するKGB支局長は重要な秘密文書の入った鍵付きのブリーフケースを置いていった。ニキテンコがモスクワ行きの飛行機に無事乗った後、オレークがブリーフケースを開けると、そこには茶色い封筒がひとつだけあり、中には紙が二枚入っていた。二枚は、二年前にマイケル・ベタニーがグークの郵便受けに押し込んだ手紙のコピーで、その内容はすでにイギリス中の新聞という新聞で報道されていた。これはジョークなのだろうか？　グークの無能ぶりをほのめかす置き土産か？　警告か？　それとも、ニキテンコは何か不吉なメッセージを送っているのだろうか？　「これは、彼が私を信用しておらず、現在機密扱いの物は何も残していけないと思ったということなのか？」。しかし、もしそうなら、なぜ遠回しのヒントを残していったのだろうか？　もしかすると、ニキテンコは自分が望んだ職を奪ったライバルを不安にさせようとしているだけなのかもしれない。

MI6も頭を悩ませた。「私たちは宝物を期待していたのに、手に入らなかった。私たちは、閣僚が長年のKGB工作員だったことが分かるのだろうかとか、第二、第三のベタニーが明らかになるのだろうかと考えていたが、そういうことにはならなかった。それはそれでホッとしたが、落胆の気持ちも混じっていた」。ゴルジエフスキーは、レジジェントゥーラのファイルを読んで、MI6のため、後に確かに大当たりだと証明される新情報を集め始めた。

スパイ狩り、始まる

エイムズの予想したとおり、KGBが彼の提案に反応するのに時間はかかったが、それでも熱心に反応した。[*4] 五月上旬、チュヴァーヒンはエイムズに電話し、リラックスした調子で「五月一五日にソヴィエト大使館で一緒に一杯やって、それから地元のレストランに行ってランチを食べよう」と提案した。実を言うと、チュヴァーヒンは熱心でもリラックスしてもいなかった。彼は正真正銘、軍備管理の専門家であり、いかがわしくて危険なスパイ・ゲームに引き込まれたくなどなかった。エイムズとコンタクトを取って会合を手配せよと命じられると、「この汚い仕事は、あなた方の若手の誰かにやらせてください」と言った。KGBは、彼の考えをすぐさま正した。彼を選んだのはエイムズであり、チュヴァーヒンは、好むと好まざるとにかかわらず、このゲームに参加せざるをえなかった。

それまでの三週間、KGBは忙しく動いていた。エイムズの手紙は即座にソヴィエト大使館の防諜担当トップのヴィクトル・チェルカーシン大佐に回された。その重要性に気づいたチェルカーシンは、厳重に暗号化したバースト伝送で第一総局のクリュチコフ総局長に報告し、クリュチコフがヴィクトル・チェブリコフKGB議長に会いに行くと、議長は軍事産業委員会から現金五万ドルを引き出す許可を即座に与えた。KGBは巨体を持て余す動物のような組織だったが、必要とあれば素早く動くことができた。

五月一五日水曜日、エイムズはCIAとFBIに、軍事専門家と関係を結ぶ前回の取り組みの続きをすると知らせた上で、指示されたとおりソヴィエト大使館に再びやってきた。「私は自分が何をしているのか分かっていた。私は、成功させる決心でいた」。チュヴァーヒンは大使館のロビーでエイムズと会うと、KGB情報員のチェルカーシンを紹介し、チェルカーシンは、エイムズを地下の狭い会議室へ案内した。言葉はまったく交わされなかった。会議室が盗聴されているかもしれないことをジェスチャーで伝えると、微笑みながらチェルカーシンはエイムズに次のメモを渡した。「私たちはあなたの申し出を、たいへん喜んで受け入れます。あなたには、チュヴァーヒンを話し合いのカットアウトつまり仲介者として使っていただきたい。彼があなたに現金を与え、ランチをともにすることになります」。エイムズはメモの裏にこう書いた。「分かりました。ありがとうございます」。

しかし、それで終わりではなかった。

どの工作担当官にも、新しくスカウトしたスパイに尋ねなくてはならない質問がひとつある。「あなたは、我々の機関に潜入者がいるか知っていますか？　あなたの側は、あなたの正体を暴露しそうなスパイを私たちの組織に潜入させていますか？」だ。ゴルジエフスキーも、イギリスのスパイになるのを同意したとき、同じ質問を受けていた。チェルカーシンは、しっかりと訓練を受けていた。そのチェルカーシンがエイムズに、KGBの内部に彼が寝返ろうとしていることに気づき、それをCIAに報告しそうなスパイがいるか知っているかと尋ねなかったとは考えにくい。エイムズの方も、そう聞かれるのを予想していただろう。彼はそうした工作員を、駐米ソヴィエト大使館にいる二名を含め、一〇人以上知っていた。その十数名の中で最も立場が高かったのが、イギリス側が運用しているスパイだった。

後にエイムズは、この段階ではゴルジエフスキーの名前は知らなかったと言っている。彼がＣＩＡのリストに載っているソ連人工作員をひとり残らず計画的に密告するのは、一か月後のことだ。チェルカーシンは、二〇〇五年に出版された回想録で、ゴルジエフスキーに関する決定的な情報はエイムズからではなく、「ワシントンに拠点を置くイギリス人ジャーナリスト」という正体不明の情報提供者から得られたものだと主張した。これをＣＩＡは、「偽の手がかりである特徴がすべて」[*5]そろった、ＫＧＢをよく見せるための偽情報だとして否定している。

ゴルジエフスキー工作を研究した情報分析官の大半は、エイムズがソ連側と最初に接触したときのどこかで、彼はＫＧＢ内にイギリス情報部のために働くハイレベルのモグラがいることを明らかにしたと考えている。この時点では、エイムズはゴルジエフスキーの名前を知らなかったのかもしれない。もしも彼が調査に直接かかわっていなかったのなら、なおさらだ。しかし、「ティクル」の暗号名を付けたＭＩ６のスパイを特定しようという調査が進行していることは知っていたはずで、ゆえに、ソヴィエト大使館の地下室で行なわれた無言の会合で、紙に書いた警告メッセージとして、このことを伝えた可能性は高い。まだ名前を漏らしていなかったとしても、これだけでＫ局の猟犬たちを放つのに十分だっただろう。

エイムズが地下室での会合から出てくると、チュヴァーヒンがロビーで待っていた。「ランチへ行きましょう」と彼は言った。

ふたりは、レストラン「ジョー・アンド・モーズ」の隅のテーブルに座ると、会話を始め、酒を飲んだ。この「アルコール込みの長い」ランチでいったい何が話されたのかは、よく分からない。後にエイムズは、にわかには信じがたいことだが、ふたりは軍備管理について話して時間を過ごしたと主張している。エイムズが、マティーニの三杯目と四杯目の間のどこかで、イギリスが運用するスパイがKGBにいることを告げた可能性がある。しかし、彼は後にこう認めている。「私の記憶は、ちょっと曖昧だ」。

食事が終わると、エイムズよりも酒量がはるかに少なかったチュヴァーヒンは、紙の詰まったビニール製の買い物袋を渡した。「ここに、あなたが興味を持ちそうな報道資料が入っています」。万一FBIが指向性マイクを使って聞いている場合に備えて、そう言った。ふたりは握手すると、チュヴァーヒンは急いで大使館に戻った。エイムズは、浴びるほど飲んでいたにもかかわらず、自分の車に乗り込んで自宅へ向かった。ジョージ・ワシントン・パークウェイに入ると、ポトマック川を見渡せる景色のよい待避所に車を停め、買い物袋を開けた。大使館の種々雑多な文書を取り出すと、袋の底に、紙に包まれた、小さなレンガくらいの大きさの直方体の包みがあった。彼は角を破った。エイムズは「狂喜」した。中身は一〇〇ドル札五〇〇枚の札束だった。

エイムズが金を数えていたころ、ソヴィエト大使館ではチュヴァーヒンがチェルカーシンに報告を行ない、それからチェルカーシンは再び暗号電報を、チェブリコフ本人宛てと記して、バースト伝送で送った。

エイムズが帰宅したころには、KGB史上最大規模のスパイ狩りが始まっていた。

五月一六日木曜日、エイムズが初めてチェルカーシンとの会合を持った翌日に、モスクワからの緊急電報が新任のロンドンKGBレジジェントのデスクに届けられた。

読み進めるうちにオレーク・ゴルジエフスキーは、不安に冷たくチクリと刺されるのを感じた。「君のレジジェント就任を承認するため、二日後に至急モスクワへ来て、同志ミハイロフと同志アリョーシンとの重要な話し合いに参加してほしい」。ミハイロフとアリョーシンとは、KGB議長ヴィクトル・チェブリコフと第一総局長ウラジーミル・クリュチコフの作戦用偽名だ。命令は、KGBの最上層部からのものだった。

ゴルジエフスキーは、秘書に約束があるからと告げると、最寄りの電話ボックスに飛び込み、MI6担当官との緊急会合を求めた。

数時間後にベイズウォーターの隠れ家に到着すると、サイモン・ブラウンが待っていた。「彼は心配そうな顔をしていました」とブラウンは述懐している。「明らかに心配そうでしたが、パニックにはなっていませんでした」。

「これから四八時間以内に、MI6とゴルジエフスキーは、命令に応じてモスクワに戻るか、工作を終了させて彼と家族を隠れ場所に移すか、決めなくてはならない。

「オレークは、問題点を詳しく論じ始めました。彼が即座に考えたのは、これは異例だが、即座に必ず疑わしいと判断するほど異例ではないということでした。呼び出す理由は、論理的にはいくらでも考えることができました」

モスクワは、彼が就任して以来、妙に静かだった。ゴルジエフスキーは、少なくともグリビンからは祝い状が来ると思っていたし、それより不安だったのは、レジジェントゥーラの暗号通信コードを記載した最重要電報をまだ受け取っていないことだった。一方、KGBの同僚たちに疑いの気配はまったく見えず、心から祝福したがっているように思われた。

ゴルジエフスキーは、取り越し苦労なのかと考えた。もしかすると前任のグークの仕事と一緒に彼の猜疑心も引き継いだのかもしれない。

何人かのMI6情報員は、この状況をギャンブラーのジレンマにたとえた。「あなたはチップの山を作った。最後にもう一度、ルーレットでチップをすべて賭けて勝負に出るか？　それとも、勝利の成果をまとめてテーブルを離れるか？」。賭け率を計算するのは容易なことではなく、リスクは今や天文学的な高さになっていた。勝てば膨大な富を手にし、KGBの極秘中の極秘にアクセスできる。しかし賭けに負ければ、ゴルジエフスキーは永遠に消えてしまうか、あるいは単に、生死も分からぬまま何か月も行方不明になるかもしれない。その間は、彼が集めた情報はどれひとつ使うことも今以上に広く配布することもできない。そしてゴルジエフスキー本人にとっては、究極的には、身の破滅を意味することになるだろう。

電報の語調も妙で、命令口調であると同時にていねいでもある。KGBの慣例によれば、レジジェントは、特にイギリスのように重要な対象国の場合、議長が直々に任命する。オレークが任命された一月にチェブリコフはモスクワにいなかったので、これは形式的な承認にすぎず、KGBの最高権力者が儀式として「就任の祝福を授ける」のかもしれない。もしかすると、KGBにまだきちんと「祝福」されていないため、ニキテンコは何も情報を残さず、暗号コードも送られていないのだろう。もしKGBが彼の裏切りを疑っていれば、二日後ではなく即刻帰国せよと命じるのではないか？　もしかすると、即時帰国と言えば驚くので、それを避けようとしているのかもしれない。だが、もし彼がスパイであることを知っているのなら、誘拐の専門家である第一三部の連中を遣わして、彼をソ連に引っ張ってくれれば済むのではないか？　それに、もしこれがただの通常業務なら、あらかじめ話がなかったのはなぜだろうか？　ゴルジエフスキーは、わずか四か月前に新たな仕事について詳しい説明を受けていた。ほかにどんな話し合いが必要なのだろうか？　さらに、その話し合いがどうして内容を電報で明かせないほど重要かつ緊急なのだろうか？　召還命令は、ＫＧＢ議長からのものだ。それは悪い知らせか、それとも、今のゴルジエフスキーが受けている高い評価を示しているかのどちらかだった。

ブラウンは、ＫＧＢの立場に立って考えようとした。「もし彼らが知っていたとすれば、一〇〇パーセント、あのようには振る舞わず、彼に逃亡できる時間を与えるリスクを冒さなかったでしょう。タイミングを計りながら、長期戦で臨み、チキンフィードを与えて待ったはずです。もっとプロフェッショナルらしい方法で呼び戻すこともできたでしょう。母親が死んだとか何とか嘘の説明もできたと思います」。

会合は、明確な結論に達することなく終わった。ゴルジエフスキーは、翌五月一七日金曜日の夜に再び隠れ家で会合を開くことに同意した。その一方で、日曜日のモスクワ行きの飛行機のチケットを予約して、おかしな素振りを見せないようにした。

マキシム・パルシコフが、約束のランチへ行くため大使館の駐車場から出ようとしたとき、驚いたことにゴルジエフスキーが「車の前に跳び出し、興奮した様子で開いた窓からこう言ったのです。『私はモスクワに呼ばれた。昼食休憩が終わったら来てくれ、話がしたい』」。二時間後、パルシコフが訪ねていくと、新任のレジジェントは執務室で「イライラしながら歩き回って」いた。ゴルジエフスキーは、チェブリコフの最終的な承認を受けるため呼び戻されるのだと説明した。それ自体おかしなことではなかったが、その進め方が変だった。「誰も親展の手紙を送って事前に知らせてくれなかった。だが、何でもないのだろう。私は数日向こうへ行って、どういうことか確かめてくる。私の不在中は君に代理を任せる。じっとしていて、私が戻ってくるまで何もしないように」。

センチュリー・ハウスでは、状況を話し合うため「長官と高官の会議」が「C」の執務室で開かれた。出席者は、新任の長官クリス・カーウェン、MI5のジョン・デヴェレル、ソ連圏班の統括官、そしてゴルジエフスキーの工作担当官ブラウンだった。会議の場に危機感はなかった。MI6の一部には、後になって、あのときは深刻な懸念を抱いていたと主張する者もいたが、スパイも普通の人間と同じく、事がすべて露見してから、実は最初から分かっていたと言う傾向がある。この工作は大成功の一歩手前にあり、この工作を最も熟知していた情報員ヴェロニカ・プライスとサイモン・ブラウンには、工作を打ち切るべき明確な理由が分からなかった。デヴェレルは、KGBがゴルジエフスキーを見破ったことを示唆する情報をMI5は入手していないと報告した。「私たちは、彼が戻っても安全かどうかよく分からないとの判断に至りました」と、ソ連圏統括官は語っている。最終的な判断はゴルジエフスキー本人に任されることになった。モスクワに戻るのを強制しないが、工作終了を推奨することもしない。「これは責任逃れだった」と、あるMI6情報員は後に振り返って主張している。「彼の命が危険にさらされていたのだから、私たちは彼を守るべきでした」。

ギャンブルで成功する秘訣は、先の展開を予測して相手の心を読む直感、つまり第六感だ。KGBが何かを知っていたとすれば、それは何だったのだろうか？

「決断するのはあなたです」

実は、モスクワはほんのわずかなことしか知らなかった。

防諜を担当するK局のヴィクトル・ブダノフ大佐は、多くの人が認める「KGBで最も危険な男」だった。一九八〇年代に東ドイツで勤務し、当時の配下だったKGB情報員の中に、若き日のウラジーミル・プーチンがいた。K局での彼の任務は、「異常な動き」を調査し、第一総局で情報を扱うさまざまな部署でセキュリティーを維持し、職員の汚職を取り締まり、スパイを排除することだった。熱心な共産主義者で、やせていて生気の感じられない男だったが、キツネのような顔と、高度な訓練を受けた弁護士のような頭脳を持っていた。仕事への取り組み方は几帳面で入念だった。彼は自分を、懲罰を下す者ではなく、規則を保持するために働く探偵だと思っていた。「私たちは常に法律の条文を厳格に守っていました。少なくとも私がソヴィエト連邦のKGBの防諜部や情報部で働いていたときは、そうでした。ソヴィエト連邦の領土内で有効な法律を破るような作戦は一度も実施しませんでした」。彼はスパイを、証拠と推理で捕まえようとしていた。

ブダノフは上司から、KGBに地位の高いモグラがいると教えられた。名前はまだ分からないが、居場所は分かっていた。もし、この裏切り者がイギリス情報部によって運用されているのなら、ロンドンのレジジェントゥーラにいる人物だろう。経験豊富な防諜担当情報員レオニート・ニキテンコは、ロンドンを離れる前に、ゴルジエフスキーの信頼性を疑う重要な報告書を何通も送っていた。エイムズが漏らした情報は、ニキテンコの証拠のない疑念と合わせて考えれば、この新レジジェントを指しているようだった。ゴルジエフスキーは容疑者だったが、唯一の容疑者ではなかった。ニキテンコが第二の容疑者だ。第三の容疑者は、まだ呼び戻してはいないが、パルシコフである。ほかにも容疑者はいた。MI6の活動範囲は全世界に及んでおり、モグラはどこにいてもおかしくなかった。ブダノフは、ゴルジエフスキーが裏切り者だと確信していたわけではなかった。しかし、モスクワに呼び戻せば、逃亡されるリスクを冒さず有罪か無罪かを確認できると確信していた。

翌一七日金曜日の朝、本部からゴルジエフスキーに宛てて二通目の緊急電報が届き、彼をいくらか安心させた。「君のモスクワ出張について、イギリスとイギリス問題について話すことになると思うので、具体的な協議のため、事実を十分そろえてしっかりと準備してきてほしい」。いつものように情報を極端に求めているので、通常の会合のように思えた。三か月前に権力を握ったゴルバチョフは、前年のイギリス訪問で成功を収めてから、イギリスに強い関心を寄せていた。チェブリコフは、しきたりを厳格に守ることで知られていた。もしかすると、何も心配することはないのかもしれない。

その夜、ゴルジエフスキーと担当官たちは再び隠れ家に集まった。ヴェロニカ・プライスがスモークサーモンと全粒粉パンを用意していた。テープレコーダーが回っている。

サイモン・ブラウンが状況を説明した。これまでのところ、オレークの召還が通常業務ではないことを示唆する情報を、MI6は何もつかんでいない。しかし、もし今ゴルジエフスキーが亡命を希望するなら、そうしてもらってかまわないし、そうなれば彼と家族を生涯にわたって保護し、面倒を見る。もしオレークが続行すると決断すれば、イギリスは未来永劫《えいごう》、恩に着る。工作は岐路に立っていた。今やめるのなら、これまでの賭けで勝った膨大な賞金をかき集めて銀行へ向かう。しかし、もし彼がKGB議長からレジジェントとして直接承認してもらった後でモスクワから帰ってきたら、今まで以上の賞金を当てることになるだろう。

ブラウンは、後にこう述べている。「もし彼が行かないと決断すれば、どう言われようと翻意しなかったでしょうし、私たちも翻意させようとはしなかったでしょう。私たちが本心からそう思っていたことは、彼にも分かっていたと思います。私はできるだけ公平に振る舞おうとしました」。

工作担当官であるブラウンは、こう告げて説明を締めくくった。「あなたが、どうも状況が悪そうだと思うのなら、すぐやめてください。最終的に決断するのはあなたです。でも、もしあなたが戻って状況が悪くなったら、私たちは脱出計画を実行します」。

ふたりの人間が同じ言葉を聞いても、まったく違うように受け取ることは、十分に起こりえる。これも、そうした状況のひとつだった。ブラウンは、オレークに絶好の機会を失うことになるかもしれないという点を意識させつつ、この工作をやめてもいいと提案しているつもりだった。ゴルジエフスキーは、モスクワへ戻るよう指示されているのだと思った。彼は工作担当官から、あなたはもう十分働いてくれたから、これで名誉とともに舞台を降りてもいいと言ってもらえると思っていた。しかしブラウンは、指示されたままを言うだけで、そうした道は示さなかった。決断はゴルジエフスキーに任された。

しばらくの間、ゴルジエフスキーはじっと下を向いて、一言もしゃべらずに座ったまま、考えに沈んでいるようだった。やがて、口を開いてこう言った。「私たちは転換点にいて、ここでやめれば、私が今まで果たしてきた任務や何かをすべて放棄することになるでしょう。確かにリスクはありますが、管理されたリスクであり、そうしたリスクを冒す覚悟が私にはできています。私は戻ります」。

あるＭＩ６の情報員の言葉を借りれば、「オレークは、私たちが彼に続けてもらいたいと思っていることを知っており、危険の明確な兆候がなかったので、勇敢にもこれを継続することにした」。

これで、脱出計画の立案者ヴェロニカ・プライスは大忙しとなった。もう一度、彼女はゴルジエフスキーに「ピムリコ」作戦の手はずをすべて最初から順に説明した。ゴルジエフスキーは、集合場所の写真を改めて眺めた。冬に撮影されたもので、待避所の入り口にある大きな岩は、雪をバックにして目立っていた。彼は、葉が鬱蒼と茂る木々の中で、この岩だと判別できるだろうかと思った。

ゴルジエフスキーがロンドンにいる間も、脱出計画はいつでも発動できるよう準備が整えられていた。MI6の情報員が新たにモスクワへ赴任するたび、計画の詳細が徹底的に説明され、暗号名「ピムリコ」のスパイの写真を見せられ（ただし本名は決して教えられなかった）、ブラッシュ・コンタクトの手順、回収地点、および脱出方法を教えられ、無言の複雑なジェスチャーで示される脱出信号や認識信号について指導を受けた。情報員はイギリスを出発する前、配偶者とともに、イギリス南部の都市ギルフォードの近郊にある森へ連れていかれて、車のトランクに乗り降りする練習を行ない、この名前の知らないスパイとその家族を救出することがどんなことなのかを身をもって体験した。赴任に当たっては、ルートと集合地点と国境通過に慣れておくため、どの情報員もイギリスから車でフィンランドを経由してソ連へ行くよう指示された。サイモン・ブラウンが一九七九年に初めて国境検問所を通過したとき、検問所にカササギが七羽止まっており、それを見た彼は、カササギを数える古い数え歌の一節「七羽は秘密、絶対にしゃべっちゃいけない」をすぐに連想した。

ゴルジエフスキーがモスクワに滞在中は、到着の数週間前から出国の数週間後までも含め、MI6チームはクトゥーゾフ大通りの信号地点を週に一度ではなく毎晩チェックせよと指示されていた。信号を出すのは火曜の夜が最善だった。その場合、脱出チームは四日後である同じ週の土曜日の午後に集合地点へ到達することができるからだ。しかし緊急の場合、チームは何曜日でも行動を開始することができた。例えば金曜日に信号が出れば、脱出は、ナンバープレートを支給する整備工場の営業時間が決まっているため、翌週の木曜日に実行されることになる。こうしたことがイギリス人スパイにどれだけ余計な負担になったかを、ある情報員は次のように生々しく語っている。「一年のいつになるかまったく分からなかったが、とにかく一八週間ほど、毎晩私たちはバスの時刻表とコンサートの案内が貼られた掲示板近くのパン屋を、『ピムリコ』が現れるものと思いながら――と同時に、現れたらどうしようといつも心配しながら――確認しなくてはならなかった。とりわけ冬は最悪だった。暗くて霧が深いせいで、確認するには歩いていくしかなく、歩道を除雪した雪がうずたかく積まれているため、三〇メートル以上離れると相手が誰だかほとんど分からなかった。しかも週に何回も、妻から今日の分のパンを買うのを忘れたので『あなた、悪いんだけどマイナス二五度の中、外へ行って硬くなった最後のパンを買ってきてもらえる？』と言われるのだ」。

「ピムリコ」作戦は、国内にいることがめったにないスパイが国内に来たとき救出できるよう立案された専用の脱出計画であり、この作戦の準備をするのは、MI6支局の最も重要な任務のひとつだった。MI6情報員は全員、アパートにグレーのズボンと、ハロッズの緑のバッグと、キットカットとマーズのチョコバーを常備していた。

計画には、もうひとつ変更が加えられていた。ゴルジエフスキーは、モスクワに着いた後、もしトラブルに見舞われたと分かったら、ロンドンへの警報として、ロンドンの自宅に電話を掛け、レイラに子供たちは学校でうまくやっているかと尋ねることとされた。電話は盗聴されているので、MI5が聞いているはずだ。警報の電話が来たらMI6に連絡が行き、モスクワ・チームが完全警戒態勢に入るという流れだ。

最後にヴェロニカ・プライスは、小箱をふたつ手渡した。ひとつには錠剤が入っていた。「気を張っておくのに効果があると思います」と彼女は言った。もうひとつは、セント・ジェームジズ・ストリートにあるタバコ店ジェームズ・J・フォックスで購入した、小さな袋詰めの嗅《か》ぎタバコだった。車のトランクに乗り込むときに体に振りかければ、国境警備の探知犬の注意をそらすことができるかもしれないし、万一KGBが彼の衣服や靴に化学物質を吹きかけていた場合、その物質の臭いをごまかせるかもしれなかった。ロンドン勤務のMI6情報員のチームが、国境のフィンランド側に設けた人目につかない集合地点で待機していて、国境を越えたオレークをイギリスまでひそかに連れていくことになっていた。ヴェロニカは、そのときが来たら私も同行して出迎えますよと言った。


その夜、ゴルジエフスキーはレイラに、「ハイレベルな協議」のためモスクワへ行くことになったが、二、三日でロンドンに戻ってくると告げた。彼は緊張していて、待ちきれない様子だった。「彼はレジジェントとして正式に任命されるのです。私も興奮していました」。彼女は、夫の指の爪がギリギリの所まで嚙み切られていることに気がついた。

諜報三都物語

一九八五年五月一八日土曜日は、三つの国の首都で活発な諜報活動が行なわれた日だった。

ワシントンでは、オールドリッチ・エイムズが現金九〇〇〇ドルを銀行口座に預金した。ロサリオには、この金は古い友人から借りたものだと言った。裏切りの興奮は徐々に冷め始め、代わりに現実問題として、CIAのスパイの誰かが、彼がKGBに接近したという噂を耳にし、その正体を暴露するかもしれないという不安が迫ってきていた。

モスクワでは、KGBがゴルジエフスキーの到着の準備を進めていた。

ヴィクトル・ブダノフは、レニンスキー大通りのマンションを徹底的に捜索させたが、問題のある西側の文学作品が何冊もあったことを除けば、有罪の証拠となるようなものは何も見つけられなかった。シェイクスピアのソネット集のハードカバーは、特に注意を引かなかった。マンションには、KGB局の技術員によって盗聴器が、電話も含め至る所に分からないように設置された。カメラが照明器具の中に隠された。出ていくとき、KGBの錠前師は部屋の玄関ドアの鍵を入念に掛けた。

同時にブダノフは、ゴルジエフスキーの人事ファイルを徹底的に調べた。離婚したことを除き、表面上、経歴に傷はなかった。優れたKGB情報員を父と兄に持ち、KGB将軍の娘と結婚し、努力と才能で出世してきた熱心な党員である。しかし、詳しく見てみると、同志ゴルジエフスキーの別の面が明らかになったのではないだろうか。KGBの調査ファイルは今後も公開される見込みはないので、調査官たちがいつ何を知ったのかを正確に述べることは不可能である。

しかし、ブダノフが検討すべき事柄はたくさんあった。ゴルジエフスキーが大学時代、後に亡命するチェコ人と親友だったこと。西側の文化に関心を抱いており、それには禁書も含まれていること。前妻が、彼はふたつの顔を持つ詐欺師だと言っていたこと。ロンドンに赴任する前、書庫にあるイギリス関連ファイルを持ち出して、ひとつ残らず読んでいたこと。イギリスからのビザが異例のスピードで支給されたこと、等々。

先にCIAがやったように、ブダノフもパターンを探した。KGBは北欧で、ホーヴィック、バーリリン、トレホルトという貴重な人材を三人も失っていた。ゴルジエフスキーはデンマーク時代、これらの工作員の噂を聞いて、西側の情報機関に密告したのだろうか？　それからマイケル・ベタニーだ。ニキテンコに聞けば、このイギリス人がKGBのスパイになりたいと奇妙な申し出をしたことをゴルジエフスキーも知らされていたことが確認できただろう。イギリス側はベタニーを、実に手際よく捕まえていた。

調べていけば、ゴルジエフスキーの勤務記録からも興味深い事実が分かっただろう。イギリスに赴任して最初の数か月は業績が非常に悪く、本国に呼び戻そうかという話さえあったが、その後、連絡員の範囲が大幅に広がり、情報報告書の深みと質も向上した。イギリス政府がイーゴリ・チトフとアルカージー・グークを立て続けに追放すると決定したのも、当時は目立たなかったが、今は違う。ブダノフは、かつてニキテンコが抱いていた疑念についても、ゴルジエフスキーがゴルバチョフ訪英中に提出した報告書がまるでイギリス外務省のブリーフィング資料を丸写ししたかのようだったことも含め、知っていたかもしれない。

ファイルの中には、もうひとつ手がかりになりそうなものがあった。一九七四年、二度目のデンマーク赴任中にゴルジエフスキーはイギリス情報部と直接コンタクトを取っていた。MI6情報員と判明していたリチャード・ブラムヘッドが彼に接近し、ランチに招待している。ゴルジエフスキーは決められた手順に従い、このイギリス人にコペンハーゲンのホテルで会う前に、レジジェントに報告して正式な許可を得ていた。当時の報告書には、このコンタクトに成果はなかったと記されていた。しかし、そうだったのだろうか？　ブラムヘッドは一一年前にゴルジエフスキーをスカウトしたのではないか？

状況証拠は確かに不利だが、有罪を確実に証明するものではない。後にブダノフは『プラウダ』とのインタビューで、ゴルジエフスキーを「KGBの第一総局で働く数百人の情報員の中から私自身が特定した」と自慢している。[*6] しかしこの段階では、まだ確かな証拠はなかった。彼の法律家らしい厳格な頭脳は、スパイを現行犯で取り押さえるか、それが無理なら完璧な自白を引き出すことでしか満足しなかっただろう。

　ロンドンでは、センチュリー・ハウスの一三階にいる「ノックトン」チームが興奮すると同時に、不安で緊張していた。

「不安と、責任という大きな重荷を感じていました」と、サイモン・ブラウンは語っている。「私たちは、彼が帰国して殺されるのを黙認しているのかもしれませんでした。あれは正しい決断だと思っていましたし、そうでなければ、行くなと説得しようとしていたでしょう。あれは計算されたリスク、統制された賭けだという気がしていました。でも、それを言うなら私たちは最初からリスクを冒していました。それが当たり前だったのです」。

　ゴルジエフスキーは、出発前に完了させなくてはならないKGBの任務があった。イギリスに来たばかりで「ダリオ」の暗号名で活動しているイリーガル工作員へのデッド・ドロップである。[*7] イギリスでのイリーガル作戦は、通常はレジジェントゥーラのNラインの情報員が行なうことになっていたが、今回は重要度が高いので新支局長が直々に実行すべきと考えられていた。

　すでに三月にモスクワから、足のつかない二〇ポンド札で八〇〇〇ポンドの現金が、これをダリオに渡せという命令とともに、送られてきていた。

　現金はイリーガルの到着時に渡せばよさそうなものだが、KGBは、複雑な方法を考案できる場合は、簡単な方法は絶対に選ばなかった。この「グラウンド」作戦は、何でも複雑にしたがる傾向の絶好の見本だった。

まず、レジジェントゥーラの技術部が、中が空洞になった模造レンガを作り、その中に現金を隠す。「ダリオ」は、現金回収の準備ができた合図として、当時のアメリカ大使館のそばにあるオードリー・スクエアの南側の街灯柱に青いチョークで印を残す。ゴルジエフスキーは、現金の入ったレンガをビニール袋に入れて、ブルームズベリー地区にある公園コーラムズ・フィールルズの北側の高いフェンスと歩道の間の草地に置くようにと指示されていた。「ダリオ」は、無事に受け取ったら、サドベリー・ヒル地区のパブ「バロット・ボックス」の近くにあるコンクリートの柱のてっぺんにチューインガムの塊を付けておくことになっていた。

ゴルジエフスキーは作戦の詳細をブラウンに説明し、ブラウンはそれをMＩ5に伝えた。

五月一八日土曜日の夕方、ゴルジエフスキーは娘たちを連れてコーラムズ・フィールルズへ遊びに行った。午後七時四五分、彼は袋に入れたレンガを落とした。近くにいたのは、赤ん坊を乳母車に乗せて押している女性と、自転車のチェーンをいじっているサイクリストのふたりだけだった。女性は、MＩ5でトップクラスの監視の専門家だった。乳母車には隠しカメラが入っていた。サイクリストはK局の局長ジョン・デヴェレルだった。数分後、男が早歩きでやってきた。屈《かが》んで袋を拾い上げると、しばらくじっとしていたので、隠しカメラで顔を撮影する時間は十分にあった。男は足早に北へ向かい、デヴェレルが追ったが、男はキングズ・クロスで地下鉄駅に入った。デヴェレルは急いで自転車にチェーンキーを掛けると、エスカレーターを駆け下りたが、間に合わなかった。男はすでに人混みに飲み込まれていた。MＩ5は、ロンドン北西部の変哲のないパブの外にあるコンクリート柱にチューインガムの塊を付けた人物を見つけるのにも失敗した。「ダリオ」は十分な訓練を受けていた。ゴルジエフスキーは、モスクワに電報を送って「グラウンド」作戦が無事完了したことを報告した。こうした注意を要する任務を任されたということ自体、彼はまだ信頼されていると考えてよい理由となった。

手を引く時間的余裕は、まだあった。しかしゴルジエフスキーは、日曜日の午後、妻と娘たちにキスをした。彼は、家族の顔を見るのはこれが最後になるかもしれないと思っていた。その気持ちを表に出さないように努めたが、それでもレイラと少しだけ長くキスをし、アンナとマリヤを少しだけきつく抱きしめた。それからタクシーに乗り込み、ヒースロー空港へ向かった。

五月一九日午後四時、途方もない勇気を奮って、オレーク・ゴルジエフスキーはモスクワ行きのアエロフロート機に搭乗した。

第三部

12 ネコとネズミ

モスクワでの神経戦

モスクワではゴルジエフスキーが、間違いであってほしいと願いながら錠をすべて再確認した。しかし、だめだ。第三の、これまで使ったことがなく、鍵も持っていないデッドボルト式の錠が掛かっている。KGBは気づいているのだ。「おしまいだ」。そう思うと同時に、背中を冷や汗が流れた。「すぐに私は死人になる」。KGBの好きなタイミングで逮捕され、尋問されて秘密をひとつ残らず絞り出され、そして殺される。「究極の刑罰」として、死刑執行人に頭を後ろから銃で撃ち抜かれ、墓標のない墓に葬られるのだ。

しかし、恐怖に満ちた考えが一瞬脳裏をよぎった後は、ゴルジエフスキーが受けた訓練の成果が機能し始めた。彼は、KGBがどう動くかを知っていた。もしK局が私の諜報活動を何から何まで発見していたら、私は自分のマンションのドアまでたどり着くことは決してなかっただろう。空港で逮捕され、今ごろはルビャンカの地下室にいるはずだ。また、KGBは誰も彼もをスパイしていた。もしかするとマンションに侵入したのは通常の調査の一環にすぎなかったのかもしれない。間違いないのは、私が監視下にあるとしても、調査官たちは逮捕するのに十分な証拠をまだ手にしていないということだった。

倫理的な規制に欠けていたことを考えると妙な話だが、KGBは法律を徹底的に順守する組織だった。ゴルジエフスキーは現在KGBの大佐である。裏切りの疑いがあるというだけで拘束することはできない。大佐を拷問にかける場合は厳密な規則があった。一九三六〜三八年に無実の人間を何人も破滅させた大粛清の影は、いまだに尾を引いていた。一九八五年には、証拠を集め、裁判を開き、正式な手順を踏んで判決を言い渡す必要があった。KGBの調査官ヴィクトル・ブダノフは、MI5がマイケル・ベタニーに対して行ない、どの有能な防諜機関も実践しているのとまったく同じことをした。容疑者を監視し、会話に耳を澄ませ、ミスを犯したり担当官とコンタクトを取ったりするのを待って襲いかかるのだ。違っていたのは、ベタニーは自分が監視されていることを知らなかったのに対し、ゴルジエフスキーは知っていたことだ。いや、正確に言えば、知っていると思っていたことだった。

それはともかく、彼はマンションの自室に入らなくてはならなかった。同じ棟の住人に、道具一式を持ったKGBの錠前師がいて、彼に鍵をなくしたと言うと、喜んで隣人の同僚情報員を助けてくれた。中に入ると、ゴルジエフスキーはKGBが来た証拠がほかにないか、慎重に調べ始めた。今も盗聴されているのは間違いない。技術員がカメラを設置したとすれば、盗聴器を探すなどの不審な動きがないか、念入りに見張っているはずだ。今後は、口から出る言葉はすべて聞かれ、動きはすべて見張られ、電話での会話はすべて録音されていると思わなくてはならない。普段と違ったことは何もないように振る舞わなくてはならない。冷静な態度で平然と自信に満ちた様子でいなくてはならないが、内心はそれとは正反対だった。室内に荒らされた形跡はない。薬棚にウェットティシューの箱があり、取り出し口にアルミホイルのシールが貼ってある。そのシールに、誰かが指で穴を開けた跡があった。「やったのはレイラかもしれない」と彼は考えた。「穴は何年も前から開いていたのかもしれない」。あるいは、KGBの捜査員が証拠を探して指を突っ込んだのかもしれなかった。ベッドの下の箱には、ソ連の検閲官が見たら扇動的と考えそうな、オーウェル、ソルジェニーツィン、マクシモフといった作家たちの本が入っている。以前リュビーモフから、こうした本を人目につく書棚に置いておくのは危険だと忠告されたことがあった。箱はそのままのようだった。ゴルジエフスキーが書棚に目をやると、オックスフォード大学出版局のシェイクスピアのソネット集が、どうやら手つかずのまま、元の場所にあるのに気がついた。

ゴルジエフスキーは上司の自宅に電話したが、電話に出たニコライ・グリビンはどことなくおかしかった。「声に温かみも熱意もなかった」。

その夜は、不安と疑問が頭の中を渦巻いて、ほとんど一睡もできなかった。「誰が裏切った？　KGBはどこまで知っている？」。

翌朝、彼は本部へ向かった。監視されている気配は感じられなかったが、だからと言って安心できるわけではなかった。グリビンとは第三部で会った。彼の様子はほぼ普通に見えたが、まったく普通というわけでもない。「準備を始めておくように」とグリビンは言った。「上のふたりがもうじき君を協議のために呼ぶだろうから」。ふたりは、チェブリコフとクリュチコフが新任のロンドン・レジジェントから何を知りたいと思っているのかについて、取り留めのない話をした。ゴルジエフスキーは、指示のとおり詳細なメモを持ってきたと告げ、その範囲は、イギリス経済から、対米関係、科学技術の発展など、多岐にわたっていた。グリビンはうなずいた。

一時間後、ゴルジエフスキーは第一総局副総局長になっていたヴィクトル・グルシコの執務室に呼ばれた。普段はたいへん気さくなウクライナ人だが、このときは緊張していて「ひどく質問したがっている」様子だった。

「マイケル・ベタニーをどう思う？」と彼は尋ねた。「結局のところ、彼は本物で、我々に本気で協力したいと思っていたようだね。第二のフィルビーになれたかもしれなかったな」。

「もちろん、彼は本物でした」とゴルジエフスキーは答えた。「それに、フィルビーよりもはるかによく、もっと役に立ったでしょう」（極端な誇張）。

「しかし、我々はどうしてそんなミスを犯したのだろう？」とグルシコはたたみかけた。「彼は最初から本気だったのだろう？」。

「そう思います。同志グークがなぜ同意しなかったのか、見当もつきません」

しばらく間を置いて、グルシコは続けた。

「グークは追放された。しかし、彼はベタニーについて何もしなかった。コンタクトすら取らなかった。それなのに、なぜ彼らはグークを追い出した［つまり追放した］のだろう？」

グルシコの言い方に、ゴルジエフスキーは胃が飛び出しそうになった。

「彼のミスは、ＫＧＢの人間に見える行動を取りすぎたことにあると思います。いつもベンツを乗り回し、KGBを自慢し、将軍のように振る舞っていましたから。そういうことをイギリス人は好みません」

この話題は、これで終わりになった。

数分後、空港でゴルジエフスキーを出迎えることになっていた情報員をグルシコが呼び出し、任務を果たせなかったことを大声で叱責した。「どうしたんだ？　君はゴルジエフスキーを出迎えて自宅へ送っていくことになっていただろう。どこにいたのかね？」。その男は口ごもりながら、空港で場所を間違えてしまいましたと言った。このやり取りは事前に打ち合わせしてあったように見えた。KGBはわざと誰も出迎えに寄こさず、到着時の動きを観察しようとしたのだろうか？

ゴルジエフスキーは執務室に戻ると、メモをいじりながら、自分が安全であることを示す上司からの呼び出しか、あるいは、終わりを意味する防諜部からの召喚が来るのを待った。しかし、どちらも来なかった。彼は帰宅し、当惑しながら、さらなる一夜を、恐ろしい想像に苦しみながら過ごした。翌日も同じだった。何でもない状況ならゴルジエフスキーは退屈したかもしれないが、実際は心に大きな不安を抱えていた。三日目、グリビンが顔を出し、今日は早めに退勤するので、家まで車で送ってあげようと言った。

「もし呼び出しが来て、私がいなかったらまずいのでは？」とゴルジエフスキーは尋ねた。

「今夜はもう誰も呼びに来ないよ」とグリビンは答えた。

雨の道を徐行して走る車の中で、ゴルジエフスキーは、できるだけ何気ない風を装って、しなくてはならない大事な仕事がロンドンにあると言った。

「もしモスクワにいる理由がないのなら、戻ってその件を処理したいんだ。NATOの重要な会議が迫っているし、議会の会期ももうじき終わる。部下の何人かには、連絡員の運用を指導する必要があるし……」

グリビンは、少し軽快すぎる感じで手を振った。「ああ、馬鹿なことを言うなよ！　一度に何か月も不在になる者も大勢いるだろう。代わりの効かない人間なんていないんだから」。

翌日も、内面に不安を抱えながらも外面は何でもない風を装って一日が終わった。その翌日も同じだった。欺瞞の奇妙なダンスが進行中で、ゴルジエフスキーもKGBも、ステップを合わせている振りをしながら、相手がつまずくのを待っている。緊張が弱まることはなく、緊張を分かち合う相手もいない。監視を察知することはできなかったが、第六感が、目と耳が隅といわず陰といわず至る所にあると告げていた。ビッグ・ブラザーが彼を監視していた。いや、正確に言えば、バス停の男が彼を監視し、通りで近くに居合わせた人が彼を監視し、ロビーでサモワール［ロシア特有のお茶用湯沸かし器］を持った老婦人が彼を監視していた。いや、もしかすると誰も監視していないのかもしれない。何事もなく数日が過ぎると、ゴルジエフスキーは、私の不安は気のせいだったのだろうかと思い始めた。そこへ、そうではないという証拠がやってきた。

第三部の廊下で、彼はS局（イリーガルのネットワークを担当）の同僚ボリス・ボチャロフとばったり出会い、呼び止められてこう言われた。「オレーク、イギリスはどうなっているんだ？　どうしてイリーガルは全員撤収させられたんだ？」。その言葉にオレークはショックを受けたが、何とかうまくごまかした。極秘スパイを撤収させる命令が意味するところはひとつしかない。KGBはイギリスで秘密が漏れていることに気づき、イリーガル・ネットワークを緊急に解体しようとしているのだ。現金の入ったレンガを受け取った「ダリオ」がロンドンで覆面スパイとして活動した期間は一週間にも満たなかった。彼の正体は、今も不明のままである。

ゴルジエフスキーのデスクでは、覚えのない小包が待っていた。小包には「グルシコ氏親展」とある。ロンドンのレジジェントゥーラから外交用郵袋で届いたもので、ゴルジエフスキーが現在のロンドン・レジジェントなので、まず彼の所へ送るのが当然だと職員は考えたのだ。震える手で小包を振ってみると、中からコトコトという乾いた音と、留め金がカチャカチャと鳴る音が聞こえた。これは間違いなく私の肩掛けかばんだ。ロンドンのデスクに置いてきた、重要書類がたくさん入ったかばんに違いない。KGBは証拠を集めている。落ち着くんだ。彼は自分に言い聞かせた。いつもどおりに振る舞え。彼は小包をグルシコの執務室に渡すと、デスクに戻った。

「兵士は大砲が発射を開始した音を聞くと、ある種のパニックになるという。それと同じことが私に起きた。私は、脱出計画さえ思い出せなくなっていた。それどころか、『あの計画は、どのみち頼りにならない。忘れてしまって、首の後ろを銃で撃たれるのを楽しみに待とう』と思った。私は思考停止状態だった」

その晩、彼はケンジントンのアパートに電話を掛けた。レイラが出た。ロンドンとモスクワの両方で録音装置のスイッチが入った。

「子供たちは学校でうまくやっているかい？」。彼は一語一語はっきりと発音しながら尋ねた。

レイラは、特に変わった様子に気づくことなく、娘たちはちゃんとやっているわと答えた。ふたりが二分ほど会話を続けてから、ゴルジエフスキーは電話を切った。

グリビンは、外面だけ愛想よくしながらゴルジエフスキーに、週末は私のダーチャで過ごさないかと言って誘った。この部下がうっかり何かを漏らすかもしれないのでピッタリくっついていろという命令を受けているのは明らかだった。ゴルジエフスキーは、モスクワに戻ってから母と妹のマリーナにまだ会っていないからといって、招待をていねいに断った。それでもグリビンは、ぜひ会いたいと食い下がり、妻と一緒にゴルジエフスキーの自宅へ行くと告げた。やってきたグリビン夫妻とともに、天板が模造大理石でできたコーヒーテーブルに座って、彼らは何時間もロンドンでの生活や、娘たちがどんどん大きくなり、英語を母語のように話していることなどを語った。娘のマリヤは、主の祈りを英語で暗記してしまったほどだ。彼らのやり取りを何気なく聞いていると、まるでゴルジエフスキーが、かつての同僚と楽しくお茶を飲みながら海外赴任の楽しさを語る子煩悩な父親のように思えるかもしれない。しかし、その裏では、拳で殴りあうような激しい神経戦が人知れず繰り広げられていた。

「何もかも自白せよ！」

五月二七日月曜日の朝になると、ゴルジエフスキーは寝不足と緊張でボロボロになっていた。家を出る前、ヴェロニカ・プライスからもらった錠剤を一粒飲んだ。処方箋なしで買えるカフェイン・ベースの興奮剤で、大学生が試験勉強のため徹夜するとき気を張っているのに使うことが多い薬だ。本部に着くころには、ゴルジエフスキーの気分はよくなり、疲労感が少し軽くなった。

デスクに座ってわずか数分後に電話が鳴った。部長の執務室との直通電話だ。

ゴルジエフスキーは、わずかに希望が高まるのを感じた。もしかすると、ずっと待っていたKGB議長たちとの会合が近いのかもしれない。彼は、ヴィクトル・グルシコが電話に出ると「議長たちですか？」と尋ねた。

「まだだ」と、グルシコは穏やかに言った。「だが、イギリスにハイレベルな工作員を潜入させる件について君と話がしたいという人物がふたりいるのだ」。そう言って、会合の場所はビルの外にすると付け加えた。グルシコも同席するという。これはまったく異例なことだった。

懸念が高まる中、ゴルジエフスキーはブリーフケースをデスクに置いて、ロビーに向かった。しばらくしてグルシコが現れ、路肩に停めてあった車に案内した。運転手が車を急旋回させて裏門から通りに出て、一・五キロほど走ると、高い塀に囲まれた区画の前で停車した。ここは、第一総局への訪問者や客を宿泊させるのに使われている建物群がある場所だ。親しげに話しながら、グルシコはゴルジエフスキーを小さな平屋住宅に連れてきた。感じのいい建物で、周囲に低い杭垣がめぐらせてあり、見たところ警備員などはいないようだ。天気はすでに蒸し暑くなっていたが、家の中は涼しくて風通しがよく感じられた。中央には、複数の寝室と接する細長い部屋があり、数は少ないがエレガントな新品の家具が備え付けられていた。ドアの脇には給仕係として、五〇代の男性と、それより年が下の女性の計二名が立っていた。ふたりとも、相手が訪問中の外国高官であるかのような態度でゴルジエフスキーにうやうやしく挨拶をした。

着席すると、グルシコはボトルを一本取り出した。「ほら、アルメニア産のブランデーだ」とうれしそうに言うと、二個のグラスに注いだ。ふたりは飲んだ。給仕係は、取り皿と、サンドイッチとチーズとハムとイクラが載った大皿をテーブルに並べた。

そのとき、ふたりの男が部屋に入ってきた。どちらもゴルジエフスキーの知らない人物だ。年上の方はダークスーツを着ていて、酒もタバコも盛んにやりそうな、カサカサでしわの寄った顔をしている。年下の方は背が高く、面長で鋭い目鼻立ちをしている。どちらも笑っていない。グルシコはふたりを紹介することもなく、ただ、このふたりが「非常に重要な工作員をイギリスで運用する方法について君と話したがっている」と言うだけだった。ゴルジエフスキーの不安が、さらに一段階上がった。「私は思った。『そんなのは馬鹿げた話だ。今イギリスに重要な工作員はいない。これには別の理由がある』」。グルシコはかまわずに話を続けた。「まず食べましょう」と、まるで楽しいワーキングランチの進行役であるかのように言った。男性の給仕がブランデーをさらに注いだ。男たちはグラスを飲み干し、ゴルジエフスキーも続いた。新しいボトルが出てきた。さらに注がれて、また飲んだ。見知らぬふたりは雑談をほとんどしなかった。年上の方は、ひっきりなしにタバコを吹かしていた。

すると、驚くほど突然に、ゴルジエフスキーは現実世界がぐらぐらと揺れて幻覚のような夢の世界に変わっていくのを感じた。その夢の中で彼は、意識があるかないかの状態で、遠く離れた場所から、光を曲げるゆがんだレンズを通して自分の姿を観察しているような気がした。

ゴルジエフスキーのブランデーには、ある種の自白剤が混ぜられていた。おそらく薬は、KGBが製造した向精神薬SP‐117だったのだろう。即効性のバルビツール酸系麻酔薬であるチオペンタール・ナトリウムの一種で、無色・無味・無臭であり、心理的な抑制を解いて口を割らせることを目的とした薬剤だ。給仕係は、他の三人には最初のボトルからブランデーを注ぎ、ゴルジエフスキーのグラスには、悟られぬように別のボトルから注いだのである。

年上の男は、KGBで国内の防諜を担当するK局の局長セルゲイ・ゴルベフ将軍だった。もうひとりは、KGBの腕利きの調査官ヴィクトル・ブダノフ大佐だった。

彼らは質問を始め、ゴルジエフスキーは知らず知らずに、自分が何を言っているのかおぼろげにしか分からぬまま、質問に答えていた。それでも、彼の脳の一部は意識を保っており、身を守ろうとしていた。「気を張っているのだ」と彼は自分に言い聞かせた。ゴルジエフスキーは、自白剤入りのブランデーで意識が朦朧《もうろう》とする中、汗と恐怖に苦しめられながら、生きるか死ぬかの戦いをしていた。彼は、KGBが秘密を聞き出すのに肉体への拷問ではなく薬を使うことがあると聞いたことはあったが、まさか自分がこのように神経系への化学攻撃をいきなり仕掛けられるとはまったく予期していなかった。

　それからの五時間、ゴルジエフスキーには何が起きているのかよく分からなかった。それでも後に記憶のかけらを、薬で霧のかかった意識の奥から思い出すことはできたが、それらはまるで、ぼんやりと覚えている切れ切れの強烈な悪夢のようだった。いきなり鮮明になる場面、断片的な言葉やフレーズ、尋問者たちの不気味な顔がよみがえってくる。

　朦朧とした意識の中で助けに来たのが、当時モスクワで亡命生活を送っていたイギリス人老スパイ、キム・フィルビーだった。「絶対に自白するな」と、フィルビーはKGBの研修生たちに忠告していた。[*1] 向精神薬の影響を受けている中、フィルビーの言葉が何度も聞こえてきた。「フィルビーのように、私はすべてを否認した。否認し、否認し、否認する。本能的な反応だった」。

　ブダノフとゴルベフは、オーウェルやソルジェニーツィンなどの文学について話したがっているようだった。「なぜ、こうした反ソヴィエト的な書籍を何冊も持っているのだ？」とふたりは問い質した。「外交官としての立場を意図的に利用して、違法と知っている物を持ち込んだのだろう」。

「いいえ、違います」と言う自分の声がゴルジエフスキーに聞こえた。「政治情報担当官として、ああいった本を読む必要があったのです。基本的な背景知識が得られるのです」。

　突然、彼の隣にグルシコが満面の笑みを浮かべて現れた。「よくやった、オレーク！　すばらしい会話をしているじゃないか。続けて！　何もかも話すんだ」。そう言うとグルシコは姿を消し、再び二名の尋問官が、上から彼の顔をのぞき込んでいた。

「我々は、君がイギリス側の工作員であることを知っている。君の有罪を示す、動かぬ証拠も持っている。自白するんだ《プリズナーイシャ》！」

「いいえ！　自白することなど何もありません」。背もたれにぐったりと寄りかかり、全身汗まみれになりながら、彼は意識が遠のいたり戻ったりするのを感じていた。

ブダノフは、聞き分けのない子供を相手にするときのような、なだめる感じの声で言った。「数分前はとてもきちんと自白したじゃないか。さあ、もう一度繰り返して、さっき言ったことを認めてごらん。もう一度自白するんだ！」。

「私は何もしていません」と、彼は溺れる者が藁をつかむような思いで自分の嘘にすがりながら、必死に言った。

　どこかの時点で彼は自分がよろよろと立ち上がり、バスルームに駆け込むと洗面器に激しく嘔吐したのを思い出した。二名の給仕係が部屋の隅から嫌なものを見るような目つきでにらんでいるようで、以前のうやうやしさは微塵もなかった。彼は水を求め、胸元にこぼしながら、ゴクゴクと飲んだ。グルシコは、現れたかと思うと消えるのを繰り返していた。尋問官たちは、なだめるような態度と非難する態度とを交互に取っているようだった。あるときは、「共産主義者である君が、娘が主の祈りを唱えることができるのを、どうして誇りに思えるのかね？」と優しく諭《さと》す。そうかと思えば次の瞬間、スパイや亡命者たちを暗号名で次々と呼びながら、彼を罠にはめようとする。「ウラジーミル・ヴェトロフはどうだ？」とブダノフは、前年にフランス情報部に協力したため処刑されたＫＧＢ情報員の名前を出して問い詰めた。「彼をどう思う？」。

「何の話か分かりません」とゴルジエフスキー。

するとゴルベフは切り札を出した。「我々は誰が君をコペンハーゲンでスカウトしたのかを知っている」と怒鳴り声で言った。「リチャード・ブラムヘッドだ」。

「馬鹿らしい！　それは違います」

「だが、君は彼についての報告書を書いている」

「確かに彼とは一度会って、その会合について報告書を書きました。しかし、彼は特に私に関心があったわけではありません。誰にでも話しかけていて……」

ブダノフは攻め方を変えた。「我々は、君が奥さんに掛けた電話はイギリス情報部への信号だったことを知っている。認めるのだ」。

「いいえ」と彼は言い張った。「それは違います」。否認せよ、否認せよ、否認せよ。

尋問官たちは手を緩めなかった。「自白せよ！」とふたりは言った。「すでに一回自白しているんだ。もう一度自白しろ！」。

意志の力が弱まっているのを感じ取ったゴルジエフスキーは、わずかな反抗心を振り絞り、KGBの尋問官ふたりに向かって、あなた方はスターリンの秘密警察も同然ですね、無実の者から偽の自白を引き出すのですから、と言った。

ブランデーに最初に口をつけてから五時間後、部屋の明かりが急に暗くなったようだった。ゴルジエフスキーは、頭を後ろにのけぞらせたまま、自分が死んだような疲労感に飲み込まれているのを感じ、やがて漆黒の中へゆっくりと落ちていった。

ゴルジエフスキーは清潔なベッドで目を覚ました。窓からは朝日が差し込んでおり、体には上下の下着しか身に付けていなかった。口の中は乾き切っており、頭はこれまで一度も経験したことがないほど猛烈に痛い。一瞬、自分がどこにいるのかも、何があったのかも分からなかったが、やがてゆっくりと、恐怖が高まるのを感じながら、前日の出来事の一部が断片的によみがえってきた。ベッドで体を起こそうとすると、吐き気が込み上げてきた。「私は終わった」と彼は思った。「彼らはすべてを知っている」。

しかし、この結論とは対照的に、KGBはすべてを完全に知っているわけではないかもしれないことを示唆する自明の事実がひとつあった。ゴルジエフスキーがまだ生きているという事実だ。

男性の給仕係が、再びうやうやしい態度になって、コーヒーを持ってやってきた。ゴルジエフスキーは何杯も立て続けに飲んだ。頭はまだずきずきと痛んだが、それでも、ドアのそばにきちんと吊してあったスーツを着込んだ。靴紐を結ぼうとしていたとき、ふたりの尋問官が再び現れた。ゴルジエフスキーは気を引き締めた。コーヒーに薬が入っていたのだろうか？　あの薬で朦朧とした状態に、また戻るのだろうか？　しかし、違った。霧がかかっていた彼の頭脳は、刻一刻と晴れ渡っていくようだった。

ふたりは、いぶかしげな顔で彼を見た。

「君は我々にずいぶん無礼な態度を取ったのだよ、同志ゴルジエフスキー」と、年下の男が言った。「君は我々を、一九三七年の大粛清の精神をよみがえらせたと言って非難したのだよ」。

ブダノフの態度は、陰気な怒りに燃えていた。スターリン時代の殺し屋同然というゴルジエフスキーの非難は、法的妥当性を守ろうとする彼の自尊心を傷つけた。彼は自分を調査官だと思っていた。規則を守り、真実を追い求める探究者であって、異端審問官などではなく、私は虚偽ではなく事実しか扱わないと自負していた。「同志ゴルジエフスキー、君の言ったことは正しくないし、私はそれを証明するつもりだ」。

ゴルジエフスキーは当惑した。彼は尋問官たちが、獲物を捕らえてこれから仕留めようとする狩人のような、勝ち誇った態度を取るものだと思っていた。しかし彼らは、困惑してイライラしているようだった。それまで当惑していたゴルジエフスキーは、突然はっきりと悟り、それとともにわずかな希望も湧いてきた。彼はこのふたりの尋問官が、求めていたものをまだ手に入れてはいないことに気づいたのである。

「もし無礼な態度を取ったのでしたら、謝罪します」と彼はつっかえ気味に言った。「よく覚えていないのです」。

ぎこちない沈黙が下りた。やがてブダノフが口を開いた。「まもなく車が来て、君を自宅まで送っていく」。

一時間後、よれよれの格好で当惑したままのゴルジエフスキーは、レニンスキー大通りのマンションの前にいた。自宅の鍵は執務室のデスクに置いてきたままだったので今度も中に入ることができず、今回も同じ棟の錠前師に頼んで入れてもらった。すでに日は高くなっていた。ゴルジエフスキーは、監視されていることを今まで以上に意識しながら椅子に座り込むと、昨晩の出来事を思い出そうとした。

尋問官たちは、リチャード・ブラムヘッドについて知っているようだった。さらに、レイラへの電話がイギリス情報部への警告であることにも気づいていたようだ。しかし、彼の大々的な諜報活動の全体像までは、少なくともまだ分かっていないのは明白だった。彼には、彼らが罪を認めて自白せよと怒りながら迫ってきたにもかかわらず、自分自身はひたすら否認したとの確信があった。自白剤はうまく効かなかった。どうやら朝に飲んだ一粒の興奮剤のおかげでチオペンタール・ナトリウムの効果が完全には発揮されなかったらしい。ヴェロニカ・プライスも、錠剤を渡したときには、こんなラッキーな副作用があるとは思ってもいなかっただろう。それでも、自分は疑われていないという、わずかばかりの希望はこれで雲散霧消した。KGBは私を追いつめようとしている。尋問官たちはまた現れるだろう。

薬の影響が引いていくにつれ、吐き気に代わってパニックがだんだんと強まってきた。午後になると、緊張にこれ以上耐えられなくなった。彼は執務室にいるグルシコに電話し、なるべく平静を装って言った。

「もしあの人たちに無礼な態度を取っていたのなら謝りますが、ふたりは非常に変でした」

「いや、いや」とグルシコは答えた。「彼らはすばらしい人物だ」。

次に部長のグリビンに電話した。

「奇妙なことがあって、とても心配なんだ」とゴルジエフスキーは言った。そして、小さな平屋住宅に連れていかれて、ふたりの見知らぬ人物に会い、その後に意識を失ったと説明した。尋問のことは何も覚えていない振りをした。

「心配しなくていい」と、グリビンはなだめるような調子で嘘を言った。「大丈夫、大きな問題は何もないから」。

限りなくグレー

ロンドンでは、レイラが、どうして夫はあれから電話を掛けてこないのだろうと不思議に思い始めていた。やがて、理由を知らされた。五月二八日の朝、大使館の職員がいきなりアパートにやってきた。その職員によると、オレークは病気になり、心臓にちょっとした問題が生じたのだという。「心配するほどのことはないですが、すぐに娘さんたちを連れてモスクワに戻った方がよいでしょう。大使館の運転手が迎えに来ます。レジジェントの夫人ですから、飛行機はファーストクラスです。持っていくのは手荷物だけにしてください。ご家族全員すぐにロンドンに戻ってくるのですから」。職員が玄関で待つ間、レイラは大急ぎで荷造りをした。「もちろん、オレークのことが心配でした。どうして自分で電話して、大丈夫だと安心させてくれなかったのかと思いました。電話をくれないなんて、変でした」。もしかして心臓の病気は、この職員が教えてくれた状態よりも深刻なのかもしれない。娘たちは、突然の休暇でモスクワへ行けることに興奮していた。三人が外の玄関で待っていると、大使館の車が近づいてきた。

ゴルジエフスキーは、ほとんど眠れぬ夜を過ごすと、身支度をし、興奮剤を二錠飲んでから、普段と変わらぬ出勤を装いつつ、これが最後の出勤になるかもしれないと思いながら、本部へ向かった。デスクに座ってほんの数分後に電話が鳴り、再びグルシコの執務室に呼び出された。

執務室へ行くと、大きなデスクの向こうにKGBの裁判官たちが待っていた。グルシコの両側には、石のような硬い表情のグリビンと、K局のゴルベフ局長が座っていた。ゴルジエフスキーは椅子に座れとは言われなかった。

続いて、諜報の世界を舞台とした見事な一幕が始まった。

「我々は、君が長年、我々をだましてきたことをよく知っている」とグルシコは、判決を言い渡す裁判官のような態度で宣告した。「しかし、我々は君をKGBに残すという決定を下した。君のロンドン勤務は終わる。君は非作戦部門へ異動となる。君に残っている休暇は、好きなだけ取ってよい。君の家にある反ソヴィエト的な書籍は、第一総局の図書室へ引き渡さなくてはならない。そして、いいかね、今後数日はもちろん、それ以降も、ロンドンへ電話を掛けてはならない」。

グルシコは一呼吸置くと、ほとんどいわくありげな口調で、こう付け加えた。「我々が君について、どれほど珍しい情報源から知ったのか、君には分からないだろう」。

ゴルジエフスキーは驚き、一瞬言葉を失った。この場面があまりに異常だったため、彼の方で何かドラマチックな演技をする必要があるように思われた。彼は、半ば意図的に困惑した風を装って言った。「月曜に起こったことは、本当にすみませんでした。飲み物か、あるいは食べ物に問題があったようで……具合が悪くなったのです。ひどい気分でした」。

尋問官ゴルベフは、これを聞いて目を覚ましたらしく、次のように反論したが、その発言は妙に現実離れしていた。「馬鹿な。食事に問題はなかった。美味だった。イクラのサンドイッチは絶品で、ハムのサンドイッチもそうだった」。

ゴルジエフスキーは、また幻覚を見ているのだろうかと思った。この場で私は裏切り行為を告発されているのに、主任尋問官は、KGBのサンドイッチの品質を擁護しているのだ。

ゴルジエフスキーはグルシコに向かって言った。「ヴィクトル・フョードロヴィチ、私が長年あなた方をだましていたとあなたが言ったことについてですが、私はそれが何の話か、本当に分かりません。しかし、あなた方がどんな決断を下されようと、私は情報員として、また紳士として、それを甘んじて受けるつもりです」。

そう言うと、濡れ衣を着せられた怒りと、軍人らしい威厳をあらわにしながら、踵《きびす》を返して部屋から出ていった。

デスクに戻ると、ゴルジエフスキーは頭がくらくらするのを感じた。彼は、敵国の情報部のために働いたとして告発された。これまでKGBの情報員には、そこまでのことをせずとも銃殺された者たちがいた。それなのに彼らは彼を今までどおり雇用し続け、休暇を取れと命じている。

しばらくしてグリビンが部屋に入ってきた。グルシコの執務室での異様な場面で、彼は一言も発しなかった。その彼は今、悲しそうな目つきでゴルジエフスキーを見ていた。

「何て言っていいやら」

ゴルジエフスキーは罠だと感じた。

「コーリャ、これがいったいどういうことか、私にはよく分からないんだが、もしかして、党の指導者たちについて批判的なことを言ったのを聞かれて、それで大々的な陰謀が進行しているんじゃないだろうか」

「それだけだったらいいんだが」とグリビンは言った。「無分別な発言をマイクで録音されたという問題だったらいいんだが。でも、どうやらそれよりずっと、はるかに悪いことらしい」。

ゴルジエフスキーは、改めて当惑する振りをした。「そんなことを言われても」。

グリビンはじっと見つめて言った。「とにかく冷静に対応するよう心掛けるんだ」。それは死刑の言い渡しのように聞こえた。

マンションに戻ると、ゴルジエフスキーは何が起きたのかを理解しようとした。KGBは寛大な処置を取る組織ではない。真実の一端でもつかんでいたら、私は身の破滅だ。しかし、まだルビャンカの地下室に送られていないということは、尋問官たちは私が有罪だという決定的な証拠を依然としてつかんでいないとしか考えられない。「その時点では、KGBが何に気づき、何に気づいていないかは分からなかった。しかし、さらなる調査の間は刑の執行が延期されているとはいえ、私が実質的に死刑宣告を受けているのは明らかだった」。KGBは長期戦の構えだった。「彼らは私をもてあそぶことにしたのだ」と彼は思った。「ネコがネズミを相手にするようなものだ」。やがてネコは遊ぶのに飽き、死ぬまでネズミを怖がらせるか、いっそ殺してしまうだろう。

ヴィクトル・ブダノフには立証しなくてはならない点があった。ゴルジエフスキーは、自分が助かったのはヴェロニカの興奮剤のおかげだと思っていた。だが実際には、彼がまだ生きているのは、尋問の最中に言った、尋問官たちをスターリンの殺し屋に比した反抗的な発言が理由だったのかもしれない。ブダノフは、この発言にいら立っていた。彼は証拠を求めていた。そこで、ゴルジエフスキーに自分は安全だと思わせた上で監視下に置き、いつか彼が耐えられなくなるか、自白するか、あるいはＭＩ６とコンタクトを取ろうとしたら、そのときに捕まえようと考えた。急ぐ必要はまったくなかった。容疑者の逃げる場所はどこにもなかったからだ。これまでに疑いを掛けられたスパイが、KGBの監視を受ける中でソヴィエト連邦から脱出できたことは一度もなかった。容疑者の尾行は、通常であれば第七局が所属の監視員を使って行なうが、今回は第一総局のチームを使うことが認められた。グルシコが強硬に主張したのだ。これは彼の部署の問題であるから、彼の部署が解決すべきであり、第一総局以外の者で何が起きているのかを知る人間が少なければ少ないほど都合が（特にグルシコのキャリアにとって）よかった。監視チームはゴルジエフスキーが知っていそうな人間であってはならず、そのため中国を担当する部署の監視チームが一時的に任務を担当することになった。彼らは、容疑者が誰で、その容疑が何なのか正確には教えられず、ただ、彼を尾行して動きを報告し、見失わないようにせよと命じられた。ゴルジエフスキーの家族がモスクワに戻ってきたら、逃亡を試みる可能性はさらに低くなる。レイラと娘ふたりは、本人たちに自覚のないまま人質になる。二度目となる日中の住居侵入がゴルジエフスキーのマンションに対して実施され、靴と衣類に放射性ダストが再び吹きつけられた。このダストは、裸眼では見えないが、特殊な眼鏡を使えば見ることができ、専用のガイガーカウンターを使って追跡できる。今後ゴルジエフスキーはどこへ行っても放射性の足跡を残すことになるだろう。

ブダノフは、自白剤がきちんと効かなかったことを残念がったが、ゴルジエフスキーは尋問中の会話の内容をまったく覚えていないようだった。調査は予定どおりに進行していった。

チームはゾンビ化した

そのころロンドンでは、「ノックトン」チームが懸念を深めていた。「とても長い二週間でした」とサイモン・ブラウンは語っている。ＭＩ５から、ゴルジエフスキーがモスクワから妻に電話を掛けたとの連絡があったが、会話は一部しか録音できず、何よりも重要な、ゴルジエフスキーが娘たちの学校生活について尋ねたかどうかも、盗聴担当者は確認できなかったと告げられた。ゴルジエフスキーは、問題が発生したと連絡してきたのだろうか？「確かな結論を導き出すのに十分な証拠がなかった」。ＭＩ５の盗聴チームとの連絡を担当するＭＩ６高官は、一体全体どうしたらゴルジエフスキーが出した警報を聞き逃したりできるのだと質問されると、答えの代わりに、古代ローマの詩人ホラティウスの一節を引用して、こう言った。「*Indignor quandoque bonus dormitat Homerus*（インディグノル・クァンドークェ・ボヌス・ドルミータット・ホメールス）」。しばしば簡単に「ホメロスも居眠りをする」と訳され、「どんな名人も失敗をする」という意味で使われる一文だ。どうやら、どれほど訓練を積んだ専門家でも、居眠りをしてしまうことがあるようだ。

続いて、ハンマーで殴られたような一撃が来た。ＭＩ５から、レイラ・ゴルジエフスキーと子供ふたりがモスクワ行きの飛行機を予約したとの報告が来たのだ。「それを聞いたときは、血の凍る思いがしました」とブラウンは述懐している。ゴルジエフスキーの家族が突然呼び戻されたということは、それが意味するところはひとつしかない。彼はＫＧＢの手中にあり、介入するのはもはや不可能ということだ。「彼女たちの移動を食い止めたら、それは彼にとっての死刑宣告になったでしょう」。

緊急電報がＭＩ６のモスクワ支局に送られ、「ピムリコ」作戦の開始に備えて厳戒態勢を取れとの指示が出された。しかし、ロンドン・チームの内部では強い悲観的な見方が生まれ、誰もがこの工作は終わったと思った。「家族がモスクワに戻された以上、ゴルジエフスキーがすでに逮捕されているのは間違いないと思われました。脱出できる可能性はまずないと思いました」。スパイは割り出された。しかし、どうやって？　どこで間違えたのだ？

ブラウンは、こう語っている。「ひどい時期でした。『ノックトン』チーム全体がショックを受けていました。私は執務室に入るのをやめました。中では誰もがゾンビのように歩き回っていたからです。時間がたつにつれて私は、我々は救いようのないミスを犯し、オレークは死んだのだと思い込んでいきました」。

MI6の全情報員の中で、ゴルジエフスキーに最も強い親近感を抱いていたのがヴェロニカ・プライスだった。一九七八年以来、彼を守ることが彼女にとって最も重要な義務であり、彼女の頭を日々悩ませてきたことだった。彼女の態度は以前と変わらずきびきびとしていて実務的だったが、内心、たいへん気にかけていた。「私は、計画について私たちにできることはすべてやったと思っていました」と彼女は語っている。「あとは、作戦を引き継ぐモスクワの人たちに任せるだけでした」。プライスは、絶望してはいなかった。彼女が守るべき人物、彼女が特に責任を負うべき人物はいなくなったが、きっと見つかって救出されると確信していた。

以前プライスは、ソ連・フィンランド国境では初夏になると蚊が大量発生することがあると聞かされていた。そこで彼女は蚊よけ剤を購入した。

ロイ・アスコット子爵（後に伯爵）は、MI6のモスクワ支局長であり、これまでにイギリスが生んだ、おそらく最も高貴な血筋のスパイだった。曽祖父はイギリスの首相だった。父方の祖父は、彼が名前をもらった人物で、当代随一の学者・法律家だったが、第一次世界大戦で戦死した。第二代伯爵である父は、植民地の行政官だった。人は貴族に対して、こびへつらうか、拒否反応を示すかの、どちらかの態度を取りがちだ。上流階級の一員であることは、スパイ活動にとって絶好の隠れ蓑であり、アスコット子爵はとりわけ有能なスパイだった。一九八〇年にMI6に加わると、ロシア語を学び、一九八三年に三一歳の若さでモスクワに赴任した。

イギリスを出国する前、アスコットと妻キャロラインは、「ピムリコ」作戦のブリーフィングを受けた。赴任する情報員の配偶者は、MI6支局に追加で配属される無給の助手として扱われ、必要に応じて高度な秘密を伝えられていた。建築家の娘だったキャロライン・アスコット子爵夫人は、学問好きで、想像力に恵まれ、何があっても思慮分別を失わない女性だった。アスコット夫妻は、ゴルジエフスキーの写真を見せられ、計画どおりにブラッシュ・コンタクトと脱出作戦を行なう練習をした。ヴェロニカ・プライスが自らふたりにゴルジエフスキーの特徴を説明したが、彼の本名も、どこにいて何をしているかも、まったく明かさなかった。誰もが彼を「ピムリコ」と呼んでいた。「ヴェロニカは、ジョン・ル・カレのスパイ小説からそのまま出てきたかのようだった。その表情と立ち居振舞いで、彼女はその人物を、まさに英雄として描いていた。彼女は彼をすっかり敬愛しており、彼には独特なところがあると思っていた。私たちに、『ピムリコは、間違いなくすばらしい人物です』と言っていた」。

モスクワに赴任してからの二年間、アスコット夫妻は脱出ルートと集合地点をよく知るために、車で何度かヘルシンキまで往復していた。モスクワで脱出計画を知っているのは五人だけだった。アスコットとその妻のほかは、経験豊かな情報員で、後にアスコットの後任として支局長になる副局長のアーサー・ジー、その妻レイチェル、そしてMI6の秘書ヴァイオレット・チャップマンである。五人は全員がクトゥーゾフ大通りにある外国人居住区に住んでいた。毎月、情報員のひとりが中央市場へ、セーフウェイのレジ袋を持った男性がいないか確認しに行った。ゴルジエフスキーが休暇で帰国しているときは、その前後数週間も含め、誰かひとりが通りの向かいにあるパン屋の外の信号地点を、毎晩、雨の日も晴れの日も確認した。担当する順番は、わざと不規則にしていた。ヴァイオレットは、住んでいる部屋の外にある吹き抜け階段から信号地点をよく見ることができた。アスコットとジーは、自分たちが番のときは、信号地点まで歩いていって確認するか、車で帰宅する途中に確認をした。「私たちは、監視されたり盗聴されたりしているのを知っていたので、相手に悟られそうなパターンができないよう、担当する順番をずいぶん工夫していろいろと変えなくてはならなかった。この計略のタイミングに必要だったので会話を人為的に引き伸ばしたり、人為的に打ち切ったりしたことがどれほどあったか、容易に想像できると思う」。チームは、認識信号をすぐに出せるよう、チョコレートバーを常に手元に置いていた。「食べられずに古くなった大量のチョコレートバーが、コートのポケットや、ハンドバッグの中や、車の小物入れにずいぶんたまったものだった」。そのせいでアスコットは終生キットカットが嫌いになった。

アスコットは脱出計画を暗記していたが、さほど重視していなかった。「複雑な計画で、私たちは全体が非常にお粗末だと思っていた。現実離れしていて、実際には起こらないだろうと思えた」。「ピムリコ」作戦では、最大で成人二名、幼い少女二名の合計四人を脱出させることになっていた。アスコットには、六歳にならない子供が三人いた。子供たちを自分の車の後部座席におとなしく座らせておくことさえ、たいへんだ。ましてや、子供たちがトランクに詰め込まれたらどんな反応をするかなど、考えることすらできなかった。そのスパイが監視を長時間振り切って国境まで到達できるとは思えなかったし、たとえそれができたとしても、MI6の情報員がKGBの目を逃れ、妨害されることなく集合地点に到着できる確率は、ほぼゼロに近いと彼は計算していた。

「KGBはいつも私たちの周りにいた」。外交官の自動車や電話はもちろん、アパートも盗聴されていた。KGBはアパートの上の階を占有していた。「彼らが上の階で私たちの会話をじっと聞いていた後で、録音テープを赤十字の箱に入れて運び出すのを、毎晩のように目にしていた」。隠しカメラもあるはずだと強く確信していた。キャロラインがショッピングに出かけると、KGBの車が三台、必ずぞろぞろとついてきた。それがアスコット本人だと、ついてくる車が五台になることもあった。MI6情報員の疑いがある者の車は、ゴルジエフスキーの靴と衣服にしたのと同じ放射性ダストが吹きつけられていた。このダストが、イギリスのスパイである疑いがある者の服から検出されれば、それが接触した証拠となる。さらにKGBは、スパイの疑いがある者の履物に、人間には感知できないが探知犬には楽々と追跡できる臭《にお》い物質を吹きつけることもあった。MI6情報員は、各自が同じ靴を二足用意しており、必要に応じて臭い物質に汚染されていない靴に履き替えられるようにしていた。予備の靴は、ビニール袋に入れて封をし、大使館内の支局で保管していた。これらは「犬対策済み」という意味で「ドギー・プルーフ」シューズと呼ばれていた。夫婦が自宅でコミュニケーションを取るには、ベッドに入り、布団の中でメモを交換するしかなかった。通常、メモはトイレットペーパーに水溶性インクの万年筆を使って書き、読んだ後はトイレに流した。「私たちは常時監視下にあった。いつでもどこでもプライバシーはないも同然だった。心身ともに疲弊する、非常にストレスのかかる状況だった」。大使館内でさえ、会話が盗聴されていないと確実に言える場所はただひとつ、地下に作られた「空きスペース内で騒音に囲まれたポータキャビン［移動式のプレハブ住宅］のような部屋」である「安全談話室」だけだった。

そうした日常に最初に変化をもたらしたのは、五月二〇日月曜日に届いた、「ピムリコ」はこれより厳戒態勢に入ると命じた電報だった。「私たちは、何かがおかしいと感じた」とアスコットは書いている。「私たちは、この感覚に抵抗しようとしたが、これまでの三年間、毎週のようにやってきたのとは違い、これからは毎晩が本番だと思った」。二週間後、レイラと娘たちの出国を受け、ロンドンから、信号地点をさらに厳重に見張るよう求めるメッセージが届けられた。「電報には『心配すべきことは何もない』と書かれていた」と、アスコットは述懐している。「ということは、心配すべきことが発生したに違いなかった」。

休暇中の死人

ゴルジエフスキーは、妻と子供たちがモスクワに到着するのを空港で待っていた。KGBも三人を待っていた。レイラは上機嫌だった。ロンドンでは、アエロフロートの職員がレイラと娘たちを飛行機まで案内し、モスクワでは別の職員が出迎えて、ファーストクラスのキャビンからエスコートしてくれた。彼らは、パスポート・チェックの列の前を通り過ぎた。レジジェントの妻には、それ相応の特典があるのだ。彼女は、到着ゲートでゴルジエフスキーが待っているのを見て、安心した。「よかった。何事もなくて」と思った。

その考えは、ゴルジエフスキーの憔悴しきった顔と苦悩に満ちた表情を見た途端に変わった。「彼は顔色が悪く、ストレスを受けていて緊張しているようでした」。車に乗ると、彼はこう説明した。「私は今、とんでもないトラブルに見舞われている。もうイギリスには戻れない」。

レイラは驚いた。「いったいどうして？」。

ゴルジエフスキーは大きく深呼吸すると、嘘をついた。

「私に対する策略があって、いろいろ噂が飛び交っているが、私は無実なんだ。私に対する陰謀が舞台裏で進んでいる。私はレジジェントに任命されたが、これが希望者の多い高い地位なので、一部の連中が私を追い落とそうと躍起になっているんだ。今は、とても難しい立場にある。私の噂をいろいろ聞くかもしれないが、信じないでほしい。私は何もやっていないんだ。私は正直な情報員だし、ソヴィエト国民だし、国に忠誠を誓っている」。

レイラはKGBの中で生まれ育っていたので、本部の周りで吹き荒れる悪意ある噂や計略についてはよく知っていた。夫は組織内でとんとん拍子に出世していたから、ずる賢くて嫉妬に駆られた同僚たちが夫を追い落とそうとしたがるのも当然だった。最初はショックだったレイラも、やがて持ち前の楽観主義が再び表に現れた。「私はとことん、現実的で実践的なんです。馬鹿正直なのかもしれません。私は彼の言葉をそのまま信じました。私は彼の妻でしたから」。いずれ夫に対する策略は静まり、夫は再び、以前と同じように出世街道に戻るだろう。夫にはできるだけリラックスしてもらって、危機が過ぎ去るのを待った方がいい。きっと最後には何もかもうまくいくはずだ。

このとき、彼らの後ろをKGBの車が空港からずっとついてきていたが、レイラは気づいていなかった。ゴルジエフスキーも敢えて指摘しなかった。

さらに彼は、外交官用パスポートを提出するよう命じられていたことと、今は無期限の休暇中であることも、妻に告げなかった。また、一箱あった西側の書籍を没収され、反ソヴィエト的書籍を所持していたことを認める書類にサインするよう指示されたことも、明かさなかった。隠しマイクを意識しつつ、レイラのために、彼は芝居を続け、「KGBの大佐をこんなふうに扱うなんて屈辱的だ」と言って、不当な処遇と根拠のない策謀に大声で不満を言った。彼女は、同僚たちが彼と目を合わせなくなったことも、彼が一日中何もないデスクに座って過ごしていることも、知らなかった。彼は妻に、マンションが盗聴されていることも、二四時間KGBの監視下にあることも、告げなかった。彼は彼女に何も告げず、彼女は彼を信じていた。

それでもレイラは、夫が強い精神的ストレスを受けていることは分かった。顔色が悪く、目は落ちくぼんで血走っている。彼は毎晩キューバ産のラム酒を前後不覚になるまで飲んで眠るようになった。高ぶる神経を抑えようとして、タバコも吸い始めた。二週間で体重が六キロも減った。レイラが夫に、家族ぐるみの友人である女性医師の診察を受けさせると、医師は聴診器で聞こえてきた音に驚いて、こう言った。「どうしたんです？　心拍が乱れていますよ。何かにおびえていますね。何がそんなに怖いんですか？」。医師は鎮静剤を処方した。「彼は、檻の中の野獣のようでした」とレイラは述懐している。「私の役割は、彼を落ち着かせることでした。『私はあなたを支える岩になるわ』と私は言いました。『心配しないで。飲みたいときは飲んでね。私は気にしないから』と」。

夜になると、ラムに飲まれ、パニックに苦しんでいるゴルジエフスキーは、残された数少ない選択肢についてじっくりと考えた。レイラに話すべきだろうか？　MI6とコンタクトを取ってみるべきか？　脱出計画を発動させて、亡命を試みることはできるだろうか？　だが、その場合はレイラと娘たちも連れていくべきだろうか？　その一方で、彼は自白剤を飲まされての尋問を乗り切り、今も逮捕されずにいる。KGBは、本当は手を引こうとしているのではないだろうか？　もし逮捕するのに必要な証拠をまだ手にしていないのなら、脱出を試みるのは馬鹿げているし時期尚早だ。そんなことを考えながら、毎朝、結論に少しも近づけないまま、頭はガンガンと鳴り、心臓はどくどくと脈打つような、疲れ切った状態で目を覚ましていた。

気分転換が必要だと言って彼を説得したのは、母親だった。KGBの人間に与えられている数々の特典のひとつに、各地の健康施設や保養所を利用できることがあった。そうした施設のうち特にKGBが独占的に使っていたのが、モスクワの南約一〇〇キロにあるセミョノフスコエのサナトリウム

（療養所）だった。ここは、一九七一年にKGB議長アンドロポフが、「共産党とソ連政府の指導者たちの休息と治療」[*2]のために建設させた施設だ。依然としてすべてが普通どおりだと装っていたKGB当局は、ゴルジエフスキーがこの施設に二週間滞在する許可を与えた。

出発前、彼はコペンハーゲンの元KGBレジジェントで、今は作家として身を立てようとしている旧友ミハイル・リュビーモフに電話した。「戻ってきました。ずっとこのままのようです」と、ゴルジエフスキーは「落ち着きのない声」で言った。[*3] ふたりは会う約束をした。「彼の姿を見て、私はすっかり動転した」とリュビーモフは書いている。「顔は死人のように青白く、びくびくしていて、動きは神経質で、話は混乱している。彼は問題を抱えていると語り、ソルジェニーツィンなど亡命者の書いた本がロンドンの自宅で見つけられ、それを彼の敵によってレジジェントゥーラに報告され、そのことがモスクワで大問題に発展したのだと説明した」。昔から陽気なリュビーモフは、彼を元気づけようとした。「忘れてしまえよ。KGBを辞めて、本を書いたらどうだ？ 君は昔から歴史に夢中だったし、頭もいい」。しかしゴルジエフスキーは落ち込んだままのようで、ウォツカを次々と飲んだ（「新たな現象だ」とリュビーモフは記している。「私はずっと、彼はKGBでは数少ない、酒を飲まない人間だと思っていた」）。ゴルジエフスキーは、これから療養所へ行って「神経系を癒す」のだと言うと、頼りない足取りでモスクワの夜に消えた。リュビーモフは、旧友の精神状態が心配になり、今も付き合いのあるニコライ・グリビンに電話した。「オレークはどうしたんだ？ 昔の彼とは大違いだ。何があって、こんなことになったんだ？」。グリビンは「はっきりしない声で、成功できなかったレジジェントが治療を受けるセミョノフスコエのKGB保養地について話し」た後で、こう付け加えた。「彼はじきにそこへ行くんだ」。そして電話を切った。

出発の日が近くなって、ゴルジエフスキーは決断を下した。まずサナトリウムへ向かう前に、メッセージを渡す必要があると伝える信号を中央市場で出す。戻ってきたら、次の次の次の日曜日に聖ワシーリー大聖堂のブラッシュ・コンタクト地点へ行く。MI6に送るメッセージの内容は、まだ決めていなかった。ただ、自分の頭がおかしくならないうちにコンタクトを取る必要があることは分かっていた。

その間もKGBの調査官たちは監視と調査を続け、ファイルを徹底的に調べたり、ゴルジエフスキーと働いたことのある者全員に話を聞いたりして、彼の有罪を証明してその運命を決める手がかりを見つけ出そうとしていた。

ブダノフは根気強く待つ覚悟でいた。しかし、長く待つ必要はなかった。

一九八五年六月一三日、オールドリッチ・エイムズは、スパイ史上に残る大規模な裏切り行為を犯した。西側の情報機関のためソヴィエト連邦に対してスパイ活動を行なっている人物の名前を、二五人分も明かしたのである。

KGBから最初の支払いを受けて一か月後、エイムズは血も涙もない論理的結論に達していた。CIAがソ連情報部内で動かしている数多くのスパイのうち、誰かがエイムズのやっていることをかぎつけ、その正体を暴露するかもしれない。したがって、自分の身を守る唯一の方法は、彼の正体を暴きそうなスパイをひとり残らずKGBに密告して、ソ連側に排除してもらい、全員まとめて処刑してもらうことしかない。「そうすれば脅威はなくなる」。エイムズは、自分のしていることは名前を挙げた者全員の死刑執行令状を出していることにほかならないと分かっていたが、それだけが自分の身を確実に安全にし、確実に金持ちにする唯一の方法だと、正当化していた。

「私の六月一三日のリストにあった者たちは、全員が自分の冒しているリスクを承知していた。そのうちのひとりが私のことを知ったら、CIAに報告し、私は逮捕されて投獄されていただろう。（中略）悪気があったわけじゃない。これがこの世界でのやり方だったにすぎない」

その日の午後、エイムズは、ワシントン市のジョージタウン地区にある人気レストラン「チャドウィックス」でセルゲイ・チュヴァーヒンと会い、買い物袋に入れた重さ三キロ分の情報報告書を手渡した。彼が数週間かけて集め、後に「ビッグ・ダンプ」（大量）という味も素っ気もない名前で呼ばれることになる、この膨大な秘密情報には、極秘電報、内部メモ、工作員の報告書などが含まれており、いわば「諜報活動の百科事典であり、アメリカのために活動するソ連の重要な情報部員全員の身元を明かす人名録」であった。この人名録にはもうひとり、最初の会合で言及したのはほぼ確実と思われる、イギリスのために活動するスパイも含まれていた。しかも今回、エイムズは名前も伝えていた。三か月前にCIAが特定し、「ティクル」の暗号名を付けていたMI6のスパイは、オレーク・ゴルジエフスキーだと暴露したのだ。彼の上司バートン・ガーバーは、エイムズはその名前を「偶然に」見つけたのだと主張した。やがてソ連班でガーバーの副官になるミルトン・ベアデンは、エイムズは調査を独自に行なったのだと言っている。

エイムズが渡した大量の情報はただちにモスクワへ送られ、大々的な掃討作戦が始まった。エイムズが名指ししたスパイのうち少なくとも一〇人がKGBの手で殺害され、一〇〇以上の情報作戦が敵側に漏れた。ビッグ・ダンプを渡してすぐ、エイムズはチュヴァーヒン経由でモスクワから「おめでとう、これで君は百万長者だ！」というメッセージを受け取った。

これこそブダノフが待ち続けていた証拠だった。ゴルジエフスキーの裏切り行為を明白に証明する文書が、CIAから直接送られてきたのだ。それでもKGBは、まだ行動を起こさなかった。その理由は今もよく分かっていないが、おそらく、自己満足と怠慢と過剰な野心とが重なったためではないかと思われる。防諜部はエイムズが名指しした二十数名のスパイを逮捕するのに忙しかったし、ブダノフは今なお、ゴルジエフスキーがMI6と一緒にいるところを現行犯で捕まえて、イギリスに最大級の恥をかかせたいと思っていた。

それにどのみち、常時監視下にある以上、ゴルジエフスキーに逃げることなどできるはずがなかった。

一九八五年六月一五日、この月の第三土曜日であるこの日の朝、ゴルジエフスキーは、グレーのズボンを履き、デンマークから持ち帰ったグレーのレザー帽をかぶると、セーフウェイのレジ袋を持ってマンションを出た。尾行されていないか振り返って確かめることのないよう注意しながら、五〇〇メートル歩いて最寄りのショッピング街に着いた。振り返らないのは、監視の目を逃れるときに何よりも重要な鉄則だ。二三年前に第一〇一学校で学んだことが、よみがえってくる。薬局に入ると、棚を探す振りをしながら、何気ない感じで窓の外を見た。それから二階にある貯蓄銀行へ向かい、途中の階段から通りの様子を眺め、その後は客で混雑する食料品店に行った。次に、二棟のアパートに挟まれた長くて狭い通路を進み、角で曲がると、一方のアパートに入り、共用階段を二階分上って道路を観察した。監視員のいる気配はないが、だからと言って、監視員がいないとは断言できない。彼は歩き続け、バスに乗り、二つほど先のバス停で降り、タクシーを止めて乗り込み、回り道をして妹マリーナが結婚したばかりの夫と住むアパートへ向かった。中央階段を上り、妹の部屋をノックもせずに通り過ぎると、裏の階段を降り、地下鉄に乗って東へ向かい、途中で乗り換え、列車を降りると、プラットホームを渡って再び西へ向かった。そしてようやく中央市場に到着した。

午前一一時、彼は時計の下に陣取って、友人を待っている振りをした。市場は、土曜の午前中に買い物をする人々でごった返していたが、ハロッズのバッグを持っている者は誰もいない。一〇分後、彼はその場を立ち去った。MI6は、一五日後の日曜日に聖ワシーリー大聖堂でブラッシュ・コンタクトを行なう必要があると伝える信号に気づいたのだろうか？　信号がキャッチされたのかどうか確かめるのに、さらに二週間待たなくてはならなかった。

二日後、ゴルジエフスキーは、ソ連屈指の豪華な公務員用保養施設の、ロパースニャ川を見渡す広い部屋にいた。しかし、ここは相部屋になっていて、彼には同室者がいた。六〇代半ばの男性で、オレークの行く所にはどこにでもついてきた。滞在客の多くは、間違いなく監視と盗聴のために送り込まれたスパイとおとりたちだった。ゴルジエフスキーは、荷物の中にセーフウェイのレジ袋を忍ばせていた。これはいわば験《げん》担ぎで、脱出信号と離れたくないという気持ちから持ってきていたのだが、現実的な対策でもあった。大急ぎで信号地点へ行く必要が生じるかもしれないからだ。ある日の午後、彼はこの大切なレジ袋を同室者が念入りに調べているのを目撃した。「どうして外国のレジ袋を持っているんですか？」と男は尋ねた。ゴルジエフスキーは、袋を男の手から奪い返した。「店にお買い得品があるかもしれないだろう」と、彼はきつい口調で言った。

翌日、彼は森をジョギング中に、監視員たちが藪の中に潜んでいるのに気づいた。監視員たちは、急いで背中を向けると立ち小便をしている振りをした。セミョノフスコエ・サナトリウムは、現実には、非常に快適な刑務所であり、ＫＧＢは、ゴルジエフスキーを厳しく監視して、彼が警戒を緩めるのを待つことができた。

サナトリウムには立派な図書室があり、地図帳も数多く所蔵していた。彼はひそかにソ連とフィンランドの国境地帯を詳しく調べ、地形を暗記しようとした。毎日走って健康増進に努めた。脱出計画について考えれば考えるほど、実行不可能とは思えなくなってきた。思考を停止させていた恐怖の霧をかき分けながら、彼はゆっくりと、少しずつ決断へと向かっていた。「ほかに選択肢はない。脱出しなければ死ぬしかない。今の私は休暇中の死人も同然だ」。

13　ドライクリーニングをする人

時は来た

ゴルジエフスキーは、セミョノフスコエ・サナトリウムから元気になって戻ってきた。まだ不安を抱えてはいたが、ソ連に戻ってきてから初めて、強い決意を固めていた。何としてでも脱出しなくてはならないと、腹をくくったのである。まずはイギリス側の仲間たちに、聖ワシーリー大聖堂のブラッシュ・コンタクト地点で手書きのメモを渡して、KGBが私の正体に気づいていると知らせ、それから「ピムリコ」の脱出信号を発信し、逃亡するのだ。成功の確率はゼロと言っていいほど小さい。もしMI6に潜むモグラがすでに情報を漏らしていたとしたら、KGBは待ち伏せしているはずだ。もしかすると、私がまさにこう動くことを予想していて、罠を準備しているかもしれない。それでも私は、少なくともベストを尽くした上で死ぬことになる。もはや、地獄のような監視と疑惑の網に捕らえられたまま、調査員たちがやってくるのを待つのではないのだ。

自分の命を危険にさらすのは、比較的容易に決断できた。しかし、家族はどうする？　レイラと娘たちを連れていこうとするべきか、それとも置き去りにしていくべきか？　スパイ活動をしてきた一〇年の間、彼は難しい選択をいくつもしてきたが、これほど苦悩させられる選択はまったくなかった。これは、誠実さが冷静な判断と衝突する決断であり、命を取るか愛を取るかの選択だった。

彼は、五歳と三歳になった娘たちを無意識にじっと見つめ、記憶に焼きつけようとした。マーシャの愛称で呼ばれているマリヤは、元気がよくて利発で、父親のように運動神経がよかった。ぽっちゃりした小さなアンナは、動物と昆虫に夢中だ。夜になると、娘たちがベッドに入って英語でおしゃべりしているのが聞こえてくる。「ここは嫌い。ロンドンへ戻ろうよ」とマーシャは妹に言っている。

脱出しようとするとき、はたして妻と娘たちを一緒に連れていけるだろうか？　夫の心の葛藤を、その真の理由は分からないものの、感じ取っていたレイラは、姑に、オレークが仕事上のトラブルが原因で何らかの危機に直面しているようで心配だと告げた。昔から現実的だったオリガ・ゴルジエフスキーは、嫁に、夫に家の雑用や車の修理など細々とした仕事をさせて気が紛れるようにするといいとアドバイスした。レイラは、夫に説明を強く求めることもなければ、飲酒をとがめることもなかったが、それでもひどく悩んでいた。妻が優しい気遣いを示し、愛する夫が誰にも打ち明けることのできない秘密の苦悩を抱えていると直感的に感じ取っているだけに、迫られる決断はいっそう耐えがたいものになった。

レイラと娘たちを脱出計画に含めると、失敗する可能性が大きく跳ね上がるだろう。ゴルジエフスキーは監視を逃れる訓練を受けているが、妻と娘たちは違う。家族四人で移動するのは、男がひとりで移動するのに比べて、はるかに目立つ。鎮静剤をどれほど投与しても、娘たちはトランクの中で目を覚ますかもしれない。泣き出すかもしれないし、窒息死するかもしれない。とにかく怖がるのは間違いない。もし捕まったら、何も知らないレイラは彼の諜報活動の共犯と見なされ、それ相応の扱いを受けるだろう。尋問を受け、投獄され、さらに悪ければ、社会的に追放されるに違いない。娘たちは社会で居場所を失うだろう。私は自分でこの道を選んだが、妻と娘たちは違う。家族をこんな危険にさらす権利など私にあるのだろうか？　ゴルジエフスキーは不愛想な父親であり、妻に厳しい夫だったが、それでも家族を心の底から愛していた。家族を捨てていくと考えると、苦悩のあまり息が詰まり、肉体的な痛みで屈み込んでしまうほどだった。仮に単独での脱出に成功した場合、おそらくイギリス側がソ連政府を説得し、いずれ家族は解放されて西側に来ることができるだろう。スパイの交換は、冷戦下で確立した取り引きのひとつだ。しかし、たとえ実現したとしても、それまでに何年もかかるだろう。家族には二度と会えないかもしれない。もしかすると、どんな結果になろうとも、危険を顧みず、一か八か家族そろって脱出した方がいいのかもしれない。そうすれば、成功しようが失敗しようが、少なくとも家族がバラバラにならずに済む。

しかし、その考えに疑念が虫のように入り込んできた。スパイの仕事は信用で成り立っている。生涯を諜報活動に捧げる中でゴルジエフスキーは、誠実さと疑念と信念と信頼を探知するコツを身に付けていた。彼はレイラを愛していたが、完全には信用していなかった。それに、心のどこかで妻を恐れていた。

ＫＧＢ将軍の娘であり、子供のころからプロパガンダ漬けだったレイラは、何の疑問も抱かず国家に忠誠を誓うソヴィエト国民だった。西側の生活に触れて楽しんでいたが、夫のようにどっぷりと浸かることはなかった。彼女は夫婦の絆よりも政治的責任を優先させるだろうか？　全体主義的な社会風土では、例外なく、個人は自分の幸せよりも社会の利益をまず考えるべきだとされる。ナチ・ドイツから、共産主義時代のロシアや、クメール・ルージュ時代のカンボジア、さらには現代の北朝鮮に至るまで、より大きな善のために自分の近親者を進んで密告しようとする態度は、献身的な国民でありイデオロギー的に純正であることの究極の証拠とされていた。レイラは、もしも真実を告げられたら、彼と縁を切るだろうか？　脱出計画について話し、一緒に来てほしいと頼んだら、拒否するだろうか？　それとも告発するだろうか？　ゴルジエフスキーは、妻の愛情が共産主義への信念よりも強いのか、あるいはその逆なのか、分からなくなっていた。それほどまでにイデオロギーと政治は人間の本性をゆがめてしまっていたのである。彼はテストすることにした。

ある晩、マイクが音を拾えないマンションのバルコニーで、彼はKGBの典型的な「ダングル」を用いて、自分の妻の誠実度を探ろうとした。

「ロンドンは楽しかったね？」と彼は言った。

レイラは、イギリスでの生活は魔法のようだったと言って同意した。彼女はすでに、エッジウェア・ロードにあった中東風のカフェや、公園や音楽を懐かしがっていた。

彼はさらに続けた。「娘たちにはイギリスの学校へ行かせたいって言っていたね？」。

レイラは、これはどういう話になるのかしらと思いながら、うなずいた。

「ここには私の敵がいる。私たちがロンドンに戻ることは二度とないだろう。でも、考えがあるんだ。休暇でアゼルバイジャンへ行って、向こうにいる君のご家族を訪ね、それからひそかに山脈を越えてトルコに入るんだ。そうやって脱出すれば、イギリスへ戻れる。どう思う、レイラ？　一緒に逃げないか？」

アゼルバイジャンとトルコは約一八キロだけ国境を接していたが、その狭い国境は軍が厳重に警備していた。もちろんゴルジエフスキーに、この国境を本気で越えようという意図はなかった。これはテストだ。「私は、このアイディアに対する彼女の反応を確かめたかった」。もし同意すれば、それは妻にソ連の法律を破って彼と一緒に逃げる意志が、いくらかはある証拠となる。そうなったら、「ピムリコ」計画を説明し、彼が逃げなくてはならない本当の理由を打ち明けることができる。もし妻が拒絶したら、彼の失踪後に尋問を受けたとき、脱出ルートについて間違った手がかりを与え、追跡チームはアゼルバイジャンとトルコの国境へ急行するかもしれない。

レイラは、頭がおかしくなった人物を見るような目を夫に向けて、言った。「馬鹿なこと言わないで」。

彼は、この話題をすぐに打ち切った。そして、心の奥深くに恐ろしい確信が根づいた。「私の心は、そのことをほとんど考えられないほど、ひどく痛んだ」。妻の誠実さは頼りにならず、彼は妻を今後もだまし続けなくてはならなかった。

その判断は間違いだったかもしれない。何年も後にレイラは、当時もし脱出計画を知っていたら当局に告げていたかと質問された。「私は、夫を逃がしていたと思います」と彼女は答えた。[*1]「オレークは自分の道徳心に基づく選択をしたわけですし、少なくともその点では、尊敬に値する人です。善《よ》いと考えるか悪いと考えるかは別として、夫は人生を左右する選択をし、しかも、それが必要だと考えたから選択したのです。夫が死の危険にさらされることが分かっている以上、夫を死に追いやるという罪に私の魂は耐えることができなかったでしょう」。ただし彼女は、脱出計画に加わろうとしたかどうかについては、何も言わなかった。さて、バルコニーでは彼が妻に、以前の言葉を繰り返していた。「陰謀があって、人々は私がレジジェントに任命されたことを非常に妬んでいる。でも、私に何かあっても、他人の言うことを絶対に信じちゃいけない。私は立派な情報員、ソ連の情報員で、間違ったことは何もしていなかったんだから」。彼女は夫の言葉を信じた。

ゴルジエフスキーは自己反省するタイプではなかったが、夜、レイラが穏やかに眠っている横で、彼は自分がどんな人間になってしまったのか、二重生活が自分の「感情面での発達を大きく阻害した」のではないかと考えた。彼はレイラに、自分の正体を決して教えなかった。「それは必然的に、私たちは普通の状況で期待されるほどには親密にならなかったということを意味していた。私は常に、自分の人生の核となる部分を妻に知らせずにいた。パートナーを精神的にだますことは、肉体的にだますことと比べて、どちらが残酷なのだろうか？　それは誰にも分からない」。

しかし、彼の心は決まっていた。「私が何より優先すべきなのは、自分の命を守ることだった」。彼は単独で脱出することにした。ともかくそれなら、レイラはKGBに私は何も知らなかったと、嘘偽りなく言うことができるだろう。

家族を残していくという決断は、とてつもない自己犠牲であるとも、利己的な自己保身であるとも言えるし、もしかすると、その両方だったのかもしれない。彼は、ほかに選択肢はなかったと言い聞かせたが、人は誰でも難しい選択を強いられたときは自分にそう言い聞かせるものだ。

レイラの父親である高齢のKGB将軍が、アゼルバイジャンのカスピ海沿岸にダーチャを持っており、レイラも子供時代は休暇をそこで過ごしていた。レイラと娘たちは、夏の長期休暇の間、そのダーチャでアゼルバイジャンの家族と一緒に過ごすことになった。マーシャとアンナは、一か月をおじいちゃんのダーチャで過ごし、太陽の下で泳いだり遊んだりできると知って、大喜びした。

ゴルジエフスキーにとって家族との別れは、ただでさえ耐えがたい苦痛だったが、レイラと娘たちは、この別れが何を意味しているのか少しも気づいていなかったのだから、その苦しさもひとしおだった。人生で最も悲しい瞬間は、買い物客でごった返すスーパーマーケットの入り口の、普段と変わらぬ人混みの中で訪れた。レイラは、南への列車旅行に備えて衣類や閉店間際の特売品を一刻も早く買いに行きたくて気もそぞろだった。娘たちは、彼が抱きしめる間もなく、とっくに店内に消えていた。レイラは彼の頬にさっとキスをすると、元気そうに手を振った。「もうちょっと気持ちを込めてくれてもよかったのに」と、彼は半ば独り言のように言った。それは、これから脱走行為を試み、たとえそれがうまくいっても、家族と離れ離れになっていつ再会できるか分からず、最悪の場合は彼自身が逮捕され、名誉を失い、処刑されることになる男の、非難の言葉だった。その言葉は、レイラには聞こえなかった。彼女は娘たちを追って混雑する店内へ、振り返ることなく消えていった。そして、彼の心の一部が砕けた。

ふやけたソネット集

六月三〇日日曜日、三時間のドライクリーニングを済ませ、疲れ切って緊張で硬くなっていたゴルジエフスキーは、ソ連人観光客であふれる赤の広場に到着した。レーニン博物館で地下のトイレに向かい、個室に入って鍵を閉めると、ボールペンと封筒をポケットから取り出した。封筒を開くと、手を震わせながら、ブロック体の大文字で、こう書いた。

強い疑いを受けており、苦境に立たされている。早急に脱出が必要。放射性ダストと交通事故に注意。

ゴルジエフスキーは、自分にスパイダストが吹きつけられているだろうと思っていた。また、KGBが諜報作戦に関与している疑いのある自動車にわざとぶつかって車内の人間が外に出ざるをえないようにするという汚い手を使うことも知っていた。

監視をまく最後の行動として、彼は赤の広場に沿って建つ巨大なグム百貨店に入り、売り場から売り場へと、階段を上り下りしたり通路を行ったり来たりしながら、素早く移動した。その様子を見た人は、彼を非常に興奮しているが何を買うかいっこうに決められない買い物客だと思っただろう。あるいは、尾行を振り払おうとしている男と思ったかもしれない。

このときになって、ブラッシュ・コンタクト計画には欠陥があることに気がついた。彼は目印として帽子をかぶることになっていたが、聖ワシーリー大聖堂の中では男性は帽子をかぶっていてはならなかったのである（共産主義下のソ連では宗教は禁じられていたが、宗教を敬う名残は、なぜかあちこちに見られた）。しかし、この不都合はすぐに関係なくなった。午後三時の少し前に壮大な大聖堂に入り、階段へ向かうと、通路をふさぐように「上の階は改装のため閉鎖中」という大きな看板が立っていたのだ。

メッセージを渡すことになっていた階段は、テープで封鎖されていた。どうしてよいか分からず、アドレナリンと恐怖とでシャツが汗びっしょりとなった彼は、大聖堂の内装に感嘆する振りをしながら、グレーの服を着た女性がまだ近くにいないかと思って周囲を見回した。その特徴に合う人物は、群衆の中にはいない。誰もが彼をまじまじと見つめ返しているような気がした。地下鉄に乗ると、彼はポケットの中で封筒を丹念に細かく破り、破片をひとつひとつ口に入れて、どろどろになるまで噛み砕いては、ひとつずつ吐き出した。家を出てから数時間後、彼は絶望に近い気持ちで帰宅し、はたしてKGBの監視チームはどのタイミングで私を見失い、再び見つけたのだろうか、あるいは、そもそも私を見失ったのだろうかと、考えた。

ブラッシュ・コンタクトは失敗した。モスクワのMI6チームは、六月一五日に中央市場で出した信号をキャッチしていなかったのだ。

理由は単純だった。すでにMI6は、聖ワシーリー大聖堂の最上階が改装のため閉鎖されていることを知っていた。「私たちは、中央市場で信号を出す前に彼が聖ワシーリー大聖堂の地点を確認し、ここが役に立たないことに気づいているという前提で動かなくてはならなかった」。

何年も後にアスコットは当時を振り返り、受信がうまくいかなかったのは幸運だったと述べている。「あれでよかったのだ。赤の広場はKGBだらけで、ブラッシュ・コンタクトなどできない場所だった。私は、あそこを会合場所にするのを禁止しようとした。さもなければ私たちは捕まっていただろう」。

KGBは、監視しながら待った。

ロンドンでは、望みが薄くなる中、MI6が彼らのスパイに何が起きたのかを想像しようとしていた。

MI6は、脱出用の信号地点の確認を続けていた。毎晩七時三〇分に、アスコットか、ジーか、秘書のヴァイオレットのいずれかが、パン屋の前の歩道へ車か(信号を出す時間は、彼らが普段仕事から帰宅する時間に合わせて決められていた)徒歩で向かった。彼らは食べきれないほどたくさんパンを買った。もし誰かがセーフウェイのレジ袋を持った男に気づいたら、アスコットに電話してテニスについての伝言を残すことにしていた。その伝言が、彼らの間で「ピムリコ」作戦の開始を知らせる信号だった。

　そしてモスクワの反対側では、ゴルジエフスキーが、どうしてこんなことになったのかと考えていた。人民の敵となり、家族を捨てようとしており、酒を飲み過ぎては処方された鎮静剤を飲み、自ら死にに行くも同然の計画を発動させるため勇気を呼び起こそうとしていた。彼は再びミハイル・リュビーモフを訪ねたが、リュビーモフはこのときも、ゴルジエフスキーの振る舞いの変わり様に驚いた。「彼は前よりもさらに悪くなったように見え、ブリーフケースから封を切った輸出用のウォツカ『ストリチナヤ』をイライラしながら出すと、震える手で自分のグラスに注いだ」。切なく悲しくなったリュビーモフは、ズヴェニゴロドにある私のダーチャに来て一緒に過ごさないかと誘った。「雑談をしてリラックスしよう」。別れるときにリュビーモフは、この旧友は自殺するのではないかと思った。

　マンションに戻ると、さまざまな疑問がゴルジエフスキーの疲れて酔った頭の中を飛び回った。なぜブラッシュ・コンタクトはできなかったんだ？　ＭＩ６は私を見捨てたのか？　どうしてＫＧＢはいまだに私をもてあそんでいるんだ？　私を密告したのは誰だ？　私は逃げられるのか？

　人生の大概の問題には、ウィリアム・シェイクスピアが答えを教えてくれる。英語圏で最も偉大なこの作家は、代表作『ハムレット』で、人生の試練に圧倒されそうに思えるときに、運命と勇気の本質について熟考して、こう記している。「悲しみがやってくるときは、スパイのようにひとりでこっそり来るのではなく、大勢でやってくる」[*2]。

　一九八五年七月一五日月曜日、オレーク・ゴルジエフスキーはシェイクスピアのソネット集に手を伸ばした。

その前に彼は洗濯物をキッチンのシンクにつけ置きしており、その洗濯物の下の、石けん水の中にソネット集を手早く入れた。一〇分後、本はすっかりふやけた。

マンションで隠しカメラに見られていないと断言できる場所は、廊下の奥の小さな物置しかなかった。その中でゴルジエフスキーは、ろうそくの明かりを頼りに、濡れた本の見返しを剝《は》いで、中にあった薄いセロハン紙を取り出し、「パリ」から「マルセイユ」までの列車移動、距離、836キロポストなど、脱出の指示を読んだ。明日の火曜日に信号を出して認識されれば、彼は土曜日に回収されることになる。よく知っている指示を改めて見たことで、安心できた。濡れたソネット集は、ダストシュートに捨てた。その夜、彼は指示書をブリキのトレイに入れてベッドサイド・テーブルに置き、その上に新聞を載せ、近くにマッチ箱を置いて眠った。もしKGBが夜中に家宅捜索に来ても、この決定的な証拠を破棄する時間はあるだろうと思っていた。

明くる日の七月一六日火曜日の朝、彼は暗い物置で脱出計画を最後にもう一度読むと、セロハン紙に火をつけ、まぶしい炎を上げながら跡形もなく燃えるのを確認した。電話が鳴った。レイラの父で、引退したKGB将軍アリ・アリエフからだった。この老将軍は、義理の息子が職場で問題を抱えていることを知っており、娘から、家族がダーチャへ行って不在の間ゴルジエフスキーの面倒を見てほしいと頼まれていたのだ。「今晩七時に夕飯に来ないか」とアリエフは言った。「うまいガーリック・チキンを作って待っているから」。

ゴルジエフスキーは素早く考えた。午後七時の招待は、脱出信号を出す時間とぶつかる。もし断れば、電話の会話を盗聴しているKGBの担当者たちに怪しまれるだろう。招待を受ければ、KGBは私が市街地のはずれにあるダヴィトコヴォ地区の義父の家に現れるのを待っているだろうから、運がよければ、まさに信号を発する瞬間に、監視を受けずにクトゥーゾフ大通りの信号地点に立っていられるかもしれない。「ありがとうございます。ぜひお伺いします」と彼は答えた。

ゴルジエフスキーは、たとえKGBが待っているとしても、MI6との約束にはきちんとした格好で出かけたいと思った。彼はスーツを着て、ネクタイを締め、おそらく放射性ダストを吹きつけられている靴を履くと、デンマークのレザー帽を手に取った。そして、よく目立つ鮮やかな赤いロゴマークの入ったセーフウェイのレジ袋を、机の引き出しから取り出した。

再び電話が鳴った。今度はミハイル・リュビーモフで、来週に何日間かダーチャに来て一緒に過ごさないかと強く誘ってきた。ゴルジエフスキーは、今度も素早く考えて招待を受けた。月曜日に行きますと答え、ズヴェニゴロドに一一時一三分に着く列車の、一番後ろの車両に乗っていくと伝えた。そして電話の横のメモ帳に「ズヴェニゴロド　一一時一三分」と書いた。これもKGBに向けた偽の手がかりになる。どのみち来週の月曜日には、彼は刑務所にいるか、イギリスにいるか、さもなければ死んでいるはずだ。

午後四時に彼はマンションを出ると、それからの二時間四五分、それまでで最も徹底したドライクリーニング作戦を実行した。商店、バス、地下鉄、アパートを転々としながら、途中でセーフウェイのレジ袋を膨らませるため食料品を買いつつ、自分の足跡を入念に消し、ついてくるのがほぼ不可能なスピードと不規則な動きを維持しながらも、それがあからさまに見えないような速さで移動した。超一流の追跡者でなければ、この人為的な迷路を通って彼を尾行することはできなかっただろう。六時四五分、彼は地下鉄のキエフスカヤ駅から出てきた。後をつけている者は誰もいないようだ。彼は「黒」になった。いや、「黒」になったはずだと心から願った。

七月一六日火曜日は、すばらしい夏の晩で、空は晴れて明るかった。彼はパン屋へ向かってゆっくりと歩き、タバコを一箱買って時間を潰した。信号を出す七時三〇分より一〇分早く、パン屋の前の歩道の端に陣取った。車道は交通量が多く、帰宅する政治局員やKGB職員を乗せた公用リムジンが何台も通っていく。彼はタバコに火をつけた。突然、歩道の端に立っていると馬鹿みたいに目立つのではないかという考えが浮かんだ。周囲には、掲示板やバスの時刻表を見ているのか、あるいは見ている振りをしているだけなのか、とにかくかなりの数の人がぶらぶらしている。怪しいくらい人が多すぎる気がする。KGBが公用車として好んで用いる黒のヴォルガが、車の流れから外れ、歩道に乗り上げて停止した。ダークスーツを着た男がふたり、勢いよく降りてきた。彼は身構えた。運転手がこちらをじっと見ているような気がする。ふたりの男は店に入ると、手提げ金庫を持って出てきた。通常の売上金の回収業務だった。彼は改めて息をしようとした。そして二本目のタバコに火をつけた。

この日はアーサー・ジーが信号地点をチェックする番だったが、車の流れがゆっくりだった。

ロイとキャロラインのアスコット夫妻は、知人であるソ連の元外交官とのディナーに出かけることになっていた。ふたりが自家用車のサーブに乗ってクトゥーゾフ大通りに入り東へ向かうと、いつものように監視車両が後ろについた。KGBの車を見分けるのは簡単だった。KGBの洗車場のブラシが、どういうわけか、ボンネットの中央部分にまったく届かず、どの車も正面にはっきりと分かる三角形の汚れが残っていたからだ。アスコットは、広い道路の反対側を見て凍りついた。パン屋の前に男がひとり立っていて、その手に「ソ連のくすんだ買い物袋に交じって、光を放つ烽火《のろし》のように」目立つ赤いマークの入ったレジ袋を持っていたのだ。時刻は七時四〇分。ゴルジエフスキーに与えられていた指示は、信号地点には三〇分以上とどまらないようにというものだった。

「アーサーは見落とした」とアスコットは思い、小声で悪態をついた。「私の心は一気に地に落ちた」。彼はキャロラインの脇をつつくと、道路の反対側を指さし、その指でダッシュボードにピムリコ（PIMLICO）のPの字を書いた。キャロラインは、座ったまま横を向いて見てみたいという衝動を抑えた。「夫の言いたいことがはっきりと分かりました」。

アスコットは一〇秒以内に、車を反転させて認識信号を出すべきかどうか、決断しなくてはならなかった。ダッシュボードの小物入れにはキットカットのバーが入っている。しかし、すでにKGBが後ろにピッタリとついており、少しでも行動を変えたら、すぐに疑念を抱くだろう。KGBは、電話の盗聴内容から、夫妻がディナーに出かけることを知っている。だから、突然Uターンして車から飛び出し、歩道を歩きながらチョコバーを食べるのは、KGBに「ピムリコ」作戦を教えるようなものだった。「私は運転を続けたが、まるで世界が崩壊し、自分が正しい理由から間違ったことをしたような気分だった」。ディナー・パーティーは最悪だった。ディナーの相手は時代錯誤な共産党職員で、食事の間ずっと「スターリンがいかに偉大だったかをしゃべり」続けた。アスコットの頭の中は、セーフウェイのレジ袋を持ちながら、チョコレートバーを持った男をむなしく待っているスパイのことでいっぱいだった。

実は、アスコットが車でクトゥーゾフ大通りを東へ向かっていたころ、アーサー・ジーは自ら運転するフォード・シエラに乗ってパン屋の前を通りかかり、少しスピードを落として、歩道に目を向けていた。ぶらついている人間がやけに目につき、平日の晩にしては普段よりも明らかに多いような気がした。そのとき歩道の端に、ほぼ間違いなく、つばのある帽子をかぶり、珍しいレジ袋を持った男がいるのに気がついた。レジ袋に赤い字で大きくSと描かれているかまでは、はっきり確認できなかった。

ジーは、アドレナリンがほとばしるのを感じながら運転を続け、通りの端で曲がって居住区に入ると、駐車場に車を駐めた。そして、急いでいると見えないよう注意しながらエレベーターに乗って部屋へ行き、ブリーフケースを置くと、レイチェルに大声でこう言った。「パンを買ってこなくては」。

レイチェルは、何が起きているのかを即座に理解した。「家にはパンがもう山ほどありましたから」。

ジーは急いでグレーのズボンに履き替え、ハロッズのバッグを手に取り、キッチンの引き出しからマーズのバーをつかみ取った。時刻は七時四五分。

エレベーターは動きが恐ろしくゆっくりに思えた。地下道を、走りたいという衝動と戦いながら歩いた。しかし男の姿はなかった。ジーは、実際に会っても彼だと分かっただろうかと思った。デンマークで郊外の肉屋の前に立つ「ピムリコ」の不鮮明な写真一枚きりしか見たことがなかったからだ。「誰かを見たのは間違いないと、私は強く確信していた」とジーは述懐している。彼はパン屋の列に並びながら、道路にも目を配ったが、どうも先ほどより人通りが多くなったようだ。ジーは次の一手に出ることに決め、ポケットの中のハロッズのバッグに手をかけた。そのとき、彼の姿が目に入った。

セーフウェイのレジ袋を持った中背の男が、店の陰に立っていた。タバコを吸っている。ジーは一瞬、躊躇した。ヴェロニカは、「ピムリコ」がタバコを吸うとは一言も言っておらず、そうした細かな点を彼女が言い落とすとは考えられなかった。

ゴルジエフスキーも、同じ瞬間にジーに気づいた。このとき彼は、立ち去ろうとして歩道の端から後ろに下がったところだった。最初に目についたのは、男が履いていたグレーのズボンでもなければ、ポケットから緑のバッグを引っ張り出し、チョコレートバーを取り出して黒い包装を破る動作でもなかった。それは彼の物腰だった。必死になっているゴルジエフスキーの目には、口をもぐもぐさせながらこちらへ歩いてくる男は、頭の上から足の先まで、間違えようのないほどイギリス人に見えた。

ふたりが目と目を合わせた時間は一秒にも満たなかった。ゴルジエフスキーは、自分が頭の中で声を限りに「そうだ！　私だ！」と「口には出さずに叫んでいる」のが聞こえた。ジーは、マーズのバーをもう一口、落ち着いてかじると、ゆっくりと顔を背《そむ》け、それから立ち去った。

ふたりとも、これ以上ないほどはっきりと、信号が送られ、そして受信されたことを確認した。

アリエフ将軍が腹を立てているところへ、ゴルジエフスキーが汗をかきかき謝りながら、二時間近くも遅れてようやくアパートにやってきた。特製のガーリック・チキンは火が通りすぎていた。それでもなぜか義理の息子は「上機嫌」で、焼きすぎた肉をおいしそうに食べた。

ロイとキャロラインのアスコット夫妻は、拷問のようなディナー・パーティーから、監視車両を五台も引き連れて、一二時ごろに帰宅した。電話の横にはナニー〔乳母〕からのメモがあり、アーサー・ジーから電話があって伝言をことづかったと記されていた。

ドイツのテニス選手ボリス・ベッカーは、一七歳のときウィンブルドンで初優勝した。伝言には、こう書かれていた。「今週、このテニス選手のビデオを見に来ないか？」。

アスコットはニッコリと笑って、その伝言を妻に見せた。ジーは脱出信号を無事に受信したのだ。「彼が確認できたことで私はホッとした。しかし、それは最終決戦の到来のようだった」。

「ピムリコ」作戦は、引き金が引かれたのである。

ピムリコ発動！

ＫＧＢの監視チームは、すでに二度もゴルジエフスキーを見失っていた。どちらのときも彼はすぐに再び姿を現したが、チームが少しでも監視に長けていたら今後はもっと気をつけるだろうと彼は思っていた。しかし、どういうわけか、彼らは監視がうまくなかった。

監視任務に第七局の経験豊富な専門家ではなく第一総局内部の監視チームを使うという決定は、組織内部の対抗意識が原因で下されたものだった。第一総局の副総局長であるヴィクトル・グルシコは、ゴルジエフスキーが裏切ったという話が広まるのを嫌がった。外聞をはばかり、おそらく大きなダメージを与えることになりそうなこの問題を、総局内で解決する決意を固めていた。しかし、容疑者の尾行を任されたチームが慣れていたのは中国人外交官をつけ回すことで、これは想像力や専門技術のほとんどいらない退屈な仕事だった。監視員たちは、ゴルジエフスキーが何者であるかも、彼が何をしたのかも知らなかった。自分たちのつけ回している相手が訓練を受けたスパイで、危険な裏切り者であることを、まったく分かっていなかったのだ。そのため、ゴルジエフスキーにまかれたとき、彼らはそれを偶然だと考えた。失敗を認めるのは、ＫＧＢでは出世に有利な行動ではなかった。だから二度とも、獲物が消えたとは報告せず、ただ再び姿を見せたことで安心して、口を閉ざしたままにしていた。

七月一七日水曜日の朝、ゴルジエフスキーはマンションを出ると、対監視マニュアルに掲載された、ありとあらゆる技術を駆使して、コムソモリスカヤ広場にあるレニングラード駅へ列車の切符を買いに行った。まず銀行に立ち寄り、ＫＧＢは私の口座をチェックしているのだろうかと思いながら、現金三〇〇ルーブルを引き出した。ショッピング・センターを通り抜けると、近くの住宅団地に向かった。そこは、三棟の高層マンションがふたつの区画を形成しており、マンションの間には狭い歩道が通っていた。彼は歩道の端の角を曲がると、三〇メートル、ダッシュして最寄りの階段に入り、ひとつ上の踊り場まで上がった。窓から外を見ると、いきなり視界に、ジャケットを着てネクタイを締めた太った男が駆け足で姿を現し、立ち止まると、明らかに慌てた様子で歩道をきょろきょろと見渡した。ゴルジエフスキーは陰に隠れた。男はジャケットの襟に付けたマイクに何事かを話すと、走っていった。しばらくして、やはりKGBの愛用車両であるベージュのジグリ［輸出名ラーダ］が、歩道をガタガタと音を立てながら速めのスピードでやってきた。前部座席に座っている男女は、ふたりともマイクに向かって話している。ゴルジエフスキーは、突然湧き上がった生々しい恐怖を押し殺した。

彼は、KGBが尾行していることは知っていた。しかし、尾行している者たちが姿を現すように仕向けたのは、これが初めてだった。彼らはおそらくKGBの典型的な監視パターンに従っているのだろう。その場合、自動車一台が追跡を担当し、二台が近くで支援を行ない、各自動車には二名の情報員が乗っていて、互いに無線で連絡を取り合い、必要に応じてひとりが徒歩で尾行し、もうひとりが車道を移動することになっている。ゴルジエフスキーは五分待って階段を降り、急ぎ足で大通りに向かうと、バスに乗り、次いでタクシーを捕まえ、それから地下鉄に乗って、ようやくレニングラード駅に到着した。駅では偽名を使って、七月一九日金曜日に出る午後五時三〇分発レニングラード行き夜行列車の四等切符を予約し、代金を現金で支払った。帰宅したとき、通りの少し先にベージュのジグリが駐まっているのに気がついた。

サイモン・ブラウンは休暇中だった。ゴルジエフスキーの工作担当官は、この厳しい状況をなかなか受け入れられずにいた。何しろ、これまでにイギリス情報部がスカウトした中でも屈指の有能な工作員がモスクワへ送り返され、どうやらそのままKGBの待ち伏せにあったらしいのだ。当然ながら、さまざまな疑問が湧いてきた。どうしてゴルジエフスキーの正体がばれたのか？　MI6の内部に別のモグラがいるのか？　内部の者の裏切りという、すでに経験済みの重苦しい恐怖が、再びのしかかってきた。ゴルジエフスキーについては、きっと今ごろは、すでに死んでいるのでなければ、KGBの独房で衰弱しているに違いない。工作員と工作担当官の関係は、仕事上の関係と情緒的な関係が奇妙に混ぜ合わされたものである。工作員の運用に長けた者は、精神的な安定と、資金面でのサポートと、励ましと、希望と、一風変わった愛情を与えるが、同時に、身の安全を守ることも約束する。スパイをスカウトして運用することには注意義務が伴う。つまり暗黙のうちに、常にスパイの安全を最優先し、リスクが報酬を上回らないようにすることを誓約しているのだ。工作担当官なら誰もがこの約束の重荷を感じるものだが、ブラウンは繊細な男だったため、その重荷を人一倍強く感じていた。彼はすべてを間違いなく行なったが、工作は失敗し、その責任は、最終的には彼にあった。ブラウンは、ゴルジエフスキーが今どうなっているかを考えないよう努めたが、ほかのことはあまり考えられなかった。工作員を失うと、個人的な背信行為を犯したような気になる者もいるのである。

対ソヴィエト作戦班P5の班長が、七月一七日水曜日の午前七時三〇分、センチュリー・ハウスの執務室にいたとき、電話が鳴った。昨夜モスクワ支局から、二重に暗号化された電報が、外務省の通常の無線通信に紛れ込ませて送られてきたという。その文面は、こうだ。「ピムリコ発信。厳重な警戒。脱出進行中。助言求む」。班長は階段を駆け下りて「C」の執務室へ向かった。クリストファー・カーウェンは、本工作についてすでに詳しいブリーフィングを受けていたが、一瞬、困惑したようだった。

「計画はあるのかね?」と「C」は尋ねた。

「はい、長官」とP5班長は答えた。「あります」。

ブラウンが気晴らしのため庭に出て日の光を浴びながら本を読んでいたとき、P5班長から電話が来た。「あなたに来てもらえると助かると思うのですが」。その声は淡々としていた。

受話器を置いて一分後、ブラウンはピンと来た。「その日は水曜日でした。つまり、火曜日に何かが起きたということです。それは、脱出信号に違いありません。急に希望が大きくなりました」。ゴルジエフスキーはまだ生きているかもしれない。

列車がギルフォードを出てロンドンに着くまで、恐ろしく時間がかかるような気がした。ブラウンが一三階に到着すると、チームは大急ぎで準備に奔走していた。

「突然、ノンストップになったのです」とブラウンは述懐している。

会合が次々と慌ただしく開かれた後、マーティン・ショーフォードは、飛行機でコペンハーゲンを訪れ、デンマークの情報機関に状況を告げて計画を調整すると、次に準備のためヘルシンキに飛び、現地のMI6支局と接触し、レンタカーを手配し、フィンランド国境近くの集合地点を偵察した。

ゴルジエフスキーと家族がソ連国境を無事に越えれば、そこから脱出計画の第二フェーズが始まる。なぜなら、フィンランドに到着したからといって、ゴルジエフスキーは安全だとは言えないからだ。アスコットの言うように、「フィンランド側は、ソヴィエト連邦からの逃亡者が自分たちの手に落ちた場合はKGBに引き渡すことで、ソ連側と合意していた」。「フィンランド化」という言葉は、小国がはるかに強大な隣国に脅迫されて服従し、形式的には国家主権を保持しているが、実質的には隷属状態にあることを意味するようになっていた。フィンランドは、冷戦では表向き中立を維持していたが、同国の政治方針を決める条件の多くはソヴィエト連邦が握っていた。フィンランドはNATOに加盟することも、西側の軍隊や兵器を国内に置くこともできなかったし、反ソヴィエト的な書籍や映画は禁止されていた。「フィンランド化」という言葉は、フィンランド人からはひどく嫌われていたが、この国が両陣営に目を配ることを強いられ、西側諸国のひとつと見られたいと切望しながらも、ソヴィエト連邦との関係悪化は望まないし悪化させることもできないという状況を、的確に表現していた。かつてフィンランドの漫画家カリ・スオマライネンは、自国の不愉快な立場を「西側に尻を見せることなく東側にお辞儀をする術」と説明していた。[*3]

この数か月前、MI6のソ連圏統括官がフィンランドを訪問し、フィンランド公安警察（通称SUPO）のセッポ・ティーティネン長官と会った。MI6から来た男は、仮定に基づく質問をした。「もしも私たちが亡命者を抱えていて、フィンランドを通過させる必要があるとしたら、あなた方は、自分たちを関与させずにその人物を出国させてほしいと考えるのではないかと私は思うのですが、いかがでしょうか？」。ティーティネンは答えた。「そのとおりです。すべてが終わってから教えてもらえれば結構です」。

フィンランド側は事前に何かを知らせてほしいとは思っておらず、もしゴルジエフスキーがフィンランドでフィンランド当局に拘束されたら、ほぼ間違いなくソヴィエト連邦に送還されることになる。拘束されなくても、彼がフィンランドにいることにソ連側が気づけば、フィンランド側は彼を捕まえよという強い圧力を受けるだろう。さらに、フィンランド側が捕まえられなくても、KGBは特殊部隊スペツナズを派遣して任務を何の問題もなく遂行させることができた。ソ連側がフィンランド各地の空港を監視しているのは周知の事実で、よって家族を飛行機でヘルシンキから脱出させる手は使えなかった。

その代わりに、車を二台使って逃亡者たちを一二〇〇キロメートル以上離れたフィンランドの北端まで移動させることになった。車は、一台はヴェロニカとサイモンが運転し、もう一台は、デンマーク情報部PETから、十数年前にリチャード・ブラムヘッドに協力した「アステリクス」ことイェンス・エリクセンと、その相棒であるビョルン・ラーセンの二名が運転を担当して、ノルウェーの町トロムセーの東にある、遠く離れたカリガスニエミ国境検問所で、NATO加盟国であるノルウェーに入る。チームは、彼らの回収に軍用輸送機C‐130ハーキュリーズを使用すべきか議論したが、ノルウェーからの定期航空便の方が注意を引かないだろうとの結論に達した。北極圏にあるヨーロッパ最北の都市ハンメルフェストから飛行機でオスロに移動し、別の民間機に乗り換えてロンドンへ向かうことになった。デンマーク側はこの工作に当初から関わっており、今回もPETの情報員二名がもう一台の脱出用車両を運転して、ハンメルフェストまで脱出チームと同行する。「そうするのが礼儀だったが、同時に私たちには、ノルウェーに入るときデンマーク側の支援が必要になるかもしれないという考えもあった。何か問題にぶつかった場合に地元北欧人の助けが期待できた」。

ヴェロニカ・プライスは、「ピムリコ」と書かれた靴箱を取り出した。中には、ゴルジエフスキーとその家族のため「ハンセン」という姓で用意したデンマークの偽造パスポートが四冊入っている。そこに彼女は、蚊よけ剤と清潔な衣類とひげそりセットを入れた。きっとゴルジエフスキーはひげを剃る必要があるだろうと思ったからだ。彼女はモスクワ・チームが、タイヤがパンクした場合に備え、状態のよいスペアタイヤを忘れずに持ってきてくれることを願っていた。それも脱出計画に含まれていた。

二か月近く、「ノックトン」チーム（現在は「ピムリコ」チームと改称）は、見通しが立たない中、何にもせず不安を募らせながら待っていた。その彼らが、今は活気をみなぎらせながら、突如、猛烈なペースで活動していた。

「完全に調子が変わりました」とブラウンは述懐している。「現実離れした感覚でした。これは、私たちが何年も前から練習していたことです。それが今になって、誰もがこう考えていたのです。ああ、これを本当にやらなくてはいけなくなった……うまくいくんだろうか、と」。

モスクワでは、イギリス大使館の安全談話室にMI6の支局員が集まり、アマチュア演劇のリハーサルをしていた。

外交官用車両二台でフィンランドへ行くには、盗聴しているKGBが信じそうな口実が必要だった。さらに事態を複雑にしていたのが、新たなイギリス大使サー・ブライアン・カートリッジが木曜日にモスクワへ到着し、翌日の晩に大使館で歓迎会が開催される予定になっていることだった。二台の車は、フィンランド国境の南にある集合地点に、土曜日の二時三〇分きっかりに到着する必要があったが、名目上はカートリッジ配下の上級外交官であるアスコットとジーが、上司の着任を祝う酒宴の場にふたりとも不在となれば、すぐさまKGBの疑惑を招くのは必定だった。彼らには、説得力のある急用が必要だった。自宅を出る前、ジーは妻に、トイレットペーパーに書いたメモを渡した。そこには「君には病気になってもらわなくてはならない」と記されていた。

口実となる作り話は、こうだ。レイチェル・ジーが、突然、腰が猛烈に痛くなる。彼女は元気に満ちあふれた女性だったが、過去に喘息など健康上の問題に悩まされたことがあり、そのことは、何から何まで盗聴しているKGBも知っているはずだった。彼女と夫は、車でヘルシンキへ行って専門家に診てもらうことにする。親友のキャロライン・アスコットが、自分も夫と一緒に行って、「週末を楽しく過ごす」のはどうかと提案する。両夫妻は、二台の車に分乗して出発し、同時にフィンランドの首都で買い物もすることにする。アスコット夫妻は、生後一五か月の娘フローレンスも連れていき、上の子供ふたりはナニーに預けることにする。「赤ん坊を連れていけば、いい隠れ蓑になると判断したのです」。彼らは、金曜日に大使の歓迎会に出席すると、その後すぐに出発し、夜通し運転してレニングラードに着いたら、そこからさらにフィンランド国境を越えて、土曜日の午後遅くにヘルシンキで診察の予約をする。

芝居は、その日の午後に始まり、四人全員がそれぞれ自分の役を演じた。アパートでレイチェル・ジーが、KGBの隠しマイクに向かって、腰がものすごく痛いと訴え始めた。その声は、時間がたつにつれて次第に大きくなった。「精一杯やりました」と、彼女は語っている。友人のキャロライン・アスコットが様子を見にやってきた。「私は何度もうめき声を上げ、キャロラインは何度もかわいそうにと言いました」とレイチェルは述懐している。腰痛に苦しむ演技があまりに真に迫っていたため、たまたま遊びに来ていた姑は本気で心配になった。ジーは母を散歩に連れ出し、マイクのない場所で、レイチェルは具合が本当に悪いわけではないと説明した。「レイチェルはすばらしい女優でした」とアスコットは語っている。アーサー・ジーは、盗聴されている電話を使って、フィンランドにいる友人の医師に電話を掛け、医師としての助言を求めた。さらに、航空会社に次々と電話して飛行機の便について問い合わせたが、費用を理由にすべて断った。キャロラインは、レイチェルがフィンランドへ車で行かなくてはいけなくなりそうだと言うと、「私たちも一緒に行きましょうか？」と言った。次に舞台はアスコットのアパートに移った。キャロラインが夫に、かわいそうなレイチェルを医者に連れていって、ついでに買い物もするために、赤ん坊を連れてフィンランドまで徹夜でドライブしてほしいと言うと、アスコットはまったく気の進まない振りをした——「勘弁してくれ、ひどく退屈じゃないか。本当に行かなきゃダメなのかい？　新任の大使が到着することになっている。仕事もたくさんあるし……」——が、最後にはドライブに同意した。

今もロシアの公文書館のどこかに、全部そろえばMI6がもっぱらKGBのために仕組んだ、このちょっとした奇妙なメロドラマになる会話の盗聴記録があるはずだ。

アスコットとジーは、この茶番劇はすべて時間の無駄で、脱出計画はきっと失敗するのではないかと考えていた。「何か引っかかるところがある」とジーは言った。ふたりとも、火曜日の晩は信号地点がいつになくにぎわっていて、通りを行き交う車の数も、ぶらつく歩行者の数も多かったことに気づいており、これは監視が強化されたことを意味しているのかもしれなかった。もしKGBにフィンランド国境までの道中を厳重に監視されたら、気づかれずに待避所に入って脱出者たちを回収するのは不可能となり、作戦は失敗に終わる。ジーは、セーフウェイのレジ袋を持った男が本当に「ピムリコ」だったのかさえ、自信が持てなくなっていた。もしかするとKGBが脱出計画を見破って身代わりを送り込み、本当の「ピムリコ」はすでに拘留されているのかもしれなかった。

監視は、大使館と外交官居住区の周辺でも厳しくなったように見えた。「私が恐れていたのは、すべてが罠ではないかということでした」とジーは語っている。KGBの方も芝居を打っているのかもしれなかった。MI6を罠に引き込んで正体を暴き、情報員をふたりとも「相容れない活動」を理由に追放し、イギリス政府の体面を潰して重大な時期に英ソ関係を後退させる外交面での大爆発を引き起こそうとしているのではないか。「たとえ相手が待ち伏せしている場所へ私たちが向かっているとしても、とにかく進み続けるしか選択肢のないことを、私は理解していました。すでに脱出信号は発せられていたのですから」。アスコットは「ピムリコ」の正体をまだ知らなかったが、ここに来てロンドンは彼が何者であるかを明かす決断をした。彼はＫＧＢの大佐で、長期間活動している工作員であり、これほどの巨大なリスクを冒すだけの価値がある人物だと告げたのである。「それで士気が高まった」とアスコットは書いている。

ＭＩ６支局はセンチュリー・ハウスと歩調を合わせて準備を進めたが、ロンドンとモスクワ間でやり取りされる電報の数は、ＫＧＢが増加に気づいて疑念を抱くことがないよう、最小限に抑えられた。ロンドンでも、「ピムリコ」作戦が発動したことを知らされた少数の人々の間に不安が生じていた。「これはあまりに危険すぎるという複数の声があった。もし失敗したら、英ソ関係は完全にひっくりかえるだろう」。一部の外務省高官は、脱出計画はまったく信頼できないと考えていた。その一部に含まれていたのが、ジェフリー・ハウ外務大臣と、新任の駐ソ連イギリス大使サー・ブライアン・カートリッジだった。

カートリッジは、七月一八日木曜日にソ連に到着する予定になっていた。「ピムリコ」作戦については、二か月前にブリーフィングを受けていたが、実施される可能性はかなり低いと告げられていた。ところが今になって、彼の到着の二日後にＭＩ６がＫＧＢの高官を自動車のトランクに入れてひそかに出国させることになったと知らされた。脱出は計画と練習を綿密に行なってきたとＭＩ６は説明したが、それでもリスクは高く、成功してもしなくても、外交に大きな影響を与えるのは間違いなかった。学者の家柄出身のサー・ブライアンは、生え抜きの外交官として、スウェーデン、イラン、ソ連で勤務した後、初めて大使としてハンガリーに赴任した。駐ソ連大使に任命されたのは、彼のキャリアの頂点だった。彼は不満だった。「かわいそうなブライアン・カートリッジ」とアスコットは述べている。「彼は、新たな任務を始めたばかりのときに、導火線に火のついた爆弾を渡された。（中略）彼は、自分にとって最後の大使職がダメになるのを目の当たりにした」。もし脱出チームが現行犯で取り押さえられたら、新任の大使はソ連政府に信任状を渡さないうちにペルソナ・ノン・グラータと宣告され、外交初日に面目を失ってしまうかもしれない。新大使は強硬に異議を唱え、作戦を中止すべきだと主張した。

外務省で会議が開かれた。会議には、MI6からクリストファー・カーウェン長官、副長官、P5班長、ソ連圏統括官が出席し、外務省からは、ブライアン・カートリッジとデイヴィッド・グッドール事務次官補など数名の職員が参加した。ある出席者によると、グッドールは「恐ろしいほど興奮し、何度も「私たちはどうすればいいのだ？」と言い続けていた。カートリッジは、まだ腹を立てていた。「これはとんでもない大失敗だ。私は明日モスクワへ出発しなくてはならないのに、一週間後にまた戻ってくることになる」。MI6副長官は、「これを進めなければ、秘密情報部は今後、胸を張って振る舞うことは二度とできなくなるでしょう」と言って譲らなかった。

このとき、会議に内閣官房長サー・ロバート・アームストロングが、首相官邸から道路を渡ってきて加わった。彼は、革のブリーフケースをテーブルにドスンと置くと、こう言った。「きっと首相は、私たちにはこの人物を救う圧倒的な道義的義務があると思っているはずです」。これで議論は終わった。サー・ブライアン・カートリッジが「絞首台へ行く男のような」顔をする中、外務省の職員たちは部屋を出て、追悼式から戻ってきたばかりの外務大臣に報告した。ハウは気乗りしなかった。「もし失敗したらどうするんだ?」と彼は尋ねた。「自動車が捜索されたらどうする?」。すると新大使が、私心を捨てて、こう断言した。「そうしたら、これはひどい挑発行為だと言いましょう。彼らが車のトランクに男を押し込んだと言うのです」。

「ふむ」とハウは、自信なさげに言った。「そうするしかなさそうだな……」。

「ピムリコ」作戦は、さらに最高レベルでの認可を得る必要があった。サッチャー首相なら、脱出計画に自ら承認印を押してくれるのは間違いなかった。問題は、首相は目下スコットランドで女王と過ごしていることだった。

鉄の女の裁可

ゴルジエフスキーは、これから脱出する人物がおよそしそうにないことをする振りをしながら、脱出の準備を進めた。細かい点に気を配ることが、不安を抑え込んでおくのに役立った。今は任務を遂行中で、もう追われるだけの獲物ではなく、再びプロになっていた。今や自分の運命は自分の手に戻ってきていた。

木曜日の大半は、妹マリーナとその家族たちと彼女のモスクワのアパートで過ごした。優しくて疑うことを知らないマリーナは、たったひとりの生き残っている兄がスパイだと知れば、心底ショックを受けただろう。彼は、独り暮らしの母も訪ねた。オリガはもう七八歳で、体が弱くなっていた。彼が子供だったころ、母は静かな抵抗を象徴する人物で、父がびくびくしていて体制に服従していたのとは対照的だった。家族全員の中で、夫を失ったゴルジエフスキーの母が、彼の行動を最も理解してくれそうな人物だった。オリガなら彼を絶対に非難しなかっただろうが、同時に、他の母親たちと同じく、彼がこれから取ろうとしている行動に反対し、その道を進むのを思いとどまらせようとしただろう。彼は、脱出が成功しようが失敗しようが、おそらく母には二度と会えないだろうと思いながら、何も言わずに母を抱きしめた。自宅に戻ると、マリーナに電話して、来週の前半にまた訪ねる予定を入れた。こうして偽の痕跡を残して、彼が週末以降もモスクワにいる振りを継続した。今後の予定や約束を入れれば入れるほど、彼がこれからしようとしていることからKGBの注意をそらせる可能性が高まった。家族や友人を牽制目的で利用するのは身勝手な気がしたが、みんな、たとえ決して許してくれなくとも、理解はしてくれるだろうと確信していた。

それからゴルジエフスキーは、きわめて無謀で、非常に愉快なことをした。

彼はミハイル・リュビーモフに、翌週ダーチャに泊まりに行くという確認の電話を入れた。リュビーモフは、楽しみにしていると告げた。彼の新たな恋人ターニャも泊まる予定だった。ふたりは月曜日の一一時一三分にズヴェニゴロド駅でゴルジエフスキーを出迎えるつもりだった。

ここでゴルジエフスキーが話題を変えた。

「サマセット・モームの『ハリントン氏の洗濯物』を読んだことはありますか？」

これは、アシェンデン・シリーズの短編小説のひとつだ。リュビーモフが彼にモームの作品を紹介したのは約一〇年前、ふたりがデンマークにいたときである。ゴルジエフスキーは、この友人がモーム全集を持っていることを知っていた。

「とてもいい本です。ぜひ再読してください」とゴルジエフスキーは言った。「第四巻にあります。見てもらえれば、私の言いたいことが分かると思います」。

それからしばらく談笑して、電話を切った。

このときゴルジエフスキーはリュビーモフに暗号による別れを告げ、曖昧な点のない文学的な手がかりを与えていた。「ハリントン氏の洗濯物」は、イギリス人スパイが革命下のロシアからフィンランド経由で脱出するという話なのである。

モームのこの短編は、時代設定が一九一七年で、イギリスの秘密工作員アシェンデンは、ロシアでの任務のためシベリア横断特急で移動している。旅の途中、彼はアメリカ人ビジネスマンのハリントン氏と列車で同室となる。ハリントン氏は、おしゃべり好きで人に慕われる一方、ひどく気難しくて他人を怒らせる人物だ。ロシアが革命に巻き込まれる中、アシェンデンはハリントンに、革命軍が迫ってこないうちに北へ向かう列車に乗るべきだと言うが、このアメリカ人は、ホテルの洗濯室に預けた衣類がまだ戻ってきていないので、それを返してもらうまでは出発できないと言って拒絶する。結局ハリントンは、洗濯物を取り返した直後、通りで革命派の暴徒に銃撃されて死亡する。物語の主題は、リスク――「人はいつでも、掛け算の九九を覚えるよりも命を犠牲にする方がずっと簡単だと思っている」[*4]――と、時間内に脱出することである。アシェンデンは列車に乗り、フィンランド経由で脱出する。

KGBの諜報担当者が二〇世紀前半のイギリス文学に精通している可能性はほとんどなく、ましてや、この手がかりを二四時間以内に解読できるとは思われなかった。それでもこれは、将来問題になりかねなかった。

昔からゴルジエフスキーの反乱は、ある意味、文化的な反乱であり、ソヴィエト連邦の文化的不毛に対する抵抗であった。西側の文学作品を使った分かりにくい手がかりを残していくのは、いわば捨てぜりふであり、自分の文化的優越を誇示する行為だった。脱出に成功してもしなくても、KGBは後に電話の会話を文字に起こした記録を丹念に調べ、自分たちが馬鹿にされていたことに気づくだろう。そのせいで彼をさらに憎むだろうが、同時に敬服するかもしれなかった。

毎年バルモラル城を訪問して女王と滞在することは、数ある首相の職務の中でもマーガレット・サッチャーがとりわけ嫌いなものだった。王室がスコットランドに所有する城に首相がゲストとして毎年夏に数日間滞在するという伝統は、サッチャーいわく「退屈で、時間の無駄」[*5]だった。女王もサッチャーとはあまり時間を過ごさず、首相の中流階級のアクセントを「一九五〇年ころからのロイヤル・シェイクスピア劇団の容認発音」だと言って、あざけっていた。サッチャーは、城の本館に滞在するのではなく敷地内の小屋に泊まり、この小屋で、公文書とただひとりの秘書と一日を過ごし、バグパイプとウェリントン・ブーツとコーギー犬が象徴する王室の世界とできるだけ距離を取っていた。

七月一八日木曜日、クリストファー・カーウェンは、サッチャーの秘書官チャールズ・パウエルと首相官邸で会いたいと緊急の約束をした。官邸の秘密会議室で、「C」は「ピムリコ」作戦が発動したことを説明し、首相直々の認可を求めた。

チャールズ・パウエルはサッチャーが最も信頼を寄せる相談相手であり、サッチャー政権の最も重要な極秘情報に通じていた。「ノックトン」工作についてブリーフィングを受けていた数少ない公務員のひとりだった彼は、後にこの脱出作戦を「私が聞いた中でまさしく最高の秘密事項」だったと語っている。彼もサッチャーも、首相が「ミスター・コリンズ」と呼ぶ男性の本名を教えられていなかった。パウエルは、首相は承認するはずだとの確信があったが、脱出計画は「電話で伝えるにはあまりに微妙な問題すぎた」。首相が直接許可を与えなくてはならず、それを要請できるのはパウエルしかいなかった。「首相官邸にいる誰にも私がこれから何をするのかを告げることはできませんでした」。

その日の午後、パウエルは行き先を告げずに首相官邸を出て、ヒースロー空港行きの列車に乗り、あらかじめ自分で予約しておいたアバディーン行きの航空機に搭乗した（「すべてが秘密だったので、後で費用を払い戻してもらうのに苦労しました」）。到着すると、レンタカーを借りて、土砂降りの雨の中、西へ向かった。一八五二年から王室の夏の離宮となっているバルモラル城は、花崗岩でできた巨大建築物で、装飾用の小塔を備え、約二〇〇〇〇平方キロメートルあるスコットランドの荒野に建っており、薄暗くて雨の降るスコットランドの夜には、見つけるのがかなり困難だった。時間は刻々と過ぎていき、ようやく城の巨大な門の前に小さなレンタカーを停めたころには、パウエルは疲れ切っていると同時に気が気ではなかった。

門番小屋にいた侍従は電話中で、王室に関わる重要問題についてハイレベルな議論を交わしていた。女王がテレビのコメディードラマ『ダッズ・アーミー』を見るため皇太后のビデオレコーダーを借りたいというのである。この問題は解決が難しいことが明らかになっていった。

パウエルは会話を遮ろうとしたが、冷たい視線で黙らされた。冷たい視線は、侍従学校で教わるものなのだ。

その後の二〇分間、パウエルが足を踏み鳴らしたり時計を見たりする間、侍従は王室のビデオレコーダーと、その正確な所在と、それを城内の一室から別の部屋へ動かす必要があることについて議論を続けた。ようやく問題が解決した。パウエルは、自分が何者であるかを説明し、急用で首相に会う必要があることを告げた。さらに長々と待たされた後、彼は女王の秘書官で、女王の秘密を守る責任者であるサー・フィリップ・ムーア、後のムーア・オヴ・ウルヴァーコート男爵・バス一等勲爵士・ヴィクトリア一等勲爵士・聖ミカエル聖ジョージ三等勲爵士・女王功績勲章受勲者・枢密顧問官の面前に案内された。ムーアは、根深い警戒心を持ち、儀礼やしきたりは絶対に守る廷臣だった。引退後は終身侍従になった。そんな彼は、急がされることを好まなかった。

「なぜあなたはミセス・サッチャーに会いたいのですか？」と彼は尋ねた。

「言えません」とパウエルが答える。「秘密なのです」。

これが、礼儀作法を重んじるムーアの気に障った。「私たちは、なぜここにいるのか理由の分からない人物をバルモラル城の周辺でうろつかせるわけにはいきません」。

「いいですか、あなたはそうしなくてはならないのです。なぜなら私には首相と会う必要があるからです。それも今すぐに」

「なぜ首相と会う必要があるのです？」

「それは言えません」

「言ってもらわなくてはなりません」

「言いません」

「あなたが首相に言ったことは、すべて首相が女王に申し上げ、それを陛下は私にお話しになるでしょう。ですから、あなたの要件を私に話してください」

「いいえ。首相が女王に申し上げたいと思うかどうかや、女王があなたにお話しになろうと思うかどうかは、おふたりが決めることです。ですが、私はあなたには言えません」

廷臣ムーアはムッとした。秘書官にとって、他の秘書官が自分よりも秘密に通じていることほど腹の立つことはないのだ。

パウエルは立ち上がった。「自分で首相を探しに行きます」。耐えがたい無作法を目にした男のように気を悪くしたムーアは従僕を呼び、パウエルは、その従僕に案内されて、裏口からぬかるんだ庭に出て、小道を進んで「物置小屋か何か」のように見える建物へ向かった。

マーガレット・サッチャーは、ベッドの上で背もたれに寄りかかり、書類に囲まれていた。「首相は私を見て非常に驚いていました」

パウエルが状況を説明するのに数分しかかからず、それよりさらに短い時間でサッチャーは「ピムリコ」作戦を認可した。この名前を知らないスパイは、彼女の首相在任中、その身を大きな危険にさらしながら、重要な役割を演じてくれた。「私たちは、この工作員に対する約束を守らなくてはなりません」と彼女は言った。

後にパウエルは、こう述べている。「彼女は彼を非常に高く評価していましたが、それは彼女の主義に反することでした――彼女は裏切り者が嫌いだったのです。しかし、彼は違いました。種類が違ったのです。彼女は、体制に対抗して立ち向かう人々をたいへん尊敬していました」。

「ミスター・コリンズ」が誰であれ、彼は西側に大きな貢献をしてくれたのであり、その彼が危険にさらされているのだから、イギリスは、たとえ外交関係にどのような影響が出ようとも、全力を尽くして彼を救出しなくてはならなかった。

このときサッチャー首相は知らなかったが――そして、その後も気づくことはなかったが――彼女が認可した作戦は、すでに進行中だった。仮に首相が脱出作戦の認可を拒否したとしても、ゴルジエフスキーに、集合地点には誰も待っていないことを伝える術はなかった。彼は見捨てられることになっただろう。

「ピムリコ」作戦は、止めることができなかった。

14　七月一九日、金曜日

午前一〇時、モスクワ、イギリス大使館

出発時刻が近づくにつれ、ロイ・アスコットの心中では、高まる興奮と強まる不安がぶつかった。彼は、昨晩の大半を祈って過ごした。「どれほど準備しようとも、私たちに作戦を無事にやり遂げさせてくれるのは祈りしかないと私は強く確信していた」。それまでＭＩ６は、ソ連国境を越えて人をひそかに脱出させようとしたことは一度もなかった。集合地点に到着するのが「ピムリコ」ひとりだけだとしても脱出は難しいのに、もし彼が計画どおり妻と子供ふたりを連れて来ていたら、成功する可能性は極端に小さくなる。「私は、この男は射殺されるだろうと思っていた。この計画はうまくいくわけがなかった。私たち全員が、この作戦全体がいかにもろいかを知っていた。私たちはこれから約束を守るのであり、たとえこれから私たちが向かうのがうまくいくはずのない作戦だとしても、約束は守らなくてはならなかった。私は、成功の確率は二〇パーセント以下だと思っていた」。

センチュリー・ハウスから電報が届いた。ロンドンの上司たちは大使館の管理職に「不安定の兆候

を感じ取り」、「活を入れる」ためメッセージを作成したのである。電報には、こう記されていた。「首相が自ら本作戦を承認し、諸君はこれを遂行できるはずだと完全に確信していると述べられた。ここにいる我々全員が、諸君を一〇〇パーセント支援し、諸君の成功を確信している」。アスコットは、これをカートリッジに見せ、「ロンドンで引き続きトップレベルの許可」が下りたことを伝えた。

このとき、致命的となりそうな別の問題が生じた。外国の外交官がソヴィエト連邦を車で出国するためには、正式な許可と特別なナンバープレートが必要だった。ナンバープレートの取り付けを行なう公認工場は、金曜日は正午に閉まる。ジーのフォードは何の問題もなくプレートが付け替えられたが、アスコットのサーブは、次の伝言とともに送り返されてきた。「申し訳ありません。奥様が運転免許証をお持ちでないのでプレートを取り付けることはできません」。キャロラインは、ソ連での免許証を入れたハンドバッグを一か月前に盗まれており、新しい免許証を入手するため、イギリスの免許証を領事部に提出していた。この免許証はまだ返却されておらず、ソ連の新しい免許証も交付されていなかったのである。外交官は単独で車を運転することが許可されておらず、ソ連で有効な免許証を持った交替運転手がいなければアスコットは正式なナンバープレートを受け取ることができず、ナンバープレートがなければソヴィエト連邦を出国することができなかった。「ピムリコ」作戦は、ソ連官僚主義の小さいが絶対に動かぬ岩にぶつかって失敗するかに思われた。午前一一時、交通当局が週末のために役所を閉めるまであと一時間しかなく、アスコットが何とか解決しようと知恵を絞っていたとき、ソ連外務省から、キャロラインのイギリスの免許証とソ連の新しい免許証の入った荷物が届けられた。「残り一時間で私たちは時間内にプレートを車に取り付けてもらえた。私は信じられなかった。この思いがけない幸運を」。しかし、アスコットは改めて考えてみて、免許証が思いがけずタイミングよく戻ってきたのは、はたして偶然なのか、それともKGBの罠の一部なのではないかと思った。「私たちの移動を妨げる最後の障害がなくなったが、何もかもがうまく行きすぎているような気がした」。

午前一一時、モスクワ、レニンスキー大通り

ゴルジエフスキーは、その日の午前中はマンション内を上から下まで大掃除をして過ごした。この後すぐにKGBが室内を引っかき回し、床板を剥ぎ取り、蔵書を一ページ一ページ破り、家具をひとつ残らずバラバラにするのは分かっていた。しかし、彼は妙なプライドから、KGBが破壊しに来たとき自宅が「整然と」見えるようにしたいと決心していた。食器を洗って片づけ、シンクで衣類を洗って干した。キッチンのカウンターに、レイラのため現金二二〇ルーブルを置いた。これだけあれば、数日は家計をまかなうことができるだろう。これはちょっとした意思表示だった……しかし、どんな意思を表示しているのだろうか？　これからも大切に思い続けるという気持ち？　謝罪？　後悔？　この現金が彼女の手に届くことは、おそらくないだろう。きっとKGBが没収するか、盗んでしまうはずだ。それでも、マンションを丹念に掃除したのと同じように、こうすることで彼は自分の人となりを、おそらく自分で思っている以上に多く示すメッセージを送ろうとしていた。ゴルジエフスキーは、立派な人間に思われたいと望み、自分が徹底的にだましてきたKGBから尊敬されたいと願っていたのだ。自己正当化するメモも、ソヴィエト連邦を裏切った理由を説明する書き置きも、まったく残さなかった。もし捕まれば、KGBは、今度は自白剤といった生ぬるい手は使わずに、すべてを引き出すことだろう。彼は、塵《ちり》ひとつないマンションと、きれいに洗ったたくさんの洗濯物を残した。

ハリントン氏と同じように、彼は洗濯物をそのままにして逃げ出したりはしなかった。

次にゴルジエフスキーは、四度目にして最後となる、KGBの監視チームを振り払う準備をした。今度はタイミングが重要だった。マンションを出て監視員たちをまくのが早すぎれば、最終的に何が起きているのかを気づかれ、警報を出されるかもしれない。しかしマンションを出るのが遅すぎれば、ドライクリーニングを完了させることができないかもしれず、そうなればKGBに尾行されたまま駅に到着することになる。

彼は普通のビニール袋を使って、持っていく数少ない携行品の荷造りをした。袋に詰めたのは、薄手のジャケット、デンマークで買ったレザー帽、鎮静剤、それと、フィンランド国境地域をカバーするソ連製の小さな道路地図だ。もっとも、国境地帯は軍事機密だったので、おそらく地図は不正確だろう。

彼は嗅ぎタバコを詰め忘れた。

午前一一時、フィンランド、ヴァーリマーのモーテル

「ピムリコ」作戦のフィンランド側は、予定どおりに進んでいた。チームは国境から約一五キロメートル離れた場所にある小さなモーテルに集まった。ヴェロニカ・プライスとサイモン・ブラウンは、偽造パスポートを使って前日の夜ヘルシンキに到着し、その夜は空港ホテルに宿泊した。ふたりが車をモーテルの駐車場に入れたときには、フィンランドでの調整を担当していたMI6の若き情報員マーティン・ショーフォードがすでに待っており、その数分後、デンマークの情報機関PETの情報員エリクセンとラーセンの二名が到着した。偶然にも、自動車はどれも空港の同じレンタカー会社で予

約したもので、ショーフォードは、駐車場にまったく同じ車が駐まっているのを見てぞっとした。何しろ、続き番号のナンバープレートを付けた新品の真っ赤なボルボが三台も並んでいるのだ。「私たちは、何かの大会の出席者のように見えました。あれほど目立つものは、まずなかったでしょう」。少なくとも一台は今日中に別の車に変える必要があるだろう。

国境のフィンランド側の集合地点は、ヴェロニカ・プライスが最初に計画を策定したときに選んだ場所だった。国境の検問所から北西に約八キロの地点に、幹線道路から右にそれて森の中へ入っていく林道がある。林道を一・五キロほど進むと、左手に、伐採した木を運ぶトラックが転回するための小さな空き地があり、周囲を木々に囲まれていて幹線道路からは見えない。この場所なら、国境からの距離は、オレークと彼の家族が車のトランクに詰め込まれている時間を必要以上に長くせずに済む程度には近く、国境警備区域を完全に抜け出している程度には遠かった。

MI6とPETの合同チームは、集合地点の周辺を徹底的に偵察した。フィンランドの松の森は、途切れることなく東西南北に広がっていた。見渡す限り家はない。ここで彼らは脱出チームと合流し、脱出者たちを急いでMI6の車からフィンランドのレンタカーに移し、その後ふたつのグループに分かれる。フィンランド・チームは、約一五キロ離れた森の中にある第二の合流地点に集まり、そこで脱出者たちの健康を確認し、着替えをさせ、盗聴器が仕掛けられた外交官用自動車で盗み聞きされる心配をせずに自由に話をする。一方、モスクワ・チームはヘルシンキに向けて出発し、最初のガソリンスタンドで待つ。脱出者を乗せたチームは、北のフィンランド・ノルウェー国境を目指して長いドライブを開始する。レイラと子供ひとりはデンマーク人の車に乗り、ゴルジエフスキーともうひとりの娘はブラウンとプライスの車に同乗する。ショーフォードは、MI6のモスクワ・チームとガソリンスタンドで再合流し、アスコットとジーに状況を報告し、スタンドの公衆電話から重要な電話を掛ける。

その電話は、センチュリー・ハウスでP5班と一緒に待っているソ連圏統括官に自動的に転送される。ガソリンスタンドの電話はKGBやフィンランド情報部にチェックされているかもしれないので、「ピムリコ」作戦の結果は曖昧な言葉で報告しなくてはならない。ゴルジエフスキーとその家族が無事に脱出したら、ショーフォードは休暇での釣りは成果があったと告げる。しかし、もし脱出に失敗したら、何も釣れなかったと報告することになっていた。

合同チームは、集合地点周辺を念入りにチェックした後、車でヘルシンキに戻り、三台の真っ赤なボルボのうち一台を別のモデルに交換してもらうと、別々のホテルへと別れていった。

午後零時、モスクワ、クトゥーゾフ大通り

外交官用アパートでは、キャロライン・アスコットとレイチェル・ジーが荷造りをしていた。自動車のトランクは「ピムリコ」とその家族を収容するのに空けておく必要があったため、自分たちの衣類を持っていくことはできなかった。その代わり、中身の入っていない旅行用の大きな手提げ袋をいくつも集めた。中にクッションを詰めれば、大きく膨らんで衣類が入っているように見えるが、中身を出せば平らにたたむことができる。七年前に初めて用意された脱出キットが、イギリス大使館の金庫から出された。キットの中身は、水の瓶数本と、子供が使うプラスチック製の「シッピーカップ」(蓋付きのコップで、これを使えば女の子が狭いトランクの中でも楽に水を飲むことができた)、尿瓶《しびん》代わりの大きな空の瓶二本、そして、熱を反射する薄いビニールシートでできていて、低体温症や疲

労の際に熱が逃げないようにするための「スペースブランケット」四枚だ。ソ連国境には熱センサーと赤外線カメラがあって、人が隠れていても見つけることができると信じられていたが、MI6の人間は、それがどのような仕組みで機能しているのかも、そもそもそうした装置が実在するのかも、誰ひとりはっきり分かっていなかった。脱出者たちは、スペースブランケットで体を覆う前に服を脱いで下着だけになる。トランクの中は暑くなるし、体温が低いほど、探知犬に臭いを気づかれる可能性は減ると考えられたからだ。

キャロラインはピクニックの用意――バスケット、レジャーシート、サンドイッチ、ポテトチップス――を整えた。待避所で広げれば一種の偽装になるからだ。脱出者たちは、隠れ場所から出てくるのに時間がかかるかもしれない。集合地点への到着が遅れるかもしれない。待避所にほかの人間がいる可能性もあり、そのとき四人の外国人がこれといった目的もなくその場に現れたら怪しく思われるかもしれない。二組の夫婦が本道からそれるには、怪しまれない理由が必要であり、イギリス式のピクニックは、完璧な口実になると思われた。さらにキャロラインは、フローレンス用の旅行かばんも準備し、服とベビーフードと替えのおむつを入れた。レイチェル・ジーは、幼いふたりの子供と義母を連れて公園に行った。その際、何度も立ち止まっては、まるで本当に痛むかのような感じで腰を揉んだ。その演技があまりに真に迫っていたため、ジーの母親は息子にこう尋ねた。「本当に病気じゃないのかい？　私には、少しも具合がよさそうには見えないけどねえ」。

午後三時、モスクワ、イギリス大使館

大使館に数名いる軍関係者のひとりである海軍駐在武官補が、フィンランド旅行からモスクワに戻ってきたが、その際、うかつにも作戦の足を大きく引っ張る、へまをしでかしていた。その武官補の報告によると、彼はソヴィエト連邦から出国する際と再入国する際の二度とも、ヴィボルクでKGBの国境警備隊から身元確認を求められたという。警備隊は、外交上のルールをすべて無視して、車内を調べさせろと要求し、武官補はそれに反対しなかった。「あの馬鹿者は、犬を車内に入れさせたのだ」と言ってアスコットは激怒した。もし国境警備隊が慣例を無視し、探知犬を使ってイギリスの外交官用車両を調べているのだとしたら、脱出計画はおしまいだ。四人の人間が二台の車のトランクに押し込められて汗をかいていれば、強烈な臭いが出る。武官補は知らず知らずに、考えられる最悪のタイミングで危険な先例を作ってしまったのである。

アスコットは大急ぎで大使からソ連外務省に宛てた正式の外交文書を偽造した。その内容は、駐在武官補の自動車が捜索を受けたと訴え、イギリスの外交特権が侵害されたと主張する抗議文だった。この抗議文は実際には送付されなかったが、アスコットは、ウィーン条約の関連条項のロシア語訳とともに送付されたことを示すコピーを作成した。もしKGBが国境で車を捜索しようとしたら、この偽造文書を見せるつもりだった。しかし、これに効果があるという保証はなかった。もし国境警備隊が車のトランクの中に何があるか見たいと思ったら、正式な抗議をどれだけしようとも、それを食い止めることはできないだろう。

最後にひとつ、ちょっとした事務仕事が残っていた。MI6の秘書ヴァイオレットは、脱出指示書の内容を水溶紙にタイプした。もし一行がKGBに逮捕されたら、この手引書は「水の中か、あるいは、きわめて不快ではあるが、口の中で溶かすことができた」。極度の緊急事態では、MI6チームは「ピムリコ」作戦を文字どおり食べてしまうかもしれなかった。

午後四時、モスクワ、レニンスキー大通り

ゴルジエフスキーは、クローゼットの奥にしまってあった、薄手の緑のセーターと、色あせた緑のコーデュロイのズボンと、古いブラウンの靴を出して身に付けた。放射性ダストや、探知犬に知らせるのに使う化学物質に汚染されていないかもしれないと思ったからだ。この服装なら、普段着ている緑のジョギングスーツとよく似ているので、マンションの管理人（とKGBの監視員）は彼がランニングに出かけるのだと思うだろう。彼は部屋の玄関ドアの鍵を閉めた。数時間後には、KGBがまた鍵を開けるだろう。「私は玄関ドアを閉じながら、家と所持品だけでなく、私の家族と私の人生も手放そうとしていた」。彼は家族写真など、思い出のよすがとなる物を何も持っていかなかった。母と妹にはおそらく二度と会えないことは分かっていたが、ふたりに別れの電話を掛けることはなかった。事情を説明したり正当化したりするメモも残さなかった。彼は、人生で最も特別な日に、普段と違うと思われそうな特別なことは何ひとつしなかった。マンションの玄関ホールを通るとき、管理人は顔を上げもしなかった。これから最後にもう一度尾行をまいて、モスクワの中心部を抜けてレニングラード駅まで向かうのに、きっかり一時間三〇分あった。

これまでのドライクリーニングでは、近くのショッピング街を利用していた。今回、彼は大通りを渡り、反対側で大通りに沿って伸びる、樹木の茂った地域に入った。大通りから見えない場所まで来ると、ジョギングを始め、次第にスピードを上げていって、最終的にほぼ全力疾走した。KGBの太った監視員は絶対についてこられないだろう。公園の端まで来ると、道路を渡って引き返し、反対側から商店街に入った。ビニール袋は珍しくて目立つので、合成皮革の安い旅行かばんを買い、数少な

い荷物を入れると、裏口から店を出た。その後、ありとあらゆる監視脱出テクニックを入念かつ慎重に駆使した。地下鉄の車両にドアが閉まる直前に乗車し、二駅目で下車し、次の列車が到着するのを待ち、ホームにいた乗客が全員乗ってドアが閉まるのを確認したら、反対方向へ行く列車に乗る。通りを急ぎ足で進んだら、別の通りを使って引き返し、店に正面の入り口から入って裏口から出る。

レニングラード駅は、人と警官であふれていた。偶然にも、来週から「反帝連帯・平和・友情」をうたって開催される第一二回世界青年学生祭典に参加するため、一五七か国から左派の若者二万六〇〇〇人がモスクワに押し寄せていたのである。この大規模な祭典では、ゴルバチョフが若者たちに「この偉大なレーニンの故郷で、みなさんは、我が国の若者が人道・平和・社会主義という高貴な理想にどれほど深く献身しているかを、直接感じることができるでしょう」と語ることになる。[*1] 参加者の大半は、レーニンのために来たのではなく、音楽が目当てだった。出演ミュージシャンには、アメリカ生まれの歌手でソ連を支持して当時は鉄のカーテンの東側に永住していたディーン・リード、イギリスのポップデュオであるエヴリシング・バット・ザ・ガール、それにボブ・ディラン――ソ連の詩人アンドレイ・ヴォズネセンスキーに招かれていた――などがいた。参加する派遣団の多くは北欧からフィンランド経由でやってきていた。ゴルジエフスキーは警察の機動隊が駅構内をパトロールしているのを見て警戒したが、やがて自分を安心させようとじた。これほど多くの人間が北の国境を越えて入ってきているのだから、国境警備隊は忙しくて、国境を越えて出ていく外交官用自動車にはあまり注意を払わないかもしれない。彼は売店でパンとソーセージを買った。確認できる限り、彼を尾行している者はひとりもいなかった。

レニングラード行きの夜行列車は、主に四等の寝台車で構成されており、通路に向かって開かれたコンパートメントには三段ベッドがふたつずつあった。ゴルジエフスキーは最上段のベッドだった。彼はきれいなシーツをもらうと、自分のベッドを整えた。車掌は、夏休みでアルバイト中の女子学生で、彼に特別な注意を払っているようには見えなかった。五時三〇分ちょうどに列車は出発した。それから数時間、ゴルジエフスキーはベッドで横になりながら質素な夕食を食べ、とにかく気を静めようとした。下では同室の乗客たちが一緒にクロスワードパズルをやっている。彼は鎮静剤を二錠飲むと、精神的な疲労と、恐怖と、薬の効果とがあいまって、数分後にはぐっすりと眠りこんでいた。

午後七時、モスクワ、イギリス大使館

大使の着任パーティーは大盛況だった。昨晩到着したサー・ブライアン・カートリッジは短いスピーチをしたが、MI6の面々は、そのスピーチを一語も記憶できなかった。レイチェルは自宅にいて、隠しマイクのためにうめき声を上げ、ときどき「奇妙な泣き声」も出した。シャンデリアの下で外交官たちが談笑を始めて一時間後、ふたりの情報部員は、これからレニングラードまで徹夜でドライブしてレイチェルをフィンランドにいる医者まで連れていかなくてはならないと言った。パーティーの出席者のうち、このドライブの本当の目的を知っているのは、大使と、公使のデイヴィッド・ラトフォードと、MI6の秘書ヴァイオレット・チャップマンの三人だけだった。パーティーが終わると、ヴァイオレットは大使館にあるMI6の金庫から「ピムリコ」作戦用の「薬箱」を取り出してアスコットに渡した。中身は、成人用の精神安定剤と、怖がっている幼い少女ふたり用の鎮静剤が入った注射器二本だ。

クトゥーゾフ大通りに戻ると、男性陣が車に荷物を積む間、レイチェルは子供たちが眠っている寝

室へ行き、おやすみのキスをした。彼女は、いつまたこの子たちに会えるのかしらと考えた。「捕まったら、かなり長期間、身動きが取れなくなるわ」と思った。ジーは、腰を痛めてよたよたと歩く妻に付き添ってフォード・シエラまで歩いていき、助手席に座らせた。

午後一一時一五分ころ、二台の車は大通りに出ると、ジーのフォードが前、アスコットのサーブが後ろになって、北へ向かった。ヘルシンキまでは長距離ドライブになるので、どちらの夫婦も、音楽カセットテープを何本も持ってきていた。

KGBの監視車両が一台ついてきて、市の郊外にあたるソコル地区まで来ると、離れていった。広い幹線道路に出ると、アスコットもジーも、こちらを尾行する、明らかに監視車両と分かる車は一台も確認することができなかった。だからと言って安心はできない。自動車で後をつけるのは、KGBが車両を監視する唯一の方法ではなかった。どの主要道路にも、国家自動車監督局の詰め所（GAI詰め所）が一定間隔で置かれており、その前を監視下にある自動車が通過したら、次の詰め所へ無線で事前に知らせ、必要なら見えない場所に配置されている監視車両と連絡を取り合った。

車内は、ただならぬ雰囲気で張り詰めていた。車にはおそらく盗聴器が仕掛けられていて、音声は録音されているか、見えない無線車両に中継されていると考えられたため、演技をやめるわけにはいかなかった。芝居は、自動車内での第二幕に入ろうとしていた。レイチェルは腰が痛いと訴えた。アスコットは、新任の大使が到着したばかりなのに赤ん坊を連れて何百キロもドライブしなくてはならないことに不平を言った。誰ひとり、脱出計画のことも、今ごろは列車に揺られてレニングラードへ向かっているはずと全員が願っている男のことも、口にしなかった。

「これは罠に違いない」。レイチェルが眠ると、ジーはそう考えた。「私たちは、たぶんこれから逃れられない」。

七月二〇日、土曜日

午前三時三〇分、モスクワ発レニングラード行きの列車

ゴルジエフスキーは下段のベッドで目を覚ました。頭が割れるように痛み、しばらくは現実感がなく、自分がどこにいるのか分からなかった。若い男性が上のベッドから、妙な顔つきでのぞき込んでこう言った。「あなた、落ちたんですよ」。鎮静剤のせいでゴルジエフスキーは深い眠りに入り、列車が急ブレーキを掛けたときベッドから床に転げ落ちて、こめかみを切ってしまったらしい。ジャージは血まみれになっていた。彼は外の風に当たろうと思って、おぼつかない足取りで通路に出た。隣のコンパートメントでは、カザフスタンから来た若い女性の一団が元気におしゃべりしていた。彼は会話に加わろうと思って口を開いたが、その瞬間、女性のひとりが恐怖の表情を浮かべて身を引いて、言った。「私に一言でも話しかけたら、叫び声を上げますからね」。そこで初めて彼は自分が相手にどう見えているかに気づいた。服装は乱れていて、あちこちに血が付いており、足元がふらついている。彼は戻ってかばんをつかむと、通路の端まで行った。列車がレニングラードに到着するまで、まだ一時間以上ある。他の乗客が、彼が酔っ払っていると報告するだろうか？　彼は車掌を探し出し、五ルーブル紙幣を一枚渡すと「助けてくれてありがとう」と言った。もっとも彼女は、ベッドのシーツを渡すこと以外、何もしていなかった。彼女は、少し非難するような感じで、いぶかしそうな顔を向け

た。それでも結局、紙幣をポケットにしまった。夜が徐々に明けていく中、列車は走り続けた。

午前四時、モスクワからレニングラードへ向かう幹線道路

レニングラードまでのほぼ中間地点にあたるヴァルダイ丘陵で脱出チームは荘厳な夜明けを迎え、その美しさにアスコットは詩情を催した。「濃い霧が湖や川から立ち昇り、何本もの長い帯となって丘の裾を通り、木々や村々を抜けていった。このすみれ色とばら色をした霧の層から、徐々に大地がはっきりとした形を現し始めた。非常に明るい天体が三つ、左にひとつ、右にひとつ、そして正面にひとつと、完璧なシンメトリーを作って輝いていた。私たちが通り過ぎる横では、すでに大鎌で干し草用の草を刈ったり、香草を摘んだり、牛を牧草地へ連れていったりする人々の姿が、共有地の斜面や谷間にぽつりぽつりと見えた。それはとても美しい光景で、牧歌的な瞬間だった。このようにして始まった一日から何らかの悪が生まれるとは、とても信じられなかった」。

フローレンスは、後部座席ですやすやと眠っている。

熱心なカトリック信者で、宗教心が篤かったアスコットは、こう思った。「私たちは、ある道を進んでおり、この道を進むと誓っている——道はこれ一本しかなく、この道を私たちは進み続けなくてはならない」。

もう一台の車では、アーサーとレイチェルのジー夫妻が、地平線から顔を出した太陽が霧に覆われたロシアの丘陵地帯を照らし出す中で、アスコットとは違った神秘的な瞬間を体験していた。

車のカセットデッキからは、イギリスのロックバンド、ダイアー・ストレイツのアルバム『ブラザーズ・イン・アームス』が流れており、マーク・ノップラーによるギターの名演奏が夜明けを満たし

ているように思われた。

この霧に覆われた山々が
今はおれの家
だが、おれの故郷はスコットランドの低地地方で
これからもずっとそうだ
いつか君たちは故郷の谷間や
故郷の農場に帰るだろう
そして、もう思わないのだ
戦友になりたいとは

この破壊に満ちた戦場と
砲火の洗礼の中で
戦闘が激しくなるにつれ
君たちがどれほど苦しんだのかを、おれはすべて見てきた
おれはひどい怪我を負ったが
恐怖と不安の中
君たちはおれを見捨てなかった
わが戦友たちよ

「初めて私は思いました。これはうまくいくんじゃないかと」とレイチェルは述懐している。

そのとき、フィアットからライセンスを得てソ連で生産され、KGBの監視車両として標準支給されているコンパクトカー、茶色のジグリが、二台の後ろ約六〇メートルの位置に就いた。「私たちは尾行されていた」。

午前五時、レニングラード、終着駅

列車が到着すると、ゴルジエフスキーは真っ先に降り、足早に出口へ向かった。もしかすると後ろでは、車掌が駅の職員に声をかけ、彼を指さしながら、あの奇妙な男がベッドから落ちて私に多額のチップを渡しましたと言っているかもしれないが、それを確かめるため振り返ったりはしなかった。駅の外にタクシーは一台もなかった。しかし、自家用車が何台もうろうろしていて、ドライバーたちが乗らないかと客引きをしている。その一台に彼は乗り込み、「フィンランド駅へ」と言った。

ゴルジエフスキーは五時四五分にフィンランド駅に着いた。ほとんど人気のない正面広場には、巨大なレーニン像が立っていた。この偉大な革命理論家が一九一七年、ボリシェヴィキを指導するためスイスから到着したのを記念するための像だ。共産主義の神話では、フィンランド駅は革命による自由とソヴィエト連邦誕生のシンボルだった。ゴルジエフスキーにとっても、これは自由への道を象徴するものだったが、その道はあらゆる意味でレーニンとは方向が正反対の道であった。

国境へ向かう最初の列車は、七時五分に出発する。これに乗れば、レニングラードの北西約五〇キロにあり、フィンランド国境までの道のりの三分の一強に位置する町ゼレノゴルスクまで行ける。そこからは、主要道を通ってヴィボルクまで行くバスに乗る。ゴルジエフスキーは列車に乗ると、眠っ

ている振りをした。列車は耐えがたいほどゆっくりと進んだ。

午前七時、モスクワ、KGB本部

ゴルジエフスキーがいなくなったことにKGBがいつ気づいたか、その正確な時間ははっきりしない。しかし、七月二〇日の明け方には、第一総局の監視チーム（中国班）は本気で懸念していたに違いない。彼が最後に目撃されたのは金曜日の午後、ビニール袋を持ってジョギングしながらレニンスキー大通りの林に入っていったところまでだ。彼はこれまで三度、行方不明になっているが、三度とも数時間以内に再び姿を現していた。今回はマンションに戻ってこない。妹の所にも、義父の所にも、友人リュビーモフの所にもいないし、ほかに行きそうな場所にも来ていない。

この段階で取るべき最も賢明な措置は、警報を出すことだった。そうすれば、KGBはただちに捜索を開始し、ゴルジエフスキーのマンションを調べて居場所を示す証拠を探し、知人や親戚をひとり残らず連行して尋問し、イギリスの外交官に対する監視を強化し、陸海空すべての脱出ルートを封鎖することができたはずだ。しかし、監視チームが七月二〇日の朝の時点で警報を出した様子はない。その代わり、失敗を正直に認めると罰せられる独裁国家で事なかれ主義者がするのと同じことをしたようだ。つまり彼らは何もせず、問題が消えてなくなるのを期待したのである。

午前七時三〇分、レニングラード

MI6の脱出チームは、レニングラードのアストリア・ホテルの前に車を停めた。KGBの茶色い監視車両は、レニングラード中心部までずっとついてきていたが、やがて姿を消した。「新たな尾行がつくのだろうと思った」とアスコットは書いている。一行は車のトランクを開け、「これ見よがしに中をかき回して、監視員たちに我々には隠す物など何もなく、トランクは荷物で本当にいっぱいなのだということを見せた」。ジーと女性ふたりがホテルの中に入り、赤ん坊に食事を与えて自分たちも朝食(「吐き出したくなるような固ゆで卵と木のように硬いパン」)を取る間、アスコットは車内に残り、眠っている振りをした。「KGBが嗅ぎまわっており、私は誰かに車内をのぞかれたくなかった」。実際、男ふたりが別々に車に近づき、窓越しに中をのぞき込んだ。どちらのときもアスコットはハッとして目を覚ました振りをし、相手をにらみつけた。

一五〇キロほど北にある待避所までは、車で二時間ほどかかると、彼は計算した。だから、二時三〇分に集合地点に時間の余裕をもって到着するには、レニングラードを一一時四五分に出る必要がある。レニングラードまで車がついてきたことと、たった今詮索好きな人間が車の周りをうろついていたことを考えると、KGBの関心度は面倒なほど高いようだ。「その時点で私は、彼らが国境までついてくるだろうと思い、そう考えると熱意が奪われていった」。西側の強力な自動車なら、ソ連製のKGB車一台を振り切り、かなり引き離したところで相手に見られることなく道をそれて待避所に入ることはできるだろう。だが、もしKGBが、ときどきやるように、前方にも監視車両を配置したらどうなる? もし「ピムリコ」が監視を振り切れなかったとしたら、一行は待ち伏せされている場所に飛び込むことになるかもしれない。「私が何より恐れていたのは、KGBが監視チームをふたつ使って集合地点で挟み撃ちする計画なのではないかということだった。私に残っていた楽観的な見方は、急速にしぼんでいった」。

出発まで二時間あるので、アスコットは時間を潰すため、皮肉を込めて、共産主義の聖地のひとつスモーリヌイ修道院・女学校を訪問してはどうかと提案した。パラディオ様式の立派な建物で、もともとはスモーリヌイ貴族女学校という、ロシアで初めて女子（ただし貴族のみ）教育のために作られた学校のひとつだったが、十月革命のときレーニンが本部として使用し、その後は首都がモスクワに移るまでボリシェヴィキ政府が置かれた場所であった。その建物は、アスコットが「レーニアーナ」［レーニン関連資料］と呼んだものであふれていた。

スモーリヌイ修道院の庭で、四人はベンチに座り、一緒にガイドブックをのぞき込む振りをした。「それは最後の作戦会議で、すべてを再確認する場となった」とアスコットは語っている。もし集合地点に無事に着いたら、トランクの中身を整理し直して乗客が入れるようにする必要がある。レイチェルはピクニックの準備をし、その間に男性陣はトランクから中身を出すことになった。一方、キャロラインはフローレンスを抱いて待避所の入り口へ行き、左右の道路を見る。「もし何か変だと思ったら、頭のスカーフを取ることにする」。だが、もし障害がなければ、ジーは自分の車のボンネットを開けて、「ピムリコ」に出てきて大丈夫だと合図を送る。会話はマイクで盗聴されているはずなので、回収は無言で行なわなくてはならない。脱出者が彼ひとりだけなら、ジーの車のトランクに身を隠す。フォードはサスペンションがサーブよりも高く、人ひとり分の体重が増えても、ほんのわずかだが感づかれにくいと思われた。「アーサーが先頭になって集合地点を出発する」とアスコットは書いている。「そして私は、何者かがトランクに追突しようとするのを防ぐため、後ろを守ることにした」。

レーニンの革命本部は、計画を練るのに最適な場所のように思われた。「実際、これはKGBへのあかんべえだった」。

最後のドライブに向けて車に乗り込む前に、一行はネヴァ川の川岸を散策し、使われなくなった埠頭の横を川が流れていくのを眺めた。埠頭には「今では、さびてタイヤのなくなったバスがあちこちにあり、破れたセロハンが川の水草にたくさん絡まっていた」。アスコットは、今は全能の神としばし心を通わす絶好の機会ではないだろうかと言った。「私たちは四人全員が少しだけ内省の時間を持ちました。私たちは、超越的な存在と非常に強く結びついたと感じました――そう感じることがどうしても必要だったのです」。

レニングラードの郊外で、一行は監視塔のある大きなGAI詰め所の前を通った。しばらくして青のジグリが、男性をふたり乗せ、無線アンテナを長く伸ばして、彼らの後ろにピタリとついた。「これは滅入《めい》る光景だった」とアスコットは書いている。「しかし、もっと悪いことが、その後に続くことになった」。

午前八時二五分、ゼレノゴルスク

ゴルジエフスキーは列車を降りて、あたりを見回した。一九四八年までフィンランド語のテリヨキという名で呼ばれていたゼレノゴルスクの町は、朝の活気を見せ始めており、駅は人でにぎわっていた。これなら尾行は不可能だと思えたが、モスクワでは監視チームがとっくに警報を出しているに違いない。ここから北西約八〇キロにあるヴィボルクの国境検問所も、すでに警戒しているかもしれない。脱出計画では、彼はバスに乗って残りの道のりを進み、国境の町の手前二五キロ地点にあり、モスクワからの距離が八三六キロメートルであることを示す836キロポストで下車しなくてはならない。バスターミナルで彼はヴィボルク行きの切符を買った。

古いバスは座席が半分ほど埋まっており、大きな音を立ててゼレノゴルスクを出発すると、ゴルジエフスキーは硬い座席で何とか楽な姿勢を取ってから、目を閉じた。目の前の座席に若いふたり連れが座った。ふたりは話し好きで愛想がよかった。さらに、ソ連ではよくあることだったが、朝の九時からふたりはひどく酔っ払っていた。「どこへ行くんです？　どこから来たんです？」と、彼らはししゃっくりしながら言った。ゴルジエフスキーはぶつぶつと返事をした。会話をしたがる酔っ払いがつくやるように、彼らは同じ質問を、声を大きくして尋ねた。彼は、あらかじめ小さな道路地図で見つけておいた地名を挙げて、ヴィボルク近郊の村へ友人を訪ねに行くのだと答えた。そう言う自分の耳にも、この答えは真っ赤な嘘に聞こえた。しかし、若者たちはそれで満足したらしく、たわいないおしゃべりを続け、二〇分ほど後に千鳥足で立ち上がると、うれしそうに手を振りながらバスを降りた。

道の両側には、鬱蒼とした森が続いていた。森は、針葉樹に、背の低い白樺やポプラが交じっており、所々にピクニック用のテーブルのある空き地があった。森に入れば簡単に迷ってしまいそうだが、身を隠すのに都合のよい場所でもあった。観光バスが対向車線を次々と通り、北欧の若者を音楽祭へと運んでいた。ゴルジエフスキーは、装甲兵員輸送車など軍用車両が何台もあるのに気づいた。国境地帯は軍が厳重に警備しており、何らかの演習が進行中のようだった。

道路が右にカーブすると、突然、かつてヴェロニカ・プライスに何度も見せてもらった写真が生きとよみがえってくるように感じた。キロポストには気づかなかったが、ここがその場所だとの確信があった。彼は急いで立ち上がると、窓の外を見た。バスにはもう乗客がほとんどおらず、運転手はミラーで彼を怪訝そうな顔で見ていた。運転手はバスを停止させた。ゴルジエフスキーは躊躇した。バスが再び動き始める。ゴルジエフスキーは片手で口を押さえながら、急いで通路を進んだ。「すみません、気持ちが悪いんです。ここで降ろしてもらえませんか?」。運転手はムッとすると、バスを再び停めてドアを開けた。バスが走り去る中、ゴルジエフスキーは側溝に屈み込んで吐く振りをした。彼は、あまりに目立つ行動を取りすぎていた。少なくとも五人の人間が、彼のことをはっきりと覚えているだろう。列車の車掌、コンパートメントの床で気を失っているのを見つけた男、酔っ払ったふたり連れ、そしてバスの運転手。運転手は、自分がどこへ行くかも分かっていないらしい、車酔いした乗客のことを、きっと思い出すはずだ。

待避所への入り口は三〇〇メートルほど先で、目印となる特徴的な岩もあった。道は曲がって、長さ一〇〇メートルほどの大きなDの字形のカーブになっており、本道に向いた側は木々が並んで目隠しになっているし、シダや低木の密集する藪もあった。Dの字の最も膨らんだ位置に軍用道路があり、右側の森の奥へと通じている。待避所の地面は乾いていたが、その周囲はじめじめしていて、半ばよどんだ水たまりがいくつもあった。気温が上がり始めており、地面からは腐ったような刺激臭が出ていた。蚊の羽音が聞こえ、一か所刺されたのを感じた。しばらくして、また刺された。森は、どんな小さな音も響きそうなほど静かだった。時刻は、まだ一〇時三〇分。MI6の脱出用車両は、仮に来るとしても、到着するまでまだ四時間ある。

ときに恐怖とアドレナリンは心に奇妙な影響を与え、食欲を刺激することもある。本来ならゴルジエフスキーは、藪の中に身を隠してじっとしているべきだった。ジャケットを頭からかぶり、蚊に刺されるがままになっているべきだった。待っているべきだったのだ。しかし彼は、後から考えると、狂気の沙汰としか思えないことをした。

ヴィボルクへ行って一杯やろうとしたのである。

午後零時、レニングラード・ヴィボルク間の幹線道路

ＭＩ６の自動車二台が、ＫＧＢの青いジグリに尾行されたまま、レニングラードの郊外を出ると、ソ連警察のパトカーがアスコットのサーブの前に入り、短い車列の先頭に位置した。しばらくして、パトカーがもう一台、対向車線を走ってきて通り過ぎると、ウィンカーを出してＵターンし、ＫＧＢの車の後ろについた。さらに四台目として、マスタードイエローのジグリが車列の最後尾に加わった。「私たちは挟まれた」とアスコットは語っている。彼はキャロラインと不安そうに顔を見合わせたが、何も言わなかった。

約一五分後、先頭のパトカーがいきなり前方へ走り去った。同時に、ＫＧＢの車がスピードを上げてイギリス側の車二台を追い抜き、先頭に立った。一・五キロ先で、最初のパトカーが脇道で待っていた。車列が通り過ぎると、出てきて最後尾についた。車列は再び挟まれたが、今度はＫＧＢが前で、パトカー二台が後ろだ。どうやらソ連で典型的な縄張り争いが行なわれ、無線でのやり取りの末に、この奇妙な車のダンスが行なわれたようだ。「ＫＧＢが警察に『いてもいいが、この作戦は我々が行なう』と言ったのである」。

車がどういう順序で並んでいようと、これが厳重な監視であることに変わりはなく、しかも、監視を偽装する努力はまったくされていなかった。アスコットは暗い気持ちで運転を続けた。「その時点で私は、挟み撃ちになったと思った。私たちが予定の場所へ行くと歓迎委員会の出迎えを受け、制服を着た者たちが藪から大勢出てくる様子が頭に浮かんだ」。

キロポストが次々と過ぎていく。「こうした状況に対処する策は、考えていなかった。前後数メー

トルをKGBに挟まれて集合地点に向かうことになるとは、想像もしていなかった」。前方に一台、後方に三台いる中で待避所に入るのは不可能だろう。「集合地点に着いてもまだ彼らがついてきていたら、中止しなくてはならないだろう」とアスコットは考えた。「ピムリコ」は——もし連れてきていれば彼の家族ともども——見捨てられることになる。もっとも、それは彼がモスクワを出発していればの話だったが。

午後零時一五分、ヴィボルクの南にあるカフェ

道路をヴィボルクの方に向かって走っていた最初の車はジグリで、ゴルジエフスキーが親指を立てると、それに応じてすぐに停車した。ヒッチハイクは、ロシア語で「アフタストップ［автостоп］」といい、ソ連では一般的で、ソ連当局からも推奨されていた。軍事区域でも、単独旅行のヒッチハイカーは必ずしも怪しまれなかった。ジグリを運転していた青年は、制服でなく私服をきちんと着ていた。おそらく軍人かKGBだろうとゴルジエフスキーは思ったが、そうだとしても、この青年は驚くほど無関心で、質問を何ひとつせず、町のはずれまで行く間、西側のポップミュージックを大音量でずっと流していた。ゴルジエフスキーが短いドライブのお礼に三ルーブルを差し出すと、青年は何も言わずに受け取り、振り返ることもなく走り去った。数分後、ゴルジエフスキーが座る目の前に、瓶ビール二本とフライドチキンという豪華なランチが並んでいた。

一本目のビールが喉を通ると、アドレナリンが引いていき、ゴルジエフスキーは甘美な眠気を感じ始めた。鶏の脚は、それまで食べた中で一番というくらいおいしかった。ヴィボルク郊外の客のいないカフェテリアは、内装がガラスと合成樹脂で、これといった特徴がまったくないようだった。ウェ

ートレスは、注文を取るとき彼をちらりとも見なかった。彼は、必ずしも安全とは言えないものの、なぜか心が落ち着き始め、突然、疲労感を覚えた。

ヴィボルクは、数百年の間に国籍を何度も変えた。かつてはスウェーデン領だったが、その後フィンランド領となり、ロシア領およびソヴィエト連邦領になり、いったんフィンランド領に戻った後、最終的に再びソ連領となった。一九一七年、レーニンはボリシェヴィキの一団を率いてこの町を通過した。第二次世界大戦前、町の人口は八万で、大半はフィンランド人だったが、ほかにもスウェーデン人、ドイツ人、ロシア人、ロマ、タタール人、ユダヤ人などがいた。フィンランドとソヴィエト連邦が戦った冬戦争（一九三九～四〇年）では、住民のほぼ全員が避難し、建物の半分以上が破壊された。激戦の後、町はソ連軍に占領され、一九四四年にソヴィエト連邦に併合されると、フィンランド系住民はひとり残らず追放され、代わりにソ連国民が移住してきた。ここには、いったん破壊され、民族浄化を受け、即座に低予算で再建された町に特有の、殺風景で無気力な雰囲気があった。まったく非現実的な感じがした。それでもカフェは温かかった。

ゴルジエフスキーはビクッとして目を覚ました。眠っていたのだろうか？　いつの間にか午後一時になっている。男が三人カフェテリアに入ってきていて、少なくともゴルジエフスキーには、彼を疑わしそうに見つめているように思われた。三人ともきちんとした身なりをしている。ゴルジエフスキーは急いでいると見られないよう注意しながら、二本目のビールを手に取るとかばんに入れ、代金をテーブルに置いて店を出た。彼は気を引き締めて、南へ向かってぶらぶらと歩いた。四〇〇メートル進むと、思い切って振り返った。男たちはまだカフェの中にいる。だが、時間はあっという間に過ぎていた。道路はすでに閑散としていた。ランチタイムになったので交通量は減っていた。彼は走り始めた。数百メートル走ると汗が滝のように流れたが、さらにスピードを上げた。ゴルジエフスキーは、今も鍛え上げられたランナーだった。この二か月、さまざまな試練に見舞われたが、健康は維持していた。調子が出るにしたがって、心臓が恐怖と運動とのせいで激しく鼓動するのを感じることができた。ヒッチハイカーなら目立たないだろうが、閑散とした道路を全力疾走している男は、好奇心をそそること間違いない。しかし、少なくとも彼は国境から遠ざかる方向に走っていた。彼は走る速度を増した。何で私は集合地点でじっとしていなかったんだろう？　一時間二〇分以内に二五キロを走って待避所まで戻ることが、はたしてできるだろうか？　まず無理だろう。それでも彼は、全速力で走った。ゴルジエフスキーは命がけで走った。

午後一時、フィンランド、ヴァーリマー村の北三キロ

国境のフィンランド側では、MI6の受け入れチームが早めに位置に就いていた。チームは、アスコットとジーが前夜にモスクワを予定どおりに出発したことを知っていたが、それ以降は何の音沙汰もなかった。プライスとブラウンは、赤いボルボを道路から外れた空き地の端に駐めた。ショーフォードとデンマーク人たちは道路の両側に陣取った。もし二台の車がやってきたときKGBに激しく追われていたら、エリクセンとラーセンは、自分たちの車を使って追跡車を妨害するか、相手にわざとぶつかることになっていた。ふたりは、実際にそうなることをたいへん心待ちにしているようだった。気温は高く、周囲は静かで、前日までの目が回るほど忙しかった三日間と打って変わって、奇妙なくらい平穏だった。

「私は、激動する世界の中心で、すばらしい静寂の時間を感じていました」とサイモン・ブラウンは

述懐している。彼は、ブッカー賞を受賞したアニータ・ブルックナーの小説『秋のホテル』を持参していた。「厚い本を持っていくのは無謀だと思ったので、薄い本にしました」。デンマーク人のふたりはうたた寝をした。ヴェロニカ・プライスは、頭の中で脱出計画についてすべてを網羅したチェックリストを作っていた。ブラウンは、本をできるだけゆっくりと読み、「時間が刻々と過ぎていくのを考えないように」した。それでも、不吉な予感が常に入り込んできた。「私たちの用意した薬を注射されたせいで子供たちは死んでしまったのではないかと私は考えていました」。

午後一時三〇分、レニングラード・ヴィボルク間の幹線道路

ソ連の道路建設当局は、レニングラードから、北欧諸国とソ連の出入り口であるフィンランド国境まで通じる幹線道路を自慢していた。これはソ連のすばらしさを誇示する道路で、道幅は広く、アスファルト舗装も道路の勾配も適切で、道路標識や看板もきれいだった。短い車列は、先頭にKGB車、真ん中に挟み撃ちにされたMI6の自動車二台、少し離れて後ろにパトカー二台とKGB車もう一台という並びで、時速一二〇キロで順調に進んでいた。KGBにとっては、実に簡単な仕事だった。そこでアスコットは、これを難しくすることにした。

「私は長年監視を受けており、私たちはKGB第七局の考え方が分かるようになっていた。彼らはたいてい、監視されている側が彼らのいることを知っているということを知っていたが、実は彼らが気分を害し、ばつの悪い思いをするのは、彼らを見つけたことを故意に指摘されたときだった。心理学的に言って、ターゲットから、姿は丸見えで無能だと明かされることを好む監視チームなどいない。ターゲットからあかんべえをされ、『我々は君たちがそこにいることを知っているし、何をしている

のかも知っている』というようなことを言われるのを、彼らは嫌うのだ」。原則として、アスコットは監視がどれほど見え見えでも、常に無視することにしていた。しかし今回初めて、彼はこの原則を破ることにした。

アスコット子爵／情報員は、スピードを時速五五キロにまで落とした。他の車もそれにならった。800キロポストに来ると、アスコットは再びスピードを落とし、かなり低速の時速四五キロにまで下げた。先頭を行くKGB車は減速し、イギリス車が追いつくのを待った。ほかの車が車列の後ろで詰まり始めた。

先頭を行くKGBのドライバーは、気に食わなかった。イギリス側は、進むのをわざと遅らせてからかっているのだ。「ついに、前を行くドライバーの堪忍袋の緒が切れて、彼はいきなりトップスピードで走り去った。恥をかかされるのが嫌だったのだ」。数キロ先で、KGBの青いジグリがカイモヴォ村に通じる脇道で待機していた。ジグリは動き出すと他の監視車両の後ろに入った。アスコットのサーブが再び先頭に立った。

徐々に彼はスピードを上げた。ジーもスピードを上げ、前のサーブとの車間距離をきっちり一五メートルに保った。追ってきていた三台の車は、徐々に引き離されていった。前方の道路は直線で見通しもよい。アスコットは再び加速した。今では時速約一四〇キロに達していた。ジーとソ連車との距離は七〇〇メートル以上に開いた。826キロポストを過ぎた。集合地点までは、あとわずか一〇キロメートルだ。

アスコットはカーブを曲がると、急ブレーキを踏んだ。

軍の縦隊が、左から右へと道を横切っていたのだ。戦車、榴弾砲、ロケットランチャー、装甲兵員輸送車が続く。パン屋のバンが先に停車していて、縦隊が通り過ぎるのを待っていた。アスコットはバンの後ろに停まった。ジーはその後ろにつけた。監視車両が追いつき、後ろにピッタリとついた。戦車の上にいたソ連兵たちは、外国車に気づくと、冷戦時代の皮肉な挨拶として、握った拳を上に突き上げて大声を出した。

「これまでだ」とアスコットは思った。「もうおしまいだ」。

午後二時〇〇分、ヴィボルクの南東一五キロ、レニングラード幹線道路

ゴルジエフスキーは、後ろからトラックが近づいてくる音が聞こえたので、振り返って親指を立てた。運転手は、ヒッチハイカーに乗れと合図を送った。ゴルジエフスキーが息を弾ませながら、836キロポストで降ろしてもらいたいと説明すると、運転手は「何だって、そんな所へ行きたいんだ？あそこには何にもないぜ」と言った。

ゴルジエフスキーは、内緒話をする顔に見えるようにと願いながら、運転手を見て言った。「あそこの森にダーチャが何軒かある。その一軒に、素敵な女性を待たせているんだ」。トラックの運転手は、そういうことねという感じでフフンと言うと、分かったぜと言いたげにニンマリと笑った。

一〇分後、運転手は彼を集合地点で降ろし、ニヤニヤ笑ってウインクすると、三ルーブルをポケットに入れて走り去った。「あんた、いいやつだよ」とゴルジエフスキーは思った。「ほんとに、いいロシア人だ」。

待避所に着くと、彼は藪の中にもぐり込んだ。腹を空かせた蚊の大群が、戻ってきた彼を出迎えた。女性たちを軍事基地まで運ぶバスが待避所に入ってきて、軍用道路を進んでいった。ゴルジエフスキ

ーは、じめじめした地面に身を伏せながら、見つかっただろうかと考えた。沈黙が下りる。聞こえるのは蚊の羽音と、自分の心臓の鼓動だけだ。喉が渇いたので、二本目のビールを飲んだ。二時三〇分を過ぎた。そして二時三五分になった。

二時四〇分、彼は再び狂気に捕らわれ、立ち上がると道路に出て、MI6の脱出チームの車が来るはずの方向へ歩き始めた。道路で合流すれば時間を数分節約できるかもしれないと思ったのだ。しかし、数歩進んだところで我に返った。もし自動車がKGBに追われていたら、全員が公衆の面前で捕まることになる。彼は走って待避所に戻り、身を隠す藪の中にまた飛び込んだ。

「待つんだ」と彼は自分に言い聞かせた。「自分を抑えるんだ」。

午後二時四〇分、レニングラード・ヴィボルク間の幹線道路の826キロポスト

軍の隊列の最後の車両が、ようやく道を渡り切った。アスコットは、サーブのエンジンをふかすと、停止していたパン屋のバンを追い越して一気に加速し、そのわずか数メートル後をジーが続いた。KGBの車がエンジンをスタートさせるまでに、二台の車は一〇〇メートル先へ行っていた。道路の前方に車はなかった。アスコットはアクセルをベタ踏みした。カセットデッキからはヘンデルの『メサイア』が流れている。キャロラインはボリュームを最大にした。「闇の中を歩む民は、大いなる光を見、死の陰の地に住む者の上に、光が輝いた」［歌詞の訳は、日本聖書協会の『新共同訳聖書』イザヤ書九章一節を引用］。アスコットは表情を険しくして「せめて……」と考えていた。

MI6の情報員たちは、このルートを事前に何度かドライブしたことがあり、曲がる場所がほんの数キロ先だということを、ふたりとも分かっていた。数秒後には、彼らの車は時速一四〇キロに戻り、つきまとっていた自動車をすでに五〇〇メートル近く引き離していて、その差はさらに広がっていた。836キロポストの手前で、道路は一キロ弱にわたって直線の下り坂となり、その後また上り坂になって右に急カーブしている。曲がる場所は、その約二〇〇メートル先の右側にある。待避所は、ピクニックに来たソ連人でいっぱいなのではないだろうか？　キャロライン・アスコットは、夫が回収を試みるつもりなのか、それともこのまま待避所を通り過ぎるのか、まだ分からなかった。ジーにも分からなかった。アスコット本人にさえ分からなかった。

坂を上り切ってアスコットがカーブに入ったとき、ジーがバックミラーに目をやると、青いジグリが真後ろで視界に入ってきたのが見えた。距離は一キロ弱で、時間にして三〇秒か、それ以下の差だ。巨大な岩が視界に現れると、アスコットは無意識のうちに急ブレーキを踏んで待避所に入り、車はキーッと音を立てて停まった。ジーもその数メートル後ろに停車し、どちらの車も、スリップしたタイヤが土煙をもうもうと立てていた。二台は、木々と岩が目隠しとなって道路からは見えない。あたりは閑散としていた。時刻は二時四七分。「神さま、どうか彼らがこの土煙を見ませんように」とレイチェルは思った。一同が車から降りると、三台のジグリがエンジンに抗議の叫びを上げさせながら、木々の向こうの一五メートルも離れていない本道を猛スピードで通り過ぎていく音が聞こえた。「彼らのうち、ひとりでも今バックミラーに目を向けたら、私たちが見えるはずだ」とアスコットは思った。エンジン音が、徐々に小さくなっていった。土煙も落ち着いた。キャロラインはスカーフをかぶると、フローレンスを抱いて待避所の入り口の見張り場所へ向かった。レイチェルは台本どおり、バスケットを取り出し、レジャーシートを敷いた。アスコットは、トランクの荷物を後部座席に移す作業に取りかかり、ジーはサーブの前に移動して、キャロラインが危険なしの合図を出したらすぐにボンネットを開けられるようにした。

その瞬間、ホームレスがひとり、藪の中から現れた。不精ひげを生やし、服はよれよれで、全身は泥とシダとほこりにまみれ、髪には乾いた血がついていて、手に安物の茶色いかばんを握りしめ、恐ろしい形相をしている。「写真の人物のようにはまったく見えませんでした」とレイチェルは語っている。「上品なスパイと会うという幻想は、その場で消えてしまいました」。アスコットは、この人物を「グリム童話に出てくる森の小人か木こり」のようだと思った。

ゴルジエフスキーはジーを見て、マーズのチョコバーを持っていた男だと分かった。ジーの方は彼をパン屋の前でちらりと見ただけだったので、この突然現れたむさ苦しい男が、あれと同一人物だろうかと一瞬迷った。ロシアの森のほこりっぽい道で、スパイと、そのスパイを救出するため送り込まれた者たちは、しばし躊躇して互いを見つめ合った。MI6のチームは、小さな子供ふたりを含む四人を助けるつもりでいたが、「ピムリコ」は明らかにひとりだけらしい。ゴルジエフスキーは、情報部員二名によって回収されるものと思っていた。ヴェロニカからは、女性のことはまったく聞いておらず、まして、その女性がどうやらイギリス風の正式なピクニックを、ティーカップまでそろえて準備しているとは予想さえしていなかった。それに、あれは子供だろうか？　MI6は、危険な脱出作戦に赤ん坊まで連れてきたりするのだろうか？

ゴルジエフスキーは、ふたりの男を交互に見ると、低い声で、英語で言った。「どっちの車だ？」。

15　フィンランディア

トランクにたまる汗

アスコットは、ジーの車の開いたトランクを指さした。キャロラインが待避所の入り口から赤ん坊を抱えて急ぎ戻ってきた。レイチェルは、ゴルジエフスキーの泥だらけで悪臭もし、おそらく放射性ダストがかかっている靴を受け取ると、ビニール袋に入れて口をしっかりと縛り、車の助手席の下に放り込んだ。ゴルジエフスキーは、フォード・シエラのトランクに乗り込んで横になった。ジーが、彼に水と薬箱と空の瓶を渡し、トランクの中で服を脱ぐよう身振りで指示した。アルミニウム製のスペースブランケットが彼の体に掛けられた。女性たちはピクニック道具をまとめると後部座席に放り込んだ。ジーはトランクをそっと閉め、ゴルジエフスキーの姿は闇に消えた。アスコットを先頭に、二台の車は本道に戻ってスピードを上げた。

回収全体にかかった時間は、八〇秒だった。

852キロポストに来ると、次のGAI詰め所が巨大な姿を現し、それとともに見慣れたものが目に入ってきた。マスタードイエローのジグリと二台のパトカーが、ドアを開けて道路の右端に停車していた。平服姿のKGBの人間が、五人の警官と熱心に話し込んでいる。「私たちが現れると、彼らはみな首を回して顔を向け」、イギリスの車二台が通り過ぎるのを、口をあんぐりと開けて見つめた。その顔には困惑と安堵の入り交じった表情が浮かんでいた。「私たちが通り過ぎると、運転手は走って車に戻った」とアスコットは書いている。「彼は、非常に困惑した信じられないという顔をしていたので、私は車を停められて、少なくとも私たちの動きについて質問されるものと思っていた」。しかし、監視車両は以前と同じく後ろについただけだった。彼らはあらかじめ国境に無線で連絡し、外国の外交官の一団に注意するよう国境警備隊に伝えたのだろうか？　イギリス外交官を数分間見失ったと認める報告書を提出するだろうか？　それとも、これまでのソ連の流儀にしたがって、外国人たちは用を足すため本道を外れて停車しただけだと考えて、数分間行方不明になったという事実をごまかし、何も言わずにおくだろうか？　この疑問に対する答えを知るのは不可能だが、推測するのは簡単だ。

レイチェルとアーサー・ジーの耳に、後ろのトランクから、小さくウッという声やゴツンという音が聞こえてきた。ゴルジエフスキーが、窮屈な場所で服を脱ごうと必死になっている音だ。やがて、強烈な悪臭が漂ってきた。昼に飲んだビールを戻したのである。レイチェルは音楽のボリュームを上げた。そのとき流していたのは、アメリカのロックバンド「ドクター・フック」のコンピレーション・アルバム『グレイテスト・ヒッツ』で、「あの娘はたったの16才」「すてきな娘に出会ったら」「シルビアズ・マザー」といった曲が収録されていた。ドクター・フックの音楽スタイルは「イージーリスニング」と呼ばれることが多い。ゴルジエフスキーには、どの曲も気楽《イージー》に思えなかった。蒸し暑いトランクに詰め込まれて命がけで脱出している最中だったが、その間ずっと、この低俗で変に感傷的なポップスにイライラさせられた。「ひどい、本当にひどい音楽だった。とにかく嫌だった」。

しかし、レイチェルが最も不安に思ったのは、秘密の同乗者が出す音ではなく、臭いだった。汗と安物の石けんとタバコとビールの混じった臭いが、車の後ろから臭ってくるのだ。不快というわけではなかったが、はっきりと分かる臭いで、しかもかなり強烈だった。「それはロシアの臭いでした。イギリスの普通の車では感じられないものでした」。鼻のいい探知犬なら、車の後ろから、前に座っている旅行者とはまったく違う臭いがすることに気づくはずだ。

ゴルジエフスキーは、体をねじりながらシャツとズボンを何とか脱いだが、そうして体を動かしたせいで息が苦しくなっていた。暑さはすでに厳しくなっており、トランクの中の空気は、息をするたびに汚れていくような気がした。彼は鎮静剤を飲んだ。ゴルジエフスキーは、自分が国境警備隊に見つかったときに起こる情景を想像した。イギリス人たちは驚いた振りをし、この逃亡者はおとりとして仕込まれたのだと主張するだろう。全員が逮捕されるはずだ。そして私は、ルビャンカに連行され、自白を強要されて殺されるのだ。

話をモスクワに戻すと、KGBは問題が発生していることに気づいていたに違いない。しかし、いまだに、陸続きの最寄りの国境を封鎖する手を打つこともなければ、ゴルジエフスキーの失踪を、昨夜イギリスの外交官二名が大使館でのパーティーから抜け出して車でフィンランドへ向かったことと結びつけて考えてもいなかった。むしろ当初は、ゴルジエフスキーはすでに自殺していて、おそらくモスクワ川の川底に眠っているか、そうでなければ、どこかのバーで酔い潰れているのだろうと考えていた。週末は、どの巨大官僚組織でも、二流の職員が出勤していて上司はのんびり休息しているため、活動が鈍る。KGBはゴルジエフスキーを探し始めたが、特に緊迫感を抱いてはいなかった。そもそも、彼に逃げられる場所はなかった。それに、もし自殺したとしたら、それ以上に明白な有罪の証拠はなかった。

センチュリー・ハウスの一三階では、外務省の情報担当事務次官補のデレク・トマスが、「ピムリコ」チームとともにP5の執務室で、ショーフォードから電話が来てフィンランドでの「釣り旅行」の成果を知らせるのを待っていた。外務省では、デイヴィッド・グッドール事務次官が上級顧問を集めてトマスからの連絡を待っていた。午後一時三〇分（ソ連時間で三時三〇分）、敬虔なローマ・カトリック信徒だったグッドールは、腕時計を見て、こう告げた。「諸君、彼らはちょうど今、国境を越えているころだろう。短く祈りを捧げるのが適当ではないかと思う」。五人ほどいた職員たちが頭《こうべ》を垂れた。

車列は、ヴィボルクの町をゆっくりと抜けた。もしKGBが交通事故を仕組み、どちらかの車にぶつかって彼らを車外に出すつもりだったら、町の中心部で行動を起こしていただろう。しかし、ジグリは姿を消した。その後にパトカーも去った。「私たちを捕まえる気なら、きっと国境でやるつもりだろう」とジーは思った。

レイチェルは、ヴェロニカ・プライスから強く言われてギルフォードの森で受けた訓練を思い出していた。訓練では、車のトランクに押し込まれてスペースブランケットをかぶり、エンジンの音とカセットデッキからの音楽を耳にしながら、予期せぬ急な揺れと急停止を感じたり、ロシア語を話す人々の声を聞いたりした。「当時は馬鹿らしいと思いました」。しかし今では、やっておいてよかったと思える。「私たちは全員、彼がどんな目に遭っているのかを分かっていました」。

ゴルジエフスキーは、鎮静剤をもう一錠飲むと、体と心が少し楽になった気がした。スペースブランケットを引っ張って頭までかぶった。服を脱いで下着姿になっていたが、汗は背中を止めどなく流れ、トランクの金属製の床に水たまりを作っていた。

彼らはヴィボルクの西一五キロの地点で、最上部が有刺鉄線となった金網フェンスを巡らせた、軍が警備する国境地帯の境界に到着した。国境地帯は、幅がおよそ二〇キロあった。ここからフィンランドまでの間に検問所が、ソ連側に三つ、フィンランド側にふたつ、合計五つあった。

最初の検問所では、国境警備隊は一行に「厳しい目」を向けたが、書類審査をすることなく手を振って通過させた。どうやら国境警備隊員の担当者は、外交官の一団が来ると告げられていたらしい。次の検問所でアスコットは警備隊員の表情を念入りに探ったが、「特別な緊張感が私たちにはっきりと向けられている様子はまったく感じられなかった」。

後ろの車では、アーサー・ジーがまったく別の不安に気を揉んでいた。彼は、言うなれば「アイロンのスイッチを入れたままにしてきたのではないか？」という精神状態になっていた。彼は、慌ただしさの中でトランクに鍵を掛けたかどうか、どうしても思い出せなかったのだ。それどころか、きちんと閉めたかどうかさえ確信が持てなかった。突然ジーの脳裏に、国境地帯を通過中にトランクの蓋がボンと開き、中でスパイが胎児のように丸くなっているのが露見するという恐ろしい情景が浮かんだ。彼は車を停めて急いで降りると、森の端まで走っていって、藪の中で立ち小便をした。そして戻って来るときに、できるだけ何気ない風を装って、トランクに鍵が掛かっているかどうかを確認すると――確かに鍵は掛かっていた。アイロンのスイッチは、いつだって切ってあるものなのだ。遅れた時間は一分にも満たなかった。

次の検問所を抜ければ国境に出る。男性陣は、出入国待機エリアのフェンスに囲まれた駐車場に車を並べて駐めると、税関・出入国管理事務所で列に並んだ。ソヴィエト連邦から出国するため書類に記入するのは、時間がかかることがある。レイチェルとキャロラインは、長く待たされる覚悟をしていた。車のトランクからは、何も聞こえてこない。レイチェルは助手席に座ったまま、退屈で腰が痛そうな振りをしていた。赤ん坊のフローレンスはむずかっていて、うまい具合に気を散らせたり、泣き声で音をごまかしたりしてくれていた。キャロラインは娘を車の座席から抱き上げると、赤ん坊をあやしながら、開いた窓越しにレイチェルと立ち話をした。国境警備隊が車列の間を、左右を見ながら歩いている。レイチェルは、もし彼らが車を調べようとしたら「カンカンに怒る」つもりでいた。相手が引き下がらなければ、そのときはアスコットが抗議文とウィーン条約関連項目のコピーを見せる。それでもトランクを開けようとするようなら、外交官として激怒し、即座にモスクワに戻って正式な抗議文を出すと主張する。もっとも、その時点でおそらく全員逮捕されることとだろう。

近くに観光バスが二台駐まった。乗客たちは、眠っていたり、退屈そうに窓の外を眺めたりしている。敷地を囲う金網の向こう側には、野生のヤナギランが生い茂って紫色の花をたくさん咲かせている。刈り取ったばかりの牧草の香りが駐車場に漂ってくる。税関・出入国管理事務所の女性職員は、青年学生祭典と、酔っ払った若い外国人たちの流入で余計な仕事が増えたとさかんに愚痴をこぼしながら、不愛想にのろのろと仕事をしていた。アスコットは、この女性職員を急がせたいという衝動を抑えながら、ロシア語で雑談をした。国境警備隊は、ほかの車を念入りに調べていた。出国する人の大半は、モスクワを拠点に働くビジネスマンか、帰国するフィンランド人だった。

空気は暑く、風はなかった。レイチェルの耳に、トランクから小さく咳をする声が聞こえ、ゴルジエフスキーが重心を移したため、車はほんのわずかだが、揺れた。すでに国境地帯に入っているとはつゆ知らず、無意識にむせることがないよう咳払いをしていたのだ。レイチェルは音楽のボリュームを上げた。この場にそぐわぬドクター・フックの「あの娘はたったの16才」がコンクリートの駐車場に響き渡った。探知犬を担当するドッグ・ハンドラーが七メートル向こうに姿を現し、立ったまま、シェパードをなでながらイギリス車の方をじっと見ている。別の探知犬がコンテナトラックを調べている。最初の探知犬が、熱心そうに息をハアハア言わせながら、鎖を引っ張って近づいてきた。レイチェルはさり気なくポテトチップスの袋に手を伸ばすと、袋を開けて、チップスを一枚キャロラインに渡し、二枚ほどを地面に落とした。

　イギリス製のチーズ・アンド・オニオン味のポテトチップスは、非常に独特の香りがする。[*1] アイルランドのポテトチップス業界の大物ジョー・「じゃがいも《スパッド》」・マーフィーが一九五七年に開発したもので、オニオンパウダー、ホエイパウダー、チーズパウダー、ブドウ糖、塩、塩化カリウム、化学調味料、グルタミン酸ナトリウム、5'-リボヌクレオチドナトリウム、イースト、クエン酸、着色料を人工的に混ぜ合わせた刺激の強い味である。キャロラインは、イギリスのスナックメーカー「ゴールデンワンダー」の輸入ポテトチップスを大使館の売店で購入していた。この売店には、マーマイト「ビール酵母を主原料とするペースト食品」から、ダイジェスティブビスケットやマーマレードまで、イギリス人の食卓に欠かせないがソ連では入手不可能な品々が取りそろえられていた。

　ソ連の探知犬は、チーズ・アンド・オニオン味のポテトチップスの匂いなど、それまでに嗅いだことがなかったはずだ。彼女が一匹に一枚を差し出すと、その犬はむしゃむしゃと食べたため、ハンドラーはにこりともせずに鎖を引いて下がらせた。しかし、もう一頭がフォード・シエラのトランクの臭いを嗅ごうとしていた。ゴルジエフスキーにも、くぐもったロシア語の声が頭上から聞こえていた。

探知犬がトランクの周りをうろうろし出したため、キャロライン・アスコットは、冷戦であれほかの戦争であれ、それまで使用されたことのなかった武器に手を伸ばした。フローレンスを、スパイが隠れているトランクの上に乗せて、おむつを——フローレンスが絶妙のタイミングでお漏らしをした——替え始めたのである。そして、汚れて臭うおむつを、嗅ぎまわるシェパードのそばに落とした。「犬は当然、ムッとして立ち去りました」。嗅覚に対する牽制は、計画にはまったく含まれていなかった。おむつ作戦は、完全にその場のとっさの判断であり、非常に効果的であった。

男性陣が書類手続きを終えて戻ってきた。一五分後、国境警備隊がパスポート四冊を持ってやってきて、ひとりずつ確認しながら手渡すと、礼儀正しく別れを告げた。

最後のゲートでは車七台が列を成しており、ゲートは、有刺鉄線と、高い監視塔二基と、機関銃で武装した警備隊で守られていた。約二〇分間、一行は、監視塔から双眼鏡で厳重に監視されているのを意識しながら、のろのろと進んだ。今はジーが前、アスコットが後ろになっている。「神経がすり減らされる時間だった」。

ソヴィエト側の最後のハードルは、パスポート審査だった。ソ連の審査官がイギリスの外交官用パスポートを調べる時間は恐ろしく長く感じられたが、やがてゲートが上がった。

これで一行は正式にフィンランドに入ったが、まだハードルがふたつ残っていた。フィンランド側の税関・出入国審査と、フィンランド側のパスポート審査だ。このふたつを通るまでは、ソヴィエト側から一本電話を掛けるだけで彼らを呼び戻すことができる。フィンランドの税関職員は、ジーの書類に目を通すと、自動車保険があと数日で切れることを指摘した。ジーは、切れる前にソヴィエト連邦へ戻る予定だと告げた。職員は肩をすくめ、文書に判を押した。ゴルジエフスキーは、運転席のドアが閉まるのを感じ、ガタンと揺れたかと思うと車は再び走り出した。

二台の車は最後の関門へ向かった。その向こうはフィンランドだ。ジーは、格子越しにパスポートを提出した。フィンランドの係官は、ゆっくりと調べてから返すと、バーを上げるため事務所から出てきた。そのとき電話が鳴った。係官は事務所に戻った。アーサーとレイチェル・ジーは、黙ったまま前方を見つめていた。永遠と思えるほどの時間が過ぎた後、係官はあくびをしながら戻ってきて、バーを上げた。時刻は、モスクワ時間で四時一五分。フィンランド時間で三時一五分だった。

トランクの中でゴルジエフスキーは、タイヤが温かいアスファルトの上を進む軽やかな音を聞き、フォードがスピードを上げて激しく揺れるのを感じた。

突然、カセットデッキからクラシック音楽がボリュームいっぱいに流れてきた。ドクター・フックの甘ったるいポップスではなく、音が徐々に高まっていく、彼のよく知るオーケストラ曲だ。アーサーとレイチェル・ジーは、トランクの同乗者に自由になったことを言葉で伝えることはまだできなかったが、音で知らせることはできた。そのために使ったのが、フィンランドの作曲家ジャン・シベリウスが祖国を称えるために書いた交響詩の、和音が印象的な冒頭部だった。

彼らが流したのは『フィンランディア』であった。

生まれ変わりの瞬間

二〇分後、二台のイギリス車は林道を進み、森の中に入った。一帯は、アスコットがロンドンで見た写真とはまるで違って見えた。「新たな道路が何本か森に向かって作られていて、周辺の待避所には洗練された新車がやけに多く駐まっており、私がそれまで一度も会ったことのない、無表情な男たちがこちらを見ていた」。この男たちは、「敵意を持って追跡してくるソヴィエト車に追突する用意をしていた」デンマーク人のエリクセンとラーセンだった。普段は人気のないこの場所が急ににぎわっていることに驚いたのは、アスコットだけではなかった。古びた茶色のイギリス車ミニがやってきた。乗っているのは、キノコ狩りに来たらしい初老のフィンランド人女性だった。「彼女は当然ながら驚き、賢明にも車で走り去った」。アスコットは森の中に「見間違えようのない金髪の人物」マーティン・ショーフォードの姿を見つけた。ベージュのボルボの横を過ぎて車を停めようとしていると、プライスが顔を窓ガラスに押しつけているのが見えた。彼女は唇だけを動かして「何人?」と尋ねた。アスコットは指を一本、上げた。

ゴルジエフスキーは、車が林道を揺れながら走っているのを感じ取っていた。

続いて展開された場面は、音のないスローモーションの夢のようだった。ブラウンとプライスが駆け寄ってきた。デンマーク人たちは、その場を動かなかった。ブラウンが車のトランクを開けた。そこにはゴルジエフスキーが汗まみれで横たわっており、意識はあったが、ぼうっとしていた。「彼は半裸状態で、この水たまりの中にいました。私はすぐに、羊水の中にいる新生児を見ているような、何か特別な生まれ変わりの瞬間を見ているような気持ちになりました」。

ゴルジエフスキーは、一瞬、日光で目がくらんだ。見えたのは、青い空と雲と木々だけ。彼はブラウンに助けてもらいながら、よろよろとトランクから出て両足で立った。ヴェロニカ・プライスは、感情を表に出すのをよしとするタイプではなかったが、それでも見るからに感動していて、「彼女の顔には、ねぎらいと愛情の入り交じった表情」が浮かんでいた。彼女は、お説教するときのような感じで人差し指を振っており、その態度はまるで「ああ、あなたは本当にやり遂げたのね」と言わんばかりだった。

ゴルジエフスキーは、彼女の両手を握ると口元まで持ち上げてキスをした。それは感謝と解放の気持ちを示す、紛れもなくロシア式の意思表示だった。それから彼はよろめきながら、キャロライン・アスコットとレイチェル・ジーが並んで立っている場所へ歩いていった。そして深々とお辞儀をすると、ひとりずつ同じように手にキスをした。「前は藪から出てきた巨大な牛にしか見えなかったのに、それがいきなり、こんなに礼儀正しくて、とても上品な振る舞いをしたのです」。スペースブランケットは、まだ彼の肩に掛かっていた。「彼はまるで、マラソンを完走したばかりのアスリートのように見えました」。

ヴェロニカ・プライスは彼の腕をつかむと、優しく支えながら、森に一〇メートルほど入って、イギリス車に仕掛けられたマイクが届かない場所まで連れていった。

これでようやく彼は口を開き、ヴェロニカに向かって、彼女が常に名乗っていた偽名で語りかけた。

「ジーン、私は密告された」。

それ以上話す時間はなかった。

第二の集合地点で、ゴルジエフスキーは急いできれいな服に着替えた。汚れた服と靴とかばんとソ連の新聞は、ひとまとめにされ、レイラと娘たちの偽造パスポートと、もう必要のない注射器や衣類とともに、ショーフォードの車のトランクに入れられた。プライスがフィンランドのレンタカーのハンドルを握り、ブラウンとゴルジエフスキーは後部座席に乗り込んだ。車は本道へ出て北に向かった。ゴルジエフスキーは、プライスがていねいに包んでおいたサンドイッチとフルーツジュースを、手を振って断った。「私はウイスキーが欲しかった」と、彼は後に語っている。「なぜウイスキーをくれなかったのだろう？」。当初ブラウンは、ゴルジエフスキーは心身ともに疲弊していて自分をコントロールできない状態にあるだろうと予想していたが、実際の彼は「完璧に落ち着いて」見えた。彼は自分の身に何が起こったかを話し始め、自白剤を飲まされて尋問を受けたことや、テクニックを駆使して監視を抜け出したこと、KGBに尾行されていたが不思議と逮捕されなかったことなどを語った。「彼は話せるようになった途端――すぐに本件の分析を開始し、私たちがどのような判断ミスを犯したかを明らかにしました」。ブラウンは遠慮がちに、彼の家族について質問をした。「連れてくるには、あまりにもリスクが大きすぎました」とゴルジエフスキーは淡々と言うと、窓の外を流れていくフィンランドの田園風景を見つめた。

ヘルシンキへの途中にあるガソリンスタンドで、ショーフォードはアスコットとジーに再合流し、脱出のあらましをざっと聞くと、電話ボックスに向かった。センチュリー・ハウスのP5のデスクで電話が鳴った。「ピムリコ」チームの全員がデスクに群がった。ソ連圏統括官が受話器をつかんだ。

「天気はどうかね？」と彼は尋ねた。

「天気は最高です」とショーフォードは答え、その言葉をそっくりそのままソ連圏統括官は繰り返してデスクの周りに集まったチームに伝えた。「釣りはたいへんいい調子です。太陽は照っています。私たちは、特別なゲストをひとり迎えました」。

このメッセージで、一瞬混乱が起こった。それは、家族四人のほかに、もうひとり脱出者がいるということだろうか？　ゴルジエフスキーは、ほかにも誰かを連れてきたのだろうか？　ノルウェーに向かっているのは五人で、もしそうだとしたら、その「ゲスト」はパスポートなしで、どうやって国境を越えるのだろう？

ショーフォードが、改めて言った。「そうではありません。ゲストはひとりです。全部で」。

電話が終わると、チームは声をそろえて歓声を上げた。しかし、誰もが同じように喜んだわけではなかった。セアラ・ペイジは、MI6の秘書として本工作の実務面を支えるのに大きく貢献していたが、当時は妊娠六か月で、このときいきなりレイラと子供たちのことが頭に浮かんだ。「ああ、かわいそうな奥さんと、娘さんたち」と彼女は思った。「置き去りにされて。三人はどうなるのかしら？」。彼女は秘書仲間の方を向くと、小声で「人的損失はどうなんでしょうか？」と言った。

P5班長は「C」に電話した。「C」は首相官邸に電話した。秘書官チャールズ・パウエルがマーガレット・サッチャーに告げた。ソ連圏統括官は、ジェフリー・ハウ外相にゴルジエフスキーがソ連国境を越えたと報告するため、ケント州にある外務大臣の地方官邸チーヴニング・ハウスへ車で向かった。彼は迷った末に、シャンパンを持っていくのはやめにした――それは賢明な判断だった。なぜなら、ジェフリー・ハウは「ピムリコ」作戦を一〇〇パーセント支持していたわけではなく、祝杯を上げる気分ではなかったからだ。彼は、フィンランドの大きな地図をテーブルに広げていた。ソ連圏統括官は、今ゴルジエフスキーが北へ向かって通過していると思われる道を指さした。「万が一、KGBの暗殺部隊が後を追っている場合の計画は、どうなっているのかね？」とハウ外相は尋ねた。「もし失敗したら？　フィンランド側についてはどうなっているんだね？」。

その晩、ヘルシンキの最高級ホテル「クラウス・クルキ」の最上階で、ショーフォードはMI6の脱出チームを招いて夕食会を開いていた。ライチョウのローストとクラレットを楽しみながら、このとき初めて、マイクのない場所でモスクワのMI6情報員たちは、「ピムリコ」の本名と、彼が何をしたのかを知らされた。もしKGBがまだ監視を続けていたら、レイチェル・ジーの腰の痛みが奇跡のように回復していることに気づいただろう。

二台の脱出車両は、北極圏を目指して夜を徹して走り続けた。停車したのはほんの短時間、ガソリンの給油をするときと、一度だけゴルジエフスキーの求めに応じて、三日間で伸びた不精ひげを山の小川で車のサイドミラーを使って剃るのに停まったときのみだった。もっともそのとき、ひげ剃りの途中で彼は蚊の大群に追われて車に逃げ込んだ。「私たちは、依然として半ば敵対的な領域にいました。ソ連側は、やろうと思えば何らかの手を打つことができたはずです。完全に彼らの能力の範囲内でしたから。しかし、国境から離れるにつれ、次第に自信が深まっていきました」。デンマークのPET情報員は、ピッタリとついてきていた。北極圏の太陽は、いっとき地平線の下に少しだけ身を隠すと、再び昇っていった。ゴルジエフスキーは、半分だけひげを剃った顔で居眠りをし、半ば目を覚ましてはいたが、ほとんど何も言わなかった。日曜日の朝八時を少し過ぎたところで一行はカリガスニエミのフィンランド・ノルウェー国境に到着した。検問所はポールが一本、道を遮っているだけだった。国境警備員は、デンマーク人三人とイギリス人ふたりのパスポートをほとんど調べもせずに、手を振って車を通過させた。その日は、ハンメルフェストの空港ホテルで一夜を過ごした。

かなり疲れた表情のデンマーク人男性ハンセン氏と、その友人であるイギリス人たちに、誰もあまり注意を払わなかった。三人は翌朝オスロ行きの飛行機に乗り、そこから接続便に乗り換えてロンドンへ行った。

月曜日の晩、ゴルジエフスキーはサウス・オームズビー・ホールにいた。*2 ここはリンカンシャー丘陵にある立派なカントリーハウスで、彼は、召し使いたちと、ろうそくの明かりと、すばらしい羽目板を張った部屋と、彼を賛嘆して熱心におめでとうと言いたがる大勢の人々に囲まれていた。一六三八年からマッシングバード＝マンディ家の邸宅だった同ホールは、周囲に一二〇〇ヘクタール（約三七〇万坪）の緑地が広がっており、好奇心旺盛な隣人はひとりもいなかった。邸宅の所有者エイドリアン・マッシングバード＝マンディはMI5の連絡員で、MI5の賓客を迎える歓迎パーティーの場所を喜んで提供してくれた。彼は、この客が実はどういう人物なのかを告げられると仰天し、年老いた使用人をひとり自転車で近くの村に遣わして、村のパブで過ごしながら「口さがない噂が広まっている様子がないかを確認」させた。

わずか四八時間前には、ゴルジエフスキーは車のトランクの中で鎮静剤を飲み、半裸の状態で横になって、汗まみれになりながら恐怖に震えていた。それが今では、執事に世話をされている。その差はあまりにも大きかった。彼は、ソ連にいる妻に電話をしてもよいかと尋ねた。それは無理だとMI6に告げられた。電話をすれば、彼がイギリスにいることがKGBに知られてしまうし、その事実をイギリス側は、準備万端整ったときに明らかにしたいと思っていた。疲労困憊し、不安に悩まされ、そもそもどうしてこんな人里離れたイギリスの豪邸に連れてこられたのだろうかと思いながら、ゴルジエフスキーは天蓋付きのベッドに入った。

その夜、MI6はフィンランド公安警察の長官セッポ・ティーティネンに電報を送り、イギリスの情報部員がソ連からの亡命者をフィンランド経由で西側に出国させたと説明した。その返信には、こう記されていた。「セッポは満足している。ただし、実力行使が伴ったのかどうかを知りたがっている」。MI6は、脱出は暴力に頼ることなく遂行されたと伝えて安心させた。

冷戦期に最も活躍したイギリス側スパイが残した影響は、よいものも悪いものも、ゴルジエフスキーの見事な脱出劇が広く知られるはるか以前から徐々に広がり始めていた。

脱出チームは、ヘルシンキ滞在中、ゴルジエフスキーがトランクにいた証拠をすべて消し去ろうとしてジーの車を徹底的に洗い、翌日に急いでモスクワへ戻った。彼らは、何が起きたのかをKGBに知られたらすぐにペルソナ・ノン・グラータと宣告されてソヴィエト連邦から追放されるだろうということは分かっていた。しかし、彼らは大喜びしていた。「これほど気分がすっかり高揚したことはなかった」とアスコットは語っている。「私たちは悪の帝国に戻ろうとしていたが、その彼らを私たちは打ち負かした。二年半、常に相手が勝つと分かっているシステムの中でおどおどしながら過ごした後で、私たちは奇跡的に彼らを出し抜いたのだ」。公使のデイヴィッド・ラトフォードは大使館の周りで五分間のウィニングランを行なった。しかし大使は走らなかった。

数日後、サー・ブライアン・カートリッジは信任状をソ連政府に正式に提出し、記念撮影のため、大使館の職員たちが、外交官の正装をした新大使を囲んで並んだ。そこにはアスコットとジーの姿もあった——ふたりとも、大使と同じく、自分たちがここにいられるのもそう長くはないだろうと、よく分かっていた。

残された者たち

ミハイル・リュビーモフは、月曜日にズヴェニゴロド駅で午前一一時一三分着の列車が来るのを待っていた。しかし、ゴルジエフスキーは最後尾の車両にいなかった。モスクワから来た次の列車にも乗っていない。怒ったが心配にもなったリュビーモフは、ダーチャに戻った。ゴルジエフスキーは酔っ払って自分のマンションで寝ているのか、それとも、以前は時間厳守で信頼できた旧友の身に、もっと悪いことが起きたのだろうか？「飲酒は気の緩みを伴うものだ」と彼は残念に思った。数日後、リュビーモフは尋問のためKGB本部に召喚された。

ゴルジエフスキー失踪の噂がKGBで広まり始め、それとともに、でたらめな憶測や、意図的な偽情報も流れるようになっていた。何週間もK局は、ゴルジエフスキーは酔っ払っているにせよ死んでいるにせよ、まだ国内にいるものだと思い込んでいた。モスクワ周辺の捜索が、湖や川も対象として開始された。一部には、彼は偽の書類を使い、徹底的に変装してイラン経由で出国したと言う者もいた。ブダノフは、ゴルジエフスキーがセミョノフスコエから戻ってから行方不明になるまで数週間あったのを重々承知の上で、彼はKGBのサナトリウムから脱出した後でイギリスの隠れ家に連れ去られたのだと主張した。レイラはカスピ海沿岸から連れ戻され、尋問のためレフォルトヴォ刑務所に連行された。その後も尋問は何度も行なわれることになるが、この最初の尋問は八時間続いた。「あなたの夫はどこにいる？」と彼らは繰り返し質問した。レイラは、とげのある口調で答えた。「夫はあなた方の職員でしょ。あなたの方こそ、夫がどこにいるかを教えてください」。尋問官が、ゴルジエフスキーはイギリス情報部のために働いていた疑いがあると明かしても、彼女は信じようとしなかった。「そんな話は、私にはとても馬鹿げているように思えました」。しかし、連絡もなく姿も見せないまま日々が過ぎ、週を重ねるにつれて、残酷な真実が根を張っていった。夫がいなくなったのは間違いない。しかしレイラは、夫の裏切りについて何を聞かされても、断固として受け入れようとしなかった。「夫から直接話を聞くまで、私は信じません」と、KGBの尋問官に言った。「私はとても冷静でしたし、頑固でした」。彼女は以前ゴルジエフスキーから、彼に対する告発は何ひとつ信じてはダメだと言われており、だからそのとおりにしたのである。

ゴルジエフスキーは、サウス・オームズビー・ホールから、ゴスポートにあるＭＩ６の訓練基地フォート・マンクトン（「軍事訓練施設」を意味する「Military Training Establishment」の頭文字を取って、１ＭＴＥと呼ばれている）に移された。ここはナポレオン時代の要塞で、門楼の上には、習慣として長官が使うことになっている、質素だが快適な滞在者用の特別室があり、ゴルジエフスキーはそこに滞在した。彼が望んでいたのは、称賛されてちやほやされることではなかった。彼は仕事をして、払った犠牲が価値あるものであったことを証明したい――とりわけ自分のために証明したい――と思っていた。しかし当初、彼は喪失感にほとんど押し潰されそうになっているように見えた。最初の四時間に及んだ任務報告では、彼はほぼもっぱら脱出時の状況と、妻と子供たちの行く末ばかりを話した。濃い紅茶を何杯も飲み、赤ワインを、特にスペイン産のリオハを好んで、何本も空けた。家族についての何か知らせはないかと繰り返し尋ねた。しかし何の音沙汰もなかった。

それからの四か月間、社会から隔離され、厳重に警備された秘密基地フォート・マンクトンが彼の家となった。門楼に住む謎の人物の正体については、「必要最低限のことしか知らせない」という原則が厳格に適用されたが、すぐに職員の多くが、この長期滞在者は重要人物で、賓客として遇しなくてはならないことを理解するようになった。

本工作には、これが最後となる、歓喜の瞬間にふさわしい新たな暗号名が与えられた。「サンビーム」から「ノックトン」と「ピムリコ」を経て、以後、この工作は「オヴェーション」「大喝采」となった。ゴルジエフスキーは、「サンビーム」時代にはＫＧＢの北欧での作戦に関する情報を渡し、「ノックトン」時代にはロンドンでイギリス首相官邸とアメリカ大統領府の戦略思考に大きな影響を与える情報を提供した。そして「オヴェーション」で、本工作は最も価値ある段階に入ることになった。ゴルジエフスキーが過去数年間に提供した情報の多くは、あまりにすばらしかったため活用できずにいた。あまりに具体的だったため、彼を危険にさらす可能性があまりにも高かったのである。彼の身の安全を守るため、情報は小分けにされて組み合わせを変えられ、偽装を施した上で、極端に出し惜しみして、ごく限られた者にしか配布されなかった。ロンドン時代だけでも、本工作では報告書が——長い文書から、政治報告書や、防諜活動に関する詳細な概要書に至るまで——数百件も提供されたが、そのほんの一部しかイギリス情報部以外には共有されず、しかも編集した形でしか渡されていなかった。しかしこれからは、フランス側にはフランスに直接関係する情報はすべて知らせることができる。西ドイツ側には、「エイブル・アーチャー」をめぐる危機で世界がどれほど破滅に近づいていたのかを教えることができる。トレホルトとホーヴィックとバーリリンが嫌疑を掛けられるようになった一部始終を北欧諸国に明かすことができる。ゴルジエフスキーはすでにイギリスに来て安全になり、作戦工作は終了したので、過去一一年にわたって集められた大量の情報をフルに活用できるようになった。ギャンブルでの勝ちを清算して現金に替えるときがようやく来たのだ。イギリスには、取り引きに使える秘密が大量にあった。フォート・マンクトンの一室は、MI6がかつて実施した中でも最大規模の情報収集・照合・配布活動の舞台となり、情報員・分析官・秘書官など多くの人が次次と押し寄せてゴルジエフスキーの諜報活動の成果を手にした。

脱出作戦が成功したことで、新たな問題がいくつも生じた。CIAなど西側の同盟国にMI6の作戦成功をいつ伝えるべきだろうか？　マスコミにも知らせるべきだろうか？　知らせるべきなら、その方法はどうするべきか？　それに何より、ソヴィエト連邦との関係をどうするかが大問題だ。サッチャーとゴルバチョフの良好な相互理解は、ゴルジエフスキーの秘密の助力を得て、あれほど苦労して築き上げたものだが、この関係はスパイ戦でこれほど劇的な展開があった後でも、変わらず続いていくだろうか？　中でもMI6が頭を悩ませたのは、レイラと娘ふたりをどうするかということだった。もしかすると、慎重な外交交渉を通してソ連政府を説得して、三人を解放させられるかもしれない。ゴルジエフスキーを家族と再会させるための継続的な極秘作戦には、暗号名「ヘトマン」（コサック人の首長を意味する歴史用語）が与えられた。

MI6はゴルジエフスキーの正直さを一度も疑うことはなかったが、人によっては、彼の話の一部を受け入れがたいと思う者もいた。イギリス政府内では、少数の疑り深い者たちが「ゴルジエフスキーはモスクワにいる間に二重スパイに転向し、意図的にイギリスへ送り返されたのかもしれない」のではと考えた。彼がモスクワに到着した時点で逮捕・監禁されなかったのはおかしいというわけだ。分析官は、その理由を、KGBの油断と、法律を厳密に守ろうとする態度と、スパイとその担当官を罠にはめて現行犯で捕まえたいという決意と、恐怖にあると指摘した。「もしあなたがKGBの一員で、誰かを射殺する場合、絶対的に確かな証拠が必要です。なぜなら、次はあなたの番かもしれないからです。彼らは、確かな証拠を手にするため万全の努力を尽くしました。それこそが、彼自身の純然たる必死の勇気とともに、彼を救ったものでした」。しかし、ゴルジエフスキーが第一総局のダーチャで自白剤を投与されて尋問を受けたという説明は、とても信じられなかった。「一連の経緯については疑念がありました。あまりにメロドラマっぽく思えましたから」。最後にもうひとつ、工作全体にのしかかる、何よりも気になる疑問があった。誰が彼を密告したのかである。

ゴルジエフスキーの話が真実であるという確証は、一週間後、思いもよらない場所からもたらされた。KGBである。

八月一日、ヴィタ—リ—・ユルチェンコという名のKGB情報員が、ローマのアメリカ大使館を訪れ、亡命したいと申し出た。[*3] ユルチェンコ事件は、情報活動の歴史で五本の指に入る奇妙な出来事だ。KGBに二五年間勤めたベテラン情報員であるユルチェンコ将軍は、第一総局のK局で第五部の部長に昇進し、KGB将校による諜報活動容疑を内部調査していた。さらに彼は、「海外での特別作戦」と「特殊薬」の使用にも携わっていた。一九八五年三月には第一部の副部長になり、KGBがアメリカ合衆国とカナダで工作員をスカウトする活動の調整を担当することとなった。後任の第五部部長になったのは、ゴルジエフスキーを共同で尋問した人物のひとりセルゲイ・ゴルベフだった。ユルチェンコはK局の活動にも続けて関与しており、ゴルベフとも仲がよかった。

ユルチェンコの動機は今もよく分かっていないが、亡命のきっかけとなったのは、ソヴィエト外交官の妻との不倫が破局したことだったらしい。彼は三か月後、やはりよく分からない理由でソヴィエト連邦に再亡命する。後にソ連側は、彼はアメリカ側に拉致されたのだと主張したが、同じくソ連側も、彼をどうしたらよいか迷っていた。ユルチェンコは情緒不安定だったのかもしれない。しかし、彼は非常に重要な秘密を数多く知っていた。

ユルチェンコは、それまでにCIAが捕らえたKGBのうち最高の大物で、その亡命はCIAの大勝利として歓迎された。このソ連人亡命者から情報を聞き出す尋問役として指名されたのが、CIAで対ソ防諜活動を担当する専門家オールドリッチ・エイムズだった。

当初エイムズは、KGBの高官が亡命したと聞いて心配した。もしユルチェンコが、私がソヴィエト側のためにスパイをしていることを知っていたら、どうしよう？　しかし、このソ連人はエイムズの諜報活動について何も知らないことがすぐ明らかになった。「彼は私について何も知らなかった」

と後にエイムズは語っている。「もし知っていたら、彼はローマで私を真っ先に名指ししていただろう」。

八月二日の午後、エイムズがワシントン近郊のアンドルーズ空軍基地で待っていると、ユルチェンコが飛行機に乗ってイタリアからやってきた。

彼が、基地の滑走路をまだ出てもいないうちに亡命者に最初に聞いたのは、情報部員なら誰もがウォーク・イン・スパイに尋ねるよう訓練されている質問だった。「あなたが知っている、CIAにKGBのモグラが潜入していることを示す重要な証拠はありますか？」。

ユルチェンコは、アメリカの情報機関内部にいるスパイをふたり名指しする（そのうちひとりはCIAの情報員）が、その日の晩に彼が明かした最も重要な秘密は、元同僚オレーク・ゴルジエフスキーに関するものだった。ロンドンのKGBレジジェントだったゴルジエフスキーは、裏切りの嫌疑を掛けられてモスクワに呼び戻され、自白剤を飲まされてK局の尋問官に絞り上げられた。ユルチェンコはKGB内で人づてに、現在ゴルジエフスキーは自宅軟禁に置かれ、おそらく処刑されるだろうという噂話を耳にしていた。彼は、ゴルジエフスキーがすでにイギリスに脱出していることは知らなかった。もちろんエイムズも知らなかった。ユルチェンコは、誰がゴルジエフスキーをKGBに密告したのかも知らなかった。しかしエイムズは知っていた。

ゴルジエフスキーが逮捕されたという話を聞いたときのエイムズの反応は、この男の二重生活が自分でも区別できないほど完全に一体化していることを暗示していた。エイムズは、ゴルジエフスキーをKGBに売った。しかし、自分が取った行動の結果を知ったときの最初の本能的反応は、イギリス側に彼らのスパイが困難に直面していると知らせることだった。

「私が最初に思ったのは、しまった、私たちは彼を救うため何かをしなくてはいけない！　ロンドンに電報を送ってイギリス側に知らせなくてはということだった。ＫＧＢにゴルジエフスキーの名前を教えたのは私だ。彼が逮捕された責任は私にある。（中略）私は彼のことを本気で心配していたが、同時に、私が彼の正体をばらしたことも分かっていた。こう言うと、おまえもＫＧＢの工作員なのに何を馬鹿なことを言っているんだと思われるのは分かっている」。もしかすると、このとき彼は本心を慎重に隠していたのかもしれない。そうでなければ、まだ完全に裏切り者になり切っていなかったのかもしれない。

　ＣＩＡはＭＩ６にメッセージを送り、新たに到着したソ連からの亡命者が、ＫＧＢの上級情報員オレーク・ゴルジエフスキーが薬物を投与され、イギリス側スパイの容疑者として尋問を受けたと述べているが、ＭＩ６に心当たりはないかと尋ねた。ＣＩＡは、ゴルジエフスキーがイギリスのスパイとして活動していることをすでにすっかり知っていたが、そのことは明かさなかった。ＣＩＡからの電報は、「オヴェーション」チームに安堵をもって受け止められた。これが、ゴルジエフスキーの話が正しいことを示す独立した証拠だったからだ。しかし、これは同時に、アメリカ側に彼がすでに脱出していることを教えなくてはならないということでもあった。

　ＭＩ６の情報員二名がその日の午後に飛行機でワシントンに向かった。到着した空港でふたりは運転手の出迎えを受け、ラングリーのＣＩＡ本部へ行った。そこからＣＩＡソ連班班長バートン・ガーバーも同乗して、車でメリーランド州にあるＣＩＡ長官ビル・ケーシーの自宅へ向かい、ケーシーの妻ソフィアの手料理による早めのディナーを一緒にとることになった。その晩ケーシー夫妻は劇場へ行く予定になっていた。二名のイギリス情報員はゴルジエフスキー工作について、スカウトした事情から、一〇年以上にわたってMI6に貴重な貢献を行なったことや、息をのむような脱出劇に至るまで、詳細に説明した。アメリカも彼に大きな借りがあると、ふたりは説明した。東西関係が危機に瀕していたときにソ連政府の猜疑心を正確に伝えたRYAN情報は、ゴルジエフスキーから得られたものだったのだ。説明の途中でソフィアが話を遮り、劇場へ出かける時間だと言った。「先に行きなさい」とケーシーは言った。「これこそ町で一番面白いショーだ」。その晩ずっと、CIA長官は称賛と感謝と驚嘆の態度を見せながら話を聞いた。感謝は嘘偽りない心からのものだったが、驚きは違った。ビル・ケーシーは、すでにCIAがゴルジエフスキーに「ティクル」の暗号名を付けてファイルを作成していたことを明かさなかった。

誰が彼を売ったのか

九月一六日、軍用ヘリコプターが一機、フォート・マンクトンへ向かって海上を飛行していた。「C」と上級情報員数名がヘリパッドで待っているところへ、そのヘリは着陸した。出てきたのはビル・ケーシーだった。経験豊富なCIA長官は、脱出してきたばかりのイギリス側スパイの知恵を借りるため、ひそかにイギリスへやってきたのだ。ニューヨーク出身の弁護士であるケーシーは、イギリスを戦時中からよく知っていた。大戦中、彼はCIAの前身である戦略事務局（OSS）の一員としてロンドンで任務に就き、ヨーロッパでスパイに指示を出していたのである。ロナルド・レーガンの選挙参謀を務めた後、CIA長官に任命され、レーガンいわく「アメリカの情報能力を再建する」という重責を任されていた。猫背でブラッドハウンドのような顔をしたケーシーは、やがてイラン・コントラ事件に巻き込まれ、二年後には脳腫瘍で亡くなることになる。しかし、この時点で彼は世界でおそらく最も強力なスパイであり、自分の能力を正確に理解していた。彼はレーガン政権二期目の初めに「私は、この仕事については何から何まで通じている」と言い、「私には、事実を入手したらすぐに状況を判断し、決断を下す能力がある」と言い切っていた。[*4]ケーシーがフォート・マンクトンに来たのは、ゴルジエフスキーからいくつかの事実を入手し、いくつかの決断を下すためだった。まもなくレーガンは、ジュネーヴでの首脳会談でミハイル・ゴルバチョフと初めて会うことになっていた。ケーシーは、大統領がソ連の指導者に何と言うべきかについて、KGBの専門家の意見を必要としていた。

門楼の上にある特別室で、「C」のみが同席する場でランチを食べながら、ケーシーはゴルジエフスキーに、ゴルバチョフの交渉スタイルと、西側に対する考え方、およびKGBとの関係について詳しく質問した。ケーシーは、黄色地に青い線が入った大きなノートにメモを取った。ゴルジエフスキーは、ケーシーの間延びしたアメリカ特有の話し方と、彼の入れ歯にときどき当惑した。「C」は、ソ連人であるゴルジエフスキーのためアメリカ英語をイギリス英語に通訳しなくてはならないという奇妙な立場に立たされた。ケーシーは「小学生のように」熱心に耳を傾けた。中でもCIA長官が理解したいと思っていたのは、核抑止力に対するソ連政府の態度、とりわけ、ミサイル防衛システムである戦略防衛構想（SDI）をソ連がどう考えているかだった。アンドロポフはスターウォーズ計画を、世界の安定を損ない、西側が報復の恐れなくソヴィエト連邦を攻撃できるようにする計画的な試みだとして、激しく非難していた。ゴルバチョフも同じ考えだろうか？　ケーシーはロールプレイをしようと提案し、MI6の秘密訓練基地で冷戦の奇妙なミニドラマが演じられることになった。

「あなたはゴルバチョフです」と彼は言った。「私はレーガンになります。私たちは、核兵器を廃絶したいと考えています。信頼してもらうため、私たちはあなた方に、スターウォーズへのアクセスを認めようと思います。どう思いますか？」。

核兵器による相互確証破壊の代わりに、ケーシーは核兵器に対する相互確証防衛を事実上提案したのである。

ゴルジエフスキー／ゴルバチョフは、しばし考えると、ロシア語でこうはっきりと回答した。

「ノー《ニェート》！」

ケーシー／レーガンは面食らった。この仮想取り引きで実質的にアメリカは、核戦争を時代遅れのものに変える技術を共有することで核戦争の脅威を終わらせようと提案していたからだ。

「なぜニェートなんです？ 私たちはすべてを提供するつもりなのですよ」

「私はあなた方を信用していません。あなた方は私たちに、決してすべてを提供したりはしないでしょう。あなた方にとって有利となるものは秘密にしておくはずです」

「では、どうすればいいのです？」

「SDIを完全に中止すれば、ソ連政府はあなた方を信用するでしょう」

「それは無理な話だ」。ケーシーは一瞬、役の仮面を脱ぎ捨てた。「これはレーガン大統領の肝いりのプロジェクトなんです。その上で、どうすべきだと思いますか？」。

「分かりました」とゴルジエフスキー。「それなら、続けてください。圧力をかけ続けるのです。ゴルバチョフとその部下たちは、資金面ではあなた方に勝てないことを知っています。あなた方のテクノロジーは、彼らのテクノロジーよりも優れています。続行するのです」。ソ連政府はスターウォーズに対抗しようとして、勝てるはずのないテクノロジー面での軍拡競争に多額の資金を投じて、いずれ破産することになるだろうと、彼は論じた。「長期的に見て、ＳＤＩはソ連指導部を破滅させることになるでしょう」。

一部の歴史学者たちは、このフォート・マンクトンでの会談を、冷戦でのもうひとつの転換点だと考えている。

同年一一月のジュネーヴ首脳会談で、アメリカ大統領はゴルジエフスキーの助言のとおり、スターウォーズ計画を「必要な防衛措置」だと言って、譲歩するのを断固拒否した。ＳＤＩの最初の実験は、首脳会談の最中に発表された。このときの会談は、後に両首脳の打ち解けた雰囲気を反映して「炉辺《ろへん》サミット」と呼ばれることになるが、レーガンは肝いりのプロジェクトでは「一歩も引かなかった」。ゴルバチョフは、世界は「より安全な場所」になったと思ってジュネーヴを去ったが、同時に、ソ連は西側に追いつくため改革を進めなくてはならず、しかも、その改革を一刻も早く実施しなくてはならないとの確信も抱いていた。こうしてグラスノスチとペレストロイカが始まり、やがて激しい変革の波が押し寄せ、ついにはゴルバチョフにも統制できなくなってしまう。一九八五年にゴルジエフスキーがソ連政府の思考法を正確に解釈したことが、ソヴィエト連邦崩壊の原因になったわけではないが、崩壊をもたらす一助になったとは言えるだろう。

ビル・ケーシーとのランチは、その後に何度も行なわれるＣＩＡとの会合の第一回にすぎなかった。それからわずか数か月後に、ゴルジエフスキーは厳重な警戒の下、飛行機でワシントンに行き、国務省、国家安全保障会議、国防総省、および情報機関の高官たちとの秘密会合に出席した。ゴルジエフスキーは質問攻めに遭ったが、その質問に根気強く、専門家としての立場から、かつてないほど詳細に答えた――彼は単なる亡命者ではなく、ＫＧＢに長期にわたって深く潜入して百科事典的な知識を身につけた工作員であった。アメリカ人たちは感心して感謝した。イギリス側は、自分たちの花形スパイの高度な知識を誇らしげに分かち与えた。「ゴルジエフスキーからの情報は非常に優れていた」と、レーガン政権の国防長官キャスパー・ワインバーガーは語っていた。*5

しかし、彼がどうしても答えられない質問がひとつだけあった。誰が彼を密告したかだ。

ラングリーのCIA本部でゴルジエフスキーは、上級情報員たちに次から次へとブリーフィングを行なった。そうしたブリーフィングのひとつで、彼はある人物を紹介された。背が高く、眼鏡を掛けていて、細い口ひげを生やしたその男は、やけに親しげで、彼の言葉を一言一句「何も言わず根気よく聞いて」いた。ほとんどのCIA情報員は、ゴルジエフスキーをかなり堅苦しい人物だと考え、中には少々疑わしいと思っている者さえいたが、この男は「違っているように思われた。彼の顔には穏やかさと優しさが表れていた。私は、アメリカ的価値観を体現する人物に会えたと思うほど、彼から強い印象を受けた。目の前にいるのは、私が何度も耳にしていた、率直さと誠実さと礼儀正しさを示す人間だった」。

一〇年以上にわたってゴルジエフスキーは二重生活を送り、仕事熱心なプロの情報部員でありながら、ひそかに敵方に忠誠を誓って芝居を続けていた。彼は、それが非常にうまかった。しかし、オールドリッチ・エイムズも彼に劣らずうまかった。

エピローグ

16 「ピムリコ」のパスポート

英ソのケンカが始まる

ゴルジエフスキーの脱出から一か月後、パリのソヴィエト大使館の科学担当参事官は驚いていた。ぼんやりとしか知らないイギリスの外交官から、フランス語学校アリアンス・フランセーズのカフェでのお茶に招かれたのである。八月一五日の午後、約束の場所に行くと、一度も会ったことのないイギリス人から挨拶された。「これからお話しする非常に重要なメッセージを、あなたのKGB支局長に伝えていただきたいのです」と、その見知らぬ人物は言った。

参事官は顔面蒼白になった。何か非常に怪しげなことに引き込まれようとしていると察したからだ。そのイギリス人は穏やかな声で、最近までロンドンのレジジェントを務めていたKGBの上級情報員が、イギリスで厳重な警護を受けながら元気に暮らしていると告げた。「彼はたいへん幸せですが、家族と一緒になりたがっています」。

かくして、レイラと娘たちをイギリスに連れてきてゴルジエフスキー一家を再会させる「ヘトマン」作戦が始動した。

MI6内部では、この状況にどう対応するか議論が行なわれた。KGBとの取り引きを開始するため正式な書簡を送るのは、リスクが高すぎるとして却下された。「文字として残る文書は、改竄《かいざん》されて逆利用されるかもしれなかった」。協議の結果、イギリス国外で、情報員でない本物のソヴィエト外交官に口頭でメッセージを伝えることとなり、メッセージの受け手に最適任な人物として、運悪くこの参事官が選ばれたのである。

「あれほどおびえた人間はいまだに見たことがありません」と、メッセージを伝えたMI6の関係者は語っている。「彼は震えながら去っていきました」。

条件は簡潔明瞭だった。ゴルジエフスキーのおかげで、今やイギリス側はイギリスにいるKGBとGRUの情報員はひとり残らず身元が分かっている。こうした者たちには出ていってもらわなくてはならない。しかし、ソ連政府が「もしゴルジエフスキー一家を解放するなら、その者たちを徐々に時間をかけて帰国させ」てもよい。そうすれば、ソ連政府は面目を保てるし、ソ連側のスパイを外交問題にすることなくひそかに追放できるし、家族は再会できる。しかし、もしソ連政府が取り引きを断り、レイラと娘たちの解放を拒めば、ロンドンにいるソ連側スパイは一斉に追放されることになる。

KGBには回答まで二週間の猶予が与えられた。

家族を心配するゴルジエフスキーの気持ちは日増しに大きくなっていた。KGBを出し抜いたことは誇りに思っていたが、それには心を潰されそうなほどの罪悪感が伴っていた。彼が誰よりも愛した人たちは、今はソヴィエト連邦に捕らわれている。マーガレット・サッチャーがソ連政府と秘密の取り引きをしようと申し出てくれたのは、きわめて異例のことであり、そのことはゴルジエフスキーも重々承知していて、首相に送った手紙で「正式な手続きを取らずに非公式なアプローチを進めるのを認めることは、すばらしい寛大さと博愛を示す類のない行為でした」と書いている。*1

この取り引きはうまくいかなかった。

秘密協定の申し出は、モスクワでは不信感をもって受け取られ、その後に怒りを引き起こした。ゴルジエフスキーが失踪してからの一か月間、KGBは彼が脱出した可能性を信じようとせず、国内を徹底的に捜索していた。マリーナは驚きのあまり凍りつき、オリガ・ゴルジエフスキーは啞然となった。同僚や友人もひとり残らず締め上げられた。レイラは夫の居場所について繰り返し尋問を受け、彼の妹や母親など親族たちも尋問された。レイラは堂々とした態度を崩さず、夫は陰謀の犠牲者か、さもなくばとんでもない間違いだと訴えた。彼女はどこへ行くにもKGBの監視員六名に尾行された。娘たちも、学校の運動場で監視された。ほぼ連日、レイラはさらなる尋問のためレフォルトヴォ刑務所に連れてこられた。「彼がイギリス側のためにスパイをしていたことを、あなたが知らなかったはずがないだろう?」と、彼らは何度も詰問した。ついに彼女は切れた。「いいですか。はっきりさせましょう。私は妻でした。私の仕事は、家を掃除し、食事を作り、買い物をし、夫と眠り、子供を産み、ベッドをともにし、彼の味方であることでした。そうしたことをきちんとやってきました。夫が何も言わなかったことに、私は感謝しています。人生の六年間、私は完璧な妻でした。彼のために何でもしてきました。あなたたちKGBは、何千人もの職員が人々を調べる仕事をして給料をもらっているんでしょ。彼を何度も何度も調べて問題ないと判断した。それなのに、あなたたちは私の所へ来て、私が悪いと言っているのよ？　馬鹿げてると思わないの？　あなたたちは自分の仕事をしなかった。私の仕事じゃない、あなたたちの仕事よ。あなたたちが私の人生を台なしにしたのよ」。

　時間がたつにつれ、彼女は尋問官たちと顔見知りになった。ある日、比較的好意的な尋問官のひとりが、彼女に尋ねた。「もしもあなたが、夫が脱出を計画していることを知っていたら、あなたはどうしていましたか？」。しばらく間を置いてからレイラは答えた。「夫を行かせたと思います。夫に三日間の猶予を与え、それから、祖国に忠実な国民として、当局に報告したでしょう。でも、報告する前に、彼が間違いなく脱出したことを確認したと思います」。尋問官はペンを置いた。「今の話は報告書に書かないことにしようと思います」。レイラはもう十分すぎるほど問題を抱えていた。

　ミハイル・リュビーモフは、連れてこられてK局の尋問を受けた。「彼はどこにいると思う？」と彼らから厳しく問われた。「女性と一緒か？　クルスク周辺のどこかにある小屋に潜んでいるのか？」。もちろん、リュビーモフには見当もつかなかった。「ゴルジエフスキーとの関係を、彼の裏切りの証拠を探して、あらゆる角度から徹底的に調べた」。しかしリュビーモフも、他の者たちと同様、途方に暮れていた。「私の仮説は単純で、最後に彼を見たときの外見を根拠にしていた。つまり私は、彼はノイローゼだったに違いなく、おそらく自殺したのだろうと考えていた」。

　パリでの会合から一〇日後、モスクワ本部からメッセージが届き、その「延々と続く罵詈雑言」という形式の返事を、あの運の悪い科学担当参事官が持ってきた。いわく、ゴルジエフスキーは裏切り者であり、彼の家族はソ連にとどまる。取り引きはしない。それが答えだった。

　イギリスは、対応策「エンベイス」作戦を用意した。九月、外務省はゴルジエフスキー亡命のニュースを発表した（ただし、脱出劇のセンセーショナルな詳細はまだ公表しなかった）。新聞各紙は一面に「これまでに捕まった最大の魚」「友人オレーク、スパイの達人」「ソ連のスパイのエース：西側に去ったスーパースパイ」「KGBの男」といったドラマチックな見出しを載せた。同じ日、イギリス政府はゴルジエフスキーが特定したKGBとGRUの情報員二五名を国外追放処分にし、ソ連側スパイが大量に追い出された。その日、サッチャーはロナルド・レーガンに次のような書簡を書いた。「私たちはソ連側に、ゴルジエフスキーが明らかにした類の情報活動は容認できないものの、ソ連との建設的な関係を望む態度に変わりはないことを、私自身の権限を使って明確に伝えているところです。その一方で私は、彼〔ゴルバチョフ〕が指導者になって早いうちに、西側諸国でのKGBの活動の規模と内容に対して支払うべき代償を彼にこれほどはっきりと突きつけたのは、悪いことではないと思います」。

ソ連政府の反撃は速かった。イギリス大使サー・ブライアン・カートリッジは、ソ連で外国の大使館との折衝を担当する部署のトップ、ウラジーミル・パヴロヴィチ・スースロフから外務省に呼び出された。スースロフの前のデスクには、新大使がスタッフに囲まれて撮影した写真があった。彼は陰鬱な顔をして、二本の指をロイ・アスコットとアーサー・ジーの顔に置いた。「このふたりは政治的詐欺師である」と彼は言った。KGBは、断片的な情報から全体像を理解し始めていた。カートリッジは知らない振りをして、「それはいったい何のことです？」と言った。スースロフは、大使館にいるイギリス情報部員の「歴然たる活動」を非難し、ソ連当局は「この件で一等書記官のジーとアスコットに与えられた役割について知っている」と付け加えた。とりわけスースロフは、レイチェル・ジーが腰痛持ちの女性の「役を演じた」ことに激怒した。それから彼は、MI6の情報員二名とその秘書ヴァイオレット・チャップマンを含むイギリス側職員二五名の名前を読み上げ、この者たちは、サッチャーがロンドンのＫＧＢ職員の追放に当たって定めた期限と同じ一〇月第三週までにソヴィエト連邦を出国せよと告げた。二五名の大半は、脱出作戦はおろか、情報活動にも無関係な者たちだった。

サー・ブライアン・カートリッジは、安全談話室でアスコットに会うと、最大級の怒りを爆発させた。カートリッジは、首相が自ら脱出計画を承認したことを知っていたが、外交への影響はまだ出始めたばかりにすぎない。[*2]「彼は激怒していた」とアスコットは回想している。「彼は、よりによってサッチャーがゴルバチョフと良好な関係を築いている時期に（それが実現した理由のひとつは私たちの友人のおかげなのだが、それをブライアンに教えることはできなかった）大使館の職員が一掃されたと言っていた。世の中には、怒りが頂点に達すると非常に雄弁になる人間がいる。彼は私に、首相を務めた私の曽祖父はきっと草葉の陰で泣いているだろうと言った」。実際のところ、もしアスコットの有名な祖先が草葉の陰で何かできたとしたら、おそらく大喜びで誇らしげに歓声を上げたことだろう。

無駄と承知でカートリッジはまったく外交官らしくない電報をロンドンに送り、報復的な追放合戦はやめるようにと訴え、「卑劣なやつとのケンカは絶対にやってはならない。向こうの方に生まれつき大きな利点がある」と書いた（彼の怒りは、この電文が一言一句そのまま首相のデスクへ届けられると、もう一段強くなった）。しかし、サッチャーはソヴィエト側とのケンカを終わりにしなかった。内閣官房長のサー・ロバート・アームストロングは、さらに四名の追放を提案した。サッチャーはそれで「十分」とは考えず、追加で追放するソ連の外交官の数を六人にすべきと主張した。当然ながら、この措置を受けてただちにイギリスの外交官もさらに六名追放され、これで各国三一名ずつ、合計六二名が追放された。カートリッジの懸念はすっかり現実のものとなり、「ロシア語を話せる部下が全員一気にいなくなり（中略）大使館職員の半分を失った」。

ゴルジエフスキーは、訓練施設で潜伏生活を続けていた。ときどき施設から出て周辺地域を散策することはあったが、そのときも常に厳重な警護を受けていた。彼は毎日、MI6のマーティン・ショーフォード情報員と一緒に、施設周辺や近くの森のニューフォレストでジョギングするのが日課となった。しかし、新たな知人を作ることも、イギリスにいる旧友と連絡を取ることも、できなかった。MI6は、こうした日常を普通の生活とほぼ変わらないものに見せようと努力したが、彼が交際できたのは情報機関のメンバーとその家族に限られていた。彼は常に忙しかったが、ひどく孤独だった。妻子と離れ離れになっていることに絶えず悩み苦しみ、妻子についての知らせがまったくないことに苦悶し、そうした思いがときに激しい非難の言葉となって現れることもあった。この苦難を克服しようとして、彼は任務報告業務に没頭し、自ら望んで夜遅くまで仕事をした。彼は諦めと希望の間を揺れ動き、自分が成し遂げたことを誇りに思う一方、個人として払った犠牲に絶望した。サッチャーに宛てた手紙では、次のように記している。「妻と子供たちと早く再会できることを祈っていましたが、今では断固たる行動を取るべき理由を完全に受け入れ、理解しています。（中略）しかし、私の家族を確実に解放する方法が何か見つかるのではないかと望み続けずにはいられません。家族がいなければ生きていても意味がないからです」。

サッチャーは、こう返信した。「ご家族について、私たちは今も気にかけており、今後も決して忘れることはありません。私にも子供がおりますから、日々あなたの心に去来する思いや感情は私にも分かります。どうか、生きていても意味がないなどとは言わないでください。いつでも希望はあるものです」。そして、いつか会いたいと記した後、首相はこう付け加えた。「私は、あなたの個人的勇気と、あなたが自由と民主主義を支持していることを、よく承知しています」。

KGB内部では、ゴルジエフスキーがイギリスへ脱出したとの報道をきっかけに、内輪での激しい非難合戦と責任のたらい回しが始まった。KGB議長のチェブリコフと第一総局長のクリュチコフは、制度の上では国内の保安と防諜活動を担当している第二総局を非難した。第一総局の幹部たちはK局を非難した。グルシコはグリビンを非難した。誰もが監視チームを非難し、監視チームは、上下関係で最下層に位置していたため、誰かを非難することはできなかった。イギリス外交官の監視を担当したKGBのレニングラード支局が直接の責任を取らされ、多くの上級情報員が解雇されたり降格させられたりした。影響を受けたひとりに、ウラジーミル・プーチンがいる。KGBレニングラード支局でキャリアをスタートさせていたプーチンは、友人・同僚・恩人の多くがゴルジエフスキー脱出の直接の結果として追放されるのを目の当たりにした。

面目を潰されて激怒したものの、ゴルジエフスキーがどうやって脱出したのか正確にはまだ分かっていなかったKGBは、偽情報作戦で対抗し、ゴルジエフスキーは入念に変装させられたか、偽造書類を与えられるかして、新大使歓迎会の最中に大使館からひそかに連れ出されたという趣旨のフェイクニュースをまき散らした。彼の階級と重要度は実際よりも低く扱われた。後にKGBは――フィルビー亡命時にMI6が主張したのと同じように――以前から彼の背信行為をずっと疑っていたと主張した。元外相のエヴゲーニー・プリマコフは回想録の中で、ゴルジエフスキーは尋問を受けた際、再び寝返ることを提案したと示唆する次のような一節を書いている。「ゴルジエフスキーは自白しそうになったとき、イギリスに不利な活動を積極的に行なう可能性について探り始め、さらに、二重スパイとして活躍できる多種多様な保証を申し出ることさえした。KGBの上層部は、その日に報告を受けた。外国情報を担当する情報員たちは、彼は明日にはすべてを認めるだろうと確信していた。しかし突然、上層部から命令が来て、任務報告を中止し、外部での監視をやめ、ゴルジエフスキーを保養所へ送ることになり（中略）そこから彼はフィンランド国境を越えて逃亡した」[*3]。しかし、プリマコフの説明は完全に矛盾している。もしゴルジエフスキーが自白「しそうに」なったにすぎないのだとすれば、彼が実際には自白していないことは明らかである。そして、彼がイギリス側の工作員であることを認めなかったのだとすれば、二重スパイになると申し出ることなど、できるはずがないからだ。

プリマコフも、エイムズの最初のKGB担当官だったヴィクトル・チェルカーシンも、KGBはゴルジエフスキーの裏切りについて、彼がモスクワに戻る数か月前に匿名の情報源から知らされたと主張している。しかし、どれほど虚勢を張ってごまかそうとも、KGB上層部は真実を知っていた。彼らは、冷戦史上で最も重要なスパイをその手で押さえておきながら、指の間からみすみす逃してしまったのである。

英ソ間で外交官の追放合戦が行なわれた二日後、二〇台になろうかという長い乗用車の列が、レニングラード・ヴィボルク間の幹線道路を進んでいた。八台はイギリスの外交官用自動車で、それ以外の車はすべてKGBの監視車両だ。外交官たちはフィンランド経由で追放されることになっていた。アスコットとジーは脱出ルートを再び車で走っていたが、今回は「戦勝パレードで見世物にされる捕虜」のように護送されて国外に出ることだけが前回と違っていた。ジーは手荷物の中に、ハロッズのバッグとシベリウスの『フィンランディア』のテープを忘れずに詰め込んでいた。車列が特徴的な岩のある待避所まで来ると、KGBの車はスピードを落とし、ソ連側の情報員は全員がシートに座ったまま首を横に向け、待避所をゆっくりと通り過ぎる間、その場所をじっと見つめていた。「彼らは気づいたのだ」。

どこまでも法的手続きを順守するＫＧＢは、ゴルジエフスキーの一件を中途半端に終えたりはしなかった。一九八五年一一月一四日、彼は本人不在のまま軍事裁判にかけられ、反逆罪で有罪となり、死刑を宣告された。クリュチコフの後任として第一総局長になったレオニート・シェバルシンは、七年後にインタビューの中で、ゴルジエフスキーがイギリスで暗殺されればよいのにと言い、暗殺するとあからさまに脅迫するかのような発言をした。彼はこう言ったのである。「厳密に言えば、それはたいして特別なことではありません」[*4]。

離れ離れの家族

オレーク・ゴルジエフスキーは、情報の世界でワンマンショーを行なった。何人ものＭＩ６の護衛たちとともに世界各国を訪問して、ＫＧＢについて説明し、その最も謎に満ちた組織の仮面を剥いでいった。彼が訪れた国は、ニュージーランド、南アフリカ、オーストラリア、カナダ、フランス、西ドイツ、イスラエル、サウジアラビア、北欧諸国などだ。脱出して三か月後、全情報機関の代表をセンチュリー・ハウスに招き、選抜された政府職員と協力者も出席して会合が開かれ、ゴルジエフスキーのもたらした情報と、それが軍備管理・東西関係・将来の情報活動計画に対して持つ意味が検討された。会議用のテーブルひとつの上に数百件の報告書が「大きなビュッフェのように」山積みにされ、集まったスパイやスパイ担当官たちは、その報告書を丸二日間にわたって目を通したり熟読したりした。

イギリスでは、ＭＩ６が彼のためにロンドン郊外に一軒家を購入し、彼はそこで偽名を使って生活した。MI6とMI5は暗殺の脅迫を真剣に受け止めていた。彼は講義を行ない、音楽を聴き、歴史家クリストファー・アンドルーとともに数冊の本を書いた。著作には詳細な知識が盛り込まれており、ソ連の情報活動を最も広範囲にわたって説明したものとして今なお評価されている。少々おかしなかつらと付けひげで変装してテレビのインタビューを受けたこともある。KGBは彼の風貌を知っていたが、だからといって素顔を晒《さら》すリスクを冒すことはなかった。ゴルバチョフの改革がソヴィエト連邦全土に広まっていき、共産主義帝国が揺らぎ始めると、彼の専門的な知識はいっそう求められるようになった。

一九八六年五月、マーガレット・サッチャーは彼を地方官邸チェッカーズに招待した。約三時間にわたってサッチャーは、それまでミスター・コリンズという名で知っていた人物から、軍縮やソ連の政治戦略、ゴルバチョフについて話を聞いた。一九八七年三月、彼は再び首相と、今度はダウニング街の首相官邸で会ってブリーフィングを行ない、首相のモスクワ訪問を再び成功させるのに貢献した。同年、ロナルド・レーガンと大統領執務室で会って、ソ連の諜報ネットワークについて議論し、カメラの前でポーズを取った。この会談は二二分間続いた（労働党の党首ニール・キノックが自由世界のリーダーと過ごした時間より四分長かったと、ゴルジエフスキーは大喜びで記している）。レーガンは、ゴルジエフスキーの肩に腕を回して「私たちは、君のことを知っています」と言った。「君が西側のためにしてくれたことに感謝しています。ありがとう。ご家族のことは忘れていません。全力を尽くしましょう」。

自由の身になって最初の数年、彼はたいへん忙しかったが、ひどくふさぎ込むことも多かった。ゴルジエフスキーの家族は、復讐に燃えるKGBに捕らわれたままだった。彼は何度も夢の中で、ヒースロー空港の到着ロビーに現れた妻と娘たちとうれしい再会を果たすのだが、目覚めると自分が孤独であることを改めて思い知らされるのだった。

モスクワでは、レイラは事実上の自宅軟禁に置かれ、彼女も何らかの手段で脱出するかもしれないとして、厳しい監視下にあった。電話は盗聴された。手紙は途中で開封されて内容を確認された。仕事を見つけることができず、生活費を両親に頼った。友人は、ひとりまたひとりと去っていくようだった。「まるで絶対真空でした。誰もが私と会うことを恐れていました。私は、子供たちの名字をアリエワに変えました。ゴルジエフスキーはとても目立つ名前だからです。そうしなければ、娘たちは社会ののけ者になっていたでしょう」。彼女は髪を切るのをやめ、夫と再会するまでは二度と髪を切らないと宣言した。何年も後に、あるジャーナリストから、夫がイギリスに亡命したと聞いたときどんな気持ちでしたかと尋ねられ、「生きていることが分かって、ただうれしかったです」と答えた。ゴルジエフスキーは反逆罪で有罪となったため、夫婦の共有財産は、マンションも、自動車も、旅行かばんも、デンマークから持ってきたビデオレコーダーも、すべて没収された。「マットレスに穴の開いた折りたたみベッドと、アイロンもです。中でもアイロンはフーバー社製の輸入品だったので、彼らは特に気に入ったようです」とレイラは語っている。

ゴルジエフスキーは妻に電報を送ろうとしたが、一通も届かなかった。いくつもプレゼントを買い、特に娘たちのための高価な服は心を込めて包装して、モスクワへ送った。そうした贈り物はすべてKGBに差し押さえられた。ようやくレイラからの手紙が届いたものの、彼は最初の数行を読んで、これはKGBに言われて書いたものだと分かった。「彼らはあなたを許しています。別の仕事を簡単に見つけられるでしょう」と妻は書いていた。これは私を呼び戻そうとする罠だろうか？　彼女はKG

Bに協力しているのだろうか？　彼は、ソ連の政府関係者を通して、ひそかに妻へ手紙を届けてもらった。その手紙で彼は、こうすれば妻の身を守れると思ったのだろうか、私はKGBの陰謀の犠牲者だという主張を繰り返した。レイラは啞然とした。彼女は、それが真実ではないことを知っていた。「彼はこう書いていました。悪いことは何もしていない。私は誠実な情報員で、国家に忠実な国民で、なんたらかんたらで、そして私は外国へ逃げなくてはならなかったと。どうしてまた嘘をついたのか、今も私には分かりません。おかしな話でした。私は理解しようと努めました。子供たちについての言葉もあったし、夫は今も私を愛していると書いていました。でも、私はこう思いました。『あなたはあなたのやりたいことをやった——私は今も子供たちとここにいる。あなたは逃げたけど、私たちは捕らわれの身だ』と」。ふたりは互いに相手をだましていた。もしかすると、自分自身をだましていたのかもしれない。KGBはレイラに、あなたの夫は「若いイギリス人秘書と浮気」をしていると告げた。

レイラはKGBから、もしゴルジエフスキーと正式に離婚すれば、財産はアイロンも含め返還すると言われた。「彼らは、子供のことを考えた方がいいと言ったのです」。彼女は同意した。KGBはタクシーを手配して離婚裁判所へ連れていき、離婚税を肩代わりした。彼女は結婚前の姓に戻った。彼女は、夫とは二度と会えないだろうと思った。「人生は進んでいきました」と後に彼女は語っている。「子供たちは学校に通い、楽しく過ごしていました。私は、子供たちの前では決して泣かなかったし、心の内を表に出しもしませんでした。いつも気高い心を持ち、笑顔を絶やしませんでした」[*5]。しかし、短いインタビューに成功した西側の同情的なジャーナリストに、彼女は今も夫を愛しており、一緒にいたいと願っていると語っていた。「私は、書類上は彼の妻でなくなっていても、心の中では今もあの人の妻なのです」。

　妻子を国外に連れ出す作戦は、六年間辛抱強く続けられたが、何の成果もなかった。「私たちはフィンランドやノルウェーを通してアプローチしようとしましたが、私たちには出せるカードがなかったのです」と、MI6で「ヘトマン」作戦を担当した情報員ジョージ・ウォーカーは語っている。当時の彼は、MI6でゴルジエフスキーと主に接触する人物のひとりであった。「私たちは、中立国の人間や人権活動家に働きかけました。フランスや西ドイツやニュージーランドなど、あらゆる人にお願いして、彼らの解放のため圧力をかけてもらいました。外務省も、モスクワの大使を通して、この問題を常に持ち出していました」。マーガレット・サッチャーは、一九八七年三月にゴルバチョフと会談したとき、ゴルジエフスキーの家族の問題をすぐに取り上げた。秘書官チャールズ・パウエルは、ソ連の指導者の反応を観察した。「彼は怒りで顔が白くなり、返答をすべて拒否した」。ふたりは、後年さらに二度会談した。二度ともサッチャーはこの問題を持ち出し、二度とも拒否された。「しかし、それでも首相は諦めなかった。彼女は絶対に諦めなかった」。

　KGBは、態度を和らげようとはしなかった。「オレークは、彼らを完全に笑い者にしたのです」とウォーカーは言う。「彼らがオレークに与えられる唯一の罰が、妻と子供を行かせないことだったのです」。

　脱出から二年後、レイラからの手紙がロンドンに届いた。フィンランド人のトラック運転手がソ連から持ち出し、ヘルシンキからロンドンへ投函したものだ。手紙は、筆記用紙三枚にロシア語で書かれていて、KGBの指示を受けた内容ではなかった。本心が赤裸々につづられており、文面には怒りが満ち満ちていた。その手紙をウォーカーは読ませてもらった。「それは、非常に強く、有能で、たいへん怒っている女性の手による手紙で、『どうして教えてくれなかったの？ なんで私を捨てることができたの？ 私たちを救い出すため何をしてくれているの？』と書かれていました」。この物語がおとぎ話のように「めでたし、めでたし」で終わるのではという期待は、しぼみ始めた。裏切られ、離れ離れの状態が長期にわたり、KGBが偽情報を吹き込んだため、わずかに残っていた夫婦間の信頼関係が壊れてしまったのだ。ときおりふたりはどうにか電話で連絡を取ることがあったが、盗聴・録音されている夫婦の会話はぎこちなかった。娘たちはおびえて話したがらず、電話に出てもポツリポツリとしか答えなかった。パチパチというノイズの入る電話で交わされる堅苦しいやり取りは、ふたりが物理的にも精神的にも遠く離れていることを強調しているだけのように思われた。ウォーカーは、こう述べている。「和解が容易でないだろうということは、最初から分かっていました。どんな状況でも、きわめて難しかったと思います。ですが、手紙を読み終えた途端、家族が再びひとつになることはまずないだろうということがはっきりしました」。それでも「ヘトマン」作戦は続けられた。「私の仕事は、私たちがこの女性をいつまでも忘れないようにすることでした」。

ソヴィエト連邦の終焉とともに

脱出劇にKGBは驚き、その面目は丸潰れになったが、それで処罰されたのは、いつもどおり中間管理職だった。ゴルジエフスキーの直属の上司であるニコライ・グリビンは、事件には何の責任もなかったのに降格させられた。第一総局長のウラジーミル・クリュチコフは、一九八八年にKGB議長になった。クリュチコフの右腕だったヴィクトル・グルシコは、彼とともに出世した。ゴルジエフスキーの尋問を主導したヴィクトル・ブダノフは、K局の局長に就任し、将軍に昇進した。ソ連崩壊後、ブダノフは警備会社エリート・セキュリティーを設立した。二〇一七年、エリート・セキュリティーがモスクワのアメリカ大使館を警備する二八〇万ドルの契約を勝ち取ったとの発表があった。これを聞いたミハイル・リュビーモフは、ワシントンのロシア大使館がCIAとつながりのある会社を雇うことはまずないだろうと言って、この皮肉な話を面白がった。

ゴルジエフスキーが初めて反抗心を抱くきっかけになったベルリンの壁は一九八九年に崩壊し、続いて東ヨーロッパと中央ヨーロッパに反共産主義革命の波が押し寄せた。グラスノスチとペレストロイカによりKGBは、崩壊の始まったソヴィエト連邦に対する統制を次第に緩めていった。ソ連政府の保守派はゴルバチョフの改革に不満を募らせ、一九九一年八月、クリュチコフを首謀者とする一団が権力奪取を試みた。クリュチコフは、KGB職員全員の給料を倍増し、休暇から戻るよう命じて警戒態勢を取らせた。このクーデターは三日で失敗に終わった。クリュチコフは、グルシコとともに逮捕され、国家反逆罪で告発された。ゴルバチョフは、ソ連の情報機関にいる敵に対して即座に反撃に出た。KGBの職員全二三万人を国防省の管轄下に置き、K局を解散させ、幹部の大半を解雇した——そして、解雇されなかった中に、当時将軍になっていた**ゲンナジー・チトフ**がいた。「ワニ」と呼ばれていたチトフは、クーデターが起こったときはたまたま休暇中であり、防諜担当のトップに昇進した。「スパイ活動は、以前よりもはるかに難しくなった」と、チトフはクーデターが失敗に終わった数日後に、残念そうに語っていた[*6]

クリュチコフに代わって、民主的な改革派ワジム・バカーチンがKGB議長となり、これまで長期にわたってソヴィエト連邦を恐怖に陥れてきた巨大な諜報・保安組織の解体に着手した。[*7]「私は大統領に、この組織の破壊計画を提出するつもりだ」とバカーチンは語った。KGBの新議長は、最後の議長にもなった。彼が最初に取った行動のひとつが、ゴルジエフスキー一家を再会させるという発表だった。「これは長年の問題であり、解決すべきだと思った」とバカーチンは語っている。「将軍たちに尋ねると、全員が断固『ノー!』と言ったが、私は彼らを無視することに決め、これを私のKGBに対する最初の大勝利と見なすことにした」。

レイラ・アリエワ・ゴルジエフスキーと、その娘マリヤ(マーシャ)とアンナは、一九九一年九月六日にヒースロー空港に降り立ち、そこからヘリコプターでフォート・マンクトンへ移動すると、ゴルジエフスキーが待っていて三人を家に連れていった。自宅には花とシャンパンと贈り物があった。彼はあらかじめ、アメリカで帰宅を象徴する黄色いリボンを家のあちこちに結んでおき、娘のベッドのため新品のシーツを購入し、家にある照明という照明をすべて点灯させて「喜びに満ちた光の輝き」を作り出していた。

家族が再会して三か月後にソヴィエト連邦が崩壊した。新聞各紙は、一家がロンドンを楽しそうに散策するポーズを取った写真を掲載し、旧ソ連で激しい政治的大変革が起きている時期に家族団欒《だんらん》と愛の力を描き出した。それは、共産主義の終焉を手っ取り早く象徴するロマンチックなシンボルだった。しかし、六年間も離れ離れになっていたがゆえに、苦悩も深かった。マーシャはすでに一一歳で、父親のことをほとんど覚えていなかった。一〇歳になる下の娘アンナにとっても、オレークは知らないおじさんだった。彼は、レイラは以前と同じ夫婦関係にすんなり戻ってくれるだろうと思っていた。しかし、彼女はとげとげしくて冷淡で、「説明を求めた」。彼はレイラを、子供たちが母親を頼るようにわざと仕向けていると言って非難した。レイラにとって、イギリスに戻ってきたことは、自分にはどうにもできない物語の最新章にすぎなかった。彼女の人生は、政治と、彼女が深く愛して完全に信頼していたが、すべてを理解していたわけではなかった男性が取った秘密の選択によって、すでに破壊されていた。「彼は自分が正しいと信じたことを行なったのですし、その点で私は彼を尊敬しています。ですが、彼は私に尋ねませんでした。私の考えなどおかまいなしに、私を巻き込んだのです。選ぶチャンスさえくれませんでした。彼からすれば、私は彼のおかげで救い出されたということなのでしょう。でも、私を窮地に追い込んだのは誰です？　彼は、そもそもの始まりを忘れているのです。人を崖から蹴飛ばしておきながら、その後に手を差し出して『君を救い出した！』と言うなんて、馬鹿げています。彼は、そんなひどいロシア人でした」。レイラは、自分の身に起きた出来事を忘れることも、乗り越えることもできなかった。ふたりは家族としてやり直そうとしたが、脱出前に存在した夫婦の絆は遠い過去の別世界のものであり、元に戻すことなど望むべくもなかった。最終的に彼女は、ゴルジエフスキーは信念を守ろうとする気持ちが彼女への愛より勝っていたのだと思った。「人と国家の関係と、愛し合うふたりの関係は、まったく別なものです」と、彼女は何年も後に語っている。ソ連の法律上すでに終わっていた夫婦関係は、すぐにつらい最期を迎えた。「何も残っていなかった」とオレークは書いている。ふたりは、KGBとMI6による共産主義対西側の戦いによって関係を破壊され、一九九三年に完全に別れた。ふたりの結婚生活は、冷戦の諜報活動が抱える厳しい矛盾の中で生まれ、冷戦が終わろうとするのと同時に死んだ。

現在レイラは、ロシアとイギリスを行き来しながら生活している。娘のマリヤとアンナは大学までイギリスの学校に通い、現在はイギリスに在住している。ゴルジエフスキーという姓は名乗っていない。MI6は、一家の面倒を見るという義務を今も果たし続けている。

KGBにいたゴルジエフスキーの友人や同僚も、彼を許すことができなかった。**マキシム・パルシ**

コフは、ロンドンから呼び戻され、KGBの取り調べを受けた後、解雇された。彼はその後ずっと、どうしてゴルジエフスキーは裏切りという思い切ったことをやったのだろうかと考え続けた。「オレークが反体制派だったことは確かです。ですが、ソ連にいて冷静な判断力を持った人間なら、一九八〇年代には誰もが、少なくともある程度までは、反体制派でした。ロンドンのレジジェントゥーラにいた私たちの大多数が、程度の差はあれ、反体制派でしたし、みんな西側での生活が好きでした。でも、裏切り者になったのはオレークだけでした」。**ミハイル・リュビーモフ**は、この裏切りを個人的な侮辱だと受け止めた。ゴルジエフスキーは友人であり、秘密を共有し、音楽やサマセット・モームの作品を一緒に楽しんでいた。ゴルジエフスキーが逃亡した直後から、私はKGBの圧力を感じた。元同僚のほぼ全員が、たちまち私との交際をやめ、会おうとしなくなった。（中略）私は、KGBの脅迫的な指令で私がゴルジエフスキーの裏切りの主犯だと名指しされているという噂を耳にした」。後になってようやく彼は、ゴルジエフスキーが脱出前夜に「ハリントン氏の洗濯物」を引き合いに出して残したヒントの意味を理解した。リュビーモフは、ロシア版サマセット・モームにはなれなかったものの、小説と戯曲と回想録を書き、忠誠心ではソ連人だが態度や振る舞いでは保守的なイギリス人という、冷戦が生んだきわめて特徴的なハイブリッドであり続けた。彼は、脱出の決定的な瞬間にKGBの注意をそらすのに自分が利用され、英語で言う「燻製《くんせい》ニシン（red herring）」つまり「おとり」にされたことに憤慨した。自分が持っていたフェアプレイの精神をゴルジエフスキーに踏みにじられた思いだった。ふたりが言葉を交わすことは二度となかった。

歴史の中の情報員たち

サー・ブライアン・カートリッジは、スパイの追放合戦の後、英ソ関係があっという間に以前のような良好な関係に戻ったことに驚いていた。彼は一九八八年まで駐ソヴィエト連邦大使を務めた。後に当時を振り返り、脱出作戦は「まれに見る大勝利」だったと述べた。ゴルジエフスキーは「KGBの組織と手法についての知識一覧」を提供し、「それによって私たちは、おそらく今後数年にわたって、彼らの作戦を徹底的にくじくことができるようになった」と語っている。保守党中央事務局の調査員ローズマリー・スペンサーは、MI5の指令を受けて自分がとても親密になった、あの魅力的なソ連人外交官がずっとMI6のために活動していたと知って、衝撃を受けた。彼女はデンマーク人と結婚し、コペンハーゲンに引っ越した。

MI6でゴルジエフスキーを受け持っていた工作担当官たちは、秘密の世界の中の秘密のチームとして結束を維持した。他の情報員たち——リチャード・ブラムヘッド、ヴェロニカ・プライス、ジェームズ・スプーナー、ジェフリー・ガスコット、マーティン・ショーフォード、サイモン・ブラウン、セアラ・ペイジ、アーサー・ジー、ヴァイオレット・チャップマン、ジョージ・ウォーカー——は、表に出ることなく諜報の世界に残り、彼ら自身の希望で今もそこにとどまっている。これらの名前も本名ではない。女王との秘密の謁見で、アスコットとジーはそれぞれ大英帝国四等勲士（OBE）に、チャップマンは大英帝国五等勲士（MBE）に叙せられた。ゴルジエフスキーの最初の工作担当官だったスコットランド人のフィリップ・ホーキンズは、脱出の件を知ると、「ほお、彼は結局本物だったのか。私にはそうは思えなかったがね」と、いかにも彼らしい素っ気ない返答をした。

K局のトップだった**ジョン・デヴェレル**は、その後MI5の北アイルランド支部長になった。一九九四年、彼は北アイルランドのイギリス側情報員の大半とともに、乗っていたチヌーク・ヘリコプターがスコットランドのキンタイア岬で墜落した事故で亡くなった。**ロイ・アスコット**が上院議員になった後、二〇一五年三月に、同じく上院議員で歴史学者のピーター・ヘネシーが、次のように述べてアスコットの正体を大々的に暴露した。「彼が慎み深いので自分からは言わないと思うが、この高貴な伯爵は、あのすばらしい勇敢な男オレーク・ゴルジエフスキーをソ連からフィンランドへひそかに連れ出した情報員として、情報活動の歴史で特異な位置を占めている」。汚れたおむつが冷戦で一風変わった役割を担ったアスコットの娘は、ロシア美術の専門家になった。KGBは、MI6が脱出作戦の隠れ蓑に赤ん坊を連れてきたとは、どうにも信じられなかった。

マイケル・ベタニーは、二三年の刑期のうち一四年を務めた後、一九九八年に仮釈放された。スウェーデン人のスパイ、**スティグ・バーリリン**は、一九八七年に妻と会うため刑務所からの外出を許可されると、そのままモスクワへ逃亡し、月五〇〇ルーブルという多額の給付金をもらって生活した。翌年ブダペストへ移り、さらにレバノンへ行って、ドゥルーズ派民兵組織のリーダー、ワリード・ジュンブラートの警備コンサルタントとして働いた。一九九四年、彼はスウェーデンの公安警察に電話して、帰国したいと訴えた。彼はさらに三年服役した後、健康状態の悪化を理由に釈放された。その後、介護施設にいるときエアガンで看護師を撃って怪我をさせた直後、二〇一五年にパーキンソン病で死去した。**アルネ・トレホルト**は、重罪人を収容する刑務所で刑期を八年務めた後の一九九二年、異論が噴出する中、ノルウェー政府によって恩赦が与えられて釈放された。彼の事件は、ノルウェーでは今も議論を生み続けている。ノルウェーの刑事事件再審査委員会は、有罪判決に対する調査を再開し、二〇一一年、トレホルトの支持者たちが主張するような証拠の改竄を示す根拠はないとの結論に達した。釈放後、トレホルトはロシアに住んだ後キプロスに移り、同国で実業家兼コンサルタントとして働いている。**マイケル・フット**は、一九九五年、新聞『サンデー・タイムズ』がゴルジエフスキーの回想録の連載記事に「KGB『フットは我々の工作員』」という見出しを付けたことに対して訴訟を起こした。フットは、この記事を「マッカーシズム的な誹謗中傷」だと主張して、多額の慰謝料を受け取った。その一部は『トリビューン』の経営資金に充てられた。フットは二〇一〇年、九六歳で死去した。

西側の情報機関にとってゴルジエフスキー工作は、スパイをどのようにスカウトして運用するかや、国際関係を動かして改善するには情報をどのように活用すればよいか、さらには、どうすれば非常にドラマチックな状況で危機に瀕するスパイを救出できるかといったことを学ぶ典型的な事例となった。しかし、誰が彼を密告したのかという疑問は未解決のままだった。ゴルジエフスキーは自分なりの仮説を立てていた。最初の妻エレーナか、あるいはチェコの友人スタンダ・カプランが秘密を洩らしたのかもしれない。ベタニーが、誰が自分をMI5のモグラとばらしたのかを突き止めたのかもしれない。それとも、アルネ・トレホルトの逮捕と裁判で、KGBは気づいたのだろうか？　しかし、彼もMI6も、延々と続いたCIAへのブリーフィングで何度もテーブルの向かいに座っていた気さくなアメリカ人情報員を疑うことなど、思いつきさえしなかった。

オールドリッチ・エイムズは、ローマ出張の後、CIAの防諜センター分析グループに配属されて、CIAが運用するソ連人工作員の最新情報にアクセスできるようになると、その情報をそのままKGBに流した。死者の数は膨らんでいき、それと同時にスイスとアメリカにある彼の銀行口座の預金残高も膨らんでいった。彼はシルバーのジャガーを新車で購入し、さらにアルファロメオも買った。新築の自宅には、現金で五〇万ドルを費やした。タバコのやにで汚れた歯にはかぶせものをした。ロサリオの貴族的な態度が格好の隠れ蓑となり、彼は、金は妻の裕福な親戚からのものだと言った。KGBは、もしあなたに疑いが掛かった場合は、脱出するのに手を貸しましょうと約束していた。「我々には、イギリス側がモスクワでゴルジエフスキーとやったのと同じことをワシントンでする用意ができていました」と、彼のKGB担当官は語っている。エイムズは、ソヴィエト側から合計四六〇万ドルもの大金を稼いだ。その金額も驚きだが、それに劣らず驚かされるのは、彼がイニシャルを刺繍したシャツを着たり、歯を新たに白く輝くようにしたりしても、かなりの期間CIAの同僚たちから気づかれずに済んでいたことである。

二重生活は生涯続く

うわべだけを見れば、ゴルジエフスキーとエイムズの行動には共通点がある。どちらも自分の所属する組織と国に背を向け、情報活動で得た知識を使って相手側のためにスパイの身元を特定した。ふたりとも、キャリアのスタート時に行なった誓いを破り、ふたりとも、表向きの生活とは別に、秘密の生活を送っていた。しかし、共通点はそこまでだ。エイムズは金のためにスパイをしたが、ゴルジエフスキーはイデオロギー上の信念によって動いていた。エイムズの犠牲になった者たちはKGBによって一掃され、そのほとんどが殺された。一方、ゴルジエフスキーに正体を暴露された者たちは、ベタニーやトレホルトのように、監視された上で逮捕され、法的な手続きに沿って裁判を受けて刑務所に収容されたが、最終的には釈放されて社会に復帰していった。ゴルジエフスキーは、大義のために命を危険にさらしたが、エイムズはもっと大きな車が欲しいだけだった。エイムズは、親近感をまったく抱かない残虐な全体主義体制に仕えることを選び、住もうなどとは考えたこともなかった国のために働いたが、ゴルジエフスキーは、民主主義的な自由を味わい、そうした生活様式と文化を守り支持することを自分の使命とし、最後には個人的に多大な犠牲を払って西側に居を定めた。要するに、両者の違いは道徳的判断の問題である。ゴルジエフスキーは善のために行動し、エイムズは自分のために行動した。

当初CIAは、これほど多くのソ連人工作員が失われているのは、CIA本部が盗聴されているからとか、暗号が破られているためだなどと見なし、組織にスパイが入り込んでいるせいだとは考えなかった。一九六〇年代から一九七〇年代にアングルトンが行なったモグラ狩りのトラウマは今なお消えておらず、内部からの裏切りの可能性は考えるのも苦痛だった。しかし、これほど組織が弱体化した理由は裏切り以外では説明がつかないことが、ようやく明らかとなり、一九九三年には、エイムズのぜいたくなライフスタイルがとうとう注目されるようになった。彼は監視下に置かれ、動きを尾行され、ごみ箱は証拠探しのため調べられた。一九九四年二月二一日、リックとロサリオのエイムズ夫妻はFBIに逮捕された。「君たちは大間違いをしている！　人違いだ！」と彼は言い張った。二か月後、彼はスパイ行為を認め、終身刑を言い渡された。ロサリオは司法取引により、脱税と諜報活動の共謀で禁固五年の刑を受けた。裁判でエイムズは、「CIAなどアメリカと諸外国の情報機関のソ連人工作員のうち私が知っていた者のほぼ全員」の身元を暴露し、ソヴィエト連邦とロシアに「アメリカの外交・防衛・安全保障政策に関する大量の情報」を提供したことを認めた。現在リック・エイムズは、囚人40087-083として、インディアナ州テレホートの連邦矯正施設で服役している。

ゴルジエフスキーは、アメリカの模範的な愛国者だと思っていた人間が自分を殺そうとしていたと知って、愕然とした。彼はこう書いている。「エイムズは私のキャリアと人生を粉々に吹き飛ばした。しかし、私を殺しはしなかった」と。

一九九七年、アメリカのテレビジャーナリスト、テッド・コッペルが服役中のエイムズにインタビューを行なった。[*8] 彼は前もってゴルジエフスキーにイギリスでインタビューを行ない、そのビデオテープを持ち込んでエイムズに見せ、その反応を探ろうとした。密告された男は、密告した男に直接語りかけた。囚人服を着たエイムズが画面の映像をじっと見つめる中、ゴルジエフスキーはこう言った。「オールドリッチ・エイムズは裏切り者です。彼は金のために働いたにすぎません。彼はただの強欲なろくでなしでした。彼は、命が尽きるその日まで、自分自身の良心に罰せられることでしょう。『ゴルジエフスキー氏はあなたをほとんど許している！』と言ってかまいません」。

テープが終わるとコッペルはエイムズを見て言った。「あなたは、彼のほとんど許しているという言葉を信じますか？」。

「ええ、そうでしょう」とエイムズは言った。「彼があそこで言ったことは、確かにどれも私に非常に強く響いていると思います。以前私は、私に密告された者たちは同じ選択をし、同じ賭けをしたのだと言ったことがあります。道理をわきまえた人なら、私がそう言うのを聞いて『何て傲慢な！』と言うでしょう。でも、あれは傲慢な発言ではありませんでした」。エイムズは、自分の行動とゴルジエフスキーの行動は道徳的に等価だと言っており、その言い方は自己正当化に終始し、ほとんど独善的ですらあった。しかし、ゴルジエフスキーの姿を見たことで、エイムズは次のような、後悔に似た言葉も口にした。「私が抱いている類の恥ずかしさと自責の念は、今も、これから先もずっと、きわめて個人的なものなのです」。

今もオレーク・ゴルジエフスキーは、ソ連から脱出した後すぐに移り住んだ、イングランドの平凡な郊外の通りに面する一戸建てに住み、偽名を使って暮らしている。彼の自宅は、まったくと言っていいほど目立たない。周りを囲む高い生け垣と、誰かが建物に近づいたとき目に見えないレーザー感知システムから出るピーンという警告音だけが、近所の家と違うのかもしれないということを伝えている。死刑執行命令はまだ有効であり、MI6は最も大切な冷戦期のスパイを今も警護し続けている。KGBの怒りは消えてはいない。二〇一五年、当時ウラジーミル・プーチンの大統領府長官だったセルゲイ・イワノフは、ゴルジエフスキーのせいでKGBでのキャリアが潰されたとして、次のように語った。「私はゴルジエフスキーにやられた。彼の恥ずべき裏切りとイギリス情報機関によるスカウトが私の人生を壊したとは言えないが、仕事でいくつかの問題を抱えることになった」。[*9] 二〇一八年三月四日、GRUの元情報員セルゲイ・スクリパリと娘ユリアが、ロシア製の神経ガスを使った暗殺者に襲われた。スクリパリは、ゴルジエフスキーと同じくMI6のスパイとして活動していたが、ロシアで逮捕され、裁判を受けて服役していたところ、二〇一〇年にスパイ交換でイギリスにやってきていた。元KGBのボディーガードで、十数年前に亡命者アレクサンドル・リトヴィネンコ殺害の容疑で告発されたアンドレイ・ルゴヴォイは、ロシアはスクリパリも襲ったのかと尋ねられたとき、興味深い発言をしている。彼は、「もし私たちが誰かを殺さねばならないとしたら、その相手はゴルジエフスキーだった。彼はひそかに国外に出て、この国では欠席裁判で死刑を宣告されているのだから」と言ったのである。[*10] プーチンとその仲間たちも忘れていない。スクリパリ暗殺未遂事件の後、ゴルジエフスキーの警護体制は強化された。彼の自宅は二四時間監視下にある。

現在、ゴルジエフスキーはめったに家を出ることはないが、MI5とMI6の友人や元同僚たちが頻繁に訪ねてくる。新人が、情報機関の伝説的人物に会うため連れてこられることもある。彼には今なお報復を受ける可能性があると考えられている。普段の彼は、本を読み、文章を書き、クラシック音楽を聴き、祖国の状況を中心に政治的動きを丹念に追っている。一九八五年にフィンランド国境を越えた日以降、一度もロシアには帰っておらず、「私はもうイギリス人です」と言って、帰るつもりもないと語っている。母親とは二度と会えなかった。オリガ・ゴルジエフスキーは一九八九年、八二歳で亡くなった。死ぬ間際まで息子は無実だと訴え、「息子は二重スパイではなく三重スパイで、今もKGBのために働いているのです」と言っていた。ゴルジエフスキーには、母親に真実を語る機会がなかった。「母にはどうしても私から事の顛末を話したかったのですが」。

多くのスパイの後半生が証明しているとおり、諜報活動は大きな犠牲を強いられる。

オレーク・ゴルジエフスキーは、今も二重生活を送っている。郊外に住む近所の人たちにとって、高い生け垣の奥でひっそりと暮らす、ひげを生やした、腰の曲がったおじいさんは、年金で生活する、ごく普通の高齢者にすぎない。しかし本当の彼は、そのような高齢者ではない。歴史を動かすのに非常に重要な役割を果たした人物であり、誇り高く、賢明で、怒りっぽく、普段は陰気な態度を取るが、不意に皮肉の効いたユーモアを言って陽気になる、そんなすばらしい人物なのだ。気難しくなるときもあるが、敬愛せずにはいられない。後悔はしていないと口では言っているが、ときおり会話の途中で話をやめ、彼にしか見えない遠くのどこかをぼんやりと見つめることがある。彼は、私が今まで会ってきた中で最も勇敢な人物のひとりであり、かつ、最も孤独な人間のひとりである。

二〇〇七年の女王誕生記念叙勲で、ゴルジエフスキーは「連合王国の安全に対する貢献」を評価されて聖ミカエル聖ジョージ三等勲爵士（ＣＭＧ）に叙せられた――これは、架空のスパイ、ジェームズ・ボンドが叙せられたのと同じ勲位で、そのことをゴルジエフスキーは好んで指摘している。モスクワのマスコミでは、かつての同志ゴルジエフスキーは今後「サー・オレーク」になると、間違って報じられた「ＣＭＧなど勲位の低い者は「サー」の称号を使うことができない」。フォート・マンクトンにはゴルジエフスキーの肖像画が飾られている。

二〇一五年七月、脱出の三〇周年を記念して、工作の運用やソ連からの脱出に携わった関係者全員が、七六歳のロシア人スパイを称えるために集まった。彼がフィンランドへ脱出するとき持っていた合成皮革の安い旅行かばんは、今ではＭＩ６博物館に収蔵されている。三〇周年パーティーでは、彼に記念品として新しい旅行かばんが贈呈された。かばんの中には、いろいろなものが入れられていた。マーズのチョコバー、ハロッズの緑のバッグ、ロシア西部の地図、「不安、イライラ、不眠、ストレスを緩和する」錠剤、蚊よけ剤、キンキンに冷えた瓶ビール二本、それと、カセットテープ二本。ひとつはドクター・フックの『グレイテスト・ヒッツ』で、もうひとつはシベリウスの『フィンランディア』だ。

旅行かばんから出てきた最後の品は、チーズ・アンド・オニオン味のポテトチップス一袋と、赤ちゃん用のおむつだった。

謝辞

本書は、このテーマに関係する方々の心からの支援と協力がなければ書き上げることはできなかっただろう。この三年間、私は安全な隠れ家でオレーク・ゴルジエフスキーにインタビューした。その回数は二〇回を超え、録音した会話の時間は合計一〇〇時間以上になった。彼の好意はいつまでも続き、忍耐力には限りがなく、記憶力は並外れていた。協力に際しては何ら見返りを求めることはなく、本書の執筆に影響を与えようとすることもなかった。事実に対する解釈とそれに含まれる間違いは、すべて私によるものである。ゴルジエフスキーを通じて、私は本工作に携わったＭＩ６の情報員全員と話をすることができ、この方々から助けていただいたことに心から感謝している。彼らは匿名を条件に、自由に話すことに同意してくれた。存命中の元ＭＩ６情報員と、ロシアとデンマークの元情報部員数名は、すでに本名が広く知られている方も含め、本書では仮名で登場している。それ以外の名前は、すべて実名である。また、ＫＧＢとＭＩ５とＣＩＡでゴルジエフスキー工作に関わった元情報員の多くからも、惜しみない助力をいただいた。本書は、ＭＩ６当局からは公認も助力も得ておらず、そのため、今もＭＩ６で機密指定されている関連資料を利用することはできなかった。

特に、ふたりの方にはたいへん助けていただいた。このお二方は、さまざまな関係者との会合を手配し、ゴルジエフスキーとのインタビューに同席し、原稿に事実誤認がないかチェックし、心と体の両方への栄養を用意し、複雑でストレスのかかりがちな業務をやり遂げられるよう、見事な手際と汲めども尽きぬユーモアでいつも後押ししてくれた。その功績は私がどれほど称賛しても足りるものではない。それなのに、お二方とも、そのような賛辞は不要と仰っていて、それもまたすばらしいことである。

　加えて、以下の方々にも感謝します。クリストファー・アンドルー、キース・ブラックモア、ジョン・ブレイク、ボブ・ブックマン、カレン・ブラウン、ヴェネシア・バターフィールド、アレックス・ケアリー、チャールズ・コーエン、ゴードン・コレラ、デイヴィッド・コーンウェル、ルーク・コリガン、チャールズ・カミング、ルーシー・ドナヒュー、シンジャン・ドナルド、ケヴィン・ダウトン、リサ・ドワン、チャールズ・エルトン、ナターシャ・フェアウェザー、エム・フェイン、スティーヴン・ギャレット、ティナ・ゴードワン、バートン・ガーバー、ブランチ・ジルアード、クレア・ハガード、ビル・ハミルトン、ロバート・ハンズ、ケイト・ハバード、リンダ・ジョーダン、メアリー・ジョーダン、スティーヴ・カッパズ、イアン・カッツ、デイジー・ルイス、クレア・ロングリグ、ケイト・マッキンタイアー、マグナス・マッキンタイアー、ロバート・マクラム、クロエ・マグレガー、オリー・マグレガー、ジル・モーガン、ヴィッキ・ネルソン、レベッカ・ニコルソン、ローランド・フィリップス、ピーター・ポメランツェフ、イーゴー・ポメランツェフ、アンドルー・プレヴィテ、ジャスティーン・ロバーツ、フェリシティー・ルービンスタイン、メリタ・サモイリス、ミカエル・シールズ、モリー・スターン、アンガス・スチュワート、ジェーン・スチュワート、ケヴィン・サリヴァン、マット・ホワイトマン、デミアン・ホイットワース、キャロライン・ウッド。

タイムズ紙の友人や同僚たちからは、多大な支援と励ましと、当然ながらの冷やかしを受けた。二五年にわたり私のすばらしい出版エージェントだった故エド・ヴィクターが、当初は担当していたが、その後はジョニー・ゲラーが手綱を見事に引き継いでくれた。出版元であるヴァイキングとクラウンのチームも最高だった。そして最後に、私の感謝と愛情を、私が知る最も優しく最も愉快な人間である我が子たち、バーニー、フィン、モリーの三人に贈る。

訳者あとがき

二〇一九年一一月九日、ドイツの首都ベルリンで、ベルリンの壁崩壊三〇年を記念する式典が実施された。その場でドイツのメルケル首相が行なった演説は、昨今の国際情勢を反映して、必ずしも楽観的な内容ではなかった。しかし三〇年前、ベルリンの壁が崩壊するのを目《ま》の当たりにしたときは、誰もが確かに「これで世界はよくなるはずだ」と考えた。そう考えるほど、ベルリンの壁が象徴していた「冷戦」という構造——自由主義を標榜するアメリカ合衆国と、共産主義を掲げるソヴィエト連邦の、軍事的・文化的・政治的覇権をめぐる対立——は、世界中の人々に強い不安と危機感を与えていた。その冷戦時代に、ソ連のスパイでありながら、イデオロギー上の信念からイギリス側の二重スパイとなり、ベルリンの壁崩壊にも間接的に貢献した人物がいた。その名は、オレーク・アントーノヴィチ・ゴルジエフスキー。彼の半生を描いたのが、本書『KGBの男——冷戦史上最大の二重スパイ』である。

ゴルジエフスキーが生まれ育ったソヴィエト連邦（ソ連。正式名ソヴィエト社会主義共和国連邦）は、共産主義国家だった。共産主義とは、一九世紀ドイツの思想家カール・マルクスが体系化した思想だ。その詳細は、イギリス亡命時代にロンドンで執筆した主著『資本論』に詳しい（ちなみに本書第一〇章には、イギリス亡命中のマルクスの逸話が出てくる）が、簡単に言えば、「資本主義社会では、資本家階級が労働者階級を搾取しているため、経済格差が拡大を続ける。その矛盾が頂点に達したとき革命が発生し、格差のない共産主義社会が実現する」というものだ。このマルクスの思想を再解釈したのが、ロシア革命の指導者ウラジーミル・レーニンである。彼は亡命先から現サンクトペテルブルクにある主要駅のひとつフィンランド駅に到着すると、革命を指揮してソヴィエト社会主義共和国連邦を作った（なおサンクトペテルブルクは、ソ連時代は「レーニンの町」を意味する「レニングラード」という名称だった）。

マルクス・レーニン主義によれば、共産主義社会は、私有財産制が否定されて共有財産制が実現された、階級も搾取もない理想社会だという。しかし現実のソ連では、財産と生産手段を握ったソ連共産党にすべての権力が集中し、これに共産党内での権力闘争が加わって、全体主義的な独裁体制が成立していた。共産党は、社会と革命を先導する存在として無条件で正しいとされ、異を唱える者は弾圧された。共産党が正しい証拠として、「資本主義国である欧米の労働者は搾取されて悲惨な生活を送っているが、それに比べてソ連は労働者の楽園だ」とするプロパガンダとフェイクニュースが国内外向けに盛んに作られた。アメリカに対抗するため、ソ連経済は軍備拡張と宇宙開発に重点が置かれ、生活用品の生産はしばしば後回しにされた。しかも、それを隠すかのように、存在しない「最先端の家電製品」が注文殺到で品切れ状態だとする嘘のTVコマーシャルさえ作られた。宗教は、資本主義社会の矛盾から労働者の目をそらすためのまやかしだとして禁じられていた（ただし、旧ソ連では宗教に一定の敬意が払われていたのは、本書にあるとおりだ）。さらにソ連国内だけでなく他の共産主義国家に対しても、ソ連共産党に異を唱えれば国家主権を無視して軍事介入も辞さないことは、ハンガリー事件（ハンガリー動乱）やプラハの春の後の行動から明らかだった。こうしたソ連の体制を支える組織のひとつが、KGBだった。

そのKGBの一員であるゴルジエフスキーがなぜ二重スパイになったのか? それを本書の著者ベン・マッキンタイアーは、多くの資料と関係者へのインタビューを基に、詳細に描き出している。

マッキンタイアーは、本書を含め一二冊の著作を上梓しており、綿密な文献調査に基づいて歴史の真実を明らかにし、それを物語形式で綴る作家として高く評価されている。とりわけ彼の名を高めたのが、著者自身が「第二次世界大戦諜報もの三部作」と呼ぶ『ナチが愛した二重スパイ――英国諜報員「ジグザグ」の戦争』(高儀進訳、白水社、二〇〇九年)、『ナチを欺いた死体――英国の奇策・ミンスミート作戦の真実』(拙訳、中央公論新社、二〇一一年)、および『英国二重スパイ・システム――ノルマンディー上陸を支えた欺瞞作戦』(拙訳、中央公論新社、二〇一三年)の三冊だ。この三作で、第二次世界大戦でのイギリス情報部MI6の活躍を描いたマッキンタイアーは、次の著作では、三部作を通じて不吉な影のような存在として常に作戦を危険にさらす脅威となっていたソ連側二重スパイ、キム・フィルビーに着目し、その半生と亡命劇を克明に解き明かした。そして本作では、フィルビーと同じく有名な二重スパイであるが、フィルビーとは逆に、ソ連人でありながらイギリス側の二重スパイとなったゴルジエフスキーを取り上げている。

フィルビーとゴルジエフスキーは、イデオロギー上の信念から二重スパイになったという点ではよく似ているが、違いも多い。そのひとつが、二重スパイとしての二重生活に伴う人間関係への影響である。『キム・フィルビー――かくも親密な裏切り』(拙訳、中央公論新社、二〇一五年)では「友情」に焦点が当てられ、フィルビーの裏切りによって、彼と友人たちの友情が偽りのものであったことが明らかとなる(ちなみに、同書の原題は A Spy among Friends つまり『友人たちの中に交じったスパイ』である）。それに対して本書『KGBの男』で危うくなるのは、友情と並んで重要な人間関係のひとつである「夫婦の愛情」だ。ゴルジエフスキーは、二重生活を送りながら、それが夫婦の絆にどのような影響を与えるかについて思い悩む。本書の原題は The Spy and the Traitor つまり『スパイと裏切り者』だが、この「裏切り」の相手はソヴィエト連邦だけなのか、それとも妻も含まれるのかは、物語のひとつのテーマとも言える。

このような人間関係の苦悩のほかにも、本書の読みどころはたくさんある。ゴルジエフスキーが、いかにして二重スパイになったかを追っていくのも面白い。小説や映画とは違う諜報活動（しかも、政治情報の収集という、決して派手とは言えない活動）の実態も興味深い。冷戦の行方にも影響を与えたゴルジエフスキーの活動は、偶然にも、現代ヨーロッパ史の節目のいくつかに何らかの形で関係しているから、本書を冷戦の裏面史として楽しむこともできるだろう。今ではすでに過去のものとなったソ連での人々の生活に注目してもいいかもしれない。それに何より、二重スパイという正体を隠し通そうとするゴルジエフスキーと、それを暴こうとするKGBの対決は、どんなフィクションにも劣らぬスリル満点のサスペンスだ。歴史物語の名手マッキンタイアーによる本作を、ぜひ多くの方に楽しんでいただきたい。

本書には、主人公を含め、多くの旧ソ連人／ロシア人が登場する。そこで、ロシア人の名前について少しだけ解説しておきたいと思う。

ロシア人の名前は、①個人名、②父称《ふしょう》、③姓の三つで構成されている。本書の主人公の場合、「オレーク」が個人名で、「アントーノヴィチ」が父称、「ゴルジエフスキー」が姓だ。このうち個人名と姓はいいとして、日本人になじみのないのが②の父称だ。これは、父親の名前をもとにした「〜の子」という意味の名で、息子の場合は「オヴィチ」または「エヴィチ」、娘の場合は「オヴナ」または「エヴナ」を付けて作る（オレークの場合は、父親の名が「アントン」なので「アントーノヴィチ」となる）。そして、上司や目上の人物に対してや、フォーマルな場面では、個人名＋父称という組み合わせで相手に呼びかけるのが丁寧だとされる（例えば本書第一二章には、ゴルジエフスキーが第一総局副総局長のグルシコに「ヴィクトル・フョードロヴィチ」と、個人名＋父称で呼びかけるシーンがある）。これに対して、友人など親しい相手には、個人名の愛称で呼びかける（同じく第一二章では、ゴルジエフスキーが同僚のニコライ・グリビンを、「ニコライ」の愛称である「コーリャ」という名で呼んでいる）。

また、姓の一部には男性形と女性形がある。例えば「アリエフ」（Aliyev）は男性形で、その女性形は「アリエワ」（Aliyeva）だ。本書の登場人物レイラ・アリエワと、その父アリ・アリエフの姓が微妙に違っているのは、このためだ。

ロシア人の名前は、慣れないうちは分かりにくく感じるものだ。幸い本書では、父称と愛称はあまり出てこないので、安心して読んでいただきたい。

本書の翻訳には、Ben Macintyre, *The Spy and the Traitor: The Greatest Espionage Story of the Cold War* (Viking, London, 2018) を用いた。

本書は、二〇一九年に英国推理作家協会（ＣＷＡ）のノンフィクション・ゴールド・ダガー賞を受賞している。そのような優れた作品を読者諸賢に紹介できることは、訳者としてこの上ない喜びである。

最後に、本書の翻訳に当たっては、中央公論新社の打田いづみさんと、オフィス・スズキの鈴木由紀子さんにたいへんお世話になりました。どれほど感謝しても、しきれるものではありません。本当にありがとうございました。

二〇二〇年三月

小林朋則

（サマセット・モーム『アシェンデン』所収「ハリントン氏の洗濯物」）
＊5　*Daily Express*, 14 June 2015.

14　七月一九日、金曜日

＊1　1985年7月27日、第12回世界青年学生祭典でのゴルバチョフのスピーチ。https://rus.ozodi.org/amp/24756366.html.［訳注／リンク切れ］

15　フィンランディア

＊1　チーズ・アンド・オニオン味のポテトチップスの詳細については、Karen Hochman, 'A History of the Potato Chip', http://www.thenibble.com/reviews/main/snacks/chip-history.asp を参照。
＊2　サウス・オームズビー・ホールは、現在一般公開されている。http://southormsbyestate.co.uk
＊3　ユルチェンコについては、'The spy who returned from the cold', *Time Magazine*, 18 April 2005 を参照。
＊4　*The New York Times*, 7 May 1987.
＊5　Jones (ed.), *Able Archer 83* 参照。

16　「ピムリコ」のパスポート

＊1　サッチャーとゴルジエフスキーとの間の書簡については、イギリス国立公文書館の https://webarchive.nationalarchive.gov.uk/about/news/newly-released-files-1985-1986/prime-ministers-office-files-prem-1985/ を参照［訳注／リンク切れ］。
＊2　外交への影響については、チャーチル・アーカイヴ・センターのウェブサイト https://www.chu.cam.ac.uk/media/uploads/files/Cartledge.pdf にあるサー・ブライアン・カートリッジへのインタビューを参照。
＊3　Primakov, *Russian Crossroads*.
＊4　*The Times*, 10 March 2018.
＊5　イーゴー・ポメランツェフとのラジオ・インタビュー。ラジオ・リバティー、2015年9月7日。
＊6　*Los Angeles Times*, 30 August 1991.
＊7　ワジム・バカーチンによるＫＧＢ解体については、J. Michael Waller, 'Russia: Death and Resurrection of the KGB', *Demokratizatsiya*, vol. 12, no. 3 (Summer 2004) を参照。
＊8　http://abcnews.go.com/US/video/feb-11-1997-aldrich-ames-interview-21372948.
＊9　*The Times*, 20 October 2015.
＊10　*Sunday Times*, 11 March 2018.

*9　Jones (ed.), *Able Archer 83* 参照。
*10　Corera, *MI6*.
*11　Moore, *Margaret Thatcher*.
*12　AP, 26 February 1985.
*13　Andrew, *Defence of the Realm*.
*14　Bearden and Risen, *Main Enemy*.（『ザ・メイン・エネミー』）
*15　Gareth Stedman Jones, *Karl Marx: Greatness and Illusion* (London, 2016) に引用あり。
*16　イーゴー・ポメランツェフとのラジオ・インタビュー。ラジオ・リバティー、2015年9月7日。
*17　Moore, *Margaret Thatcher*.
*18　https://www.margaretthatcher.org/document/105450.
*19　サッチャーからレーガンへのメモ。2014年1月、イギリス国立公文書館で公開。

11　ロシアン・ルーレット

*1　Jones (ed.), *Able Archer 83* 参照。
*2　Bearden and Risen, *Main Enemy*.（『ザ・メイン・エネミー』）
*3　Earley, *Confessions of a Spy* 参照。
*4　KGBのエイムズへの対応については、Cherkashin, *Spy Handler* を参照。
*5　Grimes and Vertefeuille, *Circle of Treason*.
*6　2007年9月13日のヴィクトル・ブダノフへのインタビュー記事。http://www.pravdareport.com/history/13-09-2007/97107-intelligence-o/.［訳注／リンク切れ］
*7　「ダリオ」工作については、Andrew and Gordievsky (eds.), *Instructions from the Centre* を参照。

12　ネコとネズミ

*1　Philby, *My Silent War*.（キム・フィルビー『プロフェッショナル・スパイ』）
*2　*The New York Times*, 8 February 1993.
*3　以下、オレーク・ゴルジエフスキーの精神状態については、Lyubimov, Записки непутевого резидента, или *Will-o'-the-Wisp* と Шпионы, которых я люблю и ненавижу を参照。

13　ドライクリーニングをする人

*1　イーゴー・ポメランツェフとのラジオ・インタビュー。ラジオ・リバティー、2015年9月7日。
*2　『ハムレット』第4幕　第5場。
*3　Kari Suomalainen, https://www.visavuori.com/fi/taiteilijat/kari-suomalainen.
*4　Maugham, 'Mr Harrington's Washing', in *Ashenden, or, The British Agent*.

2010.
*11　1968年6月、ハイド・パークでの集会におけるマイケル・フットの演説。

7　隠れ家

オールドリッチ・エイムズの生涯に関する主な典拠は、Earley, *Confessions of a Spy* 、Weiner, Johnston and Lewis, *Betrayal* 、Grimes and Vertefeuille, *Circle of Treason* である。
*1　Gates, *From the Shadows*.
*2　Bearden and Risen, *The Main Enemy*（ミルト・ベアデン、ジェームズ・ライゼン『ザ・メイン・エネミー：ＣＩＡ対ＫＧＢ最後の死闘』安原和見・花田知恵訳、ランダムハウス講談社、2003年）に引用あり。

8　ＲＹＡＮ作戦

ＲＹＡＮ作戦に関する主な典拠は、Barrass, *Great Cold War* 、Fischer, 'Cold War Conundrum' 、Jones (ed.), *Able Archer 83* である。
*1　Ion Mihai Pacepa, in *National Review*, 20 September 2004.
*2　Andrew, *Defence of the Realm*.
*3　Howe, *Conflict of Loyalty*.
*4　以下、マキシム・パルシコフの言葉は、未発表の回顧録に収録されているものである。
*5　*The New York Times*, 2 April 1983.

9　コバ

ベタニー事件については、Andrew, *Defence of the Realm* と当時の新聞記事を参照。
*1　*The Times*, 29 May 1998.

10　ミスター・コリンズとミセス・サッチャー

マーガレット・サッチャーのゴルジエフスキー評については、Moore, *Margaret Thatcher* を参照。
*1　1982年6月8日、ロナルド・レーガンのイギリス議会での演説。
*2　Henry E. Catto, Jr, Assistant Secretary of Defense. *Los Angeles Times*, 11 November 1990 に引用あり。
*3　「エイブル・アーチャー」については、Barrass, *Great Cold War* 、Fischer, 'Cold War Conundrum' 、Jones (ed.), *Able Archer 83* を参照。
*4　Andrew, *Defence of the Realm*.
*5　Howe, *Conflict of Loyalty*.
*6　Oberdorfer, *From the Cold War to a New Era* に引用あり。
*7　*Washington Post*, 24 October 2015 に引用あり。
*8　Gates, *From the Shadows*.

4　緑のインクとマイクロフィルム

＊1　パーヴェル・スドプラートフの言葉。Hollander, *Political Will and Personal Belief* に引用あり。
＊2　Malcolm Muggeridge, *Chronicles of Wasted Time, Part 2: The Infernal Grove* (London, 1973)
＊3　Borovik, *Philby Files*, p. 29
ホーヴィックの件とトレホルトの件については、Andrew and Mitrokhin, *Mitrokhin Archive* に詳しい。コペンハーゲンのレジジェントゥーラの活動については、Lyubimov, Записки непутевого резидента или *Will-o'-the-Wisp* と Шпионы, которых я люблю и ненавижу を参照。

5　レジ袋とマーズのチョコバー

＊1　Cavendish, *Inside Intelligence.*
＊2　Robert Conquest, *The Great Terror: A Reassessment* (Oxford, 1990)
＊3　Helms, *A Look Over My Shoulder.* Hoffman, *The Billion Dollar Spy*（デイヴィッド・E・ホフマン『最高機密エージェント：ＣＩＡモスクワ諜報戦』花田知恵訳、原書房、2016年）に引用あり。
＊4　Gates, *From the Shadows*. Hoffman, *The Billion Dollar Spy*（『最高機密エージェント』）に引用あり。
＊5　CIA assessment, 1953. Hoffman, *The Billion Dollar Spy*（『最高機密エージェント』）に引用あり。
＊6　AFP report, 28 June 1995 に引用あり。
＊7　同上。
＊8　W. Somerset Maugham, *Ashenden, or, The British Agent* (Leipzig, 1928)（サマセット・モーム『アシェンデン』）

6　工作員「ブート」

＊1　Gordon Brown, *Guardian*, 22 April 2009.
＊2　Andrew, *Defence of the Realm* に引用あり。
＊3　同上。
＊4　同上。
＊5　Richard Gott, *Guardian*, 9 December 1994.
＊6　同上。
＊7　「ブート」ファイルの詳細は、『サンデー・タイムズ』の法務アーカイヴにあるゴルジエフスキーへのインタビューに含まれている。
＊8　Mikhail Lyubimov, in Womack (ed.) *Undercover Lives*.
＊9　Michael Foot, http://news.bbc.co.uk/onthisday/hi/dates/stories/november/10/newsid_4699000/4699939.stm.
＊10　Charles Moore, interview with Gordievsky, *Daily Telegraph*, 5 March

主な出典

本書の基礎資料の大部分は、情報機関の一員として本件に関与し、大半が今も本名を明かすことのできないＭＩ６、ＫＧＢ、およびＣＩＡの情報員たちへの取材、オレーク・ゴルジエフスキーと彼の家族および友人たちへの取材、ならびにゴルジエフスキーが1995年に出版した自伝『次の停留所は処刑（*Next Stop Execution*）』を通して得たものである。それ以外の情報源および重要な引用の出典は、以下のとおり。

1　KGB

＊1　ウラジーミル・プーチンが2005年12月にロシア連邦保安局でのあいさつで語った言葉。http://www.newsweek.com/chill-moscow-air-113415.

＊2　Sebag Montefiore, *Stalin.*（サイモン・セバーグ・モンテフィオーリ『スターリン：赤い皇帝と廷臣たち』染谷徹訳、白水社、2010年）に引用あり。

＊3　*Encyclopedia of Contemporary Russian Culture* ed. Tatiana Smorodinskaya, Karen Evans-Romaine and Helen Goscilo (Abingdon, 2007) に引用あり。

＊4　Leonid Shebarshin, 'Inside the KGB's Intelligence School', 24 March 2015, https://espionagehistoryarchive.com/2015/03/24/the-kgbs-intelligence-school/.

＊5　同上。

＊6　ミハイル・リュビーモフの言葉。Corera, *MI6* に引用あり。

＊7　Philby, *My Silent War.*（キム・フィルビー『プロフェッショナル・スパイ：英国諜報部員の手記』笠原佳雄訳、徳間書店、1969年）

2　ゴームソンおじさん

ミハイル・リュビーモフの回想は、『ろくでもないレジジェントの覚え書き、あるいは幻影（Записки непутевого резидента, или *Will-o'-the-Wisp*）』と『私が愛したスパイ、私が憎んだスパイ（Шпионы, которых я люблю и ненавижу）』に収められている。チェコスロヴァキアにおけるワシーリー・ゴルジエフスキーの活動については、Andrew and Mitrokhin, *Mitrokhin Archive* を参照。

3　サンビーム

ゴルジエフスキーのスカウトについては、リチャード・ブラムヘッドの未発表の回顧録「無数の鏡（Wilderness of Mirrors）」（タイトルはＴ・Ｓ・エリオットの詩「ゲロンチョン」の一節による）に記載がある。

ル・スパイ：英国諜報部員の手記』笠原佳雄訳、徳間書店、1969年
Pincher, Chapman, *Treachery: Betrayals, Blunders and Cover-Ups: Six Decades of Espionage* (Edinburgh, 2012)
Primakov, Yevgeny, *Russian Crossroads: Toward the New Millennium* (New Haven, Conn., 2004)
Sebag Montefiore, Simon, *Stalin: The Court of the Red Tsar* (London, 2003)　サイモン・セバーグ・モンテフィオーリ『スターリン：赤い皇帝と廷臣たち』（上下巻）染谷徹訳、白水社、2010年
Trento, Joseph J., *The Secret History of the CIA* (New York, 2001)
Weiner, Tim, *Legacy of Ashes: The History of the CIA* (London, 2007)　ティム・ワイナー『ＣＩＡ秘録：その誕生から今日まで』藤田博司・山田侑平・佐藤信行訳、文藝春秋、2008年
Weiner, Tim, David Johnston and Neil A. Lewis, *Betrayal: The Story of Aldrich Ames, an American Spy* (London, 1996)
Westad, Odd Arne, *The Cold War: A World History* (London, 2017)
West, Nigel, *At Her Majesty's Secret Service: The Chiefs of Britain's Intelligence Agency, MI6* (London, 2006)
Womack, Helen (ed.), *Undercover Lives: Soviet Spies in the Cities of the World* (London, 1998)
Wright, Peter, with Paul Greengrass, *Spycatcher: The Candid Autobiography of a Senior Intelligence Officer* (London, 1987)　ピーター・ライト、ポール・グリーングラス『スパイキャッチャー』久保田誠一監訳、朝日新聞社、1987年

Fischer, Benjamin B., 'A Cold War Conundrum: The 1983 Soviet War Scare', https://www.cia.gov/library/center-for-the-study-of-intelligence/csi-publications/books-and-monographs/a-cold-war-conundrum/source.htm
Gaddis, John Lewis, *The Cold War* (London, 2007)　J・L・ガディス『冷戦：その歴史と問題点』、河合秀和・鈴木健人訳、彩流社、2007年
Gates, Robert M., *From the Shadows: The Ultimate Insider's Story of Five Presidents and How They Won the Cold War* (New York, 2006)
Gordievsky, Oleg, *Next Stop Execution: The Autobiography of Oleg Gordievsky* (London, 1995)
Grimes, Sandra, and Jeanne Vertefeuille, *Circle of Treason: A CIA Account of Traitor Aldrich Ames and the Men He Betrayed* (Annapolis, Md, 2012)
Helms, Richard, with William Hood, *A Look Over My Shoulder: A Life in the Central Intelligence Agency* (New York, 2003)
Hoffman, David E., *The Billion Dollar Spy: A True Story of Cold War Espionage and Betrayal* (New York, 2015)　デイヴィッド・E・ホフマン『最高機密エージェント：ＣＩＡモスクワ諜報戦』花田知恵訳、原書房、2016年
Hollander, Paul, *Political Will and Personal Belief: The Decline and Fall of Soviet Communism* (New Haven, Conn., 1999)
Howe, Geoffrey, *Conflict of Loyalty* (London, 1994)
Jeffery, Keith, *MI6: The History of the Secret Intelligence Service 1909–1949* (London, 2010)　キース・ジェフリー『ＭＩ６秘録：イギリス秘密情報部1909–1949』（上下巻）高山祥子訳、筑摩書房、2013年
Jones, Nate (ed.), *Able Archer 83: The Secret History of the NATO Exercise That Almost Triggered Nuclear War* (New York, 2016)
Kalugin, Oleg, *Spymaster: My Thirty-Two Years in Intelligence and Espionage against the West* (New York, 2009)
Kendall, Bridget, *The Cold War: A New Oral History of Life between East and West* (London, 2018)
Lyubimov, Mikhail, Записки непутевого резидента, или *Will-o'-the-Wisp (Notes of a Ne'er-Do-Well Rezident or Will-o'-the-Wisp)* (Moscow, 1995)
———, Шпионы, которых я люблю и ненавижу *(Spies I Love and Hate)* (Moscow, 1997)
Moore, Charles, *Margaret Thatcher: The Authorized Biography, vol. II: Everything She Wants* (London, 2015)
Morley, Jefferson, *The Ghost: The Secret Life of CIA Spymaster James Jesus Angleton* (New York, 2017)
Oberdorfer, Don, *From the Cold War to a New Era: The United States and the Soviet Union, 1983–1991* (Baltimore, 1998)
Parker, Philip (ed.), *The Cold War Spy Pocket Manual* (Oxford, 2015)
Philby, Kim, *My Silent War* (London, 1968)　キム・フィルビー『プロフェッショナ

主要参考文献

Andrew, Christopher, *The Defence of the Realm: The Authorized History of MI5* (London, 2009)

———, *Secret Service: The Making of the British Intelligence Community* (London, 1985)

Andrew, Christopher, and Oleg Gordievsky (eds.), *Instructions from the Centre: Top Secret Files on KGB Foreign Operations 1975–1985* (London, 1991)

———, *KGB: The Inside Story of Its Foreign Operations from Lenin to Gorbachev* (London, 1991) クリストファー・アンドルー、オレク・ゴルジエフスキー『KGBの内幕：レーニンからゴルバチョフまでの対外工作の歴史』（上下巻）福島正光訳、文藝春秋、1993年

Andrew, Christopher, and Vasili Mitrokhin, *The Mitrokhin Archive: The KGB in Europe and the West* (London, 1999)

———, *The World was Going Our Way: The KGB and the Battle for the Third World* (London, 2005)

Barrass, Gordon S., *The Great Cold War: A Journey through the Hall of Mirrors* (Stanford, Calif., 2009)

Bearden, Milton, and James Risen, *The Main Enemy: The Inside Story of the CIA's Final Showdown with the KGB* (London, 2003) ミルト・ベアデン、ジェームズ・ライゼン『ザ・メイン・エネミー：CIA対KGB最後の死闘』安原和見・花田知恵訳、ランダムハウス講談社、2003年

Borovik, Genrikh, *The Philby Files: The Secret Life of Master Spy Kim Philby – KGB Archives Revealed* (London, 1994)

Brook-Shepherd, Gordon, *The Storm Birds: Soviet Post-War Defectors* (London, 1988)

Carl, Leo D., *The International Dictionary of Intelligence* (McLean, Va, 1990)

Carter, Miranda, *Anthony Blunt: His Lives* (London, 2001) ミランダ・カーター『アントニー・ブラント伝』桑子利男訳、中央公論新社、2016年

Cavendish, Anthony, *Inside Intelligence: The Revelations of an MI6 Officer* (London, 1990)

Cherkashin, Victor, with Gregory Feifer, *Spy Handler: Memoir of a KGB Officer* (New York, 2005)

Corera, Gordon, *MI6: Life and Death in the British Secret Service* (London, 2012)

Earley, Pete, *Confessions of a Spy: The Real Story of Aldrich Ames* (London, 1997)

装　幀　松田行正

著　者

ベン・マッキンタイアー（Ben Macintyre）

イギリスの新聞タイムズでコラムニスト・副主筆を務め、同紙の海外特派員としてニューヨーク、パリ、ワシントンでの駐在経験も持つ。著作を原作としてＢＢＣのテレビシリーズが定期的に放送されており、番組ではプレゼンターも務めている。代表作に、『ナチが愛した二重スパイ』（高儀進訳、白水社）、『ナチを欺いた死体　英国の奇策・ミンスミート作戦の真実』『英国二重スパイ・システム　ノルマンディー上陸を支えた欺瞞作戦』『キム・フィルビー　かくも親密な裏切り』（以上いずれも小林朋則訳、中央公論新社）、『ＳＡＳ：はみ出し者の英雄（SAS: Rogue Heroes）』（未訳）などがある。

訳　者

小林朋則（こばやし・とものり）

翻訳家。筑波大学人文学類卒。主な訳書に、アームストロング『イスラームの歴史』（中公新書）、クリストファー・トールキン『トールキンのシグルズとグズルーンの伝説　〈注釈版〉』『トールキンのアーサー王最後の物語　〈注釈版〉』、ミクローシ『イヌの博物図鑑』（以上、原書房）など。新潟県加茂市在住。

THE SPY AND THE TRAITOR: The Greatest Espionage Story of the Cold War
by Ben Macintyre
Copyright © 2018 by Ben Macintyre
Japanese translation rights arranged with BEN MACINTYRE BOOKS LTD
c/o Ed Victor Limited (part of the Curtis Brown group of companies), London
through Tuttle-Mori Agency, Inc., Tokyo

ＫＧＢ《ケイジービー》の男《おとこ》
——冷戦《れいせん》史《し》上最大《じょうさいだい》の二重《にじゅう》スパイ

2020年６月10日　初版発行
2022年５月25日　６版発行

著　者　ベン・マッキンタイアー
訳　者　小《こ》林《ばやし》 朋《とも》則《のり》
発行者　松 田 陽 三
発行所　中央公論新社
〒100-8152　東京都千代田区大手町1-7-1
電話　販売 03-5299-1730　編集 03-5299-1740
URL https://www.chuko.co.jp/

ＤＴＰ　平面惑星
印　刷　図書印刷
製　本　大口製本印刷

Japanese Edition ©2020 Office Suzuki
Published by CHUOKORON-SHINSHA, INC.
Printed in Japan　ISBN978-4-12-005310-8 C0022

定価はカバーに表示してあります。落丁本・乱丁本はお手数ですが小社販売部宛お送り下さい。送料小社負担にてお取り替えいたします。

●本書の無断複製（コピー）は著作権法上での例外を除き禁じられています。また、代行業者等に依頼してスキャンやデジタル化を行うことは、たとえ個人や家庭内の利用を目的とする場合でも著作権法違反です。

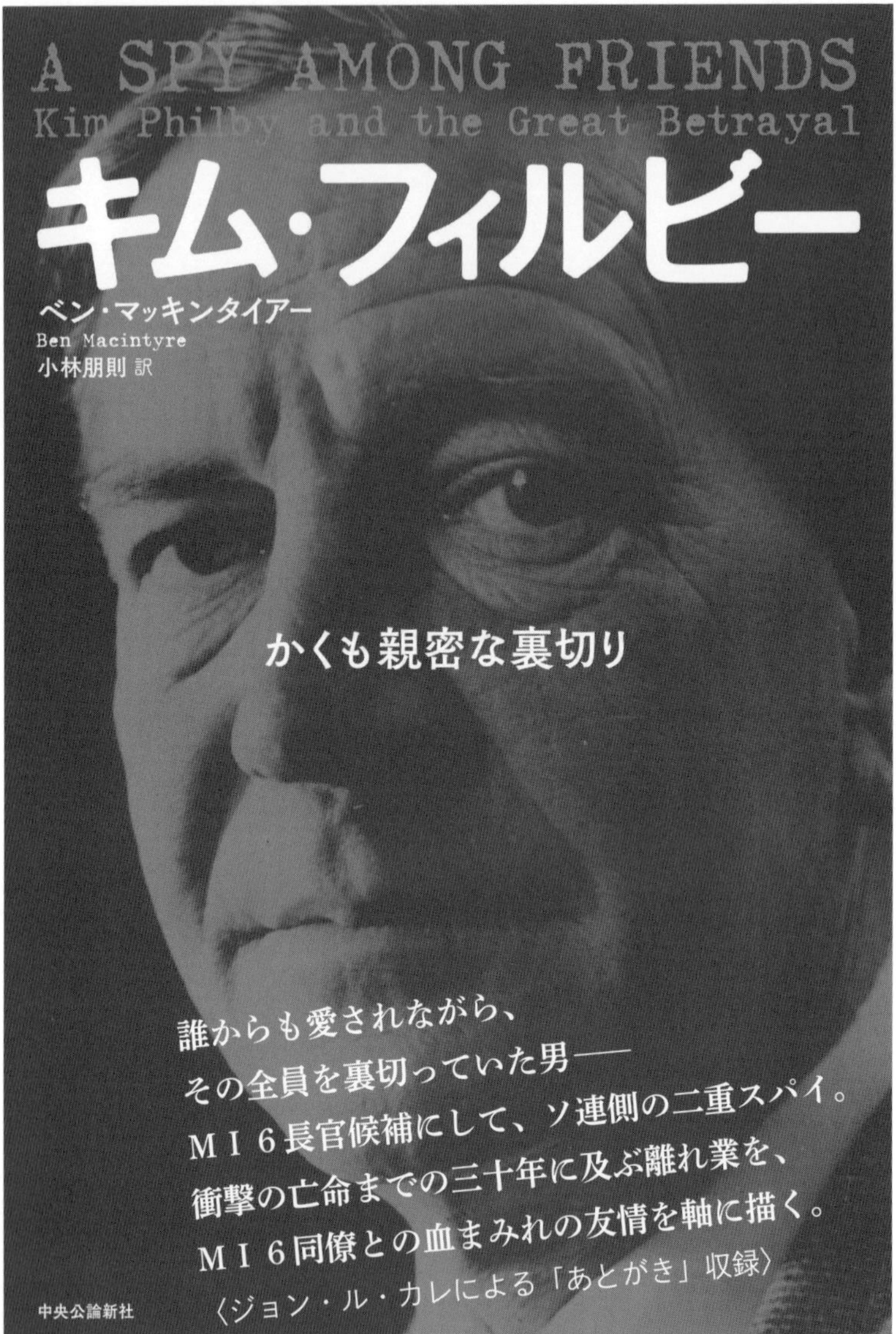

ベン・マッキンタイアーの本